普通高等教育"十二五"规划教材（高职高专教育）

U0643171

AutoCAD 2010
中文版实用教程

编　著　及秀琴　杨小军
主　审　刘　力

中国电力出版社
CHINA ELECTRIC POWER PRESS

内 容 提 要

本书主要介绍 AutoCAD 2010 中文版的应用，通过绘图实例讲解绘图命令和编辑命令及其他知识。全书共分 14 章，主要内容包括：AutoCAD 2010 基础知识，设置 AutoCAD 2010 的绘图环境，控制图形显示和绘制二维图形，图形编辑与图形的对象特性，向图形中添加文字和表格，尺寸标注，图块和块属性，零件图的绘制，装配图的绘制，三维造型基础，三维实体造型，曲面造型，三维图形的消隐、视觉样式和渲染，图形打印。

本书结合教学实际，通过实例讲解知识，叙述图文并茂、由浅入深，既可以作为高职高专院校学生学习 AutoCAD 的教科书，也可供相关专业工程技术人员学习参考，同时还可作为参加 AutoCAD 认证考试的参考书。

图书在版编目（CIP）数据

AutoCAD 2010 中文版实用教程 / 及秀琴，杨小军编著.
北京：中国电力出版社，2011.6（2020.10 重印）
普通高等教育"十二五"规划教材. 高职高专教育
ISBN 978-7-5123-1786-4

Ⅰ. ①A… Ⅱ. ①及… ②杨… Ⅲ. ①AutoCAD 软件－高等职业教育－教材 Ⅳ. ①TP391.41

中国版本图书馆 CIP 数据核字（2011）第 108209 号

中国电力出版社出版、发行

（北京市东城区北京站西街 19 号 100005 http://www.cepp.sgcc.com.cn）
三河市百盛印装有限公司印刷
各地新华书店经售

*

2011 年 6 月第一版 2020 年 10 月北京第七次印刷
787 毫米 × 1092 毫米 16 开本 23 印张 560 千字
定价 39.00 元

版 权 专 有 侵 权 必 究

前　言

　　AutoCAD 在机械、建筑等各个行业得到了广泛普及和应用。为满足社会的需要，各高校都开设了 AutoCAD 课程，尤其是高校中的工科类学生，在学习了工程制图的基本知识之后，将 AutoCAD 的讲授作为必不可少的教学内容。它给学生后继课程的学习，如课程设计、毕业设计等提供了最基本的应用工具。对于工科类学生，学好 CAD 的知识，并能灵活应用，将为他们走向社会开辟了一个广阔的发展前景。

　　本书主要为高校学生和教师学习、讲授 AutoCAD 而编写。作者根据多年的教学经验，结合绘图实例讲解绘图命令、编辑命令等 AutoCAD 的内容。学生根据书中的实例上机练习时，可以较为轻松地掌握应用方法。教师在课堂结合实例讲授时，更有利于学生的学习和理解，提高学生学习的兴趣，以收到良好的教学效果。书中列举了一些有代表性的实例，在操作过程讲述时也应用到了一些绘图技巧，并且同一类型的图形采用不同的方法进行绘制，从而达到使学习者能够融会贯通、灵活应用 CAD 的目的，进而逐步提高绘图速度和水平。学完本书内容后，可使学习者基本上能达到绘制较复杂的零件图和装配图，还可以进行中等复杂三维造型，并由三维造型创建正交视图。

　　本书是在 2003 年第一版（江苏省高等学校精品教材）、2005 年第二版、2007 年第三版的基础上，根据版本升级和使用的情况修订而成。与第三版比较，本书介绍了 AutoCAD 2010 中文版的基本功能和使用方法，并将 AutoCAD 2010 新增功能在有关章节中作了介绍和应用举例；考虑到与其他软件（如 3ds max）结合使用，书中介绍了有关建筑图样的绘制和编辑方法；在三维建模上还增加了实体编辑功能、曲面造型与编辑和渲染等方面的知识。本次改版后会更加方便学生上机训练和参加 AutoCAD 认证考试，更符合高等职业类学生就业的要求。本次改版还包括《AutoCAD 2010 上机指导与实训》，对其中的相关内容也作了适当调整。

　　本书在每一章的开始即明确学习目标和学习内容，使学习者更加有的放矢，提高学习效率。在每一章的最后还列有思考题，以方便学生检查和巩固所学知识。

　　本书中每一章可作为 2 学时的教学内容，对于课时较少的安排，可根据实际情况进行取舍。

　　本书由及秀琴、杨小军编著，第 1～9 章由及秀琴编写，第 10～14 章由杨小军编写。本书由常州工学院刘力副教授担任主审。

　　限于编著者水平，遗漏和疏忽之处在所难免，请广大读者及同行批评、指正。

编　者

2011 年 5 月

目　录

第 1 章　AutoCAD 2010 基础知识

📺 **学习目标**

（1）绘制平面图形。
（2）绘制图框、标题栏。

💾 **学习内容**

（1）启动 AutoCAD 2010。
（2）了解工作界面的内容和相关工具的调用方法。
（3）正确应用新建、打开、保存等方法管理图形文件。
（4）掌握命令和坐标输入的方法。
（5）掌握直线、矩形、偏移、修剪、分解等命令的使用方法。

1.1　启 动 AutoCAD 2010

在 Windows 操作系统下，AutoCAD 2010 安装完成后会在桌面上生成一个快捷方式，并在"开始"菜单程序项里添加 AutoCAD 2010 程序文件夹。启动进入 AutoCAD 2010 常用的方法有两种：

（1）双击桌面上的 AutoCAD 2010 快捷方式图标启动 AutoCAD 2010，如图 1-1 所示。

（2）依次打开"开始"→"程序"→"Autodesk"→"AutoCAD 2010-Simplified Chinese"，然后单击该程序文件夹中的"AutoCAD 2010"选项，如图 1-2 所示。

图 1-1　AutoCAD 2010 快捷方式图标

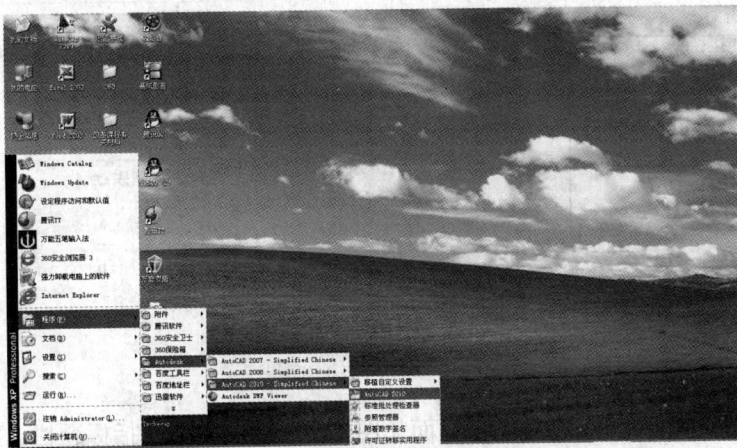

图 1-2　通过"开始"菜单启动 AutoCAD 2010

启动 AutoCAD 2010 后，显示 AutoCAD 2010 绘图界面，默认情况下为如图 1-3 所示的"二维草图与注释"绘图界面。

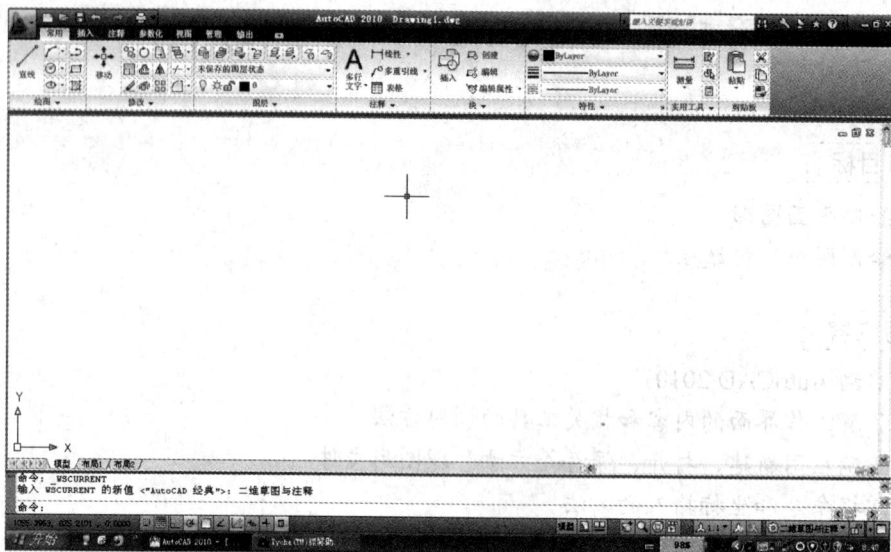

图 1-3　"二维草图与注释"绘图界面

1.2　AutoCAD 2010 经典工作界面

AutoCAD 2010 中的工作空间包括二维草图与注释、三维建模和 AutoCAD 经典三种类型，默认工作空间为二维草图与注释。用户可以轻松地在三种工作空间进行切换，操作方法如下：

（1）单击"工作空间"工具栏的下拉列表，如图 1-4（a）所示。

（2）单击状态行中的按钮 ⚙（切换工作空间），弹出如图 1-4（b）所示的菜单，选择工作空间类型切换到另一工作空间。

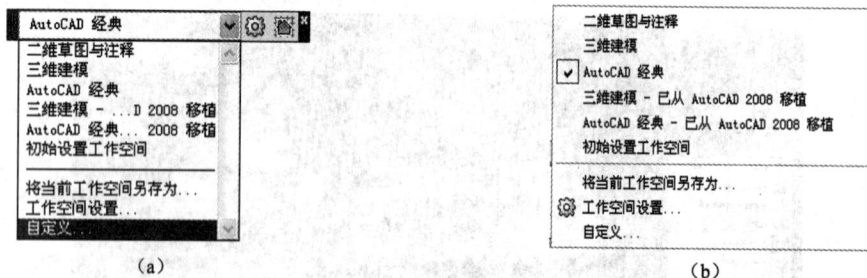

（a）　　　　　　　　　　　　　　　　（b）

图 1-4　"工作空间"菜单

（a）下拉列表；（b）菜单

经过配置后的 AutoCAD 经典工作界面如图 1-5 所示，主要包括标题栏、菜单、工具栏、绘图窗口、命令窗口、状态栏以及窗口按钮和滚动条等。下面分别介绍各部分的内容。

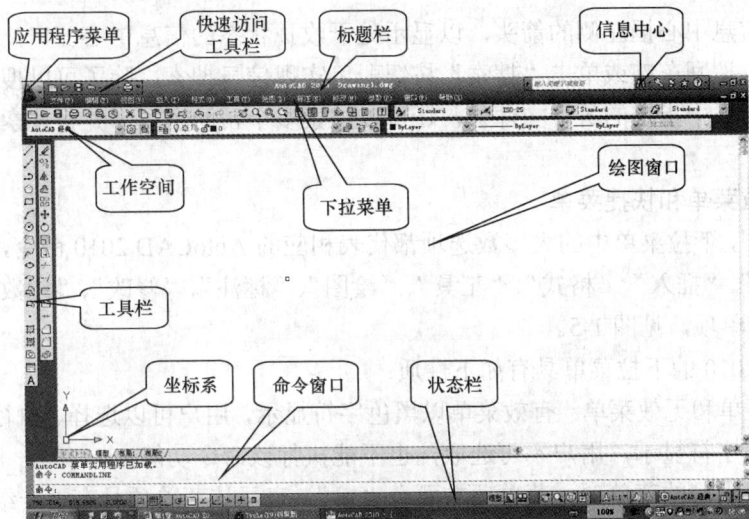

图 1-5　AutoCAD 2010 经典工作界面

1.2.1　标题栏

标题栏出现在应用程序窗口的顶部，它显示了当前正在运行的程序名以及当前所装入的文件名，用于对文件进行快速操作、信息搜索、窗口操作等，如图 1-6 所示。标题栏的右边为 AutoCAD 2010 程序窗口最大化、最小化、关闭按钮，其使用方法与一般的 Windows 软件相同。

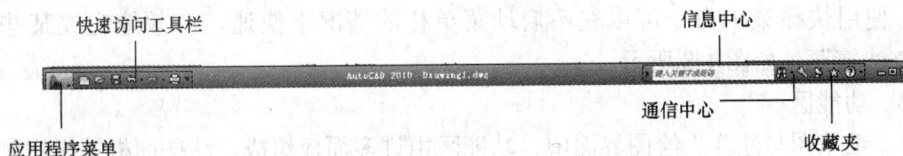

图 1-6　标题栏

（1）应用程序菜单。单击 ▉（应用程序菜单）按钮，可以搜索到命令以及访问用于创建、打开、保存和发布文件等操作的工具，如图 1-7 所示。

（2）快速访问工具栏。快速访问工具栏用于存储经常访问的命令，该工具栏可以自定义，使用者可以在快速访问工具栏上添加、删除和重新定位命令，还可以按需添加多个命令。如果没有可用空间，则多出的命令将合起来并显示为弹出按钮。默认情况下快速访问工具栏中包含的命令为新建、打开、保存、打印、放弃和重做，如图 1-6 所示。

（3）信息中心。在信息中心中可以搜索信息源，也可以接收产品通知。在应用程序上方，可以使用信息中心通过输入关键字或短语来搜索信息、显示"通信中心"面板以获取产品更新的通告信息，还可以显示"收藏夹"面板以访问保存的主题。搜索信息时，

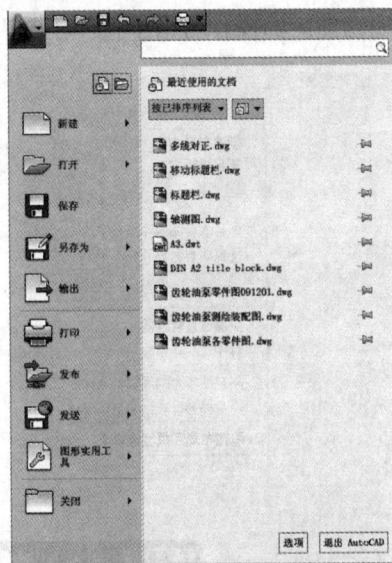

图 1-7　应用程序菜单

可以通过单击信息中心框左侧的箭头，以显示处于收拢状态的信息中心窗口，完成关键字或短语的输入后，按回车键或单击"搜索"按钮即可实现信息搜索，除了可以搜索已在"信息中心设置"对话框中指定的所有文件外，还可以搜索多个帮助资源，并将搜索结果作为链接显示在面板上。

1.2.2　下拉菜单和快捷菜单

一般情况下，下拉菜单中的大多数选项都代表相应的 AutoCAD 2010 命令，包括"文件"、"编辑"、"视图"、"插入"、"格式"、"工具"、"绘图"、"标注"、"修改"、"参数"、"窗口"和"帮助"12 个菜单项，见图 1-5。

AutoCAD 2010 的下拉菜单具有如下性质：

（1）有效菜单和无效菜单：有效菜单以黑色字符显示，用户可以选择、执行其命令功能。无效菜单以灰色字符显示，用户不可选取，也不能执行该命令功能。

（2）带"▶"号的菜单项：菜单项右面有"▶"，表示该菜单项具有下一级子菜单。

（3）带"---"号的菜单项：菜单项右面带有"---"，表示选择该菜单项后将显示一个对话框。

当下拉菜单打开后，用户可以单击下拉菜单中各选项或按键盘上该选项的热键字母来调用各选项对应的命令。

快捷菜单又称为上下文相关菜单。在绘图区域、工具栏、状态行、"模型"与"布局"选项卡以及一些对话框上右击时，将弹出一个快捷菜单，该菜单中的命令与 AutoCAD 当前状态相关。使用快捷菜单命令可以在不启动菜单栏的情况下快速、高效地完成某些操作。AutoCAD 快捷菜单如图 1-8 所示。

1.2.3　功能区

在"二维草图与注释"绘图界面中，功能区由许多面板组成，这些面板被组织到依任务进行标记的选项卡中，各选项卡的标签如图 1-9 所示。功能区面板包含的很多工具和控件与工具栏和对话框中的相同，单击功能区选项后面的按钮 ▭ 控制功能的展开与收缩。打开或关闭功能区的操作可由下拉"工具"菜单→选项板→功能区完成。

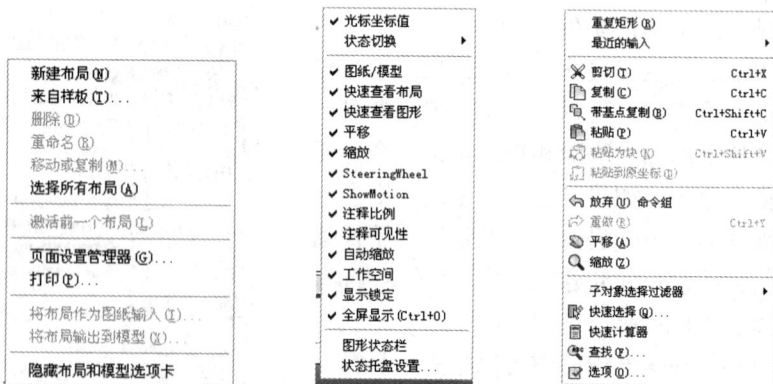

图 1-8　快捷菜单

图 1-9　功能区中的选项卡

1.2.4　工具栏

工具栏提供了调用 AutoCAD 命令的快捷方式，它包含了许多命令按钮，单击某个按钮，AutoCAD 就会执行相应命令。

在 AutoCAD 2010 中共有 20 多个工具栏，用户可以根据需要打开或关闭某个工具栏，还可以移动工具栏，将它们放在适当的位置。默认情况下，"标准"、"属性"、"绘图"和"修改"等工具栏处于打开状态。图 1-10 所示为处于浮动状态下的"标准"工具栏、"绘图"工具栏和"修改"工具栏。

如果要显示当前隐藏的工具栏，可在工具栏任一图标上右击，此时将弹出一个快捷菜单，通过选择相应选项可以显示或关闭相应的工具栏，如图 1-11 所示。

在 AutoCAD 中，选择"视图"→"工具栏"命令，打开"自定义用户界面"对话框，用户可以根据需要创建自定义工具栏，将常用的一些工具按钮放置在工具栏上。

工具栏可以位于界面的中间区域，称之为浮动工具栏，也可以将工具栏调到合适的位置，工具栏将会自动调整形状（横放或竖放），此时的工具栏称之为固定工具栏。

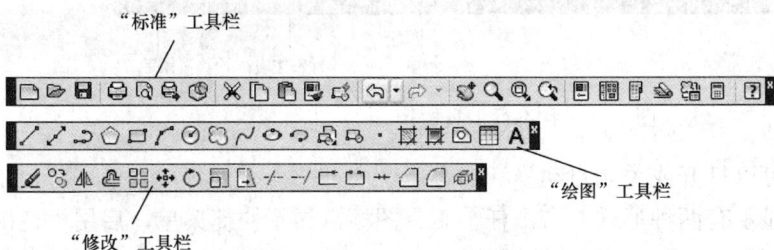

"标准"工具栏

"绘图"工具栏

"修改"工具栏

图 1-10　默认打开的工具栏

图 1-11　工具栏快捷菜单

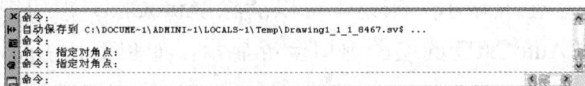

图 1-12　命令行窗口

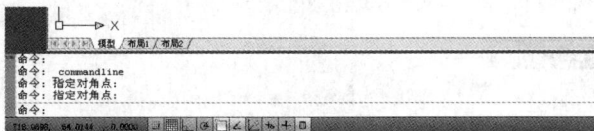

图 1-13　拖动分栏线调整文本行的显示数目

1.2.5　命令窗口

用户输入的命令、AutoCAD 提示的信息都将在命令提示窗口中显示出来，该窗口是用户与 AutoCAD 进行命令式交互的窗口，在操作时，必须随时注意命令行窗口中的提示。

命令行窗口也可以被拖动到 AutoCAD 窗口中的任何位置，同时可以随意改变命令行窗口的大小，单独的命令行窗口如图 1-12 所示。命令行窗口可以用拖动分栏线的方式调整文本行的显示数目，分栏线位于命令行窗口与绘图区之间，如图 1-13 所示。

1.2.6　绘图窗口

绘图窗口是用来显示、绘制和编辑图形的工作区域。从 AutoCAD 2000 开始，AutoCAD 便支持多文档工作环境，用户可以同时打开多个图形文件并分别对它们进行编辑。

绘图区域的下方还包括有一个"模型"选项卡和多个"布局"选项卡标签，分别用于显示图形的模型空间和图纸空间，如图 1-14 所示。

图 1-14　"模型"和"布局"选项卡标签

1.2.7　状态行

状态行位于屏幕的最下方，它主要反映当前的工作状态，显示当前十字光标的坐标值和 AutoCAD 2010 的绘图工具（捕捉模式、栅格模式、正交模式、极轴追踪、对象捕捉、对象捕捉追踪、允许/禁止动态 UCS、动态输入和显示/隐藏线宽、快捷特征等 10 个控制按钮）、导航工具以及快速查看和注释、缩放工具（按钮呈蓝色显示状态为按钮打开），如图 1-15 所示。

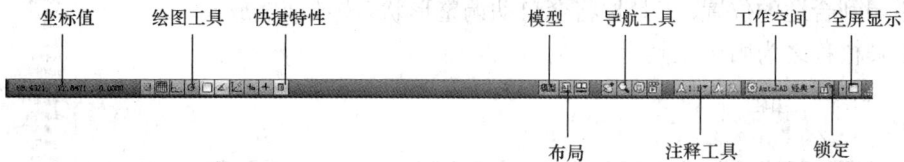

图 1-15　状态行工具栏

在坐标显示区单击，可以打开或关闭自动坐标的显示。

绘图工具状态图标的显示有两种形式：右击任一工具图标，显示快捷菜单，启用"使用图标"即显示图 1-16（a）所示的图标；不启用"使用图标"即显示图 1-16（b）所示的文字图标。

在状态栏中，单击"全屏显示"按钮，可以清除 AutoCAD 窗口中的标题栏、工具栏、选项板等界面元素，使 AutoCAD 的绘图窗口全屏显示，如图 1-17 所示。

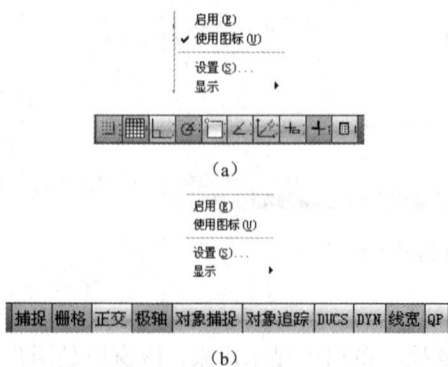

图 1-16　绘图工具状态图标
（a）启用"使用图标"的显示；（b）不启用
"使用图标"的显示

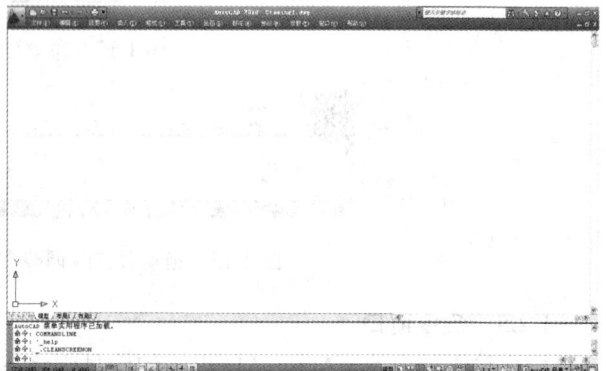

图 1-17　全屏显示后的 AutoCAD 绘图窗口

1.3　图形文件管理

文件管理是指如何创建新图形文件、预览和打开已存在的图形文件以及文件的存盘等操作。

1.3.1　创建新图

（1）功能：创建一个新的图形文件。

（2）命令执行方式：

下拉菜单："文件"→"新建"。

工具栏：标准 ▢ （指标准工具栏中的图标）。

命令：NEW。

（3）操作过程：

启动 AutoCAD 2010 后，软件以默认的设置自动创建一个新的图形文件，用户可以在这个图形文件中进行绘图操作。如果在使用过程中要开始绘制一张新图，可以新建一个图形文件。

执行创建新文件命令后，系统将弹出如图 1-18 所示的"选择样板"对话框，该对话框中默认的样板文件是 acadiso.dwt。选择一个样板文件或者使用默认的作为新建图形文件的样板，单击"打开"按钮，AutoCAD 2010 将根据用户选择的样板文件创建一张新图。

图 1-18　"选择样板"对话框

1.3.2　打开已有图形文件

（1）功能：打开已存在的图形文件。

（2）命令执行方式：

下拉菜单："文件"→"打开"。

工具栏：标准 ▱ 。

命令：OPEN。

（3）操作过程：执行打开文件命令后，AutoCAD 弹出如图 1-19 所示的"选择文件"对话框。指定文件路径及名称的方法与一般的 Windows 软件相同。

1）文件类型。AutoCAD 2010 可打开图形文件（*.dwg）、标准文件（*.dws）、图形样板文件（*.dwt）和 dxf 文件（*.dxf）四种类型的文件。

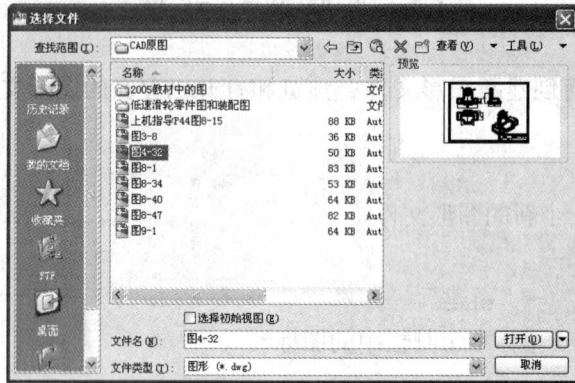

图 1-19　"选择文件"对话框

2）预览。在"选择文件"对话框中提供了一个"预览"框，当用户选中一个文件后，可在右上方的"预览"框中显示该图形。

3）打开方式。选择了要打开的文件后，单击"选择文件"对话框"打开"按钮右侧的下拉箭头，AutoCAD 弹出如图 1-20 所示的"打开"下拉菜单。AutoCAD 2010 中共有四种打开图形文件的方式：打开、以只读方式打开、局部打开和以只读方式局部打开。

a）打开。与单击"打开"按钮效果相同。

b）以只读方式打开文件。当用户要保存编辑后的文件时，AutoCAD 弹出警告信息，提示用户不能保存该文件。用户可以采用另存的方式创建一个新文件来保存该文件的编辑操作。

c）以局部打开的方式打开文件。则显示"局部打开"对话框，可以打开和加载局部图形，包括特定视图或图层上的几何图形。局部打开仅适用于高版本创建的图形。

d）以只读方式局部打开。以只读方式打开指定的图形部分。

图 1-20　"选择文件"对话框的"打开"下拉菜单

4）同时打开多个图形文件。AutoCAD 2010 支持多文档操作，既可以同时打开多个文件，又可以同时在多个图纸中工作，这可以工作效率和便于装配图的绘制。

当同时打开多个文件时，利用下拉菜单"窗口"中的设置可控制各图形文件在窗口中的排列形式。打开该下拉菜单，有层叠、水平平铺、垂直平铺和排列图标 4 个选项。图 1-21 所示为层叠排列的形式。

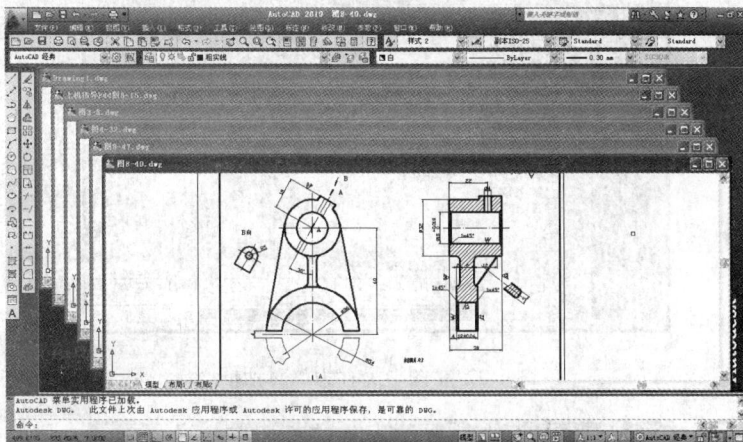

图 1-21　多文档窗口

1.3.3　保存图形文件

AutoCAD 2010 提供了多种保存新绘制文件或修改过的图形文件的方法。

1. 快速存盘

（1）功能：将当前所绘图形存盘。

（2）命令执行方式：

下拉菜单："文件"→"保存"。

工具栏：标准 📄。

命令：SAVE。

（3）操作过程：命令输入后，AutoCAD 把当前编辑的已命名的图形直接以原文件名存入磁盘。若当前所绘图没有命名，AutoCAD 则自动弹出"图形另存为"对话框，如图 1-22 所示。利用该对话框，用户可输入文件名，选择存盘路径和存盘文件类型（默认为.dwg 文件），单击"保存"即可。已保存过的文件不再出现此对话框。

2. 换名存盘

（1）功能：用其他文件名或文件类型保存图形文件。

（2）命令执行方式：

下拉菜单："文件"→"另存为"。

命令：SAVE AS。

（3）操作过程：执行 SAVE AS 命令后，AutoCAD 也弹出如图 1-22 所示的"图形另存为"对话框。用户可更改文件名、文件类型和路径进行存盘。

3. 自动存盘和存盘默认格式设置

AutoCAD 2010 给用户提供定时自动存盘功能，以防止出现意外，如突然掉电、死机等，用户的工作不会因为没存盘而付之东流。

命令执行方式：通过下拉菜单"工具"，打开"选项"对话框，选择"打开和保存"选项卡，在"文件安全措施"栏选中"自动保存"，并在"保存间隔分钟数"中输入自动存盘的间隔时间即可，如图 1-23 所示。间隔一般为 15～30min 为宜，时间太短会影响计算机的运行速度。

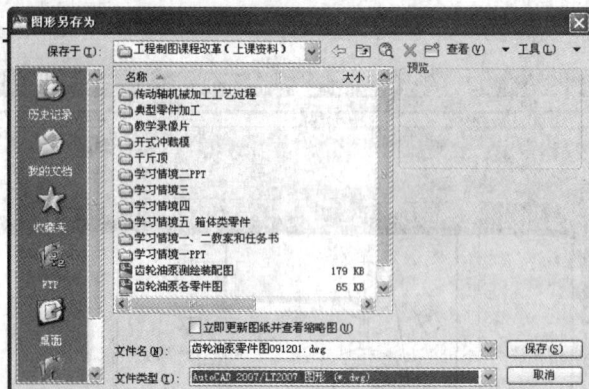

图 1-22　"图形另存为"对话框

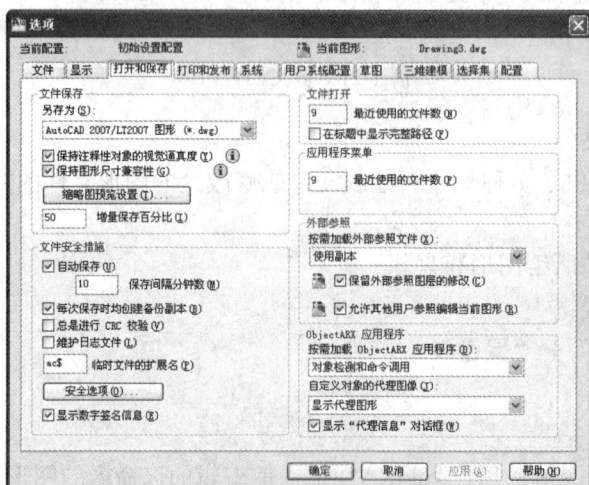

图 1-23　自动存盘和创建备份文件

4. 创建备份文件

在图 1-23 所示"选项"对话框的"文件安全措施"栏选中"每次保存均创建备份"复选框，则用户每次使用 SAVE 和 SAVE AS 命令保存图形文件时，AutoCAD 都生成一个备份文件，即把存盘前的原.dwg 文件复制一份同名扩展名为.bak 的文件，然后更新原.dwg 文件。如原文件为 drawing.dwg，则生成一个 drawing.bak 备份文件。若要恢复为图形文件，则将.bak

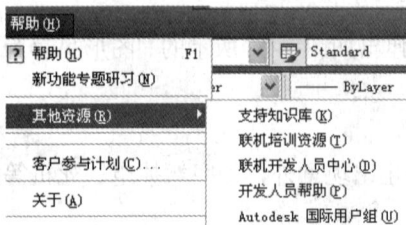

图 1-24　"帮助"下拉菜单

文件改为.dwg 文件即可。

1.3.4　AutoCAD 2010 的帮助系统

选择如图 1-24 所示"帮助"下拉菜单的不同选项，用户可获得 AutoCAD 提供的各种帮助。

1. 在线帮助

用户在命令操作的过程中，按 F1 功能键、单击"标准"工具栏中的按钮 ？ 或输入透明使用的"HELP"命令，AutoCAD 即会给出与当前操作相对应的在线帮助。在控制图形视图过程中调用的在线帮助如图 1-25 所示。

图 1-25　在线帮助

2. 新功能专题研习

通过执行"帮助"→"新功能专题研习"命令可以访问如图 1-26 所示的对话框。"新功能专题研习"提供了一系列帮助用户学习新功能的动画演示、教程和功能概述。AutoCAD 以前版本的用户可以通过"新功能专题研习"快速全面地了解和掌握 AutoCAD 2010 版本的新功能。主要内容有用户界面、三维建模、参数化图形、动态块、PDF 和输出、自定义与设置和生产力增强功能。

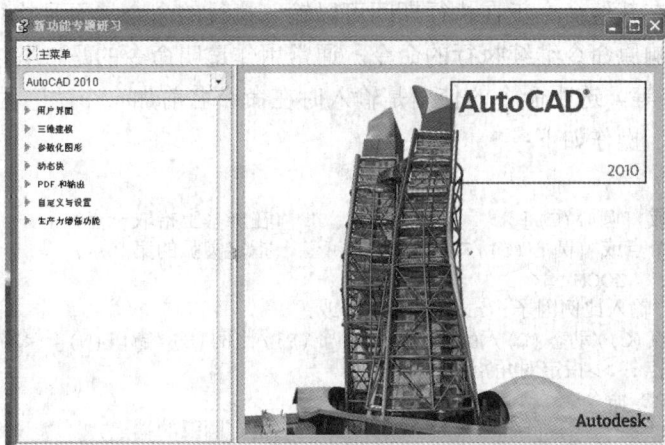

图 1-26　"新功能专题研习"对话框

1.4　命令和系统变量

在 AutoCAD 中，选择某一菜单或单击某个工具，基本上都相当于执行了一个带选项的命令（通常一个命令不止一个选项，因此，命令始终是 AutoCAD 绘图与编辑的核心）。

1.4.1　命令和参数的输入方法

AutoCAD 命令的输入方式主要有下拉菜单、工具栏中的工具和命令行等。

1. 键盘输入

大部分的 AutoCAD 功能都可以通过键盘在命令行输入命令来完成，而且键盘是命令行输入文本对象、坐标以及各种参数的唯一方法。在打开 AutoCAD 2010 后，命令提示区出现"命令："提示符，表示系统处于命令状态，可以输入 AutoCAD 命令，输入 AutoCAD 命令后，按回车键或空格键，还可以右击，该命令就被执行，并在屏幕上提示该命令所需要的参数或子命令，直到交互信息提供完毕为止。

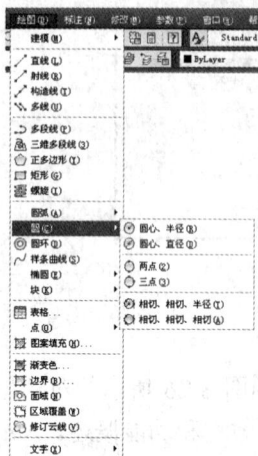

图 1-27 "绘图"下拉菜单→"圆"子菜单

2. 下拉菜单输入

用鼠标将光标移动到菜单栏区，此时光标变为箭头，单击，下拉出相应子菜单。通过在菜单栏上移动箭头来选择某一菜单项，弹出相应的子菜单，按拾取键（按回车键或鼠标单击）则从中拾取一个命令选项，如图 1-27 所示。

3. 工具栏输入

单击工具栏中的某个图标，即输入了执行命令。如需执行"直线"命令，则可单击绘图工具栏中的按钮，在命令提示区"命令:_LINE 指定第一点:"提示下，用户通过输入点的坐标值，开始绘制直线。

1.4.2 透明命令

透明命令是指在其他命令正在执行期间可以输入执行的命令，而且执行完后能回到原命令执行状态，不影响原命令继续执行的命令。通常用作透明命令的是一些绘图辅助命令，如"ZOOM"、"PAN"等。透明命令的使用是输入时在命令名前加一个"'"号。如在执行绘圆弧时进行视图缩放，操作如下：

```
命令：ARC↙
指定圆弧的起点或 [圆心(C)]：              (在屏幕上拾取一点)
指定圆弧的第二个点或 [圆心(C)/端点(E)]：    (指定圆弧的第二点)
指定圆弧的端点：'ZOOM ↙
>>指定窗口角点,输入比例因子 (nX 或 nXP),或
[全部(A)/中心点(C)/动态(D)/范围(E)/上一个(P)/比例(S)/窗口(W)] <实时>：W↙
>>指定第一个角点：>>指定对角点：
正在恢复执行 ARC 命令。
指定圆弧的端点：                          (指定圆弧的端点)
```

透明命令执行时提示前面有">>"，表示该命令正在透明使用。

1.4.3 命令的放弃、重做、重复和终止

与大多数 Windows 应用软件一样，在 AutoCAD 2010 中可以很方便地撤消与重复一条命令，并且执行撤消一个或多个命令后还可以通过重做命令来恢复撤消的命令。

1. 放弃命令

放弃最近一个或多个操作，最简单的方法是在命令行输入 UNDO。另外还可选择下拉菜单"编辑"→"撤消"，或在"标准"工具栏中单击工具图标 ↶ 执行放弃命令。

2. 重做命令

重做（REDO）与放弃（UNDO）命令是一对相反的命令，并且重做（REDO）命令只能

在放弃（UNDO）命令后执行，而且只能恢复 UNDO 命令撤消的最后一个操作。执行该命令可在命令行输入 REDO，或者选择"编辑"→"重做"菜单，或者在"标准"工具栏中单击工具图标 ↩。

3. 重复命令

AutoCAD 2010 命令执行结束，自动返回"命令："提示状态，等待用户输入下一个命令，如果用户想重复使用同一命令，只需在提示下直接按回车键或按空格键，系统自动执行前一次的命令。例如：画两个同心圆。

```
命令: CIRCLE ✓
指定圆的圆心或 [三点(3P)/两点(2P)/相切、相切、半径(T)]: 30,50        ✓
指定圆的半径或 [直径(D)]: 20 ✓
命令: ✓              (重复命令)
circle 指定圆的圆心或 [三点(3P)/两点(2P)/相切、相切、半径(T)]: 30,50 ✓
指定圆的半径或 [直径(D)] <20.0000>: 30 ✓
```

4. 终止命令

在 AutoCAD 2010 中，可以随时按键盘左上角的 Esc 键，终止任何正在执行的命令和操作。

1.4.4　使用系统变量

系统变量主要是用于控制 AutoCAD 的某些功能、设计环境和命令的工作方式，例如，GRIDMODE 系统变量用于关闭或打开栅格，它实际上与 GRID 命令等价；DATE 系统变量为只读系统变量，用于存储当前日期。

修改系统变量值，只需在命令行输入变量名并按回车键，然后输入其值即可。在 AutoCAD 2010 中，某些常用系统变量都反映在开关菜单、对话框或状态栏中。

1.5　AutoCAD 2010 的坐标输入方式

AutoCAD 2010 的坐标输入方式是通过在命令行中输入图形中的点的坐标来实现的，这样既能够增加作图的准确度，又能提高工作效率。

1.5.1　AutoCAD 2010 坐标系

在 AutoCAD 绘图中，提供了世界坐标系（WCS）和用户坐标系（UCS）两种坐标系，下面作一简单介绍。

1. 世界坐标系（WCS）

世界坐标系包括 X、Y 轴（如果在三维空间工作，还有一个 Z 轴）。图纸上的任何一点，都可以用坐标来表示。

按一般方式，点的坐标输入形式：（x，y，z），如原点的坐标为（0，0，0）。坐标位移从设定原点计算，沿 X 轴向右及 Y 轴向上的位移被规定为正向。

AutoCAD 2010 默认在图形窗口左下角处显示 WCS 图符，并且自动定义此处为坐标原点。但是，如果坐标系不在坐标原点显示，则 WCS 图符将有所不同，如图 1-28 所示。

控制坐标系是否在原点显示的方法如下：

（1）命令：UCSICON。

（2）输入选项"[开（ON）/关（OFF）/全部（A）/非原点（N）/原点（OR）/特性（P）]<开>:"。

（3）下拉菜单：视图→显示→UCS 图标→原点（选中既在原点显示，否则不显示）。

2. 用户坐标系（UCS）

在 AutoCAD 2010 中，经常需要修改坐标系的原点和方向，因此就需要建立用户坐标系（UCS）。UCS 图符和 WCS 图符基本一样，只是左下角没有了"□"标志，如图 1-29 所示。

显示在坐标原点的WCS图符

不在坐标原点显示的WCS图符

图 1-28　世界坐标系　　　　　　　　　　图 1-29　用户坐标系

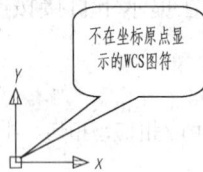

用户坐标系（UCS）的原点以及 X、Y、Z 轴方向都可以移动或旋转，甚至可以依赖于图形中某个特定的对象，应用时灵活性较大。

1.5.2　坐标点的输入方法

在绘图时，用鼠标可以直接单击坐标点，但不是很准确；采用键盘输入坐标值的方式可以更精确地定位坐标点。从键盘输入坐标值的方法有三种：

1. 绝对坐标

绝对坐标是以当前坐标系原点为输入坐标值的基准点，输入的点的坐标值都是相对于坐标原点（0，0，0）的位置而确定的。

2. 相对坐标

相对坐标表示的是一个点相对于上一个点的 X 和 Y 位移，或者距离和角度。其格式为"@ΔX，ΔY，ΔZ"，"@"字符表示输入一个相对坐标值。

3. 极坐标

极坐标是以前一点为基准，用基点到输入点间距离值及该连线与 X 轴正向间的角度来表示。角度以 X 轴正向为度量基准，逆时针为正，顺时针为负。极坐标包含绝对极坐标和相对极坐标，其格式为"距离<角度；@距离<角度"。

1.5.3　对象选择

用户在进行图形编辑或其他有关操作时，AutoCAD 一般会提示"选择对象"，表示要求用户从屏幕上选取需要编辑的实体。此时，十字光标框变成了一个小方框（称为选择框）。AutoCAD 2010 提供了多种对象选择的方式，现介绍如下：

1. 选择模式的设置

在 AutoCAD 2010 中，可以通过下拉菜单"工具"→"选项"打开如图 1-30 所示"选项"对话框的"选择集"选项卡来设置选择模式、拾取框大小、夹点模式和夹点大小等。通过使用不同的对象选择模式，可以更方便、更灵活地选择对象。

2. 选择方式

AutoCAD 2010 提供的选择对象的方法很多，这些选择方式不在任何菜单或工具栏中显示。只有在 AutoCAD 提示选择对象时输入一个非法的关键字时，AutoCAD 才显示出如下提示，显示出各选择选项：

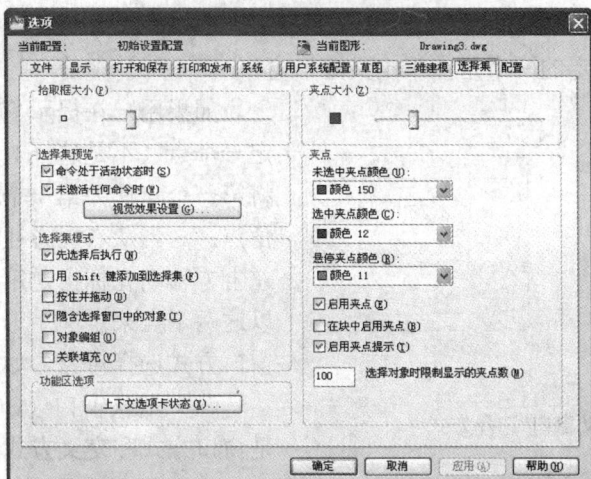

图 1-30　"选项"对话框的"选择集"选项卡

选择对象：Z↙
无效选择
需要点或窗口(W)/上一个(L)/窗交(C)/框(BOX)/全部(ALL)/栏选(F)/圈围(WP)/圈交(CP)/编组(G)/添加(A)/删除(R)/多个(M)/前一个(P)/放弃(U)/自动(AU)/单个(SI)/子对象/对象

其中包括窗口选择（Windows）、交叉窗口选择（Crossing）、圈围窗口选择（Wpolygon）、圈交窗口选择（Cplygon）、栏选（Fence）、全部（All）和前一个（Previous）等。

（1）直接选择。移动鼠标将拾取框放置在要选择的对象上，然后单击即可拾取该对象。当图形对象被选择后将以虚线显示，表示该对象被选中。

（2）窗口（Windows）。该选项使用一个矩形窗口来选定一个或多个对象。使用该选项时，只有完全被包围在矩形窗口中的对象才能被选中，而部分处于方框内的对象不被选中。

用户在命令提示"选择对象："时输入 W 并按回车键后，AutoCAD 提示：

指定第一个角点：
指定对角点：

AutoCAD 通过指定的两个角点来定义矩形选择窗口。

如果用户在提示"选择对象："时直接选定一个点（不是选择对象），AutoCAD 自动将第一个点作为第一个角点并提示"指定对角点："。当从左上方往右下方或从左下方往右上方移动光标指定第二个点后，AutoCAD 以这两个点来定义矩形选择窗口并采用窗口方式选择对象，如图 1-31 所示。

（3）交叉窗口（Crossing）。该方式与窗口方式类似，也是通过定义一个矩形窗口来选择对象，不同的是使用交叉窗口选择方式时，被窗口包围的对象和与窗口相交的对象都被选中。

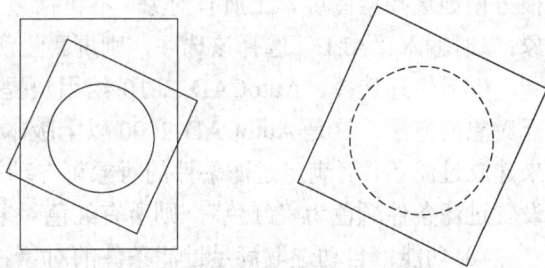

图 1-31　"窗口"选择方式

在提示"选择对象："时输入"C"并按回车键后，AutoCAD 提示：

指定第一角点：

指定对角点：

AutoCAD 通过指定的两个角点来定义矩形窗口。

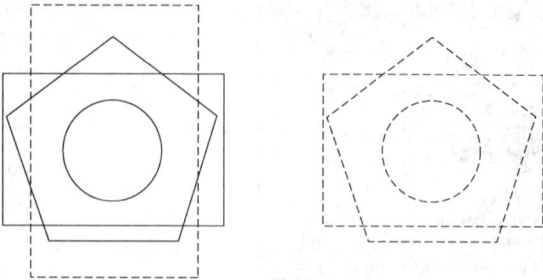

图 1-32　"交叉窗口"选择方式

如果用户在提示"选择对象："时直接选定一个点（不是选择对象），AutoCAD 自动将第一个点作为第一个角点并提示"指定对角点："。当从右上方往左下方或从右下方往左上方移动光标指定第二个点后，AutoCAD 以这两个点来定义矩形选择窗口并采用交叉窗口方式选择对象，如图 1-32 所示。

（4）默认窗口（BOX）。默认窗口方式是窗口方式和交叉方式的综合，也是用矩形窗口来选择对象。在命令提示"选择对象："时输入"BOX"并按回车键后，AutoCAD 提示：

指定第一角点：
指定对角点：

当第一个角点在左边、第二个角点在右边时与窗口方式等价，选择矩形框完全包围的对象；反之，第一个角点在右边、第二个角点在左边与交叉窗口方式等价，选择矩形框包围的和与矩形边界相交的对象。

（5）最后一个（Last）。在命令提示"选择对象："时输入"L"并按回车键可以选择使用该选项，AutoCAD 将自动选中用户最后绘制的图形对象。使用该选项只能选择一个对象。

（6）前一个（Previous）。使用该选项自动选择最后生成的选择集的所有对象。在命令提示"选择对象："时输入"P"并按回车键可以选择使用该选项。AutoCAD 会记忆前一次创建的选择集以让用户使用"前一个"选项来再次选择它。

🔊 注 意

当用户使用如 UNDO 等命令取消前一命令操作时，该命令中创建的选择集也随着清除，从而不能再用"前一个"选项来选择。命令会提示"没有前一选择集"。另外，不同空间（模型空间和图纸空间）中创建的选择集不能相互使用。

（7）全部（ALL）。当用户要对绘图屏幕上的所有对象进行编辑时，可使用"全部"选项很方便地选择绘图屏幕上所有对象（不包括被冻结或锁住层上的对象）。在命令提示"选择对象："时输入"ALL"选择该选项，则屏幕上所有对象都被选中（呈虚线显示）。

（8）快速选择。AutoCAD 2010 给用户提供了一种根据目标对象的类型和特性来快速选择对象的方法，这是 AutoCAD 2000 以上版本新增的功能。用户根据目标对象的类型和特性来建立过滤条件，满足过滤条件的对象可自动被选中。比如，用户可以根据颜色来选择对象，设置过滤条件颜色为"红色"，则所有红色对象被选中。

1）功能：自动选取满足过滤条件的对象。

2）命令执行方式：

下拉菜单："工具" → "快速选择"。

命令：QSELECT。

3）操作过程：调用"快速选择"命令后，AutoCAD 弹出图 1-33（a）所示的"快速选择"对话框。在绘图区域右击，弹出如图 1-33（b）所示快捷菜单中，选择"快速选择"选项，也可打开"快速选择"对话框。

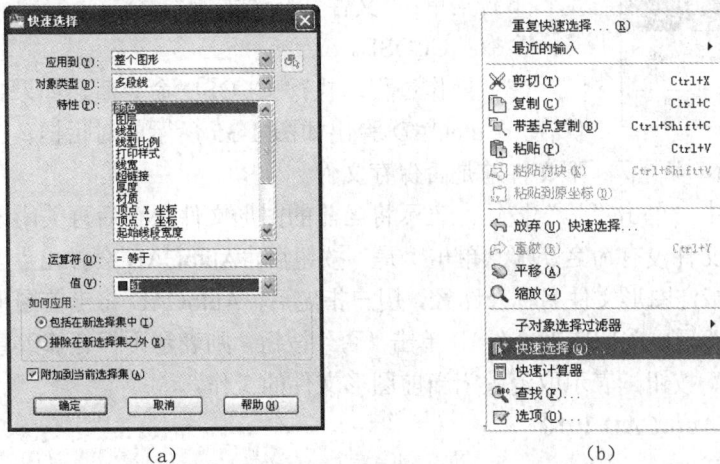

（a）　　　　　　　　　　　　　　（b）

图 1-33　"快速选择"对话框和快捷菜单

（a）"快速选择"对话框；（b）快捷菜单

1.6　其　他　操　作

1.6.1　文本窗口和绘图窗口切换

（1）功能：在文字窗口与绘图窗口间切换，方便查看已做过的操作。

（2）命令执行方式：

下拉菜单："视图"→"显示"→"文本窗口"。

命令：TEXTSCR（绘图窗口切换到文字窗口）。

功能键：F2。

文本窗口显示的形式如图 1-34 所示。

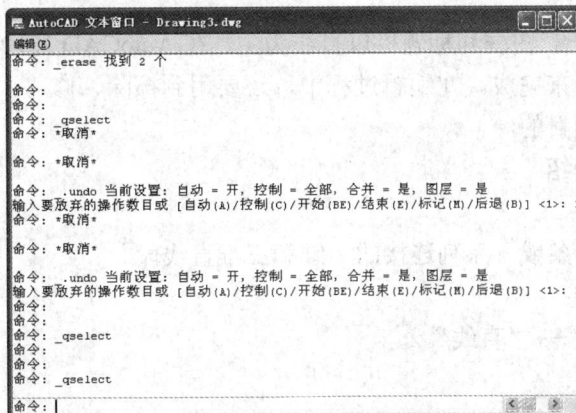

图 1-34　文本窗口

1.6.2　关闭图形文件

（1）功能：关闭当前的图形文件。

（2）命令执行方式：

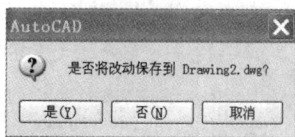

图 1-35　保存提示对话框

下拉菜单："文件"→"关闭"。

命令：CLOSE。

（3）操作过程：执行 CLOSE 命令后，如果当前图形还没有保存，AutoCAD 弹出如图 1-35 所示的对话框，提示用户关闭图形文件前是否保存文件。

在该对话框中，单击"是"按钮，表示将当前的图形文件保存后再关闭该文件（如果当前所编辑的图形文件没有命名，那么单击"是"按钮后，AutoCAD 会弹出"图形另存为"对话框，要求用户指定图形文件名称及路径，用户指定后，AutoCAD 将当前图形按指定的文件名及路径保存，然后再关闭图形文件）；单击"否"按钮，则表示不保存修改直接关闭图形文件；单击"取消"按钮，表示取消关闭当前图形文件的操作。

1.6.3　退出 AutoCAD 2010

命令执行方式：

下拉菜单："文件"→"退出"。

命令：QUIT。

如果退出时，已打开的图形文件在修改后没有存盘，AutoCAD 将按关闭图形时的操作给出提示对话框，所不同的是用户作出响应后，AutoCAD 将所有的图形文件按指定的文件名存盘，然后再退出 AutoCAD。

1.7　绘　图　实　例

1.7.1　绘制图框和标题栏

图框和标题栏是每一张工程图样不可缺少的内容。其规格已由国家标准给出，画图时，应严格按规定做。

现以 A3 号图纸（420，297）为例，画其图框和标题栏，如图 1-36 所示。

1.7.2　分析

从图 1-36 可以看出，图框和标题栏以直线为主，在 AutoCAD 2010 中，可以用画直线的命令或者画矩形的命令来完成。在编辑过程中，还要用到擦除、修剪、偏移和分解等命令，以达到既准又快的绘图目的。

1.7.3　所用命令介绍

1. 直线命令

（1）功能：绘制一条或一系列连接的二维和三维直线段。

（2）命令执行方式：

下拉菜单："绘图"→"直线"。

工具栏：绘图 ✐。

命令：LINE。

（3）操作过程：

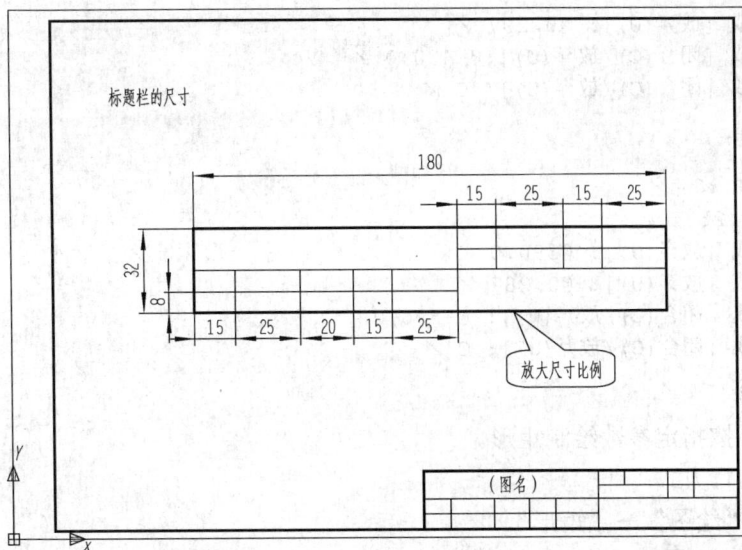

图 1-36　图框和标题栏样式

执行绘制直线命令后，命令行提示如下：

指定第一点：(指定直线的起点)
指定下一点或[放弃(U)]：

当已绘制了两条直线后，命令行提示：

指定下一点或[闭合(C)/放弃(U)]：

【例1-1】　用绝对坐标输入法绘制图框，如图
1-37 所示。

（1）画外框：

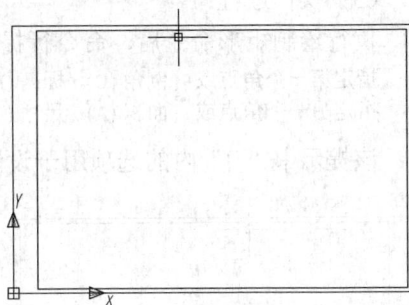

图 1-37　"直线"命令画图框

```
命令：LINE ✓
指定第一点：0,0 ✓
指定下一点或 [放弃(U)]：420,0 ✓
指定下一点或 [放弃(U)]：420,297 ✓
指定下一点或 [闭合(C)/放弃(U)]：0,297 ✓
指定下一点或 [闭合(C)/放弃(U)]：C
```

（2）画内框：

```
命令：LINE ✓
指定第一点：25,5 ✓
指定下一点或 [放弃(U)]：415,5 ✓
指定下一点或 [放弃(U)]：415,292 ✓
指定下一点或 [闭合(C)/放弃(U)]：25,292 ✓
指定下一点或 [闭合(C)/放弃(U)]：C ✓
```

【例1-2】　用相对坐标输入法绘制如图 1-37 所示的图框。

（1）画外框：

```
命令：LINE ✓
指定第一点：0,0 ✓
指定下一点或 [放弃(U)]：420,0 ✓
```

指定下一点或 [放弃(U)]: @0,297 ✓
指定下一点或 [闭合(C)/放弃(U)]:@-420,0 ✓
指定下一点或 [闭合(C)/放弃(U)]: C ✓

（2）画内框：

命令： LINE ✓
指定第一点: 25,5 ✓
指定下一点或 [放弃(U)]: @390,0 ✓
指定下一点或 [放弃(U)]: @0,287 ✓
指定下一点或 [闭合(C)/放弃(U)]: @-390,0✓
指定下一点或 [闭合(C)/放弃(U)]: C ✓

2. 矩形命令

（1）功能：按指定参数绘制矩形。

（2）命令执行方式：

下拉菜单："绘图"→"矩形"。

工具栏：绘图 ▢ 。

命令：RECTANG。

（3）操作过程：

执行绘制矩形命令后，命令行提示如下：

指定第一个角点或 [倒角(C)/标高(E)/圆角(F)/厚度(T)/宽度(W)]: （拾取一点）
指定另一个角点或 [面积(A)/尺寸(D)/旋转(R)]:

该提示中"[]"内的选项用于设置矩形的模式，其默认选项"指定第一个角点"及选择该选项后的相应提示则用于指定矩形的位置及大小。

选择"面积 A"选项，通过指定矩形的面积和长度（或宽度）绘制矩形；选择"尺寸（D）"选项，通过指定矩形的长度、宽度和矩形另一个角点的方向绘制矩形；选择"旋转（R）"选项，通过指定矩形的角度和拾取两个参考点绘制矩形。

【例1-3】 应用矩形命令绘制图框，如图 1-38 所示。

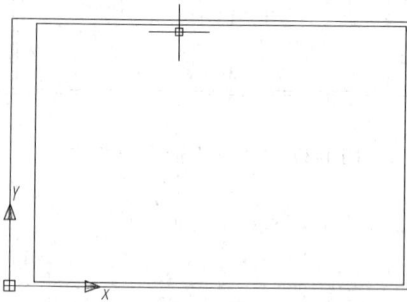

（1）画外框：

图 1-38 "矩形"命令画图框

命令： RECTANG ✓
指定第一个角点或 [倒角(C)/标高(E)/圆角(F) /厚度(T)/宽度(W)]: 0,0 ✓
指定另一个角点或 [面积(A)/尺寸(D)/旋转(R)]: 420,297 ✓

（2）画内框：

命令： RECTANG✓
指定第一个角点或 [倒角(C)/标高(E)/圆角(F)/厚度(T)/宽度(W)]: 25,5 ✓
指定另一个角点或 [尺寸(D)]: @390,287 ✓

【例1-4】 绘制不同模式的矩形，如图 1-39 所示。

（1）带倒角的矩形。

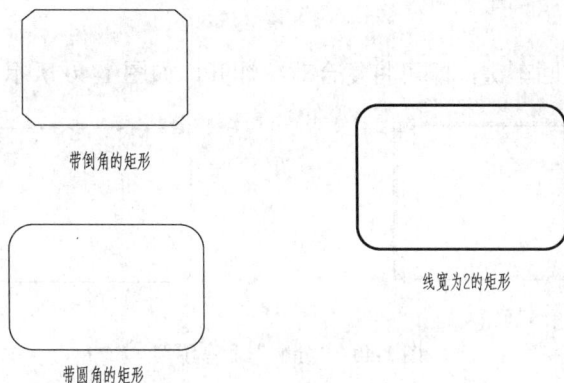

带倒角的矩形

线宽为2的矩形

带圆角的矩形

图 1-39　不同模式的矩形画法

命令：RECTANG ✓
指定第一个角点或 [倒角(C)/标高(E)/圆角(F)/厚度(T)/宽度(W)]：C ✓
指定矩形的第一个倒角距离 <0.0000>：10 ✓
指定矩形的第二个倒角距离 <10.0000>：✓
指定第一个角点或 [倒角(C)/标高(E)/圆角(F)/厚度(T)/宽度(W)]：　　　(拾取一点)
指定另一个角点或 [面积(A)/尺寸(D)/旋转(R)]：　　　　　　　　　　(拾取另一角点)

（2）带圆角的矩形。

命令：RECTANG ✓
当前矩形模式：倒角=10.0000 x 10.0000
指定第一个角点或 [倒角(C)/标高(E)/圆角(F)/厚度(T)/宽度(W)]：F✓
指定矩形的圆角半径 <0.0000>：10✓
指定第一个角点或 [倒角(C)/标高(E)/圆角(F)/厚度(T)/宽度(W)]：　　　(拾取一点)
指定另一个角点或 [面积(A)/尺寸(D)/旋转(R)]：D✓
指定矩形的长度 <160.0000>：160✓
指定矩形的宽度 <150.0000>：110✓
指定另一个角点或 [面积(A)/尺寸(D)/旋转(R)]：　　　　　　　　　　(拾取另一角点)

（3）改变线宽的矩形。

命令：RECTANG✓
当前矩形模式：圆角=10.0000
指定第一个角点或 [倒角(C)/标高(E)/圆角(F)/厚度(T)/宽度(W)]：W ✓
指定矩形的线宽 <0.0000>：2 ✓
指定第一个角点或 [倒角(C)/标高(E)/圆角(F)/厚度(T)/宽度(W)]：　　　(拾取一点)
指定另一个角点或 [面积(A)/尺寸(D)/旋转(R)]：　　　　　　　　　　(拾取另一角点)

3. 分解命令

（1）功能：将复合对象分解为若干个基本的组成对象。

（2）命令执行方式：

下拉菜单："修改" → "分解"。

工具栏：修改 🖾。

命令：EXPLODE。

（3）操作过程：

执行 EXPLODE 命令后，命令行提示如下：

选择对象：

选择复合对象后按回车键，即可将复合对象炸开，如图 1-40 所示。

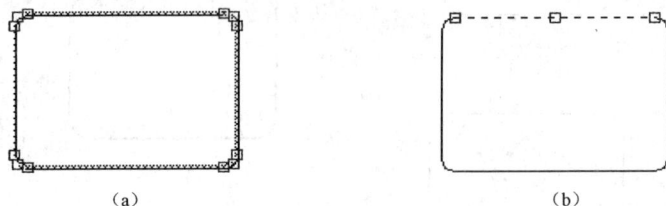

图 1-40 "分解"命令示例

（a）炸开前；（b）炸开后

4. 偏移命令

（1）功能：根据选择的对象按指定偏移距离和偏移方向，等距离偏移生成一个相似的物体。

（2）命令执行方式：

下拉菜单："修改"→"偏移"。

工具栏：修改 ⌒。

命令：OFFSET。

（3）操作过程：

执行OFFSET命令后，命令行提示如下：

指定偏移距离或 [通过(T)/删除(E)/图层(L)] <通过>:

默认情况下，需要指定偏移的距离，再选择要偏移复制的对象，然后指定偏移的方向，以复制出对象。其他各选项的功能如下：

1）"通过（T）"选项：

指定偏移距离或 [通过(T)/删除(E)/图层(L)] <54.8298>:　T ✓
选择要偏移的对象,或 [退出(E)/放弃(U)] <退出>:　　　(选择要偏移的对象)
指定通过点或 [退出(E)/多个(M)/放弃(U)] <退出>:　　(若输入 M,将对象偏移多次)

2）"删除（E）"选项：

指定偏移距离或 [通过(T)/删除(E)/图层(L)] <通过>:　E ✓
要在偏移后删除源对象吗? [是(Y)/否(N)] <是>:　　　(输入 Y 或 N 来确定是否删除源对象)

3）"图层（L）"选项：

指定偏移距离或 [通过(T)/删除(E)/图层(L)] <通过>:　L ✓
输入偏移对象的图层选项 [当前(C)/源(S)] <源>:　　　(选择要偏移的对象的图层)

5. 修剪命令

（1）功能：以选择的对象作为边界，对图形中其他对象进行修剪。

（2）命令执行方式：

下拉菜单："修改"→"修剪"。

工具栏：修改 ⊹。

命令：TRIM。

（3）操作过程：

执行 TRIM 命令后，命令行提示如下：

当前设置:投影=UCS,边=无
选择修剪边...
选择对象或 <全部选择>:　　　　　　　　　　　　　　（可直接按回车键全部选择）
选择要修剪的对象,或按住 Shift 键选择要延伸的对象,
或[栏选(F)/窗交(C)/投影(P)/边(E)/删除(R)/放弃(U)]:

使用 TRIM 命令进行对象修剪时，把修剪边作为参考对象，然后根据它来修剪其他对象。修剪边可以是直线、圆、圆弧、椭圆、多段线、样条曲线、构造线、射线和文字等。修剪边也可以同时作为被剪边。默认情况下，选择要修剪的对象（即选择被剪边），系统将以修剪边为界，将被剪边对象上位于拾取点一侧的部分修剪掉。

【例 1-5】　绘制标题栏。

在绘制标题栏过程中，主要应用矩形、分解、偏移和修剪命令等。

绘图步骤：

（1）绘制一个 180×32 的矩形框。
（2）应用分解命令将该矩形框炸开。
（3）应用偏移命令按其规定尺寸进行偏移操作。
（4）应用修剪命令剪去多余的线段。

整个绘图过程如图 1-41 所示。

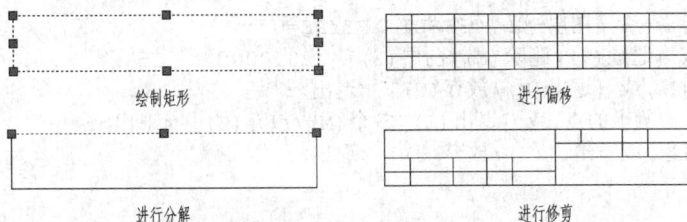

绘制矩形　　　　　进行偏移

进行分解　　　　　进行修剪

图 1-41　标题栏的绘制过程

（1）绘制矩形框：

命令: RECTANG ✓
指定第一个角点或 [倒角(C)/标高(E)/圆角(F)/厚度(T)/宽度(W)]:　（在屏幕上拾取一点）
指定另一个角点或 [面积(A)/尺寸(D)/旋转(R)]: @180,32✓

将矩形框进行分解：

命令: EXPLODE ✓
选择对象:找到 1 个　　　　　　　　　　　　　　　　　　（选择矩形）
选择对象: ✓

（2）按尺寸进行偏移：

命令: OFFSET ✓
当前设置:删除源=否　图层=源　OFFSETGAPTYPE=0
指定偏移距离或 [通过(T)/删除(E)/图层(L)] <50.0000>: 8 ✓　（从上往下偏移）
选择要偏移的对象,或 [退出(E)/放弃(U)] <退出>:　　　　（选择最上边的线）

指定要偏移的那一侧上的点，或 [退出(E)/多个(M)/放弃(U)] <退出>:
选择要偏移的对象，或 [退出(E)/放弃(U)] <退出>:   (重复三次)✓
命令：✓
OFFSET
当前设置：删除源=否   图层=源   OFFSETGAPTYPE=0
指定偏移距离或 [通过(T)/删除(E)/图层(L)] <8.0000>: 15 ✓   (从左向右偏移)
选择要偏移的对象，或 [退出(E)/放弃(U)] <退出>:   (选择最左边的线)
指定要偏移的那一侧上的点，或 [退出(E)/多个(M)/放弃(U)] <退出>:
选择要偏移的对象，或 [退出(E)/放弃(U)] <退出>: ✓
命令：✓
OFFSET
当前设置：删除源=否   图层=源   OFFSETGAPTYPE=0
指定偏移距离或 [通过(T)/删除(E)/图层(L)] <15.0000>: 25 ✓
选择要偏移的对象，或 [退出(E)/放弃(U)] <退出>:
指定要偏移的那一侧上的点，或 [退出(E)/多个(M)/放弃(U)] <退出>:
选择要偏移的对象，或 [退出(E)/放弃(U)] <退出>: ✓
命令：✓
OFFSET
当前设置：删除源=否   图层=源   OFFSETGAPTYPE=0
指定偏移距离或 [通过(T)/删除(E)/图层(L)] <25.0000>: 20 ✓
选择要偏移的对象，或 [退出(E)/放弃(U)] <退出>:
指定要偏移的那一侧上的点，或 [退出(E)/多个(M)/放弃(U)] <退出>:
选择要偏移的对象，或 [退出(E)/放弃(U)] <退出>: ✓
命令：✓
OFFSET
当前设置：删除源=否   图层=源   OFFSETGAPTYPE=0
指定偏移距离或 [通过(T)/删除(E)/图层(L)] <20.0000>: 15 ✓
选择要偏移的对象，或 [退出(E)/放弃(U)] <退出>:
指定要偏移的那一侧上的点，或 [退出(E)/多个(M)/放弃(U)] <退出>:
选择要偏移的对象，或 [退出(E)/放弃(U)] <退出>:   ✓

命令：✓
OFFSET
当前设置：删除源=否   图层=源   OFFSETGAPTYPE=0
指定偏移距离或 [通过(T)/删除(E)/图层(L)] <15.0000>: 25 ✓
选择要偏移的对象，或 [退出(E)/放弃(U)] <退出>:
指定要偏移的那一侧上的点，或 [退出(E)/多个(M)/放弃(U)] <退出>:
选择要偏移的对象，或 [退出(E)/放弃(U)] <退出>:   ✓   (重复两次，第二次从右向左偏移)
命令：✓
OFFSET
当前设置：删除源=否   图层=源   OFFSETGAPTYPE=0
指定偏移距离或 [通过(T)/删除(E)/图层(L)] <25.0000>: 15 ✓
选择要偏移的对象，或 [退出(E)/放弃(U)] <退出>:
指定要偏移的那一侧上的点，或 [退出(E)/多个(M)/放弃(U)] <退出>:
选择要偏移的对象，或 [退出(E)/放弃(U)] <退出>: ✓

命令：✓
OFFSET
当前设置：删除源=否   图层=源   OFFSETGAPTYPE=0
指定偏移距离或 [通过(T)/删除(E)/图层(L)] <15.0000>: 25 ✓
选择要偏移的对象，或 [退出(E)/放弃(U)] <退出>:

指定要偏移的那一侧上的点,或 [退出(E)/多个(M)/放弃(U)] <退出>:
选择要偏移的对象,或 [退出(E)/放弃(U)] <退出>：　✓

命令：✓
OFFSET
当前设置：删除源=否　图层=源　OFFSETGAPTYPE=0
指定偏移距离或 [通过(T)/删除(E)/图层(L)] <25.0000>：　15 ✓
选择要偏移的对象,或 [退出(E)/放弃(U)] <退出>:
指定要偏移的那一侧上的点,或 [退出(E)/多个(M)/放弃(U)] <退出>:
选择要偏移的对象,或 [退出(E)/放弃(U)] <退出>：　✓

修剪多余的线段：
命令： TRIM ✓
当前设置:投影=UCS,边=无
选择修剪边...
选择对象: 指定对角点: 找到 13 个　　　　　(将此标题栏全选)
选择对象：✓
选择要修剪的对象,或按住 Shift 键选择要延伸的对象,
或[栏选(F)/窗交(C)/投影(P)/边(E)/删除(R)/放弃(U)]:(选择需剪掉的线)
选择要修剪的对象,或按住 Shift 键选择要延伸的对象,或[栏选(F)/窗交(C)/投影(P)/边(E)/
删除(R)/放弃(U)]:　　　　　　　　　(此过程往下继续,直至修剪到最后一条边)
选择要修剪的对象,按住 Shift 键选择要延伸的对象,或 [投影(P)/边(E)/放弃(U)]:

命令：ERASE ✓
选择对象: 找到 1 个
选择对象：　✓　　　　　　　　　(最后一条线剪不掉,应用擦除命令)

　　在工程制图国家标准中规定，标题栏一般位于图框的右下角。在上例中，标题栏的位置还未定且其中的文字也未填写，这些问题将在后面的有关章节中学习。

思　考　题

　　1．AutoCAD 2010 界面是由哪几部分组成的？其作用分别是什么？

　　2．如何创建一张新图？方法有哪几种？创建的新图包含哪些内容？

　　3．打开工具栏的方法有哪几种？

　　4．怎样创建备份文件？

　　5．在 AutoCAD 2010 中，重复命令和终止命令如何操作？

　　6．在 AutoCAD 2010 中，坐标输入法有几种？如何使用？有何区别？请用"直线"命令按坐标输入方法绘制"标题栏"。

　　7．在 AutoCAD 2010 中，有哪些选择对象的方法？如何选择？

　　8．使用"矩形"命令绘出的矩形与使用"直线"命令绘出的矩形有何不同？

　　9．打开 AutoCAD 2010 "新功能专题研习"窗口，了解和学习其内容。

第 2 章　设置 AutoCAD 2010 的绘图环境

学习目标

（1）正确设置绘图环境、绘图状态。

（2）绘制平面图形。

学习内容

（1）正确设置 AutoCAD 2010 的绘图环境：绘图界限、绘图单位。

（2）正确设置绘图状态：捕捉和栅格、极轴追踪、对象追踪和对象捕捉等。

（3）掌握图层、颜色、线型和线宽等对象特性的设置。

（4）掌握圆、多线命令的使用与编辑方法。

2.1　绘图界限和绘图单位

2.1.1　设置绘图界限

（1）功能：设置图形界限并控制其状态。

（2）命令执行方式：

下拉菜单："格式"→"图形界限（A）"。

命令：LIMITS 或'LIMITS（作透明命令使用）

（3）操作过程：

执行 LIMITS 命令后，命令行提示如下：

```
命令: '_limits
重新设置模型空间界限:
指定左下角点或 [开(ON)/关(OFF)] <0.0000,0.0000>:
指定右上角点 <420.0000,297.0000>:
```

用户可以采用默认的图形界限，也可通过指定图形界限的左下角和右上角点更改图纸的大小和位置，还可以设置是否打开图形界限检查。

1）开（ON）：打开图限检查。这时 AutoCAD 检查用户输入的点是否在设置的图像范围之内，超出图限的点拒绝接受。

2）关（OFF）：关闭图限检查。选择此选项后，用户可在图限之外拾取点。

2.1.2　设置绘图单位

AutoCAD 2010 不仅提供了适合任何专业绘图的各种绘图单位（如毫米、英寸和英尺等），还提供了范围较大的绘图精度的选择。

（1）功能。设置绘图单位。

（2）命令执行方式：

下拉菜单："格式"→"单位"。

命令：UNITS。

（3）操作过程：执行 UNITS 命令后，AutoCAD 弹出如图 2-1 所示的"图形单位"对话框。该对话框中各选项的功能如下：

1）长度。此栏用于设置长度单位的类型和精度。用户可以在 "图形单位"对话框的"类型"和"精度"下拉列表框中选择需要的长度单位类型和精度，如图 2-2 所示。

2）角度。此栏用于设置角度单位的类型和精度。用户可以在"类型"和"精度"下拉列表框中选择需要的角度单位类型和精度，如图 2-3 所示。

3）插入比例。控制使用工具选项板（例如设计中心）插入当前图形的块的测量单位。可以在下拉列表框中选择需要的单位，如图 2-4 所示。当块或图形创建时使用的单位与该选项指定的单位不同时，所插入的块会按设置单位进行缩放。如果希望插入的块保持原有大小，可选择"无单位"选项。

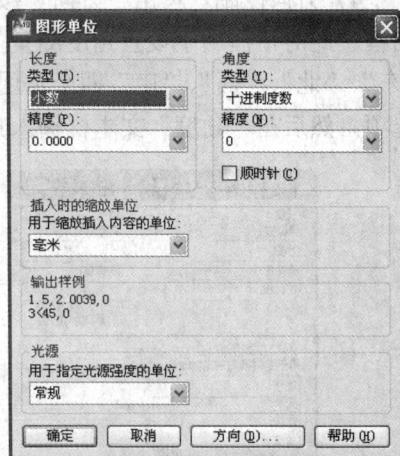

图 2-1　"图形单位"对话框

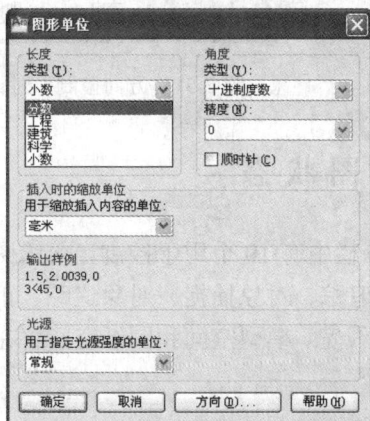

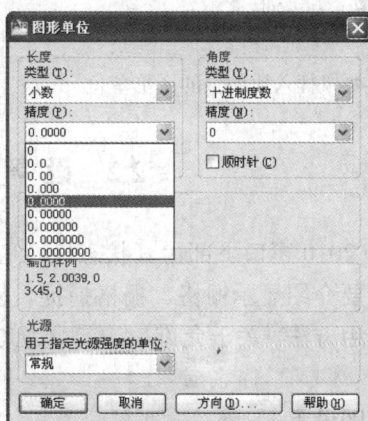

图 2-2　长度单位的"类型"和"精度"下拉列表

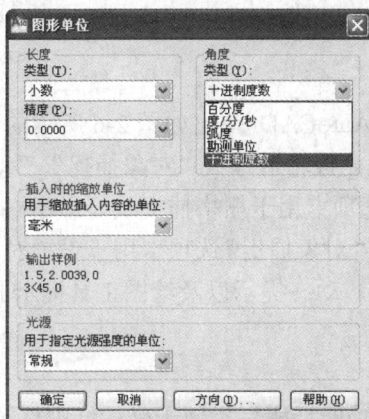

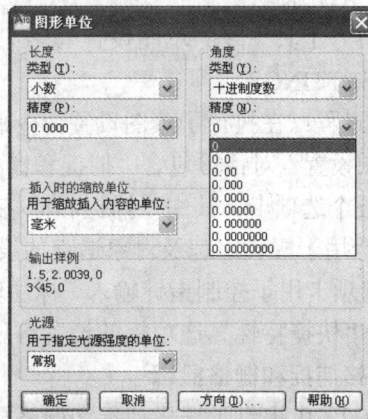

图 2-3　角度单位的"类型"和"精度"

4）方向控制。单击"方向"按钮，AutoCAD 2010 弹出如图 2-5 所示的"方向控制"对话框。此对话框用于设置角度测量基准。角度测量基准是指角度的零度方向，用户可以选择"东"、"北"、"西"、"南"四个常用方向作为角度测量基准。若有特殊需要，可选择"其他"选项，然后在"角度"文本框输入角度值或单击按钮🔲拾取角度作为基准角度。

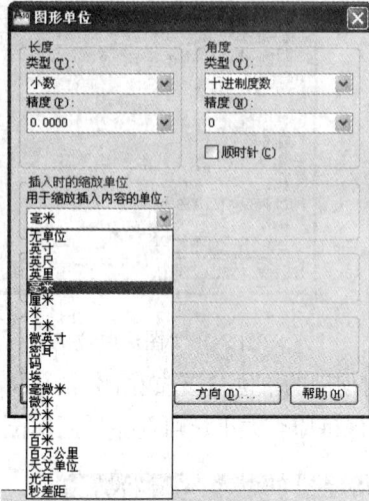

图 2-4 "插入比例"的图形单位

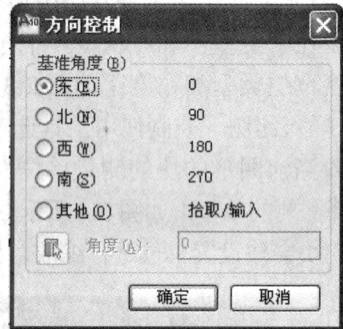

图 2-5 "方向控制"对话框

2.2 设 置 绘 图 状 态

AutoCAD 2010 窗口下部为其状态栏，在状态栏中有 10 个用于控制当前绘图状态的开关按钮，本节主要介绍显示栅格、栅格捕捉、极轴追踪、对象捕捉、对象追踪、正交、动态输入的设置和使用方法。关于允许/禁止动态 UCS、线宽、模型空间和图纸空间将在下面的有关章节中介绍。

2.2.1 草图设置

（1）功能。设置捕捉和栅格、极轴追踪、对象捕捉和对象捕捉追踪的方式。

（2）命令执行方式：

下拉菜单："工具"→"草图设置"。

命令：DSETTINGS。

（3）操作过程：在执行了草图设置命令后，AutoCAD 弹出如图 2-6 所示的"草图设置"对话框。"草图设置"对话框包含"捕捉和栅格"、"极轴追踪"、"对象捕捉"、"动态输入"和"快捷特性"五个选项卡。其中"捕捉和栅格"选项卡用于栅格捕捉及显示栅格的设置，"极轴追踪"选项卡用于极轴追踪及对象追踪的设置，"对象捕捉"选项卡用于设置对象捕捉方式，"动态输入"选项卡用于控制指针输入、标注输入、动态提示以及绘图工具提示的外观，快捷特性用于显示"快捷特性"选项板的设置等。

2.2.2 栅格捕捉和栅格显示

AutoCAD 2010 提供了栅格捕捉和栅格显示功能。栅格类似于坐标纸中格子线的概念，若已打开了栅格，在屏幕上用户将可以看见许多小点。这些点并不是图形的一部分，但是它

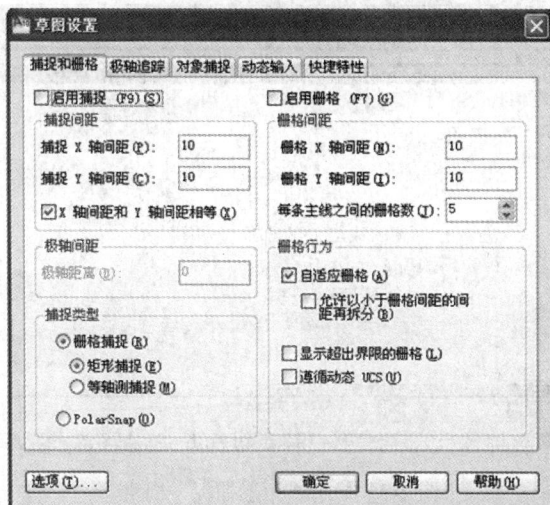

图 2-6　"草图设置"对话框

对图形单位之间的关系和尺寸十分有用。捕捉点在屏幕上是不可视的点。若打开捕捉时，当用户在屏幕上移动鼠标时，十字交点就是位于被锁定的捕捉点上。捕捉点间距可以与栅格间距相同，也可不同，通常将后者设置为前者的倍数。

利用栅格捕捉，可以使光标在绘图屏幕上按指定的步距移动，就像在绘图屏幕上隐含分布着按指定行距和列距排列的栅格点，这些栅格对光标有吸附作用，即能够捕捉光标，使光标只能在由这些点确定的位置上，因此使光标只能按指定的步距移动。栅格显示是指在屏幕上显示分布有按指定行距和列距排列的栅格点，就像在屏幕上铺了一张坐标纸，因此可方便用户作图。

栅格捕捉和栅格显示经常用于绘制轴测投影图。

（1）"启用捕捉"复选框：打开或关闭捕捉方式。绘图过程中，可以直接通过按 F9 键或单击状态栏上的"捕捉"按钮实现栅格捕捉功能的启用与否。

（2）"捕捉间距"选项组：设置捕捉间距、捕捉角度和捕捉基点坐标。

（3）"启用栅格"复选框：打开或关闭栅格的显示。如图 2-7 所示为显示栅格后的效果。绘图过程中，用户可以直接通过按 F7 键或单击状态栏上的"栅格"按钮实现栅格显示的启用与否。

（4）"栅格间距"选项组：设置栅格间距。选项组中的"栅格 X 轴间距"、"栅格 Y 轴间距"两个编辑框分别用来设置显示的栅格点在 X、Y 方向上的间距，如果不设置具体值，表示与捕捉栅格的间距相同。

（5）"捕捉类型"选项组：该选项组用于设置捕捉类型和样式。可以选择栅格捕捉或极轴捕捉。

1）选中"栅格捕捉"单选按钮，将捕捉模式设置成栅格捕捉模式。此时可通过"矩形捕捉"单选按钮将捕捉模式设为标准的矩形捕捉模式，即光标沿水平或垂直方向捕捉；选中"等轴测捕捉"单选按钮则表示捕捉模式为等轴测模式，此模式是绘正等轴测图时的作图环境。在"等轴测捕捉"模式下，栅格和光标已不再互相垂直，而是成绘制等轴测图时的特定角度，如图 2-8 所示。

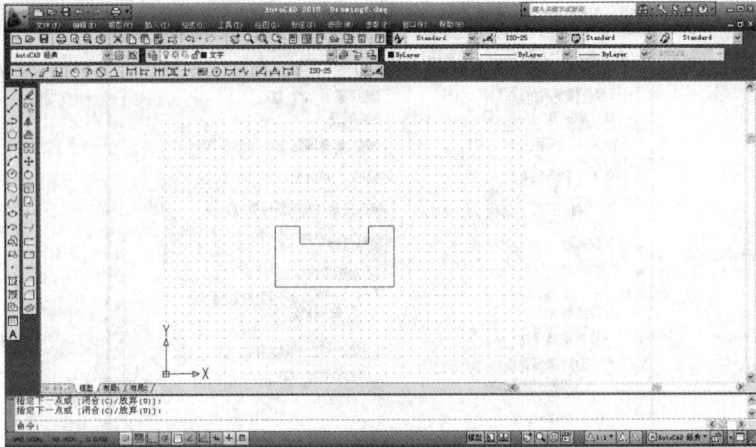

图 2-7 显示"矩形捕捉"栅格

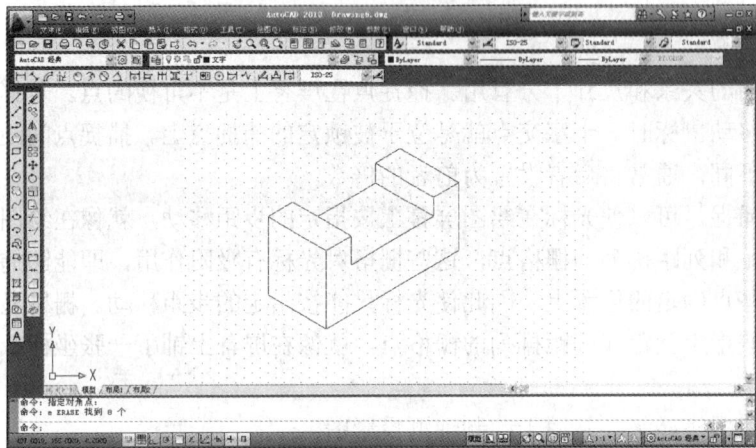

图 2-8 "等轴测捕捉"模式

2）选中"极轴捕捉"单选按钮将捕捉模式设置成极轴模式。在该模式下，光标的捕捉从极轴追踪起始点并沿着在"极轴追踪"选项卡中设置的角度增量方向捕捉。

（6）"极轴间距"选项组：该选项用于指定在采用极轴捕捉方式时的捕捉点之间的间距，当设置为 0 时，AutoCAD 自动将捕捉栅格的水平距离作为极轴间距。

（7）"栅格行为"选项组：用于设置栅格线的显示样式（三维线框除外）。

1）"自适应栅格"复选框：用于限制缩放时栅格的密度。

2）"允许以小于栅格间距的间距再拆分"复选框：用于是否能够以小于栅格间距的间距来拆分栅格。

3）"显示超出界限的栅格"复选框：用于确定是否显示图限之外的栅格。

4）"跟随动态 UCS"复选框：跟随动态 UCS 的 XY 平面而改变栅格平面。

2.2.3 极轴追踪

AutoCAD 2010 提供有极轴追踪功能。用户可通过"工具"→"草图设置"选择"极轴追踪"选项实现，"极轴追踪"选项卡如图 2-9 所示。

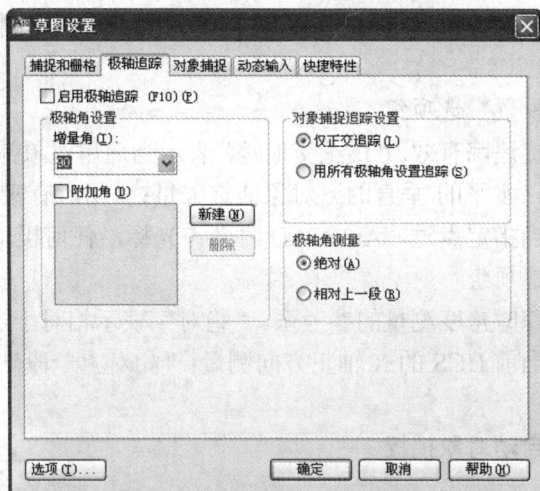

图 2-9　"极轴追踪"选项卡

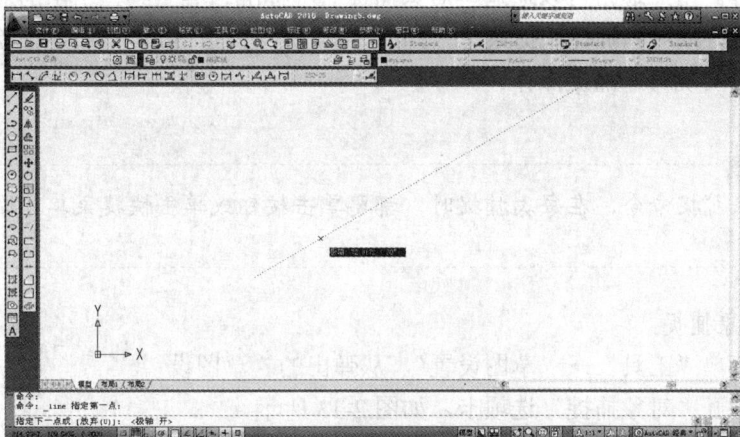

图 2-10　"极轴追踪"形式

　　启用该功能后，当 AutoCAD 提示用户确定点位置时，拖动光标，使光标接近预先设定的方向（即极轴追踪方向），AutoCAD 自动将橡皮筋线吸附到该方向，同时沿该方向显示极轴追踪的矢量，并浮出一小标签，标签中说明当前光标位置相对于前一点的极坐标，如图 2-10 所示。

　　1. "启用极轴追踪"复选框

　　图 2-9 所示的对话框中的"启用极轴追踪"复选框用于确定是否启用极轴追踪，选中复选框启用，否则不启用。在绘图过程中，可以通过单击状态栏上的"极轴"按钮或按 F10 键切换极轴追踪的启用与否。

　　2. "极轴角设置"选项组

　　该选项组用于确定极轴追踪的追踪方向。可以通过"增量角"下拉列表框确定追踪方向的角度增量。例如，如果选择 15，则表示 AutoCAD 将在 0°、15°、30°等以 15°为增量的角度方向进行极轴追踪。"附加角"编辑框确定除由"增量角"下拉列表框设置的追踪方向外，是否还有附加的追踪方向，选中复选框表示有附加追踪方向，否则没有。如果有附加追踪方向，用户可单击"新建"按钮确定附加追踪方向的角度，单击"删除"按钮删除已有的附加角度。

3. "对象捕捉追踪设置"选项组

该选项组对对象捕捉追踪有效。"仅正交追踪"表示当启用对象捕捉追踪时，仅显示已获得的对象捕捉点的正交（水平的/垂直的）对象捕捉矢量；"用所有极轴角设置追踪"表示如果启用对象捕捉追踪，当指定点时，AutoCAD 将允许光标沿任何极轴角矢量追踪。

4. "极轴角测量"选项组

该选项表示极轴追踪时角度测量的参考系。"绝对"表示相对于当前 UCS 测量，即极轴追踪矢量的角度相对于当前 UCS 的 X 轴正方向测量；"相对上一段"则表示角度相对于前一对象进行测量。

2.2.4 对象捕捉和自动对象捕捉

1. 对象捕捉

利用对象捕捉，用户可以快速、准确地捕捉到一些特殊点，如捕捉圆心、端点、中点、象限点、切点等。用户通常可以通过"对象捕捉"、"标准"等工具栏引出的对象捕捉工具栏（如图 2-11 所示）或对象捕捉快捷菜单（如图 2-12 所示，按 Shift 键后，在绘图区域中右击可弹出此菜单）实现对象捕捉操作。

注 意

应用对象捕捉命令，在每次捕捉时，都要单击按钮或单击快捷菜单，因此，也称作"临时捕捉"。

2. 自动对象捕捉

单击下拉菜单"工具"→"草图设置"，从弹出的"草图设置"对话框，打开"对象捕捉"选项卡，如图 2-13 所示。

在"对象捕捉"选项卡中，用户可通过"对象捕捉模式"选项组中的各复选框确定自动捕捉模式；"启用对象捕捉"复选框用来确定是否启用自动捕捉功能，选中复选框启用，否则不启用；"启用对象捕捉追踪"复选框用来确定是否启用对象捕捉追踪功能。

图 2-11 对象捕捉工具栏   图 2-12 对象捕捉快捷菜单

利用"对象捕捉"选项卡设置默认捕捉模式并启用自动对象捕捉功能后，绘图过程中每当 AutoCAD 提示用户确定点时，如果将光标位于对象上与自动捕捉模式对应的点的附近，AutoCAD 会自动捕捉到该点，并显示出捕捉到相应点的小标签，此时单击拾取点，AutoCAD 以该捕捉点为响应。

【例 2-1】 利用目标捕捉的方法，将画好的标题栏移动到图框的右下角。

（1）分析：为了准确定位，需打开捕捉交点模式，同时应用"移动"命令，以达到要求。

（2）移动命令。

1）功能：将画好的图形移动到其他位置。

2）执行命令方式：

下拉菜单："修改"→"移动"。

工具栏：修改 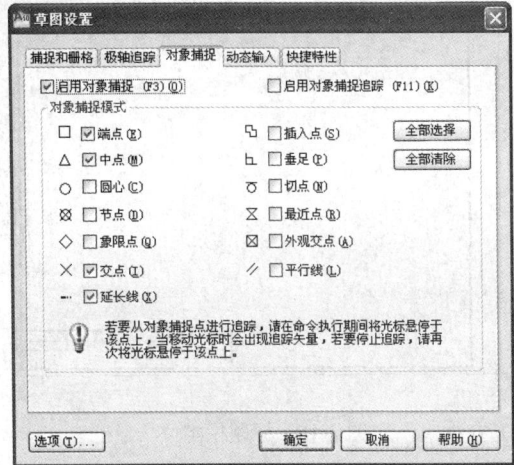。

命令：MOVE 或 M。

3）操作过程：

执行命令后，命令行提示如下：

命令：_MOVE

  （由工具栏执行命令）

图 2-13 "对象捕捉"选项卡

选择对象：

  （选择一个或多个对象）

选择对象：✓   （结束选择对象）

指定基点或 [位移(D)] <位移>： <对象捕捉 开>   （可打开目标捕捉方式）

指定位移的第二点或 <用第一点作位移>：

使用该命令可将选中的对象原样不变（指尺寸和方向）地从一个位置移动到另一个位置。

（3）将已画好的标题栏定位。

命令：_MOVE

选择对象： 指定对角点：找到 13 个   （交叉窗口全选）

选择对象：✓   （结束选择）

指定基点或 [位移(D)] <位移>： <对象捕捉 开>   （打开对象捕捉）

如图 2-14（a）所示。

指定位移的第二点或 <用第一点作位移>：

如图 2-14（b）所示。

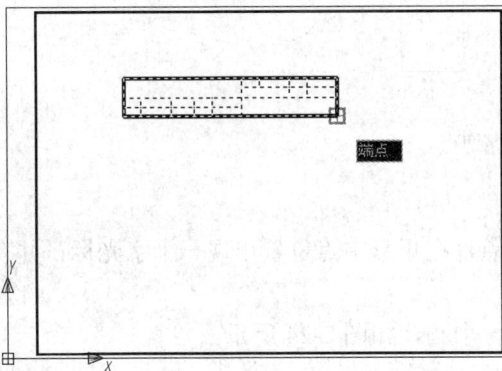

（a）

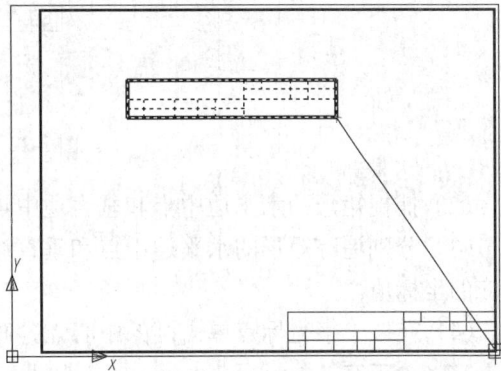

（b）

图 2-14 标题栏定位

（a）指定基点；（b）指定位移的第二点

完成后的图框、标题栏如图 2-15 所示。

【例 2-2】 对象捕捉常用命令举例（如图 2-16～图 2-22 所示）。

2.2.5　对象捕捉追踪

使用功能键 F11 或单击状态栏的"对象追踪"按钮，可打开或关闭对象捕捉追踪状态。使用对象捕捉追踪必须同时打开对象捕捉状态。

如图 2-23 所示，要求绘制一个圆，其圆心位于该矩形的中点位置。

其方法是：

（1）打开"对象捕捉"、"对象捕捉追踪"。

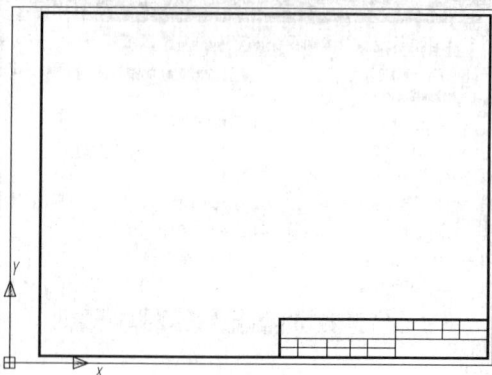

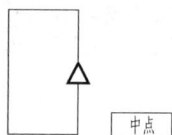

图 2-15　标题栏定位

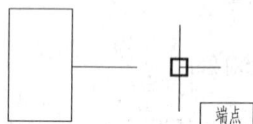

图 2-16　捕捉中点　　　　图 2-17　捕捉端点　　　　图 2-18　捕捉圆心点

图 2-19　捕捉象限点　　　图 2-20　"平行"捕捉　　　图 2-21　捕捉垂足

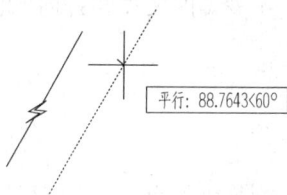

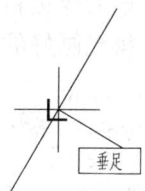

图 2-22　捕捉切点

（2）捕捉矩形的水平边中点和垂直边中点。

（3）分别追踪矩形的水平边中点和垂直边中点，在矩形中点位置出现一十字光标，并有相应的坐标值。

（4）在该十字光标点单击圆的中心点，画出一个圆，如图 2-24 所示。

2.2.6　正交

（1）功能：打开或关闭正交模式。

（2）执行命令方式：

命令：ORTHO。

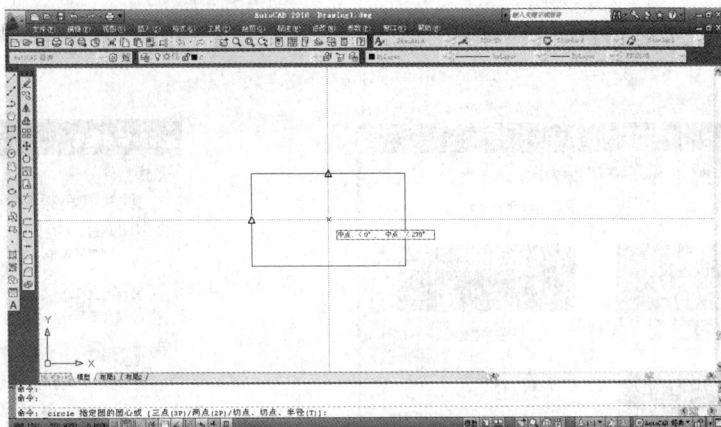

图 2-23　捕捉矩形中点

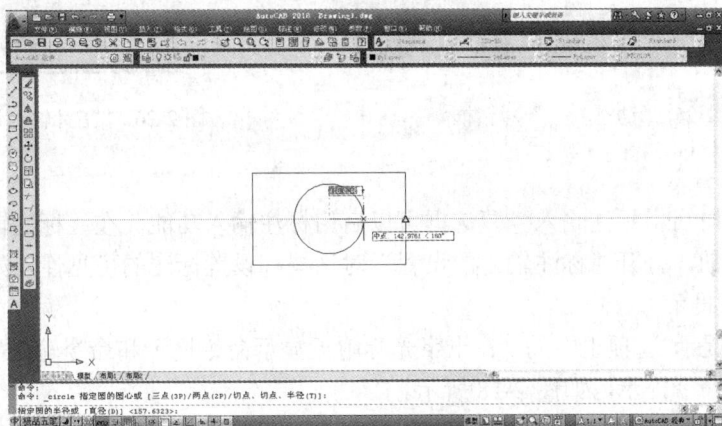

图 2-24　利用该中点画圆

功能键：按 F8 键或单击状态栏中"正交"按钮。

（3）操作过程：

在执行了 ORTHO 命令后，命令行提示如下：

输入模式 [开 (ON) /关 (OFF)]

各选项含义如下：

1）开（ON）。打开正交模式。打开正交模式绘制直线时，指定第一个点后，连接光标和起点的橡皮线总是平行于 X 轴或 Y 轴， 画出水平线或垂直线，不能画成斜线。

2）关（OFF）。关闭正交模式。这时用户可以绘制任意方向的直线。

2.2.7　动态输入

在 AutoCAD 2010 中，使用动态输入功能可以在指针位置处显示标注输入和命令提示等信息，从而大大方便了绘图。

选择下拉菜单"工具"→"草图设置"，从弹出的"草图设置"对话框中打开"动态输入"选项卡，如图 2-25 所示。

1. 启用指针输入

选中"启用指针输入"复选框可以启用指针输入功能。可以在"指针输入"选项组中单

击"设置"按钮，使用打开的"指针输入设置"对话框设置指针的格式和可见性，如图 2-26
所示。

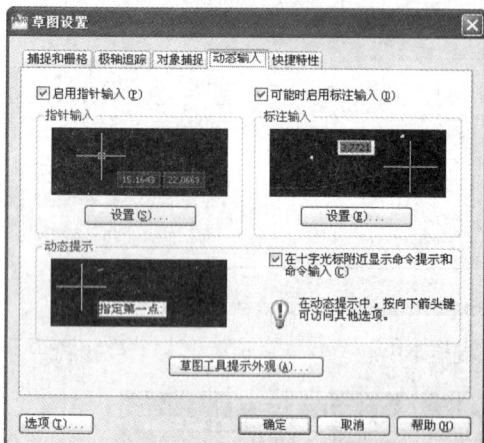

图 2-25 "动态输入"对话框

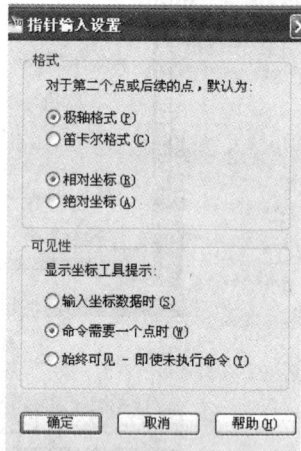

图 2-26 "指针输入设置"对话框

2. 启用标注输入

选中"可能时启用标注输入"复选框可以启用标注输入功能。在"标注输入"选项组中
单击"设置"按钮，打开"标注输入的设置"对话框，设置标注的可见性，如图 2-27 所示。

3. 显示动态提示

选中"动态提示"选项组中的"在十字光标附近显示命令提示和命令输入"复选框，可以
在光标附近显示命令提示，如图 2-28 所示。

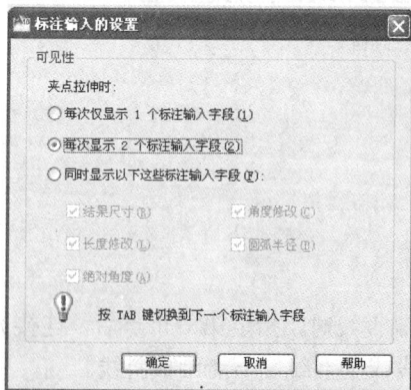

图 2-27 "标注输入的设置"对话框

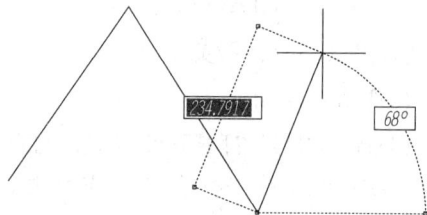

图 2-28 动态显示命令提示

2.3 设置对象特性

在 AutoCAD 2010 中，对象的特性包括对象的线型、颜色、线宽、打印样式和图层等。
通过设置对象的特性，用户可以非常方便地进行图形的绘制。本节要详细介绍这些特性的使
用与设置方法。

图层(L)
图层状态管理器(A)...
图层工具(Q)
颜色(C)...
线型(N)...
线宽(W)...
比例缩放列表(E)...
文字样式(S)...
标注样式(D)...
表格样式(B)...
多重引线样式(I)
打印样式(Y)...
点样式(P)...
多线样式(M)...
单位(U)...
厚度(T)...
图形界限(I)
重命名(R)...

图 2-29　"格式"下拉菜单

图 2-30　"特性"工具

在 AutoCAD 2010 中，设置对象特性的命令可以从"格式"下拉菜单（如图 2-29 所示）选取，也可以从"特性"工具栏（如图 2-30 所示）选取，还可以在命令行"命令:"提示下输入命令。

2.3.1　颜色设置

在 AutoCAD 2010 的图形中，用户可以将不同的对象设置为不同的颜色，以区分它们的类别和作用。图形对象既可以单独拥有自己的颜色值，也可以由图形所在的图层来间接控制其颜色属性。"颜色"命令用于设置当前颜色（包括随层 ByLayer 和随块 ByBlock 颜色值），所有新创建的图形都以当前颜色绘出。

（1）功能：设置当前对象的颜色。

（2）命令执行方式：

下拉菜单："格式"→"颜色"。

命令：COLOR。

（3）操作过程：调用 COLOR 命令后，AutoCAD 弹出如图 2-31 所示的"选择颜色"对话框。

用户可以将当前颜色设置为一种具体颜色或设置为逻辑颜色，具体方法如下：

1）选用具体的颜色。用户可以通过"索引颜色"来选择一种具体的颜色作为当前的颜色，AutoCAD 在此后将以该颜色绘图。

2）设置逻辑颜色。AutoCAD 中提供了"ByLaye"和"ByBlock"两种逻辑颜色，具体含义如下：

图 2-31　"选择颜色"对话框

a）ByLaye（随层）。当对象的颜色设置为"随层"时，绘制对象的颜色与对象所在图层的颜色设置相同。由于在绘图中一般将不同类型的对象放置在不同的图层中，这也是最常用的颜色设置方式。

b）ByBlock（随块）。当对象的颜色设置为"随块"时，绘图颜色为白色（若屏幕底色为黑色时，否则相反）。当把在该颜色设置下绘制的对象设置为块后，在不同图层插入块时，块对象的颜色将与插入层的颜色一致，但在插入块时当前颜色应设置成"随层"方式。

3）利用"特性"工具栏设置颜色。单击"特性"工具栏中"颜色"下拉列表的按钮，弹出如图 2-32 所示的下拉列表。用户可以直接选择"颜色"下拉列表中的一种具体颜色或逻辑颜色作为当前的颜色。若要选择其他的颜色，可选择"其他"选项在弹出的"选择颜色"对话框中进行选择。

2.3.2　线型设置

根据工程制图的要求，在绘制工程图样中，经常要使用不同的线型，例如实线、点画线、虚线等。不同的线型代表不同的意义，这是每个工程技术人员都要遵守的。AutoCAD 2010

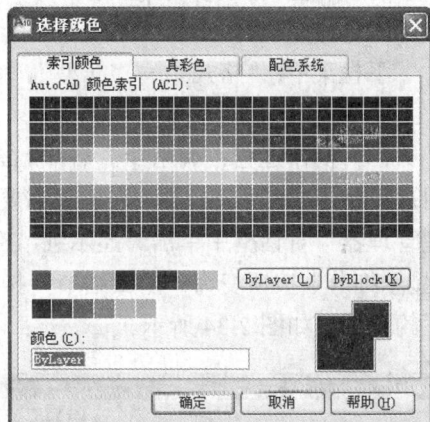

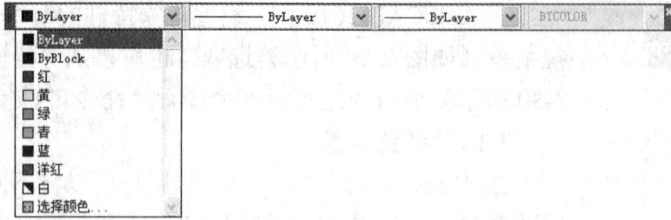

图 2-32 "颜色"下拉列表

提供了丰富的线型，它们存放在线型库文件 acad.lin 和 acadiso.lin 中，用户可根据需要从中选择。此外，用户也可以自己定义线型，以满足特殊的需要。AutoCAD 2010 默认的绘图线型是 continuous（实线）。线型库中的线型大多数有三种子类，如 CENTER、CENTER2、CENTER×2 等。这三种形式的差别在于：第一种一般为标准型，第二种一般为比例是第一种线型一半的线型，第三种一般是比例为第一种线型两倍的线型。

1. 设置线型

（1）功能：加载、设置线型。

（2）命令执行方式：

下拉菜单："格式"→"线型"。

命令：LINETYPE。

（3）操作过程：调用命令后，AutoCAD 弹出如图 2-33 所示的"线型管理器"对话框。用户可使用"线型管理器"来加载需要的线型、设置当前新绘制图形所使用的线型等。在"线型管理器"对话框中单击"显示细节"按钮，这时在对话框的下部增加了"详细信息"栏，"显示细节"按钮变为"隐藏细节"按钮，用户可以单击"隐藏细节"按钮取消"详细信息"栏的显示，如图 2-34 所示。

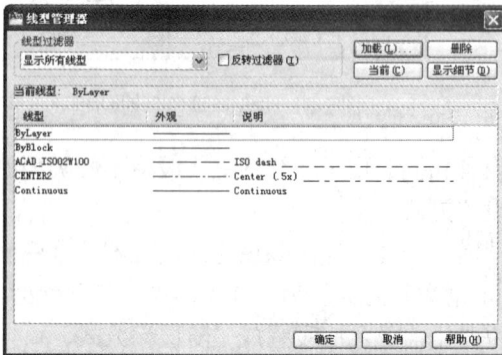

图 2-33 "线型管理器"对话框

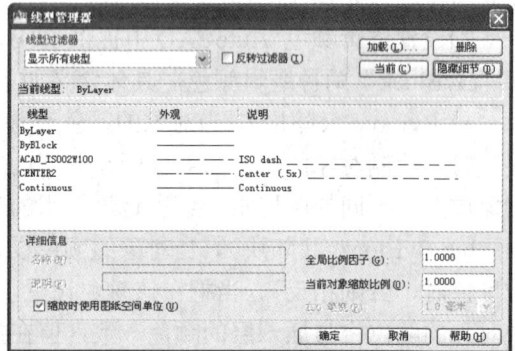

图 2-34 带"详细信息"栏的"线型管理器"对话框

在"线型管理器"对话框中，"删除"按钮选项是用于删除未使用过的线型。方法是：选中该线型后，单击"删除"按钮或按 Delete 键。"当前"按钮选项是用于设置当前线型，方法是：用户选择其中一种线型，然后单击"当前"按钮，即可将该线型设置为当前绘图线型。还可以从"对象特性"工具栏中"线型"的下拉列表中设置当前线型，如图 2-35 所示。

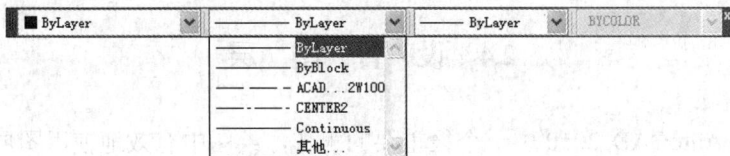

图 2-35　"线型"下拉列表

2. 加载线型

单击"线型管理器"对话框中"加载"按钮后，AutoCAD 2010 弹出如图 2-36 所示的"加载或重载线型"对话框。AutoCAD 默认的线型文件为 acadiso.lin，用户可以单击该对话框中的"文件"按钮选择其他线型文件。选定线型文件后，AutoCAD 在线型列表中列出该文件所包含的所有线型。用户可以选择一种或按住 Ctrl 键或 Shift 键选择多种线型，然后单击"确定"按钮，即可将选择的线型加载到当前图形文件中。

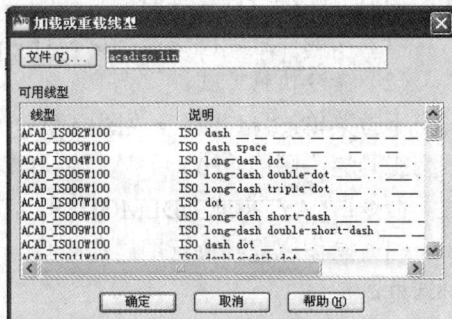

图 2-36　"加载或重载线型"对话框

2.3.3　线宽设置

（1）功能：设置绘图时线段的宽度。

（2）命令执行方法：

下拉菜单："格式"→"线宽"。

命令：LWEIGHT。

（3）操作过程：执行线宽设置命令后，AutoCAD 弹出如图 2-37 所示的"线宽设置"对话框。在该对话框中，用户可以进行线宽的选择、线宽单位的选择、默认线宽值的设定以及线宽的显示比例等。

还可以单击"特性"工具栏中"线宽"下拉列表的按钮，通过弹出的如图 2-38 所示的下拉列表来选择当前的线宽。

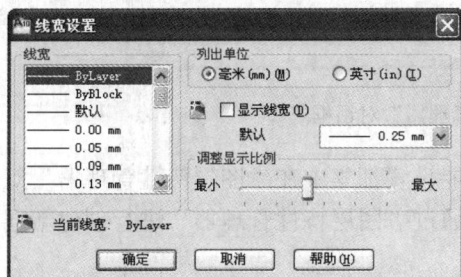

图 2-37　"线宽设置"对话框

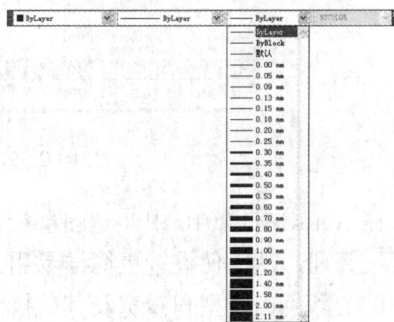

图 2-38　"线宽"下拉列表

注　意

在绘图过程中，只有打开状态栏中的"线宽"按钮，才能在图形中显示其线宽。但不显示线宽可以节省内存，提高绘图效率。因此，建议用户在绘图时将线宽显示关闭，而仅在图纸打印时将线宽显示打开。

2.4 设 置 图 层

设置图层是 AutoCAD 2010 中一个很重要的工作，绘图中有效地使用图层，可以大大提高绘图效率，也可以给绘图工作增添许多乐趣。

AutoCAD 中的图层就是具有相同坐标系的透明电子纸，用户可将不同对象绘制在不同的图层上，它们一层一层地叠加在一起即可构成所绘的图形。

在绘图时，可以根据需要增加和删除图层。图层的每一层均可以拥有任意的颜色、线型和线宽，并且还可以随时调整这些颜色、线型和线宽。

2.4.1 图层特性管理器

（1）功能：管理图层及图层特性。

（2）命令执行方式：

下拉菜单："格式"→"图层"。

工具栏：图层 ▦。

命令：LAYER 或 DDLMODES。

（3）操作过程：执行图层命令后，AutoCAD 弹出如图 2-39 所示的"图层特性管理器"对话框。

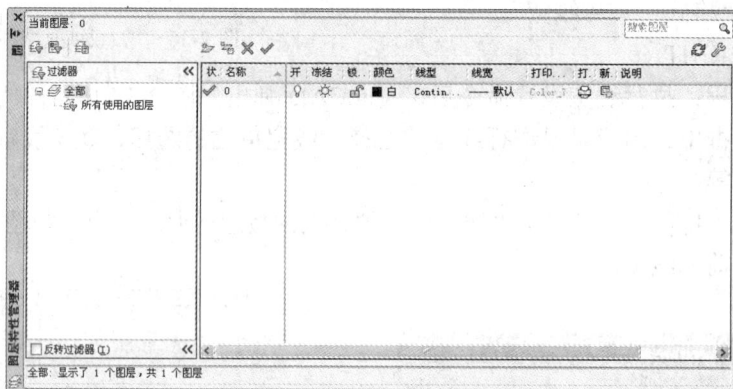

图 2-39 "图层特性管理器"对话框

在 AutoCAD 2010 中，与图层相关的一些功能设置都集中在"图层特性管理器"对话框来统一管理，从而使设置更简洁易用。用户可以通过"图层特性管理器"进行创建新层，设置图层的颜色、线型和线宽及其他操作等。

1. 创建图层

AutoCAD 在创建一个新图时，自动创建一个 0 层为当前层。用户在图 2-40 所示的"图层特性管理器"对话框中单击按钮 ▦ 可依照 0 层为模板创建一个新层。这时 AutoCAD 创建一个命名为"图层 1"的新图层并显示在图层列表框中，且新图层处于被选中状态（高亮显示）。多次单击按钮 ▦ 可创建多个新图层，新图层的默认名称为"图层 n"（n 为依图层顺序排列的整数），如图 2-40 所示。

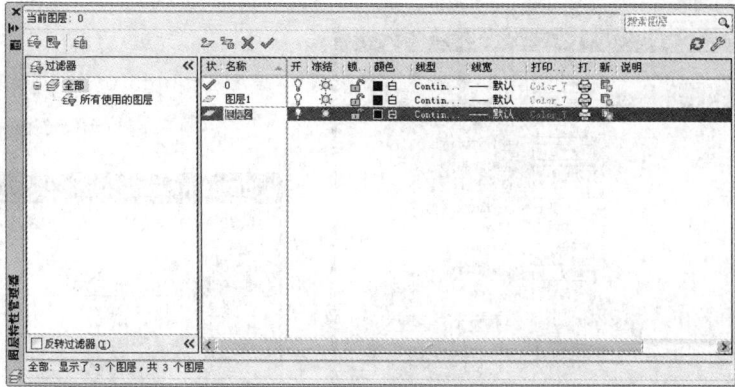

图 2-40　创建新图层

2. 删除图层

用户可删除一些不必要的空白图层。选择
要删除的图层，然后单击按钮✖或按 Delete 键
即可。但要注意的是，用户不能删除 0 层、定
义点层、当前层、外部引用所在层以及包含有
对象的图层。否则 AutoCAD 将给出如图 2-41
所示的警告信息，提示用户不能删除选择的
图层。

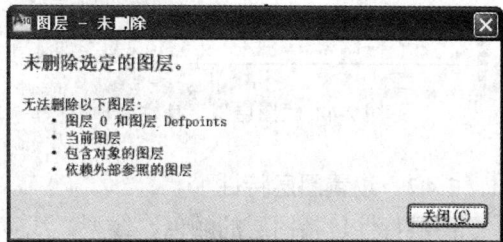

图 2-41　警告信息

3. 设置当前图层

用户都是在当前层上绘制图形对象，当用户选择了某一图层作为当前层后，则新建的对
象都是绘制在该图层上。系统默认的当前层是 0 层。

用户可在"图层特性管理器"中从图层列表选择一个图层，然后单击按钮✔，AutoCAD
则将选择的图层设置为当前图层，并在图层列表上面的当前层提示栏显示所选图层名字。当
前层只能设置一个，且冻住了的图层和基于外部引用的图层不能设置为当前层。另外，用户
可以用鼠标双击某一图层名即可将该图层设置为当前层。

4. 保存状态与恢复图层状态

保存图层状态可以将已有的图层及其状态保存下来。

单击"图层特性管理器"对话框中的按钮🖳，AutoCAD 弹出如图 2-42 所示的"图层状
态管理器"对话框。

（1）保存图层状态。如果要保存图层状态，可单击对话框中的"新建"按钮，弹出如图
2-43 所示的"要保存的新图层状态"对话框。在该对话框中输入图层状态的名称，如"点画
线"，单击"确定"按钮，返回"图层状态管理器"对话框，在"要恢复的图层特性"选项组
中，设置要恢复的选项，然后单击"关闭"按钮即可。

（2）恢复图层状态。在"图层特性管理器"对话框中，如果改变了图层的显示状态，还
可以恢复以前保存的图层设置。单击"图层特性管理器"对话框中的按钮🖳，打开"图层状
态管理器"对话框，在"图层状态"列表框中选择要恢复的图层状态，单击"恢复"按钮，
完成图层状态的恢复。

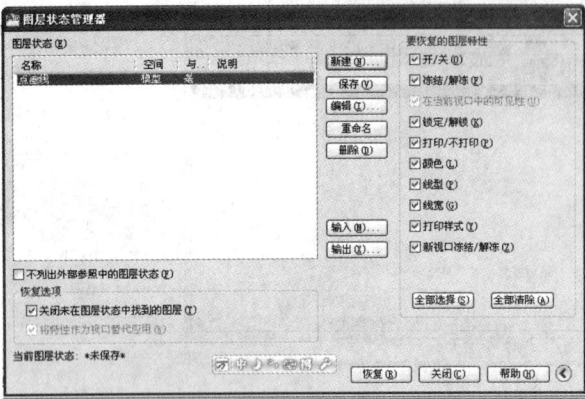

图 2-42 "图层状态管理器"对话框

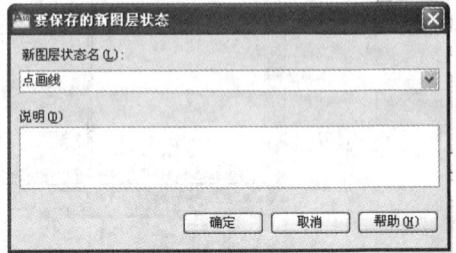

图 2-43 "要保存的新图层状态"对话框

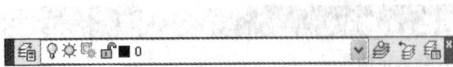

图 2-44 "图层"工具栏

5. 使用"图层"工具栏

使用"图层"工具栏不仅可以方便、快捷地切换图层与修改对象所在的图层，还可以随时控制各图层的状态。"图层"工具栏如图 2-44 所示。

2.4.2　设置图层特性

图层特性包括图层的颜色、线型、线宽和打印样式。设置图层特性的方法与设置图形对象特性的方法基本相同，只是不能设置为逻辑选项。

1. 颜色

单击"图层特性管理器"中要设置颜色图层的"颜色"列，AutoCAD 弹出"选择颜色"对话框。该对话框中有三个选项卡，如图 2-45 所示。一般情况下，使用"索引颜色"选项卡即可满足用户的需要。有时为了增强色彩效果用户还可以使用"真彩色"和"配色系统"选项卡。选择一种颜色后，单击"确定"按钮即可重新设置该图层的颜色。

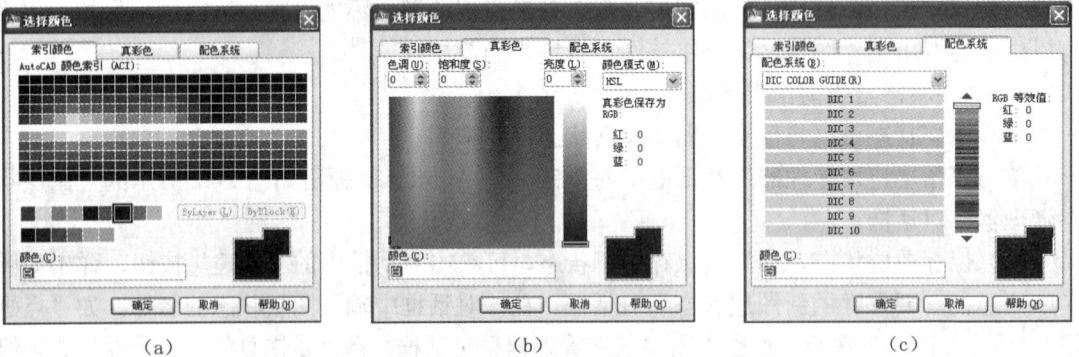

(a)　　　　　(b)　　　　　(c)

图 2-45 "选择颜色"对话框

(a)"索引颜色"选项卡；(b)"真彩色"选项卡；(c)"配色系统"选项卡

2. 线型

单击"图层特性管理器"中要设置线型图层的"线型"列，AutoCAD 弹出如图 2-46 所示的"选择线型"对话框。选择一种线型后，单击"确定"按钮即可重新设置该图层的线型。

如果列表框中没有所需的线型，可单击"加载---"按钮装载线型，如图 2-47 所示。

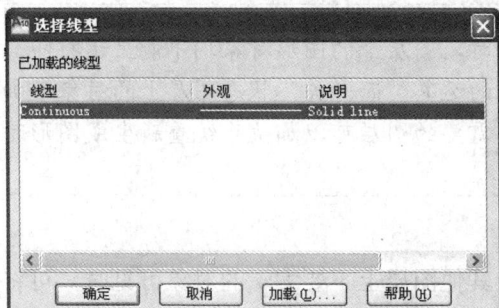

图 2-46　"选择线型"对话框

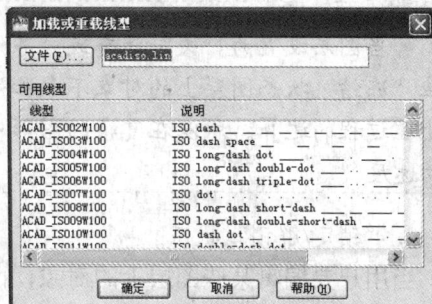

图 2-47　"加载或重载线型"对话框

3. 线宽

单击"图层特性管理器"中要设置线宽图层的"线宽"列，AutoCAD 弹出如图 2-48 所示的"线宽"对话框。选择一种线宽后，单击"确定"按钮即可重新设置该图层的线宽。

2.4.3　设置图层状态

图层的状态包括"开/关"状态、"冻结/解冻"状态和"锁定/解锁"状态，下面分别介绍这些状态的设置方法。

1. "开/关"状态

当图层处于"开"状态时，图层上的对象可显示和打印；如果处于"关"状态时，则不能显示和打印。

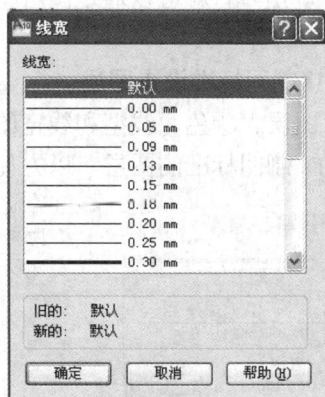

在"图层特性管理器"对话框中，"开"列的图标 💡 表示该图层处于"开"状态，图标 💡 表示该图层处于"关"状态。单击"开"列的图标可以实现"开"和"关"状态的切换。

如果用户关闭当前层，AutoCAD 会弹出如图 2-49 所示的警告对话框，提示关闭了当前正在工作的图层。

图 2-48　"线宽"对话框

图 2-49　警告对话框

2. "冻结/解冻"状态

当图层处于"冻结"状态时，AutoCAD 不会显示、打印或重新生成被冻结图层上的图形对象。当图层为"解冻"状态时，AutoCAD 重新生成并显示解冻图层上的图形对象。

在"图层特性管理器"对话框中，"在所有视口冻结"列的图标 ☼ 表示该图层处于"解冻"状态，图标 ❋ 表示该图层处于"冻结"状态。单击"冻结"列的图标可以实现"解冻"和"冻结"状态的切换。

用户不能冻结当前层"0"，也不能将冻结层改为当前层。

> **注意**
>
> 当图层设置为"关"状态或"冻结"状态时，图层上的图形对象均不能显示打印。但"冻结"状态图层上的对象不参加处理过程的运算，而"关"状态图层上的对象参加处理过程的运算。所以在复杂的图形中冻结不需要的图层可以加快系统重新生成图形时的速度。

3. "锁定/解锁"状态

当用户要编辑某些图层上的对象，而又想让其他图层上不要编辑的对象可见时，可将这些不用编辑对象所在的图层锁住。这样只能编辑设有锁住图层上的对象，而不能选择和编辑锁住层上的对象。但锁住层上的对象仍然可见，并可进行对象捕捉。用户可将当前层设置为"锁定"状态并且在上面绘制对象。与"关"和"冻结"状态不同，"锁定"状态图层上的对象可以被打印。

在"图层特性管理器"对话框中，"锁定"列的图标表示该图层处于"解锁"状态，图标表示该图层处于"锁定"状态。单击"锁定"列的图标可以实现"解锁"或"锁定"状态的切换。

2.4.4　使用图层工具管理图层

利用 AutoCAD 2010 中图层工具，用户可以更加方便地管理图层。选择下拉菜单"格式"→"图层工具"中的子命令，如图 2-50 所示，就可以通过图层工具来管理图层。

2.4.5　根据 AutoCAD 制图标准设置图层

应用上述知识，进行图层、颜色、线型和线宽的设置，建立一个符合 CAD 制图标准的图层，以方便

图 2-50　图层工具子命令

以后画图时使用，如图 2-51 所示。

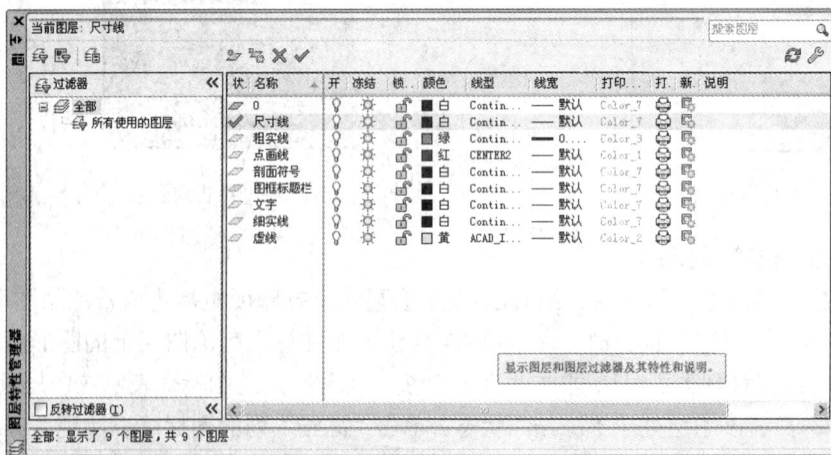

图 2-51　标准图层的设置

> **注 意**
>
> 　　在图 2-51 中，图层名是根据实际画图中的需要而命名，用户可以很容易地认出并知道该层的内容。图层名可以长达 31 个字符，包括字母（a~z）、数字（0~9）和一些特殊字符（如？、%等），但是不能有空格。AutoCAD 版本支持中文层名。规范地对图层命名有利于提高图纸的通用性。

2.5　使用"创建新图形"对话框设置绘图环境

1．设置系统变量

（1）在命令行执行下面的命令：

```
命令：STARTUP              ✓
输入 STARTUP 的新值 <0>：1 ✓
命令：FILEDIA              ✓
输入 FILEDIA 的新值 <1>：1 ✓
```

（2）选择"文件"→"新建"菜单，或单击"标准"工具栏中的按钮（新建），弹出如图 2-52 所示的"创建新图形"对话框。

2．调用"创建新图形"对话框

（1）"从草图开始"选项卡。该选项卡有"公制"和英制两项内容选择，默认为公制设置，如图 2-52 所示。

（2）"使用样板"选项卡。可从样板图中选择一种，一般选择"Acadiso.dwt"或根据用户需要选取，如图 2-53 所示。

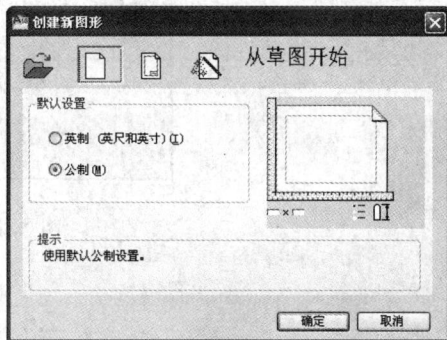

图 2-52 "创建新图形"对话框

（3）"使用向导"选项卡。该选项卡包括高级设置和快速设置两个选项，如图 2-54 所示。

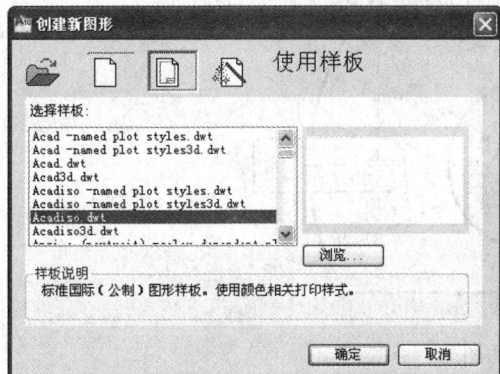

图 2-53 "使用样板"选项卡

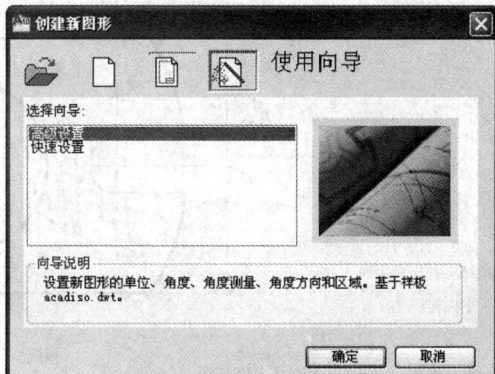

图 2-54 "使用向导"选项卡

1）快速设置的内容为单位和区域，如图 2-55 所示。

2）高级设置的主要内容有单位、角度、角度测量、角度方向和区域，如图 2-56 所示。

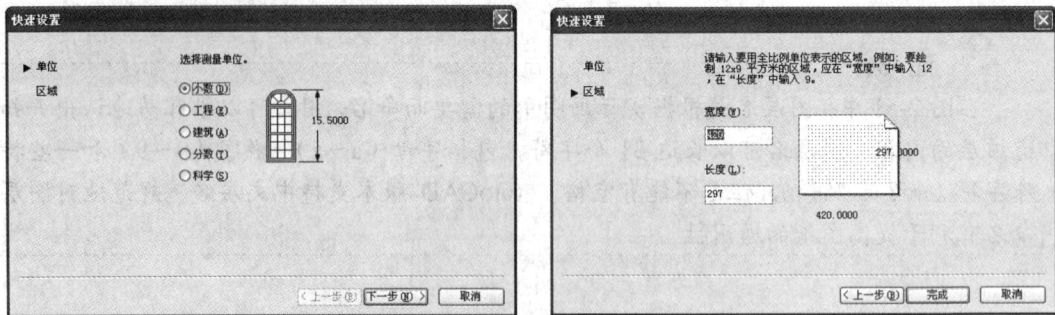

图 2-55 "快速设置"对话框

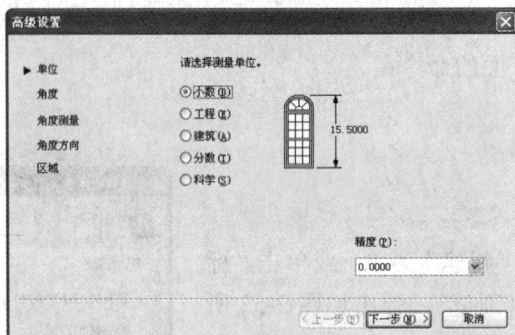

图 2-56 "高级设置"对话框

2.6 绘 图 实 例

2.6.1 绘制平面图形（一）

绘制如图 2-57 所示的平面图形。

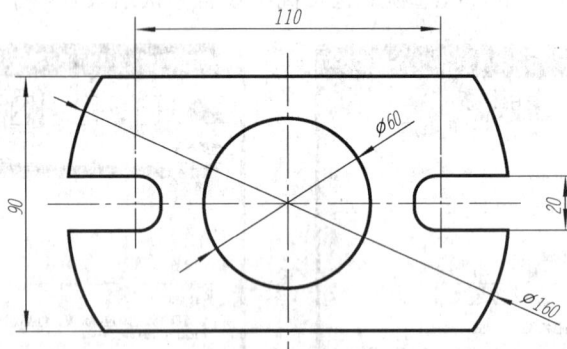

图 2-57 平面图形

1. 分析

从图 2-57 可以看出，此平面图形中涉及绘制直线、圆的命令，各平行线段之间的距离可以应用偏移命令，然后应用修剪命令整理图形。另外，在该图形中，用到了点画线、粗实线等，还应该创建图层。

2. 画圆命令

（1）功能：按指定的参数绘制圆。

（2）命令执行方式：

下拉菜单："绘图" → "圆" → "圆"。

工具栏：绘图 ⊙。

命令：CIRCLE。

（3）操作过程：执行圆命令后，命令行提示如下：

指定圆的圆心或 [三点(3P)/两点(2P)/相切、相切、半径(T)]：

当直接输入一个点的坐标后，系统继续提示：

指定圆的半径或 [直径(D)]：

若键入 D，则选择输入直径即可。其他各项的含义：

1）三点（3P）：通过圆周上的三个点来绘制圆。输入 3P 后，系统分别提示指定圆上的第一点、第二点和第三点。

2）两点（2P）：通过确定直径的两个端点绘制圆。输入 2P 后，系统分别提示指定圆的直径的第一点和第二点。

3）相切、相切、半径（T）：通过两条切线和半径绘制圆，输入 T 后，系统分别提示指定圆的第一切线和第二切线上的点以及圆的半径。

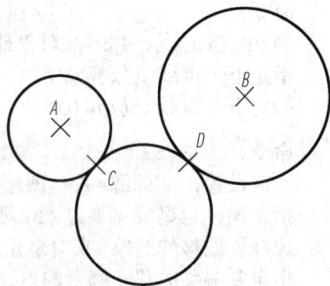

图 2-58　执行"相切、相切、半径"命令画圆

【例 2-3】　绘制如图 2-58 所示的图样。

```
命令: CIRCLE ✓
指定圆的圆心或 [三点(3P)/两点(2P)/相切、相切、半径(T)]:          (指定 A 点)
指定圆的半径或 [直径(D)] <80.0000>: 30 ✓

命令: ✓
CIRCLE 指定圆的圆心或 [三点(3P)/两点(2P)/相切、相切、半径(T)]:(指定 B 点)
指定圆的半径或 [直径(D)] <30.0000>: 60 ✓

命令: ✓
CIRCLE 指定圆的圆心或 [三点(3P)/两点(2P)/相切、相切、半径(T)]: t ✓
指定对象与圆的第一个切点:                                      (捕捉 C 切点)
指定对象与圆的第二个切点:                                      (捕捉 D 切点)
指定圆的半径 <60.0000>: 40 ✓
```

3. 绘图步骤

（1）创建图层　（如图 2-59 所示）。

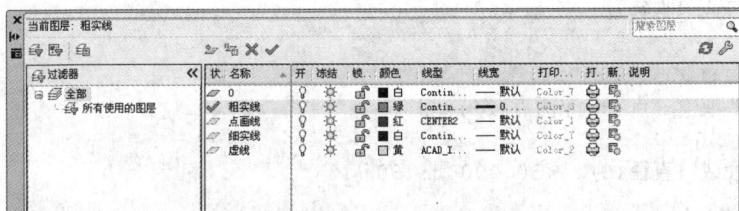

图 2-59　创建图层

（2）画点画线。将点画线层置为当前层。在"图层"工具栏中的对应下拉列表中（如图2-60 所示），选择点画线层。

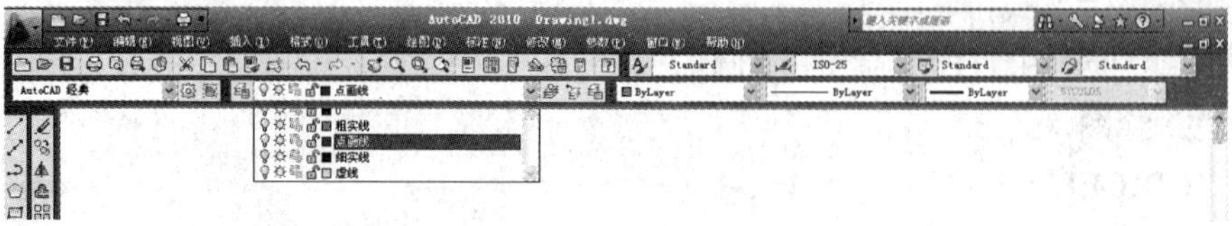

图2-60　选择"点画线"层

命令：_LINE 指定第一点：　　　　　　　　　　　　　　　　（在屏幕上拾取一点）
指定下一点或 [放弃(U)]：　<正交 开> 165 ↙　　　　　（画水平线）
指定下一点或 [放弃(U)]：↙

命令：↙
LINE 指定第一点：　<对象捕捉追踪 开>
指定下一点或 [放弃(U)]：95↙　　　　　　　　　　　（画中间的垂直线）
指定下一点或 [放弃(U)]：↙

命令：_OFFSET
当前设置：删除源=否　图层=源　OFFSETGAPTYPE=0
指定偏移距离或 [通过(T)/删除(E)/图层(L)] <通过>：55 ↙　（以垂直中心线向两边偏移）
选择要偏移的对象，或 [退出(E)/放弃(U)] <退出>：　　　　　　（单击垂直中心线）
指定要偏移的那一侧上的点，或 [退出(E)/多个(M)/放弃(U)] <退出>：（单击左侧）
选择要偏移的对象，或 [退出(E)/放弃(U)] <退出>：　　　　　　（单击垂直中心线）
指定要偏移的那一侧上的点，或 [退出(E)/多个(M)/放弃(U)] <退出>：（单击右侧）
选择要偏移的对象，或 [退出(E)/放弃(U)] <退出>：↙

结果如图2-61 所示。

（3）画圆。将粗实线层置为当前层，用"圆"命令画圆，如图2-62 所示。

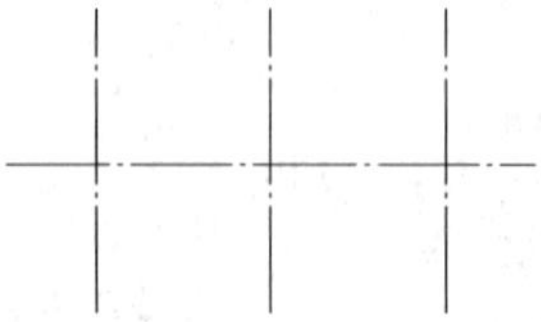

图2-61　画点画线

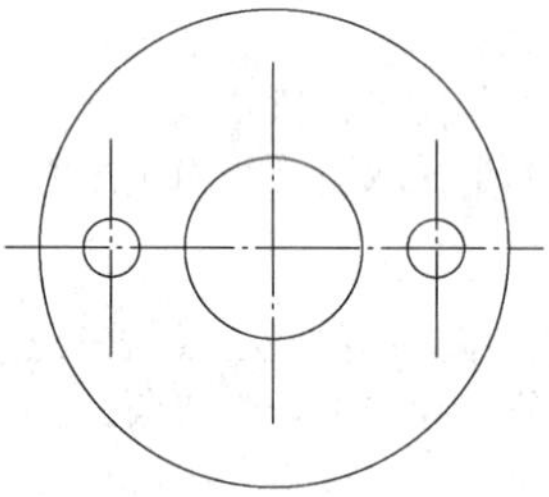

图2-62　画圆

命令：_CIRCLE
指定圆的圆心或 [三点(3P)/两点(2P)/相切、相切、半径(T)]：(用交点捕捉圆心)
指定圆的半径或 [直径(D)] <1.6561>：30 ↙

命令：CIRCLE ↙
指定圆的圆心或 [三点(3P)/两点(2P)/相切、
相切、半径(T)]：
指定圆的半径或 [直径(D)] <30.0000>：80 ↙
命令：CIRCLE ↙
指定圆的圆心或 [三点(3P)/两点(2P)/相切、相切、半径(T)]：
指定圆的半径或 [直径(D)] <80.0000>：10 ↙

```
命令: CIRCLE ✓
指定圆的圆心或 [三点(3P)/两点(2P)/相切、相切、半径(T)]:
指定圆的半径或 [直径(D)] <10.0000>: ✓
```

（4）画直线（完成 90、20 两个尺寸），如图 2-63 所示。为满足 90 和 20 两个尺寸要求，可用不同的方法达到，下面主要执行偏移命令。

```
命令: _OFFSET
当前设置: 删除源=否   图层=源   OFFSETGAPTYPE=0
指定偏移距离或 [通过(T)/删除(E)/图层(L)] <55.0000>: 45 ✓
选择要偏移的对象, 或 [退出(E)/放弃(U)] <退出>:              (以水平中心线为基础)
指定要偏移的那一侧上的点, 或 [退出(E)/多个(M)/放弃(U)] <退出>: (单击上方)
选择要偏移的对象, 或 [退出(E)/放弃(U)] <退出>:              (以水平中心线为基础)
指定要偏移的那一侧上的点, 或 [退出(E)/多个(M)/放弃(U)] <退出>: (单击下方)
选择要偏移的对象, 或 [退出(E)/放弃(U)] <退出>: ✓            (确定 90 尺寸)
```

```
命令: OFFSET
当前设置: 删除源=否   图层=源   OFFSETGAPTYPE=0
指定偏移距离或 [通过(T)/删除(E)/图层(L)] <45.0000>: 10 ✓
选择要偏移的对象, 或 [退出(E)/放弃(U)] <退出>:              (以水平中心线为基础)
指定要偏移的那一侧上的点, 或 [退出(E)/多个(M)/放弃(U)] <退出>: (单击上方)
选择要偏移的对象, 或 [退出(E)/放弃(U)] <退出>:              (以水平中心线为基础)
指定要偏移的那一侧上的点, 或 [退出(E)/多个(M)/放弃(U)] <退出>: (单击下方)
选择要偏移的对象, 或 [退出(E)/放弃(U)] <退出>: ✓            (确定 20 尺寸)
```

（5）进行修剪，如图 2-64 所示。

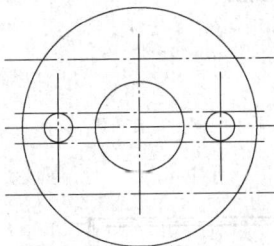

图 2-63　应用偏移命令画直线　　　　　　　　图 2-64　修剪

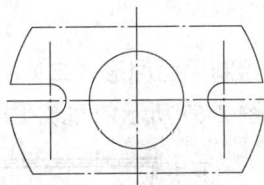

```
命令: _TRIM
当前设置:投影=UCS,边=无
选择修剪边...
选择对象或 <全部选择>: 指定对角点: 找到 14 个
                                          (应用交叉窗口选择)
选择对象: ✓
选择要修剪的对象,或按住 Shift 键选择要延伸的对象,或
[栏选(F)/窗交(C)/投影(P)/边(E)/删除(R)/放弃(U)]: (逐个选择需要修剪的对象,进行修剪)
                                          (重复步骤略)
选择要修剪的对象,按住 Shift 键选择要延伸的对象,或
[栏选(F)/窗交(C)/投影(P)/边(E)/删除(R)/放弃(U)]: ✓
```

（6）整理图形，完成作图。在图 2-64 中，可看出由于是以水平中心线为基础偏移，因此，90 和 20 两个尺寸的线型不对，应该将其调整到粗实线图层。其方法是：首先选中这几条线，然后将其改到粗实线图层，如图 2-65 所示。完成后的图形如图 2-66 所示。

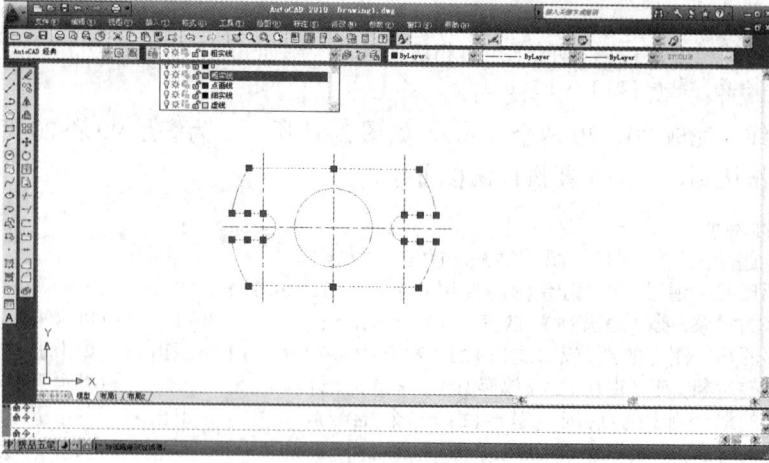

图 2-65 　调整图线

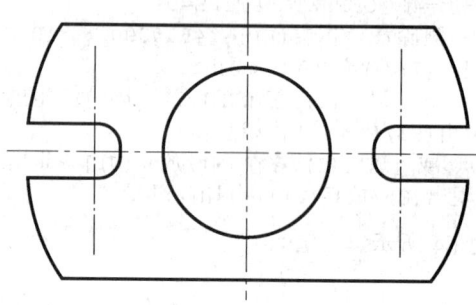

图 2-66 　完成后的图形

2.6.2 绘制平面图形（二）

绘制如图 2-67 所示的建筑平面图形。

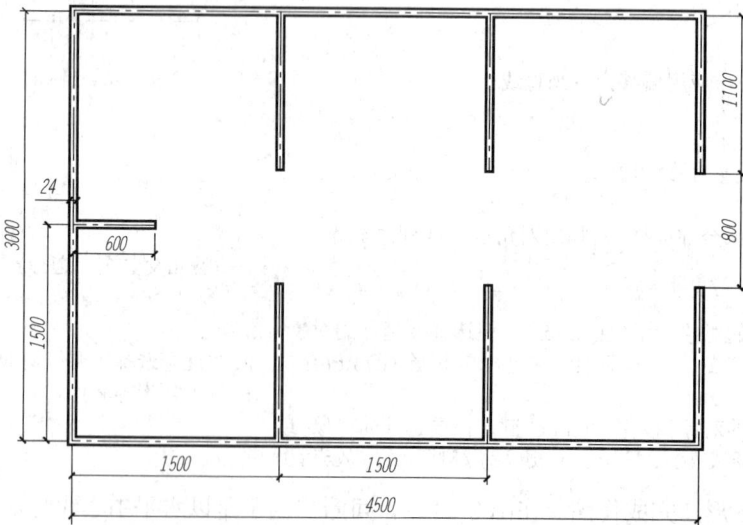

图 2-67 　建筑平面图

1．分析

建筑平面图的特点是用双线绘制轮廓线（也可以将轴线一起用多线命令设置）。主要应用的是多线命令和编辑多线。下面介绍该图形的绘制方法。

2．多线命令

（1）功能：可以绘制 1～16 条平行线，常用于绘制建筑图中的墙体轮廓线等。

（2）命令执行方式：

下拉菜单："绘图"→"多线"。

命令：MLINE 或 ML。

（3）操作过程：

执行多线命令后，命令行提示如下：

```
当前设置：对正 = 上,比例 = 20.00,样式 = STANDARD
指定起点或 [对正(J)/比例(S)/样式(ST)]:
```

各命令选项的含义：

1）对正（J）：指定多线的对正方式（相对于光标所在位置）。

```
命令：_MLINE
当前设置：对正 = 上,比例 = 20.00,样式 = STANDARD
指定起点或 [对正(J)/比例(S)/样式(ST)]: J ↙
输入对正类型 [上(T)/无(Z)/下(B)] <上>:
```

执行对正命令后，可有三种对正方式选择，如图 2-68（a）所示。

2）比例（S）：多线比例用来控制多线的全局宽度（使用当前单位）。多线比例不影响线型比例。图 2-68（b）所示为不同比例下绘制的多线显示效果。

3）样式（ST）：用于设置多线的样式。默认样式是"STANDARD"。用户可根据需要创建新样式。

3．使用"多线样式"样式对话框

命令执行方式：

下拉菜单："格式"→"多线样式"。

命令：MLSTYLE。

命令启动后，可打开"多线样式"对话框，如图 2-69 所示。

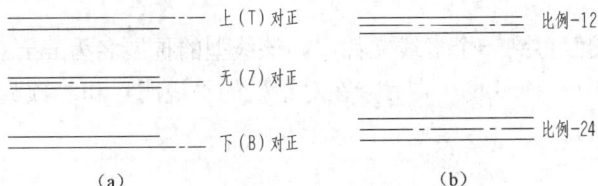

图 2-68　不同对正方式与不同比例设置效果
(a) 对正方式；(b) 不同比例设置效果

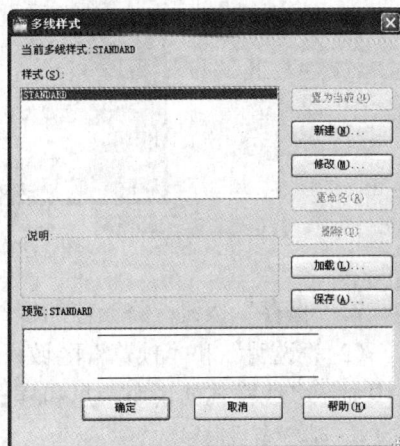

图 2-69　"多线样式"对话框

该对话框中各选项的功能：

（1）"样式"列表框：显示已经加载的多线样式。

1）"置为当前"按钮：用于显示和选择当前使用的多线样式。

2）"新建"按钮：单击该按钮，打开"创建新的多线样式"对话框，可以创建新的多线样式，如图 2-70 所示。

3）"修改"按钮：单击该按钮，打开"修改多线样式"对话框，可以修改创建的多线样式。

4）"重命名"按钮：用于修改当前多线样式的名称。

5）"删除"按钮：删除"样式"列表中选中的多线样式。

6）"加载"按钮：单击该按钮，打开"加载多线样式"对话框，如图 2-71 所示。可以从中选取多线样式并将其加载到当前图形中，也可以单击"文件"按钮，打开"从文件加载多线样式"对话框，选择多线样式文件。默认情况下，AutoCAD 2010 提供的多线样式文件为 acad.mln，如图 2-72 所示。

图 2-70 "创建新的多线样式"对话框   图 2-71 "加载多线样式"对话框

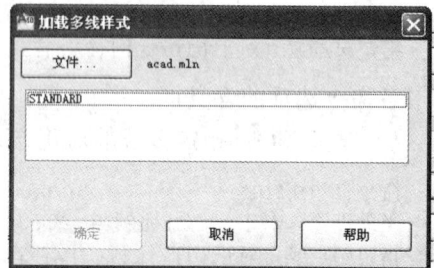

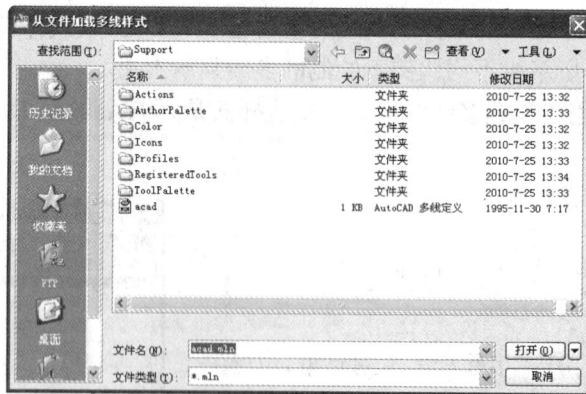

图 2-72 "从文件加载多线样式"对话框

7）"保存"按钮：将当前的多线样式保存到一个多线文件中，该线型的扩展名为.mln。

（2）"说明"和"预览"区域：当选中一种多线样式后，在对话框的"说明"和"预览"区中显示多线样式的说明信息和样式预览。

4. 创建多线样式

系统默认的多线样式包含两条平行线，用户可以根据需要创建其他样式。创建多线样式时，用户可以设定线条数量、每条线的颜色和线型、平行线间的距离，还能指定多线的端头的样式等。

在"创建新的多线样式"对话框中单击"继续"按钮，将打开"新建多线样式"对话框，可以创建新多线样式的封口、填充元素特性等内容，如图 2-73 所示。

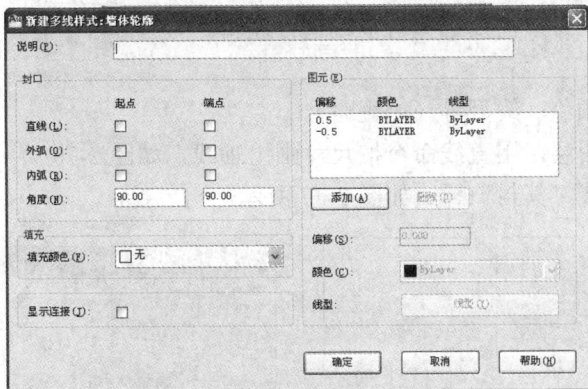

图 2-73　"新建多线样式"对话框

该对话框中各选项的功能：

（1）"说明"文本框：用于输入多线样式的说明信息。

（2）"显示连接"复选框：控制每条线线段顶点连接处的显示，如图 2-74（a）所示。

（3）"封口"选项组：设置多线起点和端点的封口形式，如图 2-74（b）、（c）所示。

（4）"填充"选项组：设置多线填充的颜色和状态，如图 2-74（d）所示。

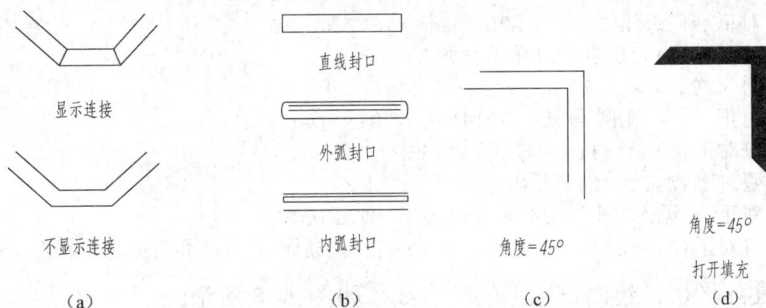

图 2-74　多线样式示例

（a）连接形式；（b）、（c）封口形式；（d）填充形式

（5）"图元"选项组：设置各条平行线的特性，包括偏移、颜色和线型等。

当完成多线样式的设置后，单击"确定"按钮即可保存设置并关闭该对话框。

5．编辑多线

（1）功能：修改多线相交处的交点特征。

（2）命令执行方式：

下拉菜单："修改"→"对象"→"多线"。

命令：MLEDIT。

（3）操作过程：执行编辑多线命令后，AutoCAD 弹出"多线编辑工具"对话框，如图 2-75 所示。

该对话框中的各图标和底部文字形象地说明了

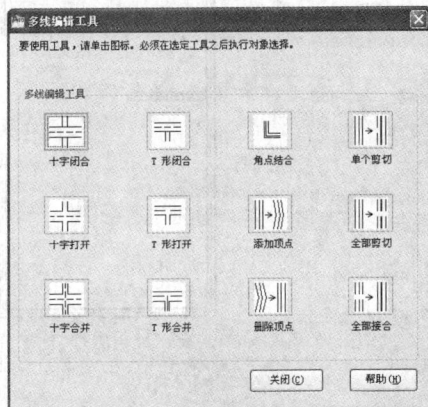

图 2-75　"多线编辑工具"对话框

它所具有的功能。用户可按需要选择对多线进行编辑。

6. 绘制步骤

（1）设置图层、颜色、线型等（过程略）。

（2）打开点画线图层，用直线命令按尺寸画出轴线，如图 2-76 所示。

（3）设置多线样式，其封口样式如图 2-77 所示。

图 2-76　在点画线图层画出轴线

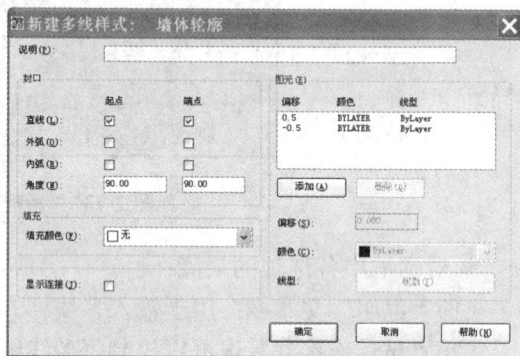

图 2-77　设置多线的封口样式

```
命令：_MLINE
当前设置：对正 = 上,比例 = 20.00,样式 = STANDARD
指定起点或 [对正(J)/比例(S)/样式(ST)]：S↙
输入多线比例 <20.00>：24 ↙
当前设置：对正 = 上,比例 = 24.00,样式 = STANDARD
指定起点或 [对正(J)/比例(S)/样式(ST)]：J↙
输入对正类型 [上(T)/无(Z)/下(B)] <上>：Z↙
当前设置：对正 = 无,比例 = 24.00,样式 = STANDARD
指定起点或 [对正(J)/比例(S)/样式(ST)]：(打开捕捉,从左下角开始绘制轮廓线)
```

（4）在粗实线图层，绘制该图形的轮廓线，如图 2-78 所示。

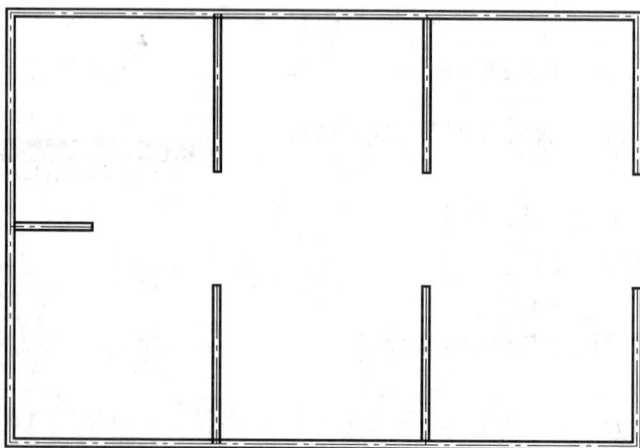

图 2-78　绘制轮廓线

（5）编辑多线。

1）打开"多线编辑工具"对话框，选择"角点结合"项，单击"确定"按钮后，选择A，再选择 B，修改拐角处的线型，结果如图 2-79 所示。

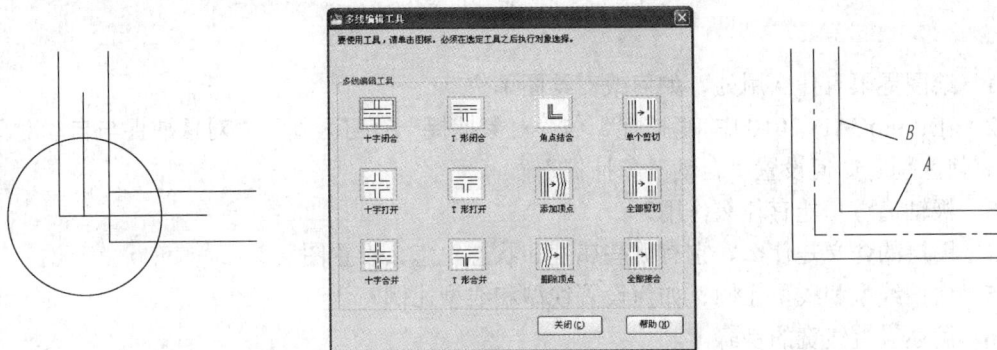

图 2-79　选择"角点结合"，修改拐角处的线型

2）打开"多线编辑工具"对话框，选择"T 形合并"项，单击"确定"按钮后，选择 C，再选择 D，修改连接处的线型，结果如图 2-80 所示。

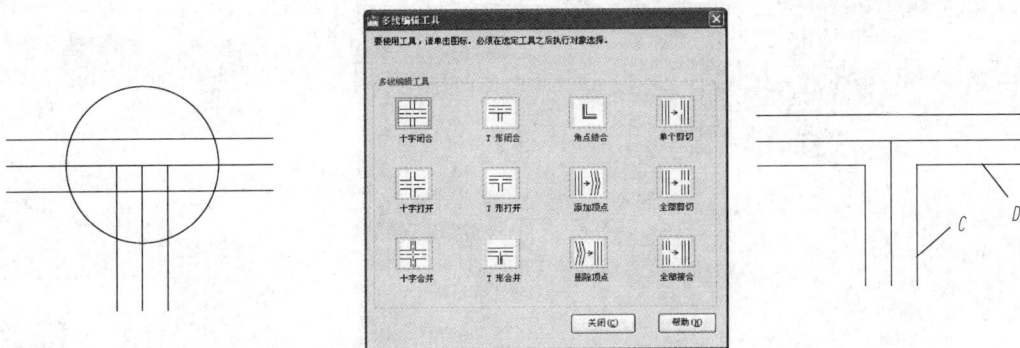

图 2-80　选择"T 形合并"，修改连接处的线型

（6）用类似的方法完成其他连接处线型的修改，效果如图 2-81 所示。

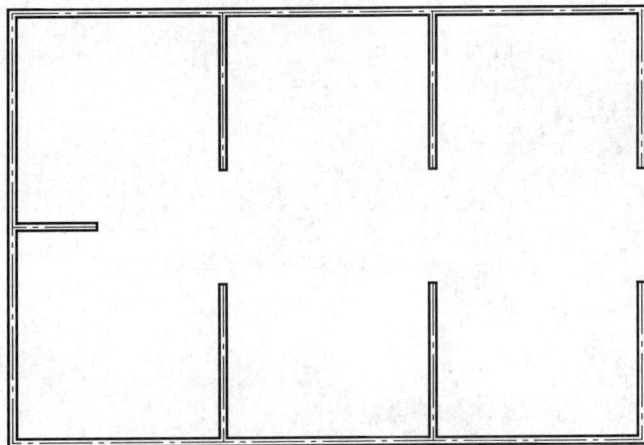

图 2-81　完成后的建筑平面图

思 考 题

1．绘图界限有什么用处？如何改变绘图单位？

2．在 AutoCAD 2010 中，"捕捉"与"对象捕捉"有何区别？"对象捕捉与自动对象捕捉"有何区别？如何设置"自动对象捕捉"？

3．极轴追踪功能有什么作用？

4．图层的含义是什么？它有哪些属性和状态？怎么设置图层？

5．何谓线型和线型比例？如何设置线型和线型比例？

6．简述设置线宽的步骤。

7．如何设置多线样式？怎样编辑多线？

第 3 章　控制图形显示和绘制二维图形

📓 学习目标

（1）正确使用控制图形显示命令。
（2）应用绘图、编辑命令绘制二维图形。

📑 学习内容

（1）使用 ZOOM、PAN 和 REDRAW 命令来实现对所绘制的图形进行缩放、移动、刷新和重画等功能。
（2）掌握正多边形、椭圆、阵列、圆角、复制、镜像等绘图和编辑命令的使用。

3.1　图形显示命令

3.1.1　缩放图形

在绘图中，用户常常要放大图形的某个区域进行细节的绘图工作，这时必须使用到 AutoCAD 中的视图缩放功能，通过视图缩放命令 ZOOM 来实现。

（1）功能：缩放视图。放大显示可帮助用户更容易地观察和绘制、修改图形的局部区域；缩小显示可观察图形的整体情况。不论是放大还是缩小均不影响对象的实际大小。

（2）命令执行方式：

下拉菜单："视图"→"缩放"→各子菜单，如图 3-1 所示。

工具栏："缩放"工具栏各按钮，如图 3-2 所示。"标准"工具栏的"缩放"下拉工具栏各按钮如图 3-3 所示。

图 3-2　"缩放"工具栏

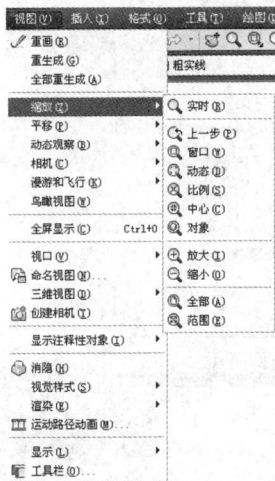

图 3-1　"缩放"子菜单　　　　　图 3-3　"标准"工具栏的"缩放"下拉工具栏

命令：ZOOM 或'ZOOM（透明使用）。

（3）操作过程：

在命令行输入 ZOOM，按空格或回车键后，AutoCAD 提示：

指定窗口的角点,输入比例因子 (nX 或 nXP),或者
[全部(A)/中心(C)/动态(D)/范围(E)/上一个(P)/比例(S)/窗口(W)/对象(O)] <实时>:

各个选项介绍如下：

1）窗口：该选项为 ZOOM 命令的默认选项。用户可通过在绘图窗口指定两个角点定义一个窗口来快速对窗口内区域进行放大。选择该选项后，AutoCAD 显示提示：

指定窗口角点,输入比例因子 (nX 或 nXP),或
[全部(A)/中心点(C)/动态(D)/范围(E)/上一个(P)/比例(S)/窗口(W)/对象(O)] <实时>:
　　　　　　　　　　　　　　　　(在绘图窗口指定一点)
指定对角点:　　　　　　　　　　(指定第二个角点)

图 3-4（b）为图 3-4（a）的窗口放大后的视图效果。

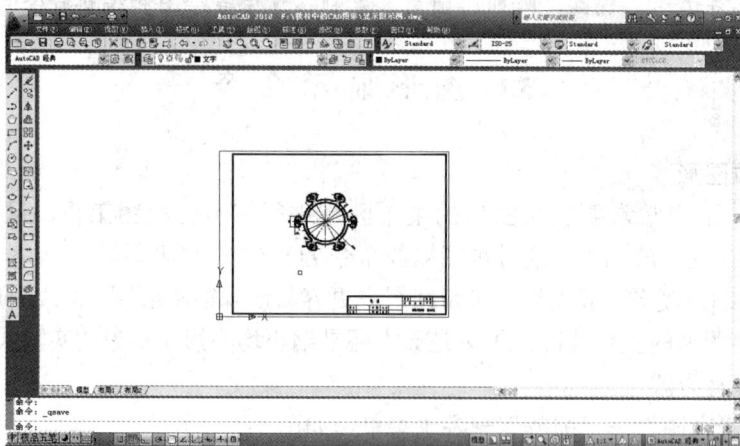

(a)

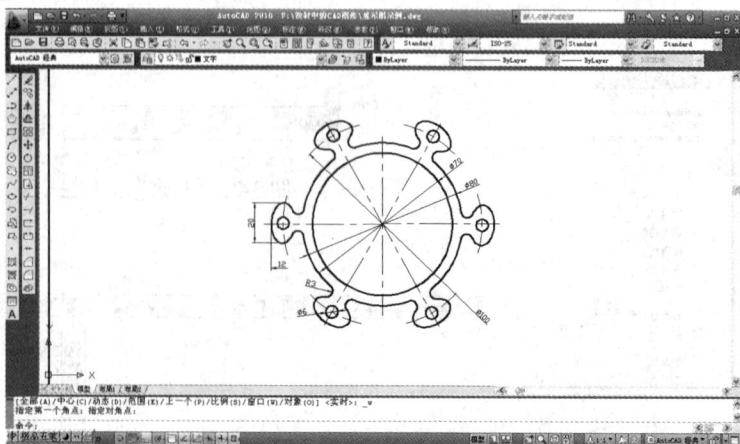

(b)

图 3-4 "窗口"放大示例

(a) 放大前；(b) 放大后

2）全部：将显示用户定义的栅格界限或图形范围，具体取决于哪一个视图较大。如果图形超出图限范围时，AutoCAD 在当前视图中显示所有对象。在三维视图中，"全部（A）"选项和"范围（E）"选项作用相同。"全部（A）"选项可以透明使用，不过会引起重新生成，图 3-5（a）为缩放前的视图，图 3-5（b）为选择"全部（A）"选项后的视图。

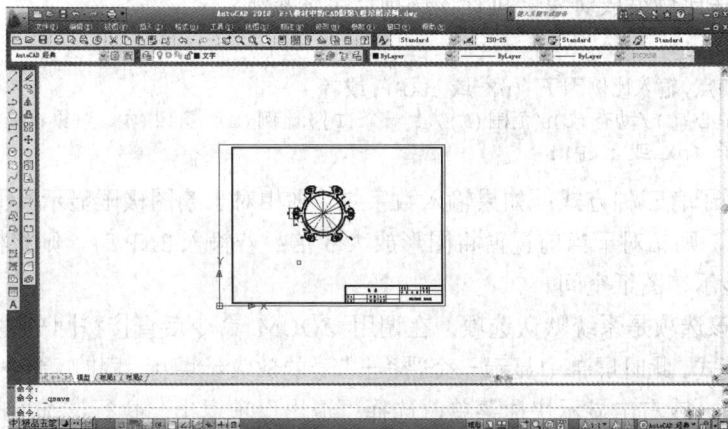

(a)

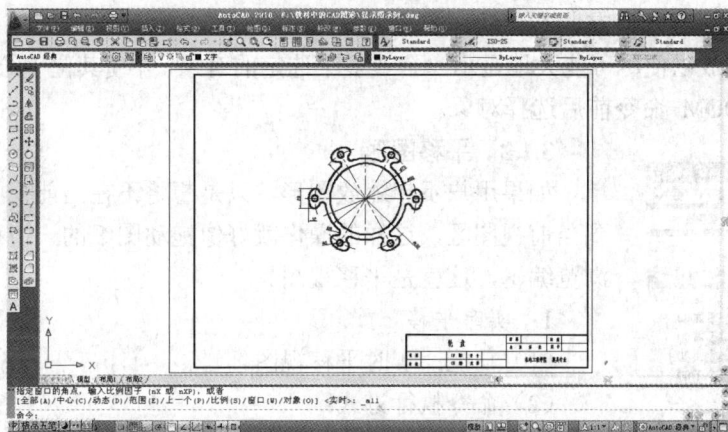

(b)

图 3-5 "全部"缩放示例

（a）缩放前；（b）缩放后

3）范围：该选项将用尽可能大的比例来显示视图，以便包含图形中的所有对象。此视图包含已关闭图层上的对象，但不包含冻结图层上的对象。

4）中心点：该选项允许用户定义一个中心点、一个放大因子或一个高度值来显示窗口。选择该选项后，AutoCAD 显示如下提示信息：

指定中心点：   （用户在屏幕上指定一点）

输入比例或高度<缺省值>：   （用户输入一个值或按回车键）

用户如果直接按回车键不输入数值，即使用的高度不变，图形不放大；用户仅输入数字表示高度，放大倍数等于当前值除以高度；如果输入数字后加"X"或"XP"表示缩放倍数。

5）动态：该选项对图形进行动态缩放。进入动态缩放模式时，在屏幕中将显示一个带"×"

的矩形方框。鼠标单击，此时选择窗口中心的"×"消失，显示一个位于右边框图的方向箭头，拖动鼠标可改变选择窗口的大小，以确定选择区域大小，最后按回车键，即可缩放图形。

6）上一个：恢复上一次观察的视图。连续使用 ZOOM "上一个"选项，用户最多可恢复到前 10 个视图。

7）比例：按比例缩放对象。执行该选项后系统提示：

命令：'_ZOOM
指定窗口的角点,输入比例因子 (nX 或 nXP),或者
[全部(A)/中心(C)/动态(D)/范围(E)/上一个(P)/比例(S)/窗口(W)/对象(O)] <实时>:_S ✓
输入比例因子 (nX 或 nXP):

键入比例因子有三种方式：如果输入数字 3，则相对于绘图极限显示原图的 3 倍放大对象；输入 3X 时，则相对于当前视窗将图形放大 3 倍；若输入 3XP 时，则将模型空间的图形以 3 倍的比例显示在图纸空间。

8）实时：该选项是系统默认选项，在调用 ZOOM 命令后直接按回车键，则 AutoCAD 进入实时缩放模式。此时屏幕中显示一个带"±"号的放大镜图标，同时，命令行显示"按 Esc 键或回车键退出，或右击显示快捷菜单，选择"退出"项退出。执行该选项时，移动放大镜图标即可实现即时动态缩放。按住鼠标左键，将放大镜图标向上移动，图形放大显示；向下移动，则图形缩小显示；左、右移动，图形无变化。

9）对象：缩放以便尽可能大地显示一个或多个选定的对象，并使其位于绘图区域的中心。可以在启动 ZOOM 命令前后选择对象。

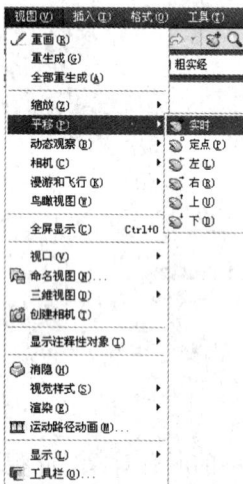

3.1.2 平移图形

如果用户不想缩放图形，只是想将不在当前视图区的图形移动到当前视图区，这样的操作就好像拖动图纸的一边移动到面前进行浏览编辑，这就是平移视图。

1．实时平移

（1）功能：实时平移视图。

（2）命令执行方式：

下拉菜单："视图"→"平移"→"实时"（如图 3-6 所示）。

工具栏：标准 🖐。

命令：P 或 PAN，也可'PAN 透明使用。

（3）操作过程：

执行实时平移命令后，命令行提示如下：

按 Esc 键或按回车键退出，或右击显示快捷菜单。

图 3-6 "平移"子菜单   这时光标呈一个手形标志，表明当前正处于平移模式。用户

按住鼠标左键在各个方向上移动光标，显示的图形随着光标移动的方向平行移动。松开鼠标左键则停止平移模式，用户可将光标移动到新的位置重新操作进行平移图形。要退出平移状态可按回车键或按 Esc 键，也可以从右键快捷菜单中选择"退出"项退出平移模式。

2．定点平移

（1）功能：指定基点和位移来平移视图。

（2）命令执行方式：

下拉菜单："视图" → "平移" → "定点"。

命令：_PAN。

（3）操作过程：

执行定点平移命令后，命令行提示如下：

指定位移的基点：　　　　　（指定一点）
指定第二点：

即可实现图形平移的效果。

3.1.3　鸟瞰视图

AutoCAD 提供的"鸟瞰视图"窗口是一个很方便的视图导航工具。利用"鸟瞰视图"窗口，用户可方便、快速地实时浏览整个图形，也可以快速缩放或平移视图。

（1）功能：缩放和平移视图。

（2）命令执行方式：

下拉菜单："视图" → "鸟瞰视图"。

命令：DSVIEWER。

（3）操作过程：执行鸟瞰视图命令后，AutoCAD 在绘图窗口弹出如图 3-7 所示的"鸟瞰视图"窗口。

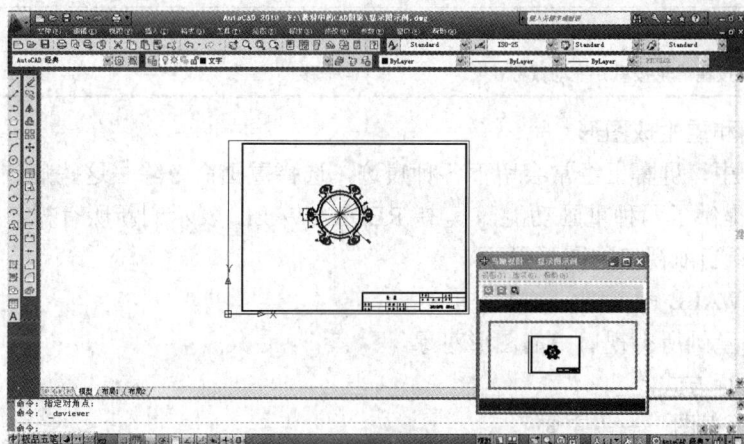

图 3-7　"鸟瞰视图"窗口

视图框在"鸟瞰视图"窗口内，是一个用于显示当前视口中视图边界的粗线矩形。可以通过在"鸟瞰视图"窗口中改变视图框来改变图形中的视图。要放大图形，应将视图框缩小。要缩小图形，应将视图框放大。

用户在鸟瞰视图窗口单击，"鸟瞰视图"窗口中显示出一个类似于 ZOOM "动态"选项的矩形框，用户可移动矩形框到要观察的部位，并拖动光标调整矩形框的大小，在 AutoCAD 窗口中立即可以看到新的缩放图形，如图 3-8 所示。如果主窗口中显示出要观察的效果，按回车键或右击确认。

3.1.4　用三维鼠标控制图形显示

三维鼠标即微软智能鼠标，这种鼠标除具有两个基本按键外，还有滑轮按钮。在 AutoCAD 系统中可以使用三维鼠标来控制图形的显示，具体功能见表 3-1。

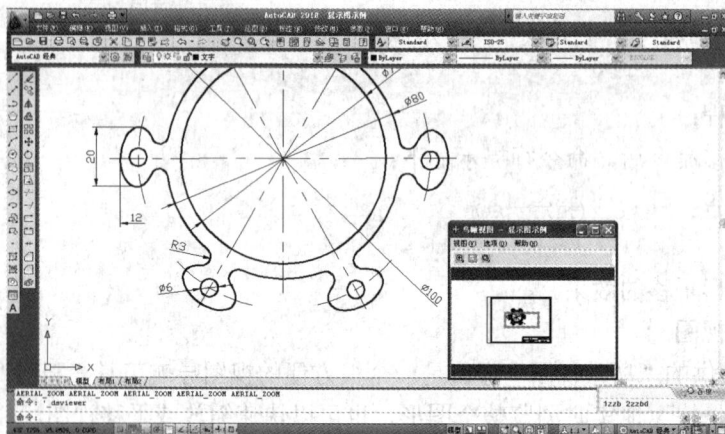

图 3-8 应用"鸟瞰视图"窗口缩放

表 3-1   三维鼠标的功能定义

操　　作	功　　能
转动滑轮	向前为视图放大，向后为视图缩小
双击滑轮按钮	范围缩放
按下滑轮按钮并拖动鼠标	实时平移
按下 Ctrl 键，同时按住滑轮按钮并拖动鼠标	平移

3.1.5　重画和重生成图形

在绘图过程中，屏幕上经常会留下各种痕迹，选择重画命令除去这些痕迹并刷新屏幕。

AutoCAD 提供了两种重画功能，其中 REDRAWALL 表示刷新所有视口中的图形；而 REDRAW 只刷新当前视口的图形显示。

1. REDRAWALL 命令

（1）功能：重画所有视口中的图形对象。

（2）命令执行方式：

下拉菜单："视图"→"重画"。

命令：REDRAWALL 或′REDRAWALL 透明使用。

（3）操作过程：执行 REDRAWALL 命令后，AutoCAD 即可自动实现对屏幕的刷新。

2. REDRAW 命令

（1）功能：重画当前视口中的图形对象。

（2）命令执行方式：

命令：REDRAW 或′REDRAW 透明使用。

（3）操作过程：执行 REDRAW 命令后，AutoCAD 即可自动实现对屏幕的刷新。

3. 重新生成图形

AutoCAD 可以重新生成整个图形以完成更新，相应的命令是 REGEN。当图形的某些外观改变后，就需要重新生成图形。图形中所有的对象将被重新计算，且当前视口也将重新生成。这个过程要比 REDRAW 过程长得多，因而并不经常使用。

（1）功能：重新生成当前视口的图形来刷新当前视图。

（2）命令执行方式：

下拉菜单："视图"→"重生成"。

命令：REGEN。

（3）操作过程：执行 REGEN 命令后，AutoCAD 自动重新生成图形来刷新当前视图。该命令的一个优点是通过圆形和弧的光滑连接来提高图形显示的质量。

3.2　绘　制　二　维　图　形

3.2.1　绘制五角星图案

本节主要介绍如图 3-9 所示的五角星图案的绘制过程。

1. 分析

从图 3-9 可以看出，此五角星图案是由正多边形、直线命令绘制，另外，还有填充命令。

下面首先对应用到的命令作一介绍。

图 3-9　五角星图案

2. 正多边形命令

（1）功能：按指定参数绘制正多边形，正多边形的边数为 3~1024。

（2）命令执行方式：

下拉菜单："绘图"→"正多边形"。

工具栏：绘图 ⬠。

命令：POLYGON。

（3）操作过程：

执行该命令后，命令行提示如下：

```
命令：_POLYGON
输入边的数目 <4>：       (指定正多边形的边数)
指定正多边形的中心点或 [边(E)]：
```

AutoCAD 提供两个绘制正多边形的选项，说明如下：

1）指定多边形的中心点。默认选项是提示用户定义多边形的中心点，用户可输入点坐标或用鼠标拾取一已知点，然后 AutoCAD 提示：

```
输入选项 [内接于圆(I)/外切于圆(C)] <I>：
```

"内接于圆"就是所绘制的多边形在一个虚拟圆的里面，且多边形的所有顶点都在圆周上；"外切于圆"是绘制的多边形在一个虚拟圆的外面，多边形的各边与该虚拟的圆相切，而且切点为多边形各条边的中点。

直接按回车键表示选择了用内接法画多边形，若输入"C"，则表示用外接法画多边形，这时 AutoCAD 提示：

```
指定圆的半径：       (输入一个半径值)              按回车键后完成作图
```

【例 3-1】　分别用内接圆法和外接圆法绘制半径为 100mm 的正六边形，如图 3-10 所示。内接圆法。

```
命令：_POLYGON   (单击工具栏该命令图标)
```

输入边的数目 <4>：6 ✓
指定正多边形的中心点或 [边(E)]：   (拾取 O1 点)
输入选项 [内接于圆(I)/外切于圆(C)] <I>：✓
指定圆的半径：100 ✓

虚线为假想圆

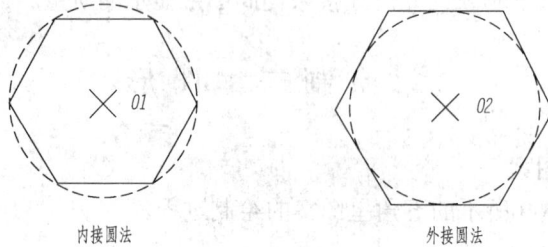

内接圆法   外接圆法

图 3-10   绘制正多边形示例

外接圆法。

命令：POLYGON✓
输入边的数目 <6>：✓
指定正多边形的中心点或 [边(E)]：   (拾取 O2 点)
输入选项 [内接于圆(I)/外切于圆(C)] <I>：C ✓
指定圆的半径：100 ✓

2）边（E）。

在执行正多边形命令后，若输入"E"选择"边（E）"选项，则可指定正多边形的一条边来绘制该正多边形。这时 AutoCAD 提示：

命令：POLYGON✓
输入边的数目 <6>：✓
指定正多边形的中心点或 [边(E)]：E ✓
指定边的第一个端点：
指定边的第二个端点：

在指定了一条边的两个端点后，AutoCAD 按逆时针方向以该边为第一条边绘制一个正多边形。

3．区域填充命令

（1）功能：用于绘制指定点形成的二维填充区域。

（2）命令执行方式：

命令：SOLID。

（3）操作过程：

执行区域填充命令后，命令行提示如下：

命令：_SOLID
指定第一点：
指定第二点：

此两点决定一条边。然后提示：

指定第三点：
指定第四点或 <退出>：

指定的第三点应是第二点的对角点，第四点是第一点的对角点，否则绘出的区域完全不同。

指定第三点：✓　　　　　　　　　　　（按回车键退出,否则系统将继续提示输入第三点、第四点）

4. 绘图步骤

（1）设置图层、颜色、线型等（略）。

（2）利用正多边形命令和直线命令绘出五角星。

命令：_POLYGON 输入边的数目 <4>: 5 ✓
指定正多边形的中心点或 [边(E)]:　　　（在绘图区域指定一点）
输入选项 [内接于圆(I)/外切于圆(C)] <I>: ✓
指定圆的半径: 100 ✓
命令：<对象捕捉 开>　　　　　　　　（打开对象捕捉,设置端点、交点等捕捉点）
命令：_LINE　　　　　　　　　　　（利用捕捉点用直线连接五边形内的各顶点）
指定第一点：　　　　　　　　　　　（拾取 p1）
指定下一点或 [放弃(U)]:　　　　　　（拾取 p2）
指定下一点或 [放弃(U)]:　　　　　　（拾取 p3）
指定下一点或 [放弃(U)]:　　　　　　（拾取 p4）
指定下一点或 [放弃(U)]:　　　　　　（拾取 p5）
指定下一点或 [闭合(C)/放弃(U)]:　　（拾取 p1）✓
命令：LINE✓
指定第一点：　　　　　　　　　　　（拾取 p1）
指定下一点或 [放弃(U)]:　　　　　　（拾取 p6）
指定下一点或 [放弃(U)]: ✓

重复直线命令：分别拾取 p4、p7 点，拾取 p2、p8 点，拾取 p5、p9 点，拾取 p3、p10 点，完成连线。

命令：'_ZOOM　　　　　　　　　　（放大图形）
指定窗口角点,输入比例因子 (nX 或 nXP),或
[全部(A)/中心点(C)/动态(D)/范围(E)/上一个(P)/比例(S)/窗口(W)] <实时>:_W ✓
指定第一个角点：　　　　　　　　　（按住鼠标左键在图形的右上角单击一点）
指定对角点：　　　　　　　　　　　（拖拉到图形的左下角单击一点）
命令：'_PAN　　　　　　　　　　　（平移图形到适当位置）

按 Esc 键或回车键退出，或右击显示快捷菜单。

如图 3-11 所示。

（3）修剪、删除。

命令：TRIM ✓
当前设置:投影=UCS,边=无
选择修剪边...
选择对象: 指定对角点: 找到 11 个　　（利用交叉窗口全选）
选择对象: ✓
选择要修剪的对象,按住 Shift 键选择要延伸的对象,或 [投影(P)/边(E)/放弃(U)]:
　　　　　　　　　　　　　　　　（选择要修剪的对象,重复修剪直至修剪完毕）
选择要修剪的对象,按住 Shift 键选择要延伸的对象,或[投影(P)/边(E)/放弃(U)]: ✓
命令：_ERASE 找到 1 个　　　　　　（外轮廓的五边形是一个实体,用删除命令）

如图 3-12 所示。

（4）填充（如图 3-13 所示）。

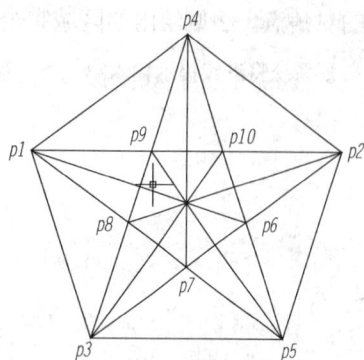

图 3-11　绘制五角星

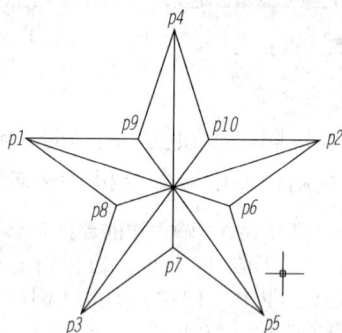

图 3-12　修剪后的五角星

命令:SOLID ✓
指定第一点:　　　　　　　　(指定 p1 点)
指定第二点:　　　　　　　　(指定 O 点)
指定第三点:　　　　　　　　(指定 p8 点)
指定第四点或 <退出>:　　✓
指定第三点: ✓　　　　　　(按回车键后返回填充命令,继续填充)

完成后的图形如图 3-9 所示。

注 意

填充时,可选择不同的颜色,如红色等。

3.2.2　绘制几何图形 (一)

本节主要介绍如图 3-14 所示的几何图形的绘制过程。

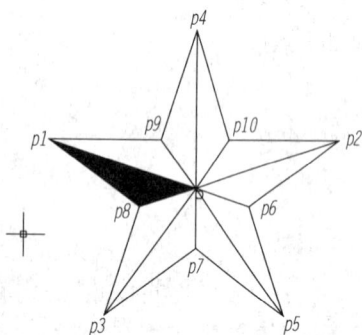

图 3-13　填充过程示意

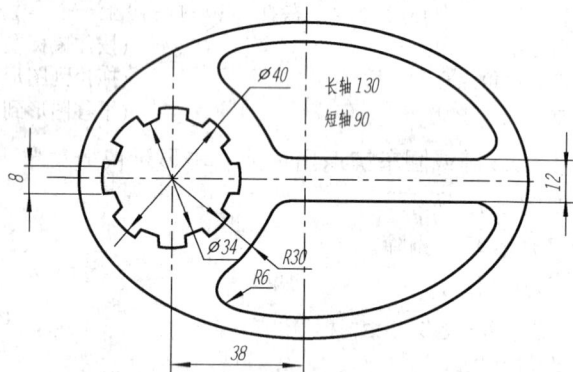

图 3-14　绘制几何图形

1. 分析

从图 3-14 可以看出,此图形的绘制要应用圆、椭圆、阵列(此部分可看作内花键)、倒圆角、偏移和修剪等命令。下面首先介绍这些命令。

2. 椭圆命令

(1) 功能:按指定的参数绘制椭圆或椭圆弧。

（2）命令执行方式：

下拉菜单："绘图"→"椭圆"→各选项。

工具栏：绘图 ⊙|。

命令：ELLIPSE。

（3）操作过程：

执行该命令后，命令行提示如下：

指定椭圆的轴端点或 [圆弧(A)/中心点(C)]:

这时可采用不同的方式绘制椭圆（弧），AutoCAD 中默认的方式为指定椭圆某一轴的端点绘制椭圆。

1）"轴端点"绘制椭圆。主要是通过指定椭圆某一轴的两个端点和另一轴的长度来绘制椭圆。命令的执行过程：

```
命令: _ELLIPSE
指定椭圆的轴端点或 [圆弧(A)/中心点(C)]:        (指定椭圆某一轴的一个端点)
指定轴的另一个端点:                           (指定椭圆同一轴的另一个端点)
指定另一条半轴长度或 [旋转(R)]:               (指定另一条半轴长度)
```

有三种方式指定椭圆另一半轴的长度：

a）直接输入数值后按回车键，AutoCAD 将此输入的值作为另一半轴长度并绘出椭圆。

b）使用鼠标拾取一点，AutoCAD 将此点到第一条轴中点的距离作为另一条半轴的长度并绘出椭圆。

c）选择"旋转（R）"选项，输入一个角度来指定长度。角度值只能大于 0 且小于 90。

2）"中心点"绘制椭圆。主要通过指定椭圆中心点、某一轴的一个端点和另一轴的长度来绘制椭圆。

命令的执行过程：

```
命令: _ELLIPSE
指定椭圆的轴端点或 [圆弧(A)/中心点(C)]: C ✓
指定椭圆的中心点:                            (指定椭圆的中心点)
指定轴的端点:                                (指定椭圆某一轴的一个端点)
指定另一条半轴长度或 [旋转(R)]:              (指定另一半轴长度)
```

指定另一半轴长度或选择"旋转（R）"选项指定角度后，AutoCAD 按指定的椭圆中心点、一轴的端点和另一轴的长度绘出椭圆。

3）绘制椭圆弧。椭圆弧是椭圆的一部分。可以使用 ELLIPSE 命令中的 Arc 选项绘制椭圆弧。

选择"椭圆"子菜单中的"椭圆弧 ⟳"选项后，AutoCAD 提示：

```
命令: _ELLIPSE
指定椭圆的轴端点或 [圆弧(A)/中心点(C)]: _A  (AutoCAD 自动选择)
指定椭圆弧的轴端点或 [中心点(C)]:
指定轴的另一个端点:
指定另一条半轴长度或 [旋转(R)]:             (已绘制了一个虚拟的椭圆)
指定起始角度或 [参数(P)]:                   (指定椭圆弧的起始角度)
指定终止角度或 [参数(P)/包含角度(I)]:       (批定椭圆弧的终止角度)
```

若选择输入参数"P"选项，AutoCAD 提示：

指定起始参数或 ［角度(A)］：　　　　　　　　　（指定一个角度作为椭圆弧的起始角度）

若选择输入参数"I"选项，AutoCAD 提示：

指定弧的包含角度 <180>：　　　　　　　　　（指定一个 0 ≤α≤360）

当输入一个数值后，AutoCAD 将从指定的起始点开始沿虚拟椭圆绕中心点逆时针方向旋转绘制椭圆弧。

【例3-2】 绘制图 3-15 所示的两条椭圆弧。

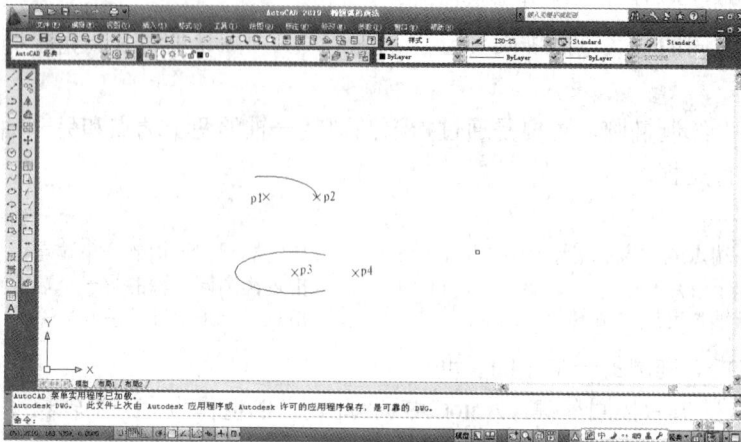

图 3-15　椭圆弧画法示例

```
命令：_ELLIPSE
指定椭圆的轴端点或 ［圆弧(A)/中心点(C)］：A ✓
指定椭圆弧的轴端点或 ［中心点(C)］：C ✓
指定椭圆弧的中心点                    (拾取 p1 点)
指定轴的端点                          (拾取 p2 点)
指定另一条半轴长度或 ［旋转(R)］：30 ✓
指定起始角度或 ［参数(P)］：0 ✓
指定终止角度或 ［参数(P)/包含角度(I)］：I ✓
指定弧的包含角度 <180>：120 ✓        (AutoCAD 绘出上边包含角为 120°的椭圆弧)

命令：_ELLIPSE
指定椭圆的轴端点或 ［圆弧(A)/中心点(C)］：A ✓
指定椭圆弧的轴端点或 ［中心点(C)］：C ✓
指定椭圆弧的中心点：                  (拾取 p3 点)
指定轴的端点：                        (拾取 p4 点)
指定另一条半轴长度或 ［旋转(R)］：30 ✓
指定起始角度或 ［参数(P)］：p
指定起始参数或 ［角度(A)］：60 ✓
指定终止参数或 ［角度(A)/包含角度(I)］：I ✓
指定弧的包含角度 <180>：-120 ✓       (AutoCAD 绘出下边包含角为 240°的椭圆弧)
```

3. 阵列命令

（1）功能：以指定的方式将选择对象进行多重复制，并构成一种圆形或矩形的阵列。

（2）命令执行方式：

下拉菜单："修改"→"阵列"。

工具栏：修改 品｜。

命令：ARRAY。

（3）操作过程：执行该命令后，AutoCAD 弹出如图 3-16 所示的对话框。

该对话框各选项的功能如下：

1）矩形阵列。当选择"矩形阵列"单选按钮时，AutoCAD 采用矩形阵列的方式进行多重复制。对话框中各项含义：①"行"文本框用于指定矩形阵列的行数；②"列"文本框用于指定矩形阵列的列数；③"偏移距离和方向"栏用于设置矩形阵列的行距（行偏移）、列距（列偏移）和

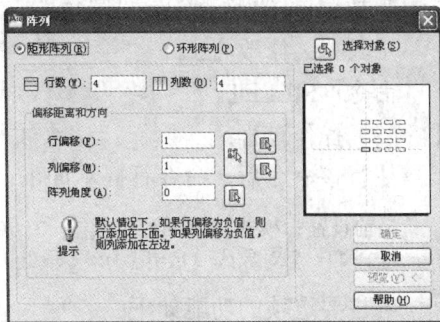

图 3-16 "阵列"对话框——矩形

阵列角度。用户可以直接在对应的文本框中输入数值，也可以单击对应的按钮在绘图窗口中指定。单击"行偏移"和"列偏移"文本框后的按钮，可在绘图窗口同时指定行距和列距。

2）环形阵列。当选择"环形阵列"单选按钮时，AutoCAD 采用环形阵列的方式进行多重复制，如图 3-17 所示。对话框中各项含义：

a）中心点：用户可以直接在 X 和 Y 文本框中指定环形阵列的中心坐标，也可以单击按钮 切换到绘图窗口中来拾取中心点。

b）方法和值：该栏的"方法"下拉列表用于设置环形阵列的方式，共有三种环形阵列方式，如图 3-18 所示。

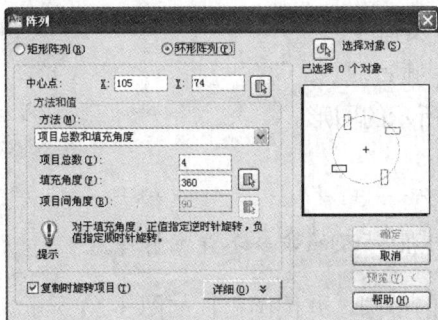

图 3-17 "阵列"对话框——环形

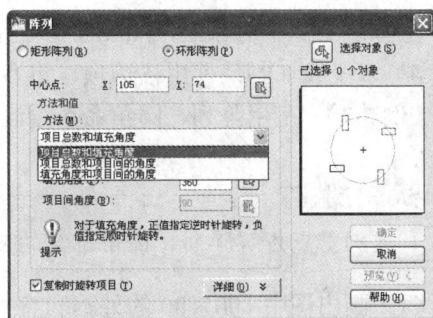

图 3-18 环形阵列的方式

c）复制时旋转项目：该复选框用于设置是否将复制出的对象进行旋转。

d）详细：单击"详细"按钮后，在对话框图的下部弹出"对象基点"栏，用于设置对象的基点。基点是指不进行旋转阵列时阵列后各对象中与中心点距离不变的点。

3）其他选项

a）选择对象：单击该按钮，AutoCAD 切换到绘图窗口并提示"选择对象"，用户选择需阵列的对象后，按回车键可返回"阵列"对话框。

b）例图：AutoCAD 按设置的阵列参数显示出大致的阵列结果。

c）预览：单击"预览"按钮后，AutoCAD 在绘图窗口显示出阵列效果。

4. 圆角命令

（1）功能：在给定圆角半径后，用过渡圆角对两个对象进行平滑连接。

（2）命令执行方式：

下拉菜单："修改" → "圆角"。

工具栏：修改 ⬜。

命令：FILLET。

（3）操作过程：

执行该命令后，命令行提示如下：

```
当前设置：模式 = 修剪,半径 = 0.0000
选择第一个对象或 [放弃(U)/多段线(P)/半径(R)/修剪(T)/多个(M)]:
```

各主要选项的功能如下：

1）半径（R）：该选项用于设置圆弧过渡的圆弧半径。该半径值可以重新设置，也可以接受默认值。

2）修剪（T）：该选项设置对象圆角后是否修剪对象。设置为"修剪"时对象或是被修剪或是延伸到圆弧的端点位置。设置"不修剪"则对象保持原样不变。选择该选项后，AutoCAD提示：

```
选择第一个对象或 [放弃(U)/多段线(P)/半径(R)/修剪(T)/多个(M)]: t ↙
输入修剪模式选项 [修剪(T)/不修剪(N)] <修剪>: n ↙
```

3）选择第一个对象：该选项为默认选项，用户指定了圆角对象的第一个对象时，AutoCAD提示：

```
选择第二个对象:
```

选择了第二个对象后，AutoCAD 绘制圆角并结束命令。

4）多段线（P）：使用该选项可将多段线进行圆弧过渡。

【例 3-3】 应用阵列、圆角命令绘制如图 3-19 所示的图形。

> **注意**
>
> 本例重点讲解阵列、圆角命令的应用方法，其他涉及的命令不详细解释。

（1）画出图中 100×80 的外框和直径为 10mm 的小圆，并倒圆角，如图 3-20 所示。

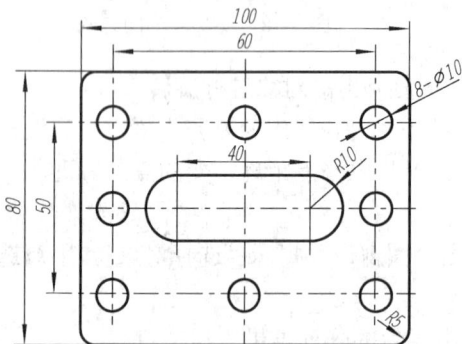

图 3-19　应用阵列、圆角命令示例　　　　图 3-20　倒圆角

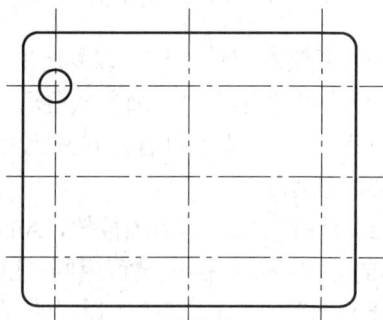

```
命令: _FILLET
当前设置：模式 = 修剪,半径 = 10.0000
选择第一个对象或 [放弃(U)/多段线(P)/半径(R)/修剪(T)/多个(M)]: R ↙
```

指定圆角半径 <10.0000>: 5 ↙
选择第一个对象或 [放弃(U)/多段线(P)/半径(R)/修剪(T)/多个(M)]:
　　　　　　　　　　　　　　　(单击矩形框的垂直边)
选择第二个对象:　　　　　　　　(单击矩形框的水平边)

（2）在四个角边重复选取，完成倒圆角操作。

（3）阵列八个小圆，如图 3-21 所示。

命令:_ARRAY　　　　　　　　(出现"阵列"对话框,并进行参数设置,如图 3-22 所示)
指定列间距:
指定行间距:　　　　　　　　　(添加行在下方,行偏移为负值)
选择对象: 找到 1 个　　　　　　(选择已画好的小圆)
选择对象: ↙　　　　　　　　　(按回车键后,再次出现"阵列"对话框,单击"确定"按钮)

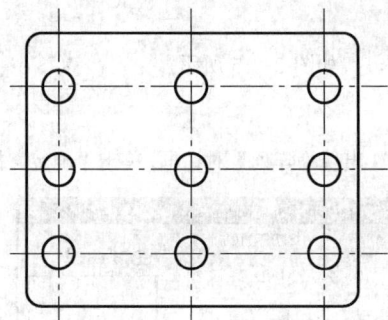

图 3-21　阵列小圆

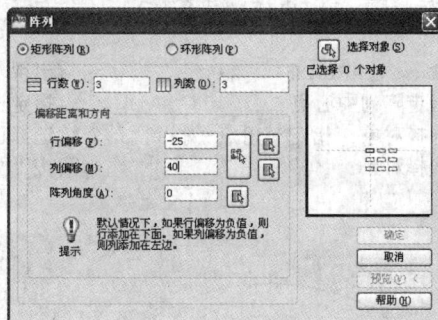

图 3-22　设置"阵列"参数

绘制中间长槽、修改后完成作图，如图 3-19 所示。

5. 图 3-14 的绘图步骤

（1）设置图层、颜色、线型和线宽等（过程略）。

（2）画中心线和椭圆如图 3-23 所示。

命令:_ELLIPSE
指定椭圆的轴端点或 [圆弧(A)/中心点(C)]: C ↙
指定椭圆的中心点:
指定轴的端点: 65 ↙
指定另一条半轴长度或 [旋转(R)]: 45 ↙

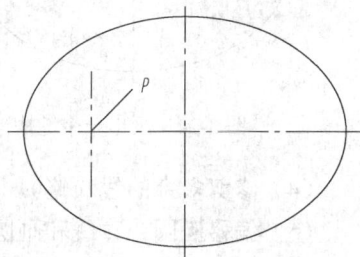

图 3-23　画出中心线和椭圆

（3）画内花键。

命令:_CIRCLE 指定圆的圆心或 [三点(3P)/两点(2P)/相切、相切、半径(T)]:
　　　　　　　　　　　　　　　　　　　　　　　　(指定 p 点)

<对象捕捉 开>
指定圆的半径或 [直径(D)] <17.0000>: 20 ↙

命令: ↙
CIRCLE 指定圆的圆心或 [三点(3P)/两点(2P)/相切、相切、半径(T)]:　(指定 p 点)
指定圆的半径或 [直径(D)] <20.0000>: 17 ↙　　　　　　(画出两个同心圆)

命令:'_ZOOM
指定窗口角点,输入比例因子 (nX 或 nXP),或
[全部(A)/中心点(C)/动态(D)/范围(E)/上一个(P)/比例(S)/窗口(W)] <实时>:_W
指定第一个角点:
指定对角点:　　　　　　　　　　　　　　　　　　　(局部放大)

```
命令: _OFFSET
当前设置: 删除源=否   图层=源   OFFSETGAPTYPE=0
指定偏移距离或 [通过(T)/删除(E)/图层(L)] <4.0000>:   4 ↙ (利用偏移命令画键槽)
选择要偏移的对象,或 [退出(E)/放弃(U)] <退出>:
指定要偏移的那一侧上的点,或 [退出(E)/多个(M)/放弃(U)] <退出>:

命令: _TRIM                           (修剪多余的线,如图 3-24 所示)
当前设置:投影=UCS,边=无
选择修剪边...
选择对象: 指定对角点: 找到 5 个
选择对象: 找到 1 个 (1 个重复),总计 5 个
选择对象: ↙
选择要修剪的对象,按住 Shift 键选择要延伸的对象,
或 [投影(P)/边(E)/放弃(U)]:
   ⋮
命令: _ARRAY                          (出现"阵列"对话框,  如图 3-25 所示)
指定阵列中心点:                       (指定 P 点)
选择对象: 指定对角点: 找到 3 个       (选择已画好的键槽)
选择对象: ↙                          (按"回车"键后,再次出现"阵列"对话框,单击"确定"按钮)
```

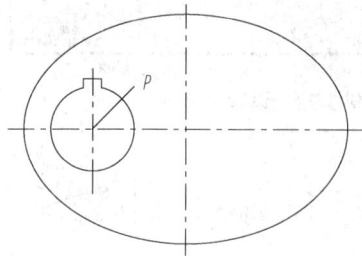

图 3-24 画出一个键槽

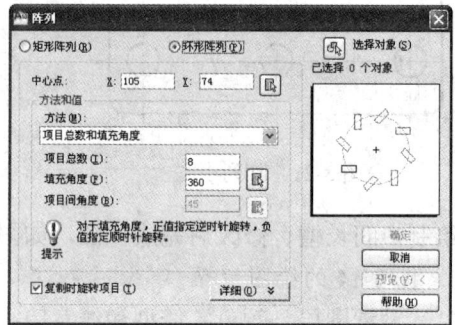

图 3-25 设置"环形"阵列参数

（4）修剪多余的线（略），如图 3-26 所示。

（5）偏移椭圆、直线和画圆，如图 3-27 所示。

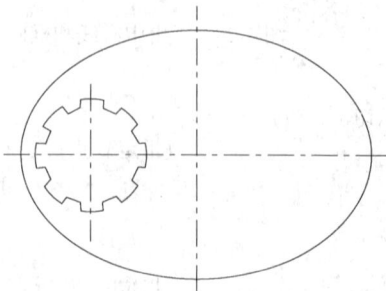

图 3-26 完成的内花键

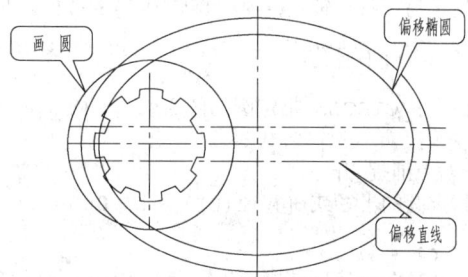

图 3-27 偏移椭圆、直线

```
命令: _OFFSET
命令: _OFFSET
当前设置: 删除源=否   图层=源   OFFSETGAPTYPE=0
指定偏移距离或 [通过(T)/删除(E)/图层(L)] <4.0000>:   6 ↙
```

选择要偏移的对象,或 [退出(E)/放弃(U)] <退出>: 　　　　　　(选择外边的椭圆)
指定要偏移的那一侧上的点,或 [退出(E)/多个(M)/放弃(U)] <退出>: (向内偏移)
选择要偏移的对象,或 [退出(E)/放弃(U)] <退出>: 　　　　　　(选择水平中心线)
指定要偏移的那一侧上的点,或 [退出(E)/多个(M)/放弃(U)] <退出>: (向上、下两边偏移)
选择要偏移的对象,或 [退出(E)/放弃(U)] <退出>: ✓

（6）倒圆角。

命令: _FILLET
当前设置: 模式 = 不修剪,半径 = 0.0000
选择第一个对象或 [放弃(U)/多段线(P)/半径(R)/修剪(T)/多个(M)]: R ✓
指定圆角半径 <0.0000>: 6 ✓
选择第一个对象或 [放弃(U)/多段线(P)/半径(R)/修剪(T)/多个(M)]:(选择椭圆边)
选择第二个对象,或按住 Shift 键选择要应用角点的对象: 　　　　(选择直线边)

重复执行倒圆角命令, 如图 3-28 所示。

（7）修剪多余的线段完成作图, 如图 3-29 所示。

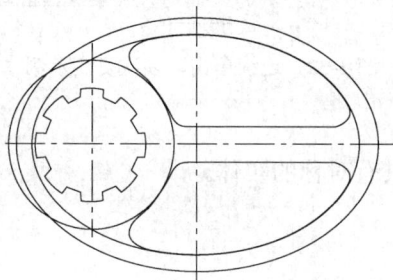

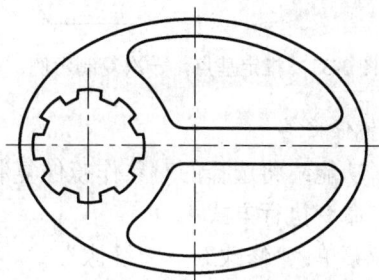

图 3-28　倒圆角　　　　　　　　　　图 3-29　完成作图

3.2.3　绘制几何图形（二）

本节主要介绍如图 3-30 所示几何图形的绘制过程。

1. 分析

从图 3-30 可看出, 此几何图形是对称的, 外轮廓可以用直线、偏移等命令绘制; 上面分布了不同尺寸的圆且无一定的规律。因此, 需应用复制、镜像命令来完成。

2. 复制命令

（1）功能: 复制一个或多个已存在的对象。其特点是将选中的对象复制并放到指定的位置, 但原来的对象并不改变。

（2）命令执行方式:

下拉菜单: "修改" → "复制"。

工具栏: 修改 。

命令: COPY。

（3）操作过程:

执行命令后, 命令行提示如下:

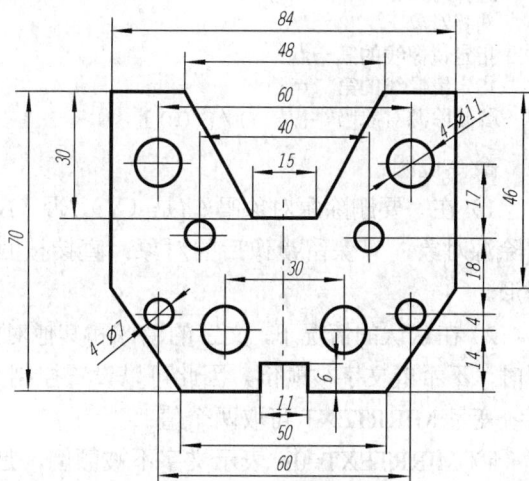

图 3-30　绘制几何图形

选择对象：   (选择一个或多个对象)
选择对象：↙
指定基点或 [位移(D)] <位移>：
指定第二个点或 <使用第一个点作为位移>：
指定第二个点或 [退出(E)/放弃(U)] <退出>：(若按回车键,则只复制一个图形,如图 3-31 所示)
指定第二个点或 [退出(E)/放弃(U)] <退出>：(不按回车键继续复制)
指定第二个点或 [退出(E)/放弃(U)] <退出>：(可复制多个图形,如图 3-32 所示)

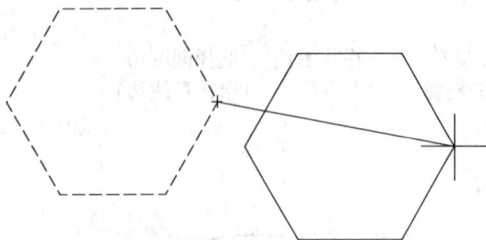

图 3-31　指定基点，一次复制示例   图 3-32　连续单击，多次复制示例

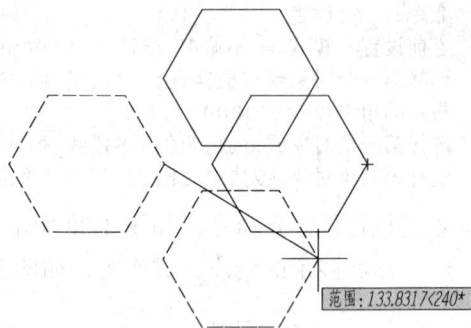

3. 镜像命令

（1）功能：将选择的对象作镜像复制。主要用于具有对称的实体。

（2）命令执行方式：

下拉菜单："修改"→"镜像"。

工具栏：修改 ⚏。

命令：MIRROR。

（3）操作过程：

执行命令后，命令行提示如下：

选择对象：   (选择要镜像的对象)
选择对象：↙
指定镜像线的第一点：
指定镜像线的第二点：
要删除源对象吗？[是(Y)/否(N)] <N>：

命令说明：

1）在"要删除源对象吗？[是（Y）/否（N）] <N>:"中，选择"是"并按回车键，表示删除源对象，只保留镜像后的对象；直接按回车键，表示不删除源对象，绘制一个对称的图形。

2）在默认的情况下，文字的镜像和其他对象一样颠倒所有的对象。但用户在镜像图形的同时，不希望文字被颠倒，因此可以设置控制文字镜像样式的系统变量 MIRRTEXT 来做到。系统变量 MIRRTEXT 可取两个值：

a）MIRRTEXT=0：表示文字不被颠倒，是默认值，如图 3-33 所示。

b）MIRRTEXT=1：表示文字被颠倒。

输入系统变量的方法：

命令：MIRRTEXT ↙

输入 MIRRTEXT 的新值 <1>: 0 ✓

3）在 AutoCAD 2010 中，尺寸标注不受 MIRRTEXT 变量影响，镜像时不会被颠倒。

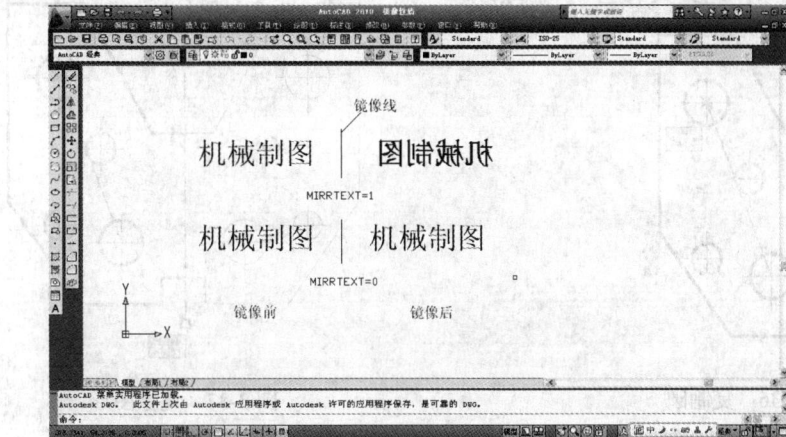

图 3-33　文字镜像示例

4. 图 3-30 的绘图步骤

（1）设置图层、颜色、线型和线宽等（步骤略）。

（2）应用直线命令绘制外轮廓的右（或左）边一半图形（步骤略）。

（3）确定各圆的定位线并画出其中的一个圆（步骤略）。

（4）应用复制命令，复制圆。

（5）应用镜像命令，镜像另一半图形，完成作图。

绘出一半外轮廓图形，如图 3-34 所示。

绘出各圆的定位线和圆，如图 3-35 所示。

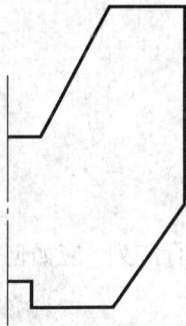

图 3-34　画出外轮廓

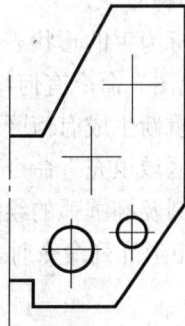

图 3-35　画出圆的定位线和圆

复制圆。

```
命令：_COPY
选择对象：找到 1 个                      (选择小圆)
选择对象：✓
指定基点或 [位移(D)] <位移>:            (选择已画小圆的中心点)
指定第二个点或 <使用第一个点作为位移>:   (单击另一小圆中心点)
指定第二个点或 [退出(E)/放弃(U)] <退出>: ✓
```

大圆的复制过程与小圆相同，如图 3-36 所示。

镜像图形如图 3-37 所示。

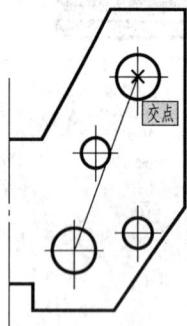

图 3-36　复制圆

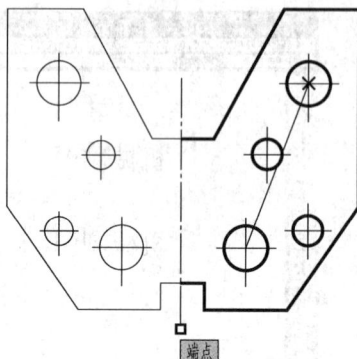

图 3-37　镜像图形

```
命令：_MIRROR
选择对象：指定对角点：找到 21 个        （用交叉窗口全选）
选择对象：↙
指定镜像线的第一点：                      （单击对称中心线的上方）
指定镜像线的第二点                        （单击对称中心线的下方）
要删除源对象吗？[是(Y)/否(N)] <N>：↙
```

完成后的图形如图 3-30 所示。

思　考　题

1．缩放图形有哪些形式？它们各有何特点？调整一幅图形，使之最大限度地充满当前视窗，应该使用哪种命令？

2．当前光标为手的形状表示什么意义？

3．"鸟瞰视图"命令有何特点？

4．重画和重新生成有何区别？

5．使用"区域填充"命令应注意什么？

6．简述椭圆及椭圆弧的绘制方法。

7．在使用矩形阵列命令时，以选中的基准图形向左上角进行阵列，应如何设置其行间距和列间距？

8．复制命令与移动命令有什么不同？复制命令与偏移命令又有何区别？

9．如何设置镜像命令的系统变量使文字镜像时，其方向不变？

第 4 章　图形编辑与图形的对象特性

学习目标

（1）学会使用编辑命令。
（2）绘制三视图。
（3）绘制轴测图。

学习内容

（1）掌握图形的旋转、对齐等编辑命令。
（2）使用夹点、对象特性管理器编辑图形。
（3）掌握构造线、射线等命令的使用方法。
（4）正确设置绘制轴测图的环境，掌握不同坐标面椭圆的画法。

4.1　编　辑　命　令

在 AutoCAD 2010 中，有很多的编辑命令。在前面的章节中，通过一些实例已介绍了部分编辑命令，如复制、移动、偏移、修剪、镜像、阵列、圆角和分解命令等。下面再介绍其他的几种编辑命令。

4.1.1　调整对象位置

调整对象位置的命令包括移动、旋转和对齐等命令。

移动对象仅仅使对象位置平移，不改变对象的方向和大小。

旋转对象是通过选择一个基点和一个相对和绝对的旋转角旋转对象，它改变了对象的方向，但没有改变对象的大小。

对齐对象可以通过旋转、移动或倾斜一对象来使该对象与另一个对象对齐，它不仅可以改变对象的大小，还可以改变对象的方向。

移动命令已介绍，下面主要介绍旋转和对齐命令。

1. 旋转命令

（1）功能：将选择的对象按指定的角度旋转。

（2）命令执行方式：

下拉菜单："修改"→"旋转"。

工具栏：修改 ○。

命令：ROTATE。

（3）操作过程：

执行命令后，命令行提示如下：

UCS 当前的正角方向：　ANGDIR=逆时针　ANGBASE=0
选择对象：　　　　（选择一个或多个对象）

选择对象：

AutoCAD 首先显示当前用户坐标系的角度测量方向和测量基点，然后提示选择对象，选择好对象后按回车键，AutoCAD 接着提示：

指定基点：

指定一点作为旋转的基准点（即对象绕该点旋转），AutoCAD 提示：

指定旋转角度，或 [复制(C)/参照(R)] <0>：

"指定旋转角度"是该选项的默认选项，输入一个角度后，所选对象将绕基准点旋转指定的角度。若指定角度为正值时逆时针旋转；指定角度为负值时顺时针旋转。

旋转命令执行如图 4-1 和图 4-2 所示。

```
命令：_ROTATE
UCS 当前的正角方向：ANGDIR=逆时针  ANGBASE=0
选择对象：找到 1 个              （选择矩形）
选择对象：✓
指定基点：                       （指定矩形一端点）
指定旋转角度，或 [复制(C)/参照(R)] <0>：45 ✓
```

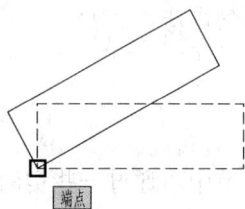

图 4-1 选择对象，指定基点   图 4-2 指定旋转角度后的位置

1）选择"参照（R）"选项后，AutoCAD 按参照的方式定义旋转角度，这时 AutoCAD 提示：

```
指定参考角：
指定新角度：
```

用户先输入一个角度值作为参考角（即起始角），然后输入对象要旋转到的目标角度。实际旋转角度为目标角度减参考角度。

```
命令：_ROTATE
UCS 当前的正角方向：ANGDIR=逆时针  ANGBASE=0
选择对象：找到 1 个              （选择矩形）
选择对象：   ✓
指定基点：                       （指定矩形的端点）
指定旋转角度，或 [复制(C)/参照(R)] <330> R ✓
指定参照角 <0>：0     ✓
指定新角度：45 ✓
```

此命令执行的结果和图 4-2 所示相同，只是最后的角度是新角度减参照角度。

2）选择"复制（C）"选项后，旋转一组选定对象。

```
命令：ROTATE
UCS 当前的正角方向：ANGDIR=逆时针  ANGBASE=0
选择对象：找到 1 个              （选择矩形）
```

选择对象：✓
指定基点：　　　　　　　　　　　　　（指定矩形的端点）
指定旋转角度，或 [复制(C)/参照(R)] <330>：C ✓
旋转一组选定对象。[见图 4-3(a)]
指定旋转角度，或 [复制(C)/参照(R)] <330>：30 ✓

此命令继续执行的结果如图 4-3(b)所示。

2．对齐命令

（1）功能：可以同时移动、旋转一个对象使之与另一个对象对齐。

（2）命令执行方式：

下拉菜单："修改"→"三维操作"→"对齐"　。

命令：ALIGN。

（3）操作过程：

执行对齐命令后，命令行提示如下：

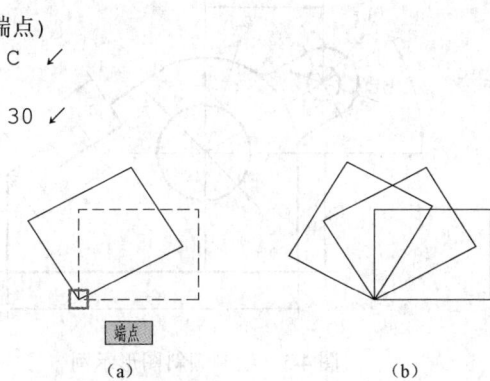

图 4-3　"旋转"命令中的"复制"选项
（a）旋转复制（一）；（b）旋转复制（二）

命令：ALIGN
选择对象：　　　　　　　　　　　　　　　（选择源对象）
选择对象：✓
指定第一个源点：　　　　　　　　　　　　（捕捉第一个源点(1)）
指定第一个目标点：　　　　　　　　　　　（捕捉第一个目标点(2)）
指定第二个源点：　　　　　　　　　　　　（捕捉第二个源点(3)）
指定第二个目标点：　　　　　　　　　　　（捕捉第二个目标点(4)）
指定第三个源点或 <继续>：✓
是否基于对齐点缩放对象？[是(Y)/否(N)] <否>：✓　（按回车键，不缩放源对象）

执行命令后，可得到如图 4-4 所示的图形，该图形还可以用"旋转"、"移动"命令做到。

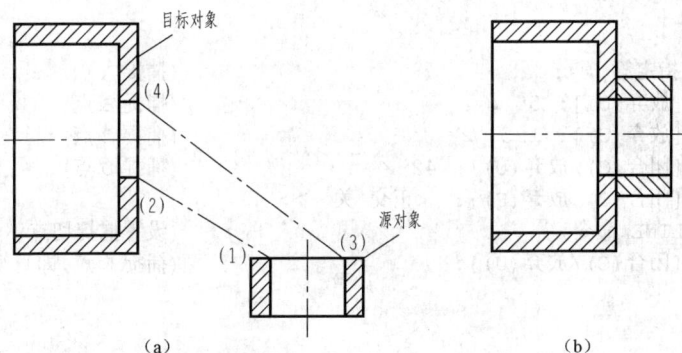

图 4-4　对齐命令示例
（a）指定对齐的源点和目标点；（b）完成后的图形

【例 4-1】　应用"旋转"、"对齐"等命令，完成如图 4-5 所示的带有倾斜图形的绘制。

1．分析

此图形绘制的关键点在于其倾斜部分，可以将倾斜部分先在水平位置画好，然后利用"旋转"和"对齐"命令将图形定位到倾斜位置。

2．操作过程

（1）绘制中心线及非倾斜部分图形，如图 4-6 所示。

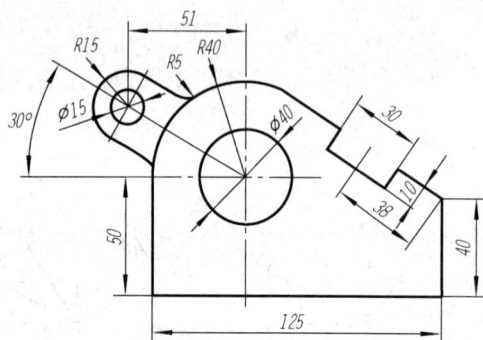

图 4-5　绘制倾斜图形示例

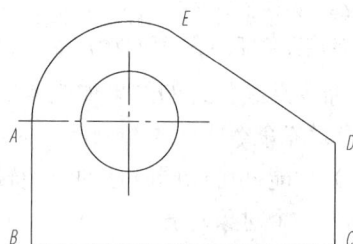

图 4-6　画中心线、圆及直线

1）画中心线：

命令：_LINE 指定第一点：＜正交 开＞　　　　　　　　（画水平中心线）
指定下一点或 [放弃(U)]：　　　　　　　　　　　（拾取水平线的左端点）
指定下一点或 [放弃(U)]：　　　　　　　　　　　（拾取水平线的右端点）

再画垂直中心线。

2）画圆

命令：_CIRCLE
指定圆的圆心或 [三点(3P)/两点(2P)/相切、相切、半径(T)]：＜对象捕捉 开＞
　　　　　　　　　　　　　　　　　　　　　　　　　（捕捉中心点）
指定圆的半径或 [直径(D)] <15.0000>：40 ✓
命令：✓
CIRCLE　指定圆的圆心或 [三点(3P)/两点(2P)/相切、相切、半径(T)]：　（捕捉中心点）
指定圆的半径或 [直径(D)] <40.0000>：20 ✓

3）画直线

命令：_LINE 指定第一点：　　　　　　　　　　　（捕捉 A 点）
指定下一点或 [放弃(U)]：50 ✓　　　　　　　　　（捕捉 B 点）
指定下一点或 [放弃(U)]：125 ✓　　　　　　　　　（捕捉 C 点）
指定下一点或 [闭合(C)/放弃(U)]：42 ✓　　　　　（捕捉 D 点）
指定下一点或 [闭合(C)/放弃(U)]：＜正交 关＞＞＞
正在恢复执行 LINE 命令。　　　　　　　　　　（设置捕捉切点）
指定下一点或 [闭合(C)/放弃(U)]：　　　　　（捕捉 E 点，即直线与圆的切点）

4）修剪

命令：_TRIM
当前设置：投影=UCS,边=无
选择修剪边...
选择对象：指定对角点：找到 6 个　　　　　　　（用交叉矩形窗口全选）
选择对象：✓
选择要修剪的对象,按住 Shift 键选择要延伸的对象,或 [投影(P)/边(E)/放弃(U)]：
选择要修剪的对象,按住 Shift 键选择要延伸的对象,或 [投影(P)/边(E)/放弃(U)]：✓

（2）绘制凸台部分，如图 4-7 所示。

1）偏移中心线。

命令：_OFFSET

当前设置：删除源=否　图层=源　OFFSETGAPTYPE=0
指定偏移距离或 [通过(T)/删除(E)/图层(L)] <62.0000>：　54 ✓
　　　　　　　　　　　　　　　　　　　　　　(此尺寸可由图形中测量出)

选择要偏移的对象，或 [退出(E)/放弃(U)] <退出>：　　(选择原中心线)
指定要偏移的那一侧上的点，或 [退出(E)/多个(M)/放弃(U)] <退出>：(向左偏移)
选择要偏移的对象，或 [退出(E)/放弃(U)] <退出>：✓

2）画两个同心圆。

命令：_CIRCLE
指定圆的圆心或 [三点(3P)/两点(2P)/相切、相切、半径(T)]：(拾取 p 点)
指定圆的半径或 [直径(D)]：7.5 ✓

命令：✓
CIRCLE 指定圆的圆心或 [三点(3P)/两点(2P)/相切、相切、半径(T)]：(拾取 p 点)
指定圆的半径或 [直径(D)] <7.7000>：15 ✓

画上下两条直线

命令：_LINE 指定第一点：<对象捕捉 开>　　　　　　(捕捉 p1 点)
指定下一点或 [放弃(U)]：　<正交 开>　　　　　　(捕捉 p2 点)
指定下一点或 [放弃(U)]：　　　　　　　　　　　(捕捉 p3 点)
指定下一点或 [放弃(U)]：　　　　　　　　　　　(捕捉 p4 点)

（3）将凸台部分旋转 30°，如图 4-8 所示。

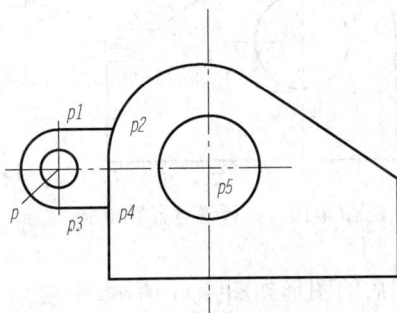

图 4-7　在水平位置绘制凸台　　　　　　　　图 4-8　旋转凸台、倒圆角

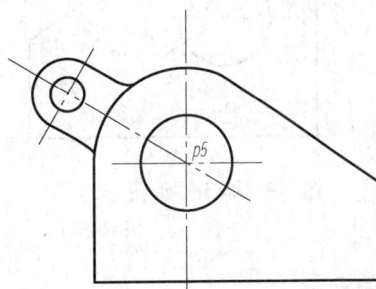

命令：_ROTATE
UCS 当前的正角方向：ANGDIR=逆时针　ANGBASE=0
选择对象：指定对角点：找到 7 个　　　　　　(用交叉矩形窗口全选)
选择对象：✓
指定基点：　　　　　　　　　　　　　　　　(拾取 p5 点)
指定旋转角度，或 [复制(C)/参照(R)] <90>：330 ✓

（4）倒圆角。

命令：_FILLET
选择第一个对象或 [放弃(U)/多段线(P)/半径(R)/修剪(T)/多个(M)]：R ✓
　　　　　　　　　　　　　　　　　　　　　　(设置圆角半径)

指定圆角半径 <0.0000>：5 ✓
选择第一个对象或 [放弃(U)/多段线(P)/半径(R)/修剪(T)/多个(M)]：T ✓
　　　　　　　　　　　　　　　　　　　　　　(设置不修剪)

输入修剪模式选项 [修剪(T)/不修剪(N)] <修剪>：N ✓

选择第一个对象或 [放弃(U)/多段线(P)/半径(R)/修剪(T)/多个(M)]:

(选择上方的直线边)

选择第二个对象,或按住 Shift 键选择要应用角点的对象:

(选择上方的圆弧边)

下方的圆角方法相同。

（5）修剪多余的线段（略）。

（6）在绘图区域内的适当位置画出矩形图形，如图 4-9 所示。

（7）将矩形图形与主轮廓"对齐"到正确的位置，如图 4-10 所示。

命令: _ALIGN

选择对象:指定对角点:找到 5 个 (选择矩形)

选择对象:✓

指定第一个源点: (拾取 1 点)

指定第一个目标点: (拾取 2 点)

指定第二个源点: (拾取 3 点)

指定第二个目标点: (拾取 4 点)

指定第三个源点或 <继续>:✓

是否基于对齐点缩放对象? [是(Y)/否(N)] <否>:✓

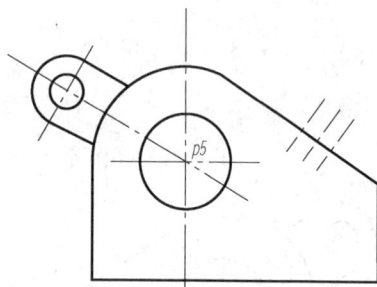

图 4-9　画出矩形图形

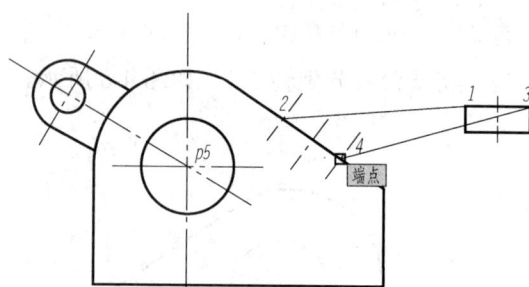

图 4-10　执行"对齐"命令

修剪、整理后的图形如图 4-11 所示。

思 考:请读者考虑用其他方法绘制该图形。

4.1.2　调整对象尺寸

调整对象尺寸的命令包括拉伸、延伸、缩放、拉长、修剪和打断等。

修剪命令已介绍并不断地应用，下面主要介绍其他的命令。

1. 拉伸命令

（1）功能：可以移动拉伸对象，也可以加长或缩短

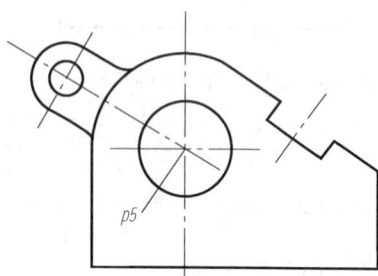

图 4-11　完成后的图形

对象，并改变它们的形状。

（2）命令执行方式：

下拉菜单："修改" → "拉伸"。

工具栏：修改 。

命令：STRETCH。

（3）操作过程：

执行该命令后，命令行提示如下：

以交叉窗口或交叉多边形选择要拉伸的对象...
选择对象：

用户应该使用"交叉窗口"或"交叉多边形"选择方法来选择要拉伸的对象。对象选择好后，AutoCAD 提示：

指定基点或 [位移(D)] <位移>：
指定位移的第二个点或 <用第一个点作位移>：

AutoCAD 将拉伸与选择窗口相交的对象，如图 4-12 所示。

命令：_STRETCH
以交叉窗口或交叉多边形选择要拉伸的对象...
选择对象：指定对角点：找到 10 个　　　　　　(以交叉窗口选择)
选择对象：✓
指定基点或 [位移(D)] <位移>：　<对象捕捉 开>　(指定右下角点)
指定位移的第二个点或 <用第一个点作位移>：20 ✓　(输入位移量值)

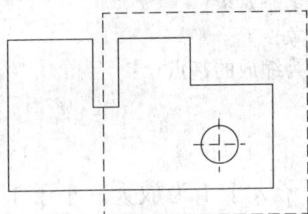

用交叉窗口选择被拉伸对象　　　　　　拉伸结果

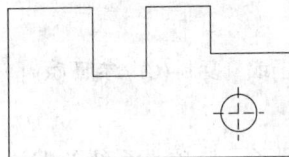

图 4-12　拉伸对象

2. 延伸命令

（1）功能：可以将直线、曲线等对象延伸到一个边界对象，使其与边界对象相交。

（2）命令执行方式：

下拉菜单："修改"→"延伸"。

工具栏：修改 ⊸。

命令：EXTEND。

（3）操作过程：

执行该命令后，命令行提示如下：

当前设置:投影=UCS,边=无
选择边界的边...
选择对象或 <全部选择>：　　　　　　　　　　(可直接回车)

选择好后按回车键，命令行提示：

选择要延伸的对象,或按住 Shift 键选择要修剪的对象,或[栏选(F)/窗交(C)/投影(P)/边(E)/放弃(U)]：

命令说明：

选择要延伸的对象：该项是默认选项，用户选择对象后，直接延伸到指定的边界上，并重复提示，直到按回车键结束命令。连续选择要延伸的对象，可延伸多个对象到同一边界。

　　按住 Shift 键选择要修剪的对象：提供修剪功能。如果用户按住 Shift 键选择与延伸边界相交的对象时，AutoCAD 将选择的对象修剪至延伸边界。

　　栏选（F）、窗交（C）：选择的方法。

　　投影（P）：该选项用于设置延伸对象时 AutoCAD 所使用的投影模式。

　　放弃（U）：该选项用于取消 EXTEND 命令最近所做的改变。

　　3. 缩放命令

　　（1）功能：将选择对象按指定的比例因子进行缩放，以改变其尺寸大小。

　　（2）命令执行方式：

　　下拉菜单："修改"→"比例"。

　　工具栏：修改 🔳。

　　命令：SCALE。

　　（3）操作过程：

　　执行该命令后，命令行提示如下：

```
选择对象：                        (选择一个或多个对象)
选择对象：✓                       (结束选择对象)
指定基点：                        (指定一个点为缩放的基点)
指定比例因子或 [复制(C)/参照(R)] <1.0000>：
```

　　命令说明：

　　指定比例因子：该项是系统的默认选项。比例因子大于 1 为放大，小于 1 为缩小。

　　参照（R）：即参考方式。选择该选项后 AutoCAD 提示：

```
指定参考长度：
指定新长度：
```

　　分别指定参考长度和新长度后，缩放的比例因子为新长度除以参考长度。长度的给定可直接输入数值或通过拾取两点来指定距离。

　　【例 4-2】 将图 4-13（a）所示的图形放大 1.5 倍 [见图 4-13（b）]。

图 4-13　图形的放大
(a) 缩放前；(b) 缩放后

```
命令：_SCALE
选择对象：指定对角点：找到 2 个        (交叉窗口)
选择对象：✓
指定基点：                          (指定圆的中心点)
指定比例因子或 [复制(C)/参照(R)] <1.0000>：1.5 ✓
(放大图形)
```

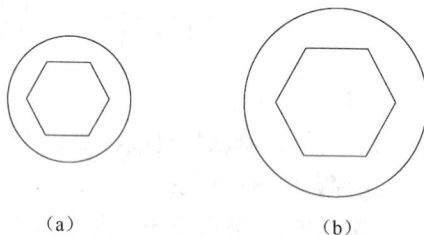

　　【例 4-3】 缩小如图 4-14 所示的正六边形，使其边长与正方形的边长相等。

```
命令：_SCALE
选择对象：找到 1 个                  (选择正六边形)
选择对象：✓
指定基点：                          (指定 p1 点)
指定比例因子或 [复制(C)/参照(R)] <1.0000>：R ✓
指定参照长度 <1>：                  (指定 p2 点)
指定第二点：                        (指定 p3 点)
```

指定新的长度：　　　　　　　　　　　　　　(指定 p4 点)

思 考：若右侧是长方形，如何使正六边形边长与长方形竖边长相等？

4．拉长命令

（1）功能：改变所选对象的长度。可用来拉长或缩短直线、多段线、椭圆弧和圆弧。

（2）命令执行方式：

下拉菜单："修改" → "拉长"。

命令：LENGTHEN。

（3）操作过程：

执行该命令后，命令行提示如下：

```
命令: LENGTHEN ✓
选择对象或 [增量(DE)/百分数(P)/全部(T)/动态(DY)]: DY ✓ (使用"动态"选项)
选择要修改的对象或 [放弃(U)]:          (选择直线 A 的上端点)
指定新端点:                          (调整直线端点到适当位置)
选择要修改的对象或 [放弃(U)]:          (选择直线 B 的左端点)
指定新端点:                          (调整直线端点到适当位置)
选择要修改的对象或 [放弃(U)]: ✓
```

结果如图 4-15 右图所示。

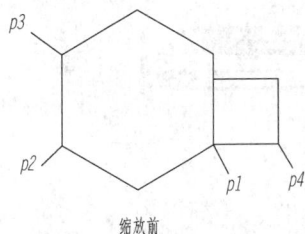

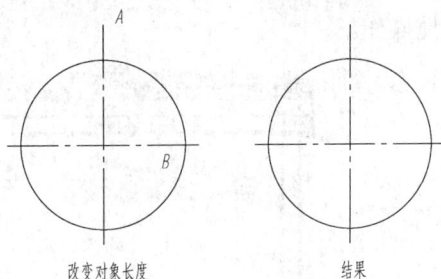

图 4-14　缩小图形　　　　　　　　图 4-15　改变对象长度

其他选项的含义：

1）增量（DE）：以指定的增量值改变直线或圆弧的长度。对于圆弧，还可通过设定角度增量改变其长度。

2）百分数（P）：以对象总长度的百分比形式改变对象长度。

3）全部（T）：通过指定直线或圆弧的新长度来改变对象总长。

4）动态（DY）：拖动鼠标就可以动态地改变对象长度。

5．打断命令

（1）功能：将选择的对象断开成两半或删除对象上的一部分。

（2）命令执行方式：

下拉菜单："修改" → "打断"。

工具栏：修改 □。

命令：BREAK。

（3）操作过程：

执行该命令后，命令行提示如下：

选择对象:

如果是直接用鼠标左键选取对象,AutoCAD 不仅选择对象,而且将选取点作为第一个断开点。AutoCAD 接着提示:

指定第二个打断点或[第一点(F)]:

用户若指定第二个断开点,BREAK 命令则删除对象上第一断开点到第二断开点之间的部分。

选择"第一点(F)"选项或用其他方法选择对象时,AutoCAD 提示:

指定第一打断点:
指定第二打断点:

如果用户选取的第二断开点不在对象上面,AutoCAD 将对象从最靠近点处断开。

如果用户想将对象分成两个对象而不删除任何部分,则当 AutoCAD 提示输入第二打断点时,输入@或将第一打断点和第二打断点选择为同一点。

4.1.3   利用夹点编辑图形

在不执行任何命令的情况下,对已有对象进行选择,则对象上将显示彩色的小方框,称为夹点。

不同的对象,其夹点各不相同,如图 4-16 所示。利用夹点可以进行几种常见编辑命令的快捷操作。

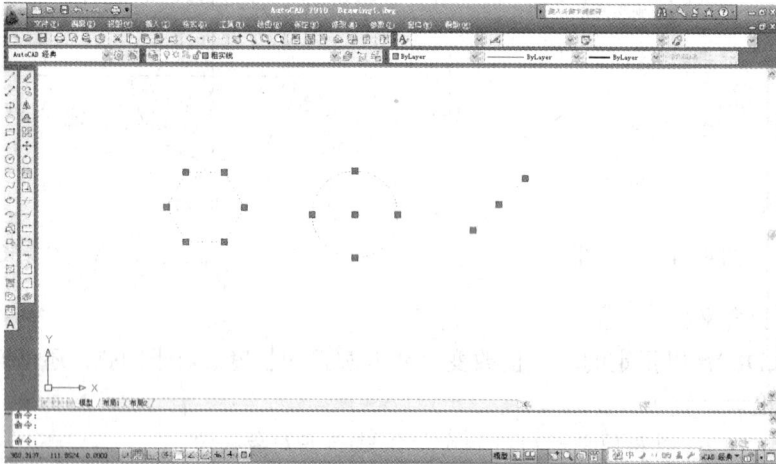

图 4-16   不同对象的夹点位置

由下拉菜单 "工具"→"选项",或在屏幕的任一位置右击,快捷菜单,选择"选项",则可打开如图 4-17 所示的对话框。在此对话框中选择"选择集"选项卡,可以设置夹点的颜色、大小等。

使用夹点编辑对象,首先必须用鼠标选择其中一个夹点作为基准夹点(一般用红色),然后选择一种编辑模式进行编辑对象。夹点编辑模式包括镜像、移动、旋转、拉伸和比例缩放。当用户选取选中对象上的一个夹点作为基准点后,命令行提示:

＊＊ 拉伸 ＊＊
指定拉伸点或 [基点(B)/复制(C)/放弃(U)/退出(X)]:

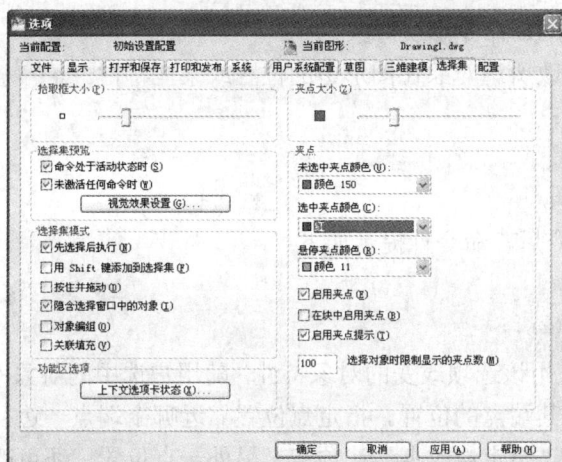

图 4-17　"选项"对话框→"选择集"选项卡

这时命令处于拉伸模式,用户可以在该提示下按回车键或按空格键,在镜像、移动、旋转、拉伸和比例缩放几种编辑模式之间循环切换,如下所示:

```
** 拉伸 **                                    (如图 4-18 所示)
指定拉伸点或 [基点(B)/复制(C)/放弃(U)/退出(X)]:
** 移动 **                                    (如图 4-19 所示)
指定移动点或 [基点(B)/复制(C)/放弃(U)/退出(X)]:
** 旋转 **                                    (如图 4-20 所示)
指定旋转角度或 [基点(B)/复制(C)/放弃(U)/参照(R)/退出(X)]:
** 比例缩放 **
指定比例因子或 [基点(B)/复制(C)/放弃(U)/参照(R)/退出(X)]:
** 镜像 **
指定第二点或 [基点(B)/复制(C)/放弃(U)/退出(X)]:
```

用户可以选择一种模式或选择当前模式的各种选项编辑对象。

选择多个基准点操作是先按住 Shift 键,然后单击夹点即可选中多点为基准点。

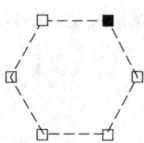

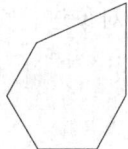

图 4-18　拉伸示例　　　　　图 4-19　多重复制移动示例　　　　图 4-20　旋转示例

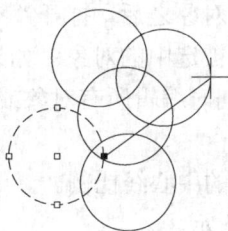

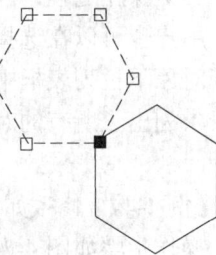

4.2　图形的对象特性

AutoCAD 2010 中,对象特性是指系统赋予对象的颜色、线型、图层、文字样式等。改变对象特性一般可通过 CHANGE 命令或使用对象特性管理器等。

4.2.1　利用 CHANGE 命令修改对象

（1）功能：用于修改所选对象在图形中的位置或某些特性。

（2）命令执行方式：

命令：CHANGE。

（3）操作过程：

执行 CHANGE 命令后，命令行提示如下：

选择对象：
指定修改点或 [特性(P)]：

1）指定修改点：使用该选项改变的对象特性，随用户选中的对象不同而不同。如选择的对象是直线，则可改变其端点的位置。指定点位置靠近哪个端点一边，则将直线的该端点移动到指定点位置。使用"指定修改点"选项定义另外一点位置，还可改变圆的半径、文字标注的位置和块的插入位置等。

2）特性（P）。使用该选项可以改变对象的颜色、高度、图层、线型、线型比例、线宽、厚度等。选择该选项后，AutoCAD 提示：

选择对象：
指定修改点或 [特性(P)]： P✓
输入要更改的特性 [颜色(C)/标高(E)/图层(LA)/线型(LT)/线型比例(S)/线宽(LW)/厚度(T)/材质(M)/注释性(A)]：

用户可选择一种特性选项进行修改。

4.2.2　对象特性管理器

（1）功能：用于修改对象的图层、颜色、线型、线宽和文本属性等。

（2）命令执行方式：

下拉菜单："修改"→"特性"或"工具"→"选项板"→"特性"。

工具栏：标准 📖。

命令：PROPERTIES 或 DDMODIFY。

（3）操作过程：当未选择对象时，打开"特性"对话框，如图 4-21 所示。

用户也可以在选择需要修改的对象之后，打开"特性"对话框，此时，"特性"对话框的选择对象下拉列表框中显示出当前被选中的对象。如果用户同时选择了多个对象，则在下拉列表中列出了所有的对象，用户可同时编辑所有对象或选择单个对象进行特性编辑，如图 4-22 所示。

【例 4-4】 修改如图 4-23 所示的中心线比例。

操作步骤如图 4-24～图 4-27 所示。

除了直接选择要编辑的对象外，还可以通过创建过滤条件来选取某些具有特定属性的对象。单击"特性"对话框右上角按钮 ▣，打开"快速选择"对话框，如图 4-28 所示。通过此对话框用户可以设置图层、颜色、线型等过滤条件。

"快速选择"对话框的常用选项如下：

（1）应用到：在此下拉列表中可指定是否将过滤条件应用到整个图形或当前选择集。如果存在当前选择集，"当前选择"为默认设置。如果不存在当前选择集，"整个图形"为默认设置。

图 4-21　未选择对象

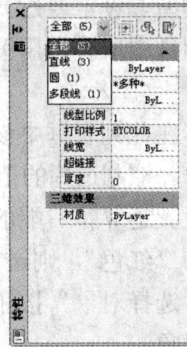

图 4-22　选择多个编辑对象

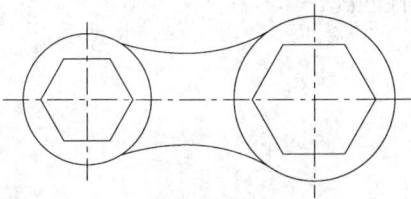

图 4-23　修改前的图形

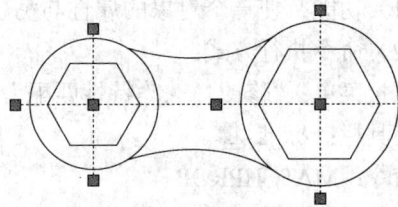

图 4-24　选中中心线

图 4-25　显示原线型比例

图 4-26　修改后的线型比例

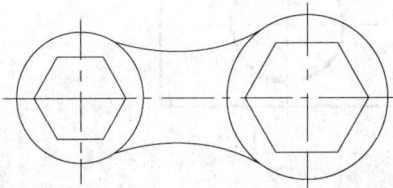

图 4-27　中心线的修改结果图

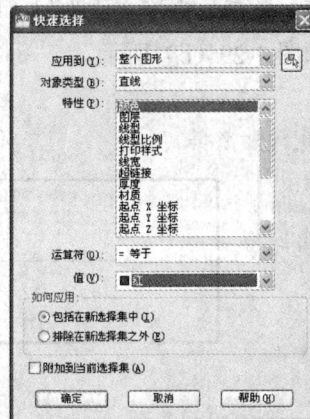

图 4-28　"快速选择"对话框

（2）对象类型。设定要过滤的对象类型。默认值为"所有图元"。如果没有建立选择集，该列表将包含图样中所有可用图元的对象类型；若已建立选择集，则该列表只显示所选对象的对象类型。

（3）特性。在此列表框中设置要过滤的对象特性。

（4）运算符。控制过滤的范围。该下拉列表一般包括"等于"、"大于"、"小于"等选项。

（5）值。设置运算符右端的"值"，即指定过滤的特性值。例如：图 4-28 中显示了运算符右端"值"为"红色"，则过滤条件可表述成"Color=红色"。

（6）单击"选择对象"按钮，就可以切换到绘图窗口，使用光标在绘图窗口中直接选择需要编辑的对象。

4.2.3 对象特性匹配

（1）功能：使一个对象的属性与另一个对象的属性匹配。

（2）命令执行方式：

下拉菜单："修改"→"特性匹配"。

工具栏：标准 。

命令：MATCHPROP。

（3）操作过程：

执行该命令后，命令行提示如下：

```
选择源对象：
当前活动设置： 颜色 图层 线型 线型比例 线宽 厚度 打印样式 标注 文字 填充图案 多段线 视口
表格材质 阴影显示
选择目标对象或 [设置(S)]：
```

【例 4-5】 将如图 4-29（a）所示中的轮廓和圆的点划线改为实线。

```
命令：'_matchprop
选择源对象：                        (选择源对象,如图 4-29(a)所示)
当前活动设置： 颜色 图层 线型 线型比例 线宽 厚度 打印样式 标注 文字 填充图案 多段线 视口
表格材质 阴影显示
选择目标对象或 [设置(S)]：          (选择右边的点划线)
选择目标对象或 [设置(S)]：          (选择圆)
选择目标对象或 [设置(S)]：↙
```

选择源对象后，光标变成类似"刷子"形状，用此"刷子"选取接受属性匹配的目标对象，结果如图 4-29（b）所示。

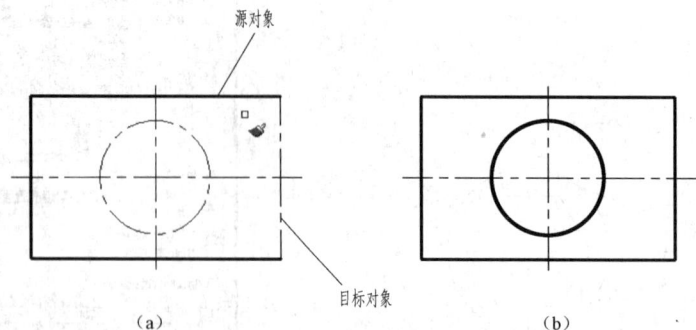

图 4-29 特性匹配
（a）选择源对象；（b）结果

如果用户仅想使目标对象的部分属性与源对象相同，可在选择源对象后，输入 S，此时，AutoCAD 打开"特性设置"对话框，如图 4-30 所示。默认情况下，AutoCAD 选中该对话框中所有源对象的属性进行复制，但用户也可指定仅将其中部分属性传递给目标对象。

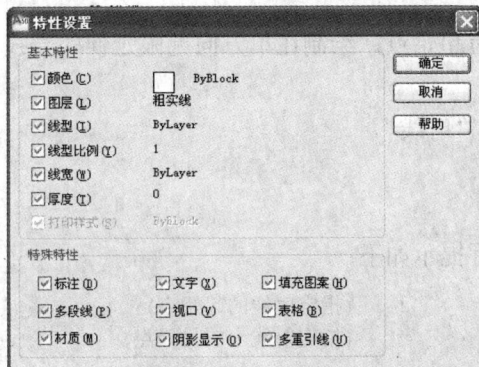

图 4-30　"特性设置"对话框

4.3　三 视 图 的 绘 制

4.3.1　三视图的基本要求

三视图是工程图样中最常用的图形。三视图是将物体放在三投影面体系内，分别向三个投影面投影，形成主视图、俯视图和左视图。三视图之间的投影对应关系是"长对正、高平齐、宽相等"，这"三等"关系是三视图的重要特性，也是画图和看图的主要依据。利用 AutoCAD 绘制三视图，除了应用前面所述的绘图、编辑命令等绘制相应的图形外，还可以应用 XLINE 命令、RAY 命令绘制辅助线，以保证三视图之间的正确关系。

1. 构造线命令

（1）功能：用于生成两端无限延长的直线当作构造线。例如，为保证主视图、俯视图和左视图的投影关系，使用构造线作为辅助线进行图形对齐。

（2）命令执行方式：

下拉菜单："绘图"→"构造线"。

工具栏：绘图 。

命令：XLINE。

（3）操作过程：

执行该命令后，命令行提示如下：

XLINE 指定点或 [水平(H)/垂直(V)/角度(A)/二等分(B)/偏移(O)]:指定通过点：

用户在此状态下可指定一点或选择各选项。其中各选项的含义如下：

1）指定点：为默认选项，指定构造线的位置和通过点。

2）水平（H）：建立平行的构造线。

3）垂直（V）：建立垂直的构造线。

4）角度（A）：建立指定倾斜角度的构造线。

5）二等分（B）：建立通过用户选择角度的顶点且平分用户指定点角度的构造线。

6）偏移（O）：建立平行于另一直线的无限长直线。可以指定偏移距离和方向或指定直线的通过点。

2．射线命令

（1）功能：以指定点为起始点，绘制在单方向无限延伸的直线。

（2）命令执行方式：

下拉菜单："绘图"→"射线"。

命令：RAY。

（3）操作过程：

执行该命令后，命令行提示如下：

指定起点：   (指定射线的起始点)
指定通过点：   (指定射线上的另一点)

继续指定通过点，用户可以绘制同一起点的多重射线。

【例 4-6】 应用构造线和射线命令绘制如图 4-31 所示的图形。

（1）画射线，如图 4-32 所示。

命令：_RAY 指定起点：   (指定射线的起始点 p1)
指定通过点：   (指定射线的一个方向点)
指定通过点：   (指定射线的另一个方向点)
指定通过点：✓   (按回车键,画出射线)

（2）画角平分线，如图 4-33 所示。

命令：_XLINE 指定点或 [水平(H)/垂直(V)/角度(A)/二等分(B)/偏移(O)]：B ✓
指定角的顶点： <对象捕捉 开>   (拾取 p1 点)
指定角的起点： <对象捕捉 关>   (拾取 p2 点)
指定角的端点：   (拾取 p3 点)

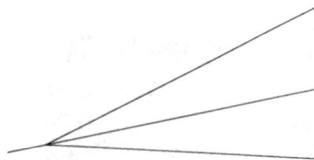

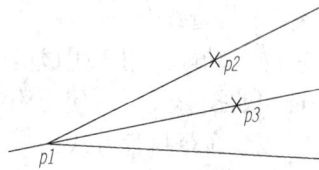

图 4-31 构造线、射线应用示例   图 4-32   画射线   图 4-33   画角平分线

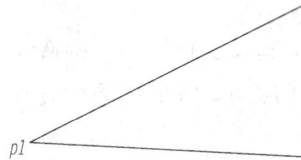

4.3.2 三视图的绘图步骤

（1）准备工作。包括图层、颜色、线型和线宽的设置，绘图界限，单位的设置等。

（2）选择投影方向，画主视图。

（3）由主视图按投影对应关系画俯视图和左视图。

【例 4-7】 绘制如图 4-34 所示的三视图。

1．绘制主视图

（1）画出主视图的中心线、小圆和半径为 20 的圆弧，如图 4-35 所示。

（2）利用偏移命令画出底面和两侧轮廓线，并用"特性匹配"修改线型，如图 4-36 所示。

（3）修剪，完成主视图，如图 4-37 所示。

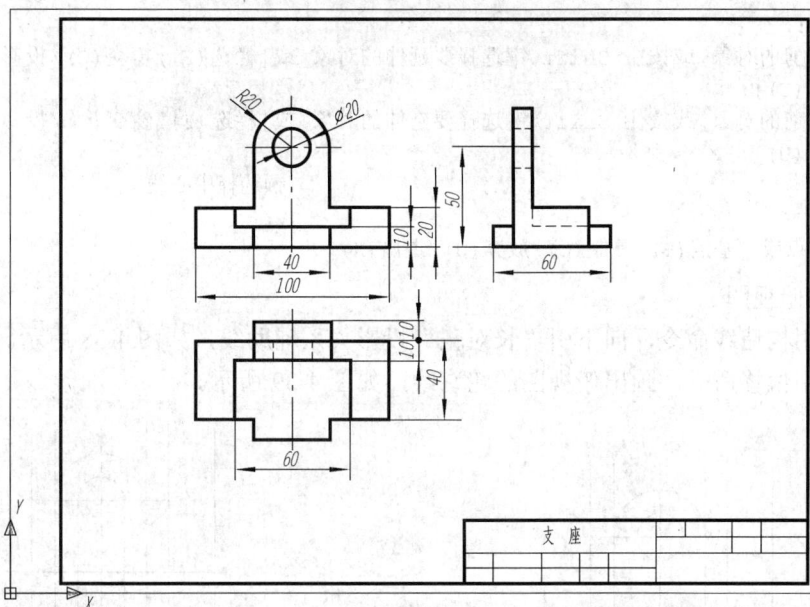

图 4-34　绘制三视图

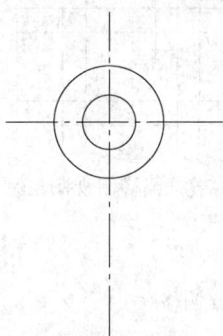

图 4-35　画中心线、圆

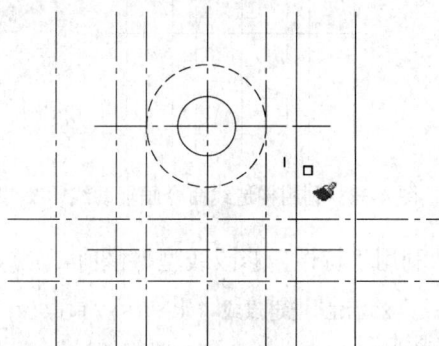

图 4-36　偏移轮廓线，修改线型并修剪

命令：_LINE 指定第一点：　　　　　　　　　（画出水平和垂直的中心线）
指定下一点或 [放弃(U)]：
指定下一点或 [放弃(U)]：✓
命令：_CIRCLE
指定圆的圆心或 [三点(3P)/两点(2P)/相切、相切、半径(T)]：
　　　　　　　　　　　　　　　　（拾取中心点为圆心）
指定圆的半径或 [直径(D)] <20.0000>：10 ✓
命令：_CIRCLE
指定圆的圆心或 [三点(3P)/两点(2P)/相切、相切、半径(T)]：@✓
　　　　　　　　　　　　　　　（同心圆）
指定圆的半径或 [直径(D)] <10.0000>：20 ✓　（用圆代替圆弧）

命令：_TRIM
当前设置：投影=UCS,边=无
选择修剪边...
选择对象：指定对角点：找到 13 个　　　　　　（交叉窗口全选）

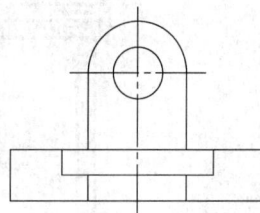

图 4-37　完成后的主视图

选择对象：✓
选择要修剪的对象，或按住 Shift 键选择要延伸的对象，或[栏选(F)/窗交(C)/投影(P)/边(E)/
删除(R)/放弃(U)]：
选择要修剪的对象，或按住 Shift 键选择要延伸的对象，或[栏选(F)/窗交(C)/投影(P)/边(E)/
删除(R)/放弃(U)]：✓
命令：✓　　　　　　　　　　　　　　　　　(预选择中心线)
** 拉伸 **
指定拉伸点或 [基点(B)/复制(C)/放弃(U)/退出(X)]：

2．绘制俯视图

（1）利用构造线命令，向下引"长对正"投影关系辅助线，如图 4-38 所示。

（2）利用偏移命令，画出俯视图的轮廓线，如图 4-39 所示。

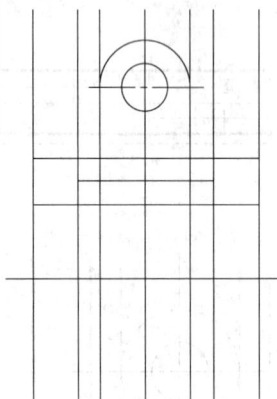

图 4-38　利用构造线命令画辅助线　　　　　　　图 4-39　偏移俯视图轮廓

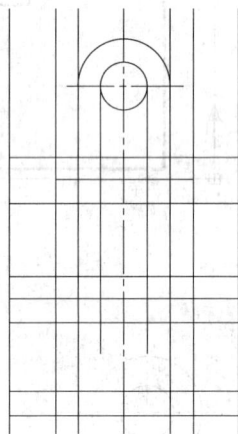

（3）利用"特性"修改线型、修剪，完成俯视图，如图 4-40 所示。

命令：_XLINE 指定点或 [水平(H)/垂直(V)/角度(A)/二等分(B)/偏移(O)]：v ✓
指定通过点：
指定通过点：

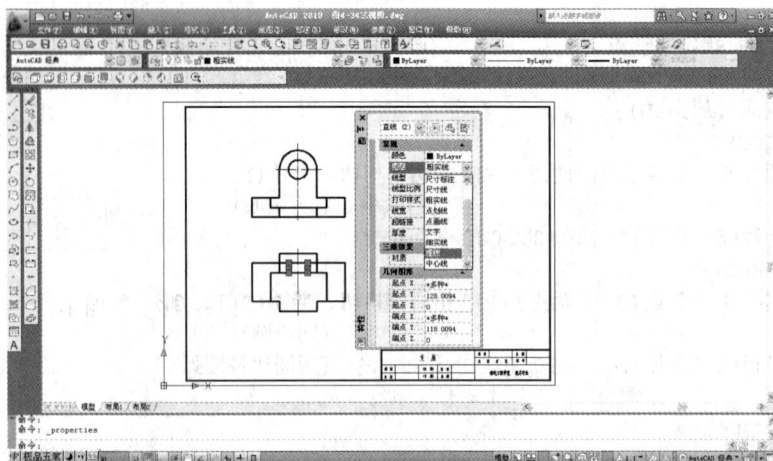

图 4-40　修剪、利用"特性"对话框修改线型

画一系列垂直的构造线。

命令：_LINE 指定第一点：　　　　　　　　　　　　　　　　(画出俯视图的定位轮廓线)
指定下一点或 [放弃(U)]：✓

按图上尺寸进行偏移。

命令：_TRIM
当前设置:投影=UCS,边=无
选择修剪边...
选择对象：指定对角点：找到 35 个　　　　　　　　　　(交叉窗口全选)
选择对象：　✓
选择要修剪的对象,或按住 Shift 键选择要延伸的对象,或[栏选(F)/窗交(C)/投影(P)/边(E)/
删除(R)/放弃(U)]：
选择要修剪的对象,或按住 Shift 键选择要延伸的对象,或[栏选(F)/窗交(C)/投影(P)/边(E)/
删除(R)/放弃(U)]：✓

3．绘制左视图

左视图与主视图的投影关系是"高平齐"，左视图与俯视图的投影关系是"宽相等"。为
反映这些投影关系，在主视图与左视图之间可以使用拉高度方向的平行线的方法，而在俯视
图与左视图之间可采用对齐、偏移等几种不同的方法做到。下面介绍采用对齐的画法。

（1）由主视图引辅助线，画出左视图的上、下轮廓线并画出一条定位线，如图 4-41 所示。

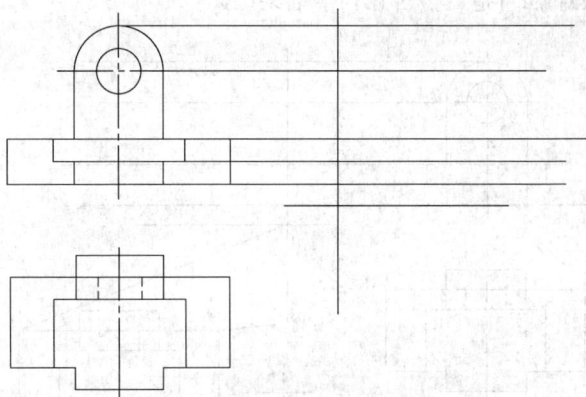

图 4-41　绘制左视图上、下轮廓线和一条定位线

（2）复制俯视图，如图 4-42 所示。

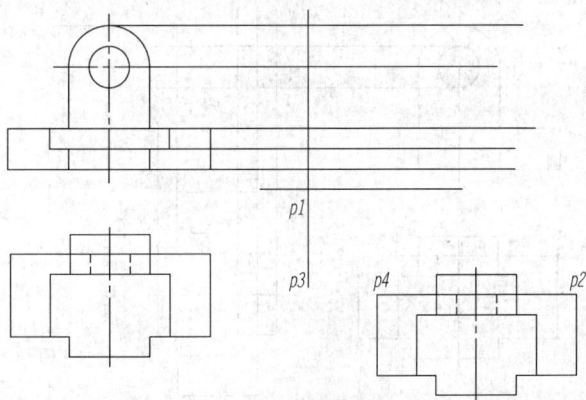

图 4-42　复制俯视图

（3）利用"对齐"命令将俯视图改变方向，如图 4-43 所示。

（4）由改变方向后的俯视图引出垂直的辅助线，如图 4-44 所示。

（5）修剪、修改线型，完成作图，如图 4-45 所示。

```
命令: _LINE 指定第一点:                    (画出左视图后边轮廓线)
指定下一点或 [放弃(U)]:
指定下一点或 [放弃(U)]:↙
命令: _COPY
选择对象: 指定对角点: 找到 33 个           (选择俯视图)
选择对象: ↙
指定基点或 [位移(D)] <位移>: <对象捕捉 开>
指定位移的第二点或 <用第一点作位移>:        (在绘图区域点击一点,确定位置)
命令: _ALIGN
选择对象: 指定对角点: 找到 33 个           (选择俯视图)
选择对象: ↙
指定第一个源点:                           (拾取 p2 点)
指定第一个目标点:                         (拾取 p1 点)
指定第二个源点:                           (拾取 p4 点)
指定第二个目标点:                         (拾取 p3 点)
指定第三个源点或 <继续>: ↙
是否基于对齐点缩放对象? [是(Y)/否(N)] <否>:  ↙
```

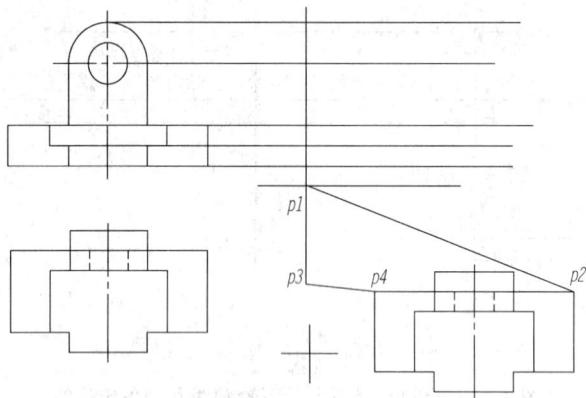

图 4-43　将俯视图与左视图对齐

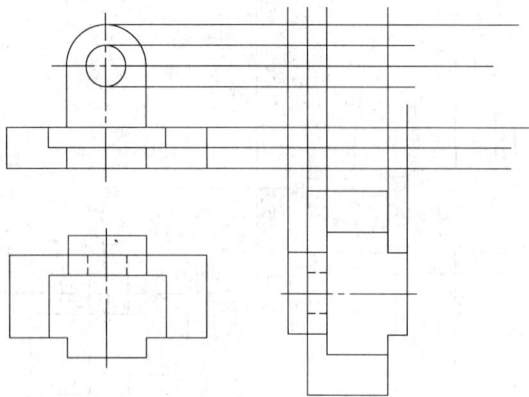

图 4-44　画左视图垂直轮廓线

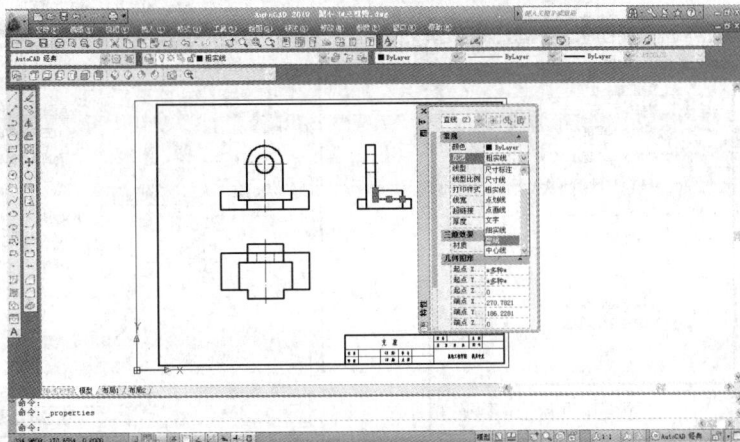

图 4-45　修剪、修改线型，完成作图

4.4　轴测图的绘制

4.4.1　轴测图的基本要求

1. 轴测图的基本知识

轴测图是工程图中的辅助用图。它是将空间的物体和构成该物体的直角坐标系一起，用平行投影的方法向一个轴测投影面投影所得的图形。其特点是在一个投影面上同时反映物体长、宽、高三个方向的尺寸，立体感强，便于看图。对于初学者来说，可以以辅助的手段学习理解三视图，从而看懂三视图。轴测图的种类有多种，这里主要介绍正等轴测图。

在 AutoCAD 2010 中，绘制轴测图的主要方法是应用轴测捕捉和对象捕捉、极轴等功能。

在正等轴测投影中，空间坐标轴 OX、OY、OZ 的轴测投影分别为 O1X1、O1Y1、O1Z1，坐标轴的轴测投影称为轴测轴；轴测轴之间的夹角称为轴间角，分别用 $\angle O1X1$、$\angle O1Y1$、$\angle O1Z1$ 表示，各轴间角的夹角为 120°。其中，O1X1 与 O1Y1 轴决定的轴测面称为上面；O1Y1 与 O1Z1 轴决定的轴测面称为左面；O1X1 与 O1Z1 轴决定的轴测面称为右面，如图 4-46 所示。

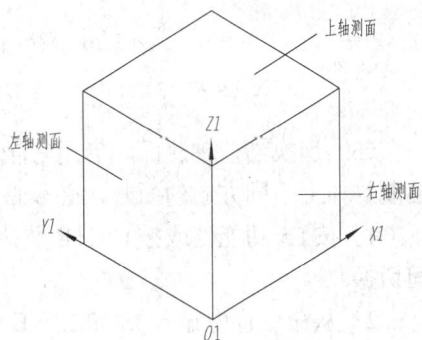

图 4-46　轴测轴和轴测面

2. 设置正等轴测模式

（1）设置"等轴测捕捉"，如图 4-47 所示。

（2）设置"极轴追踪"，如图 4-48 所示。

在"草图设置"对话框中，打开"极轴追踪"选项卡，在"增量角"下拉列表中，输入30，此时，在画轴测图时，出现一条虚线，显示追踪的角度，如图 4-49 所示。

注　意

（1）在不同方向上画线的角度要正确。该角度是由正等轴测图的轴间角确定的。

（2）通过上述设置，在画轴测图时，要同时打开状态栏中的"极轴"与"对象捕捉"。

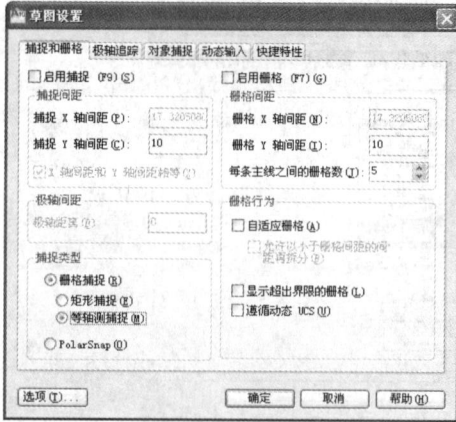

图 4-47　设置"等轴测捕捉"　　　　　图 4-48　设置"极轴追踪"

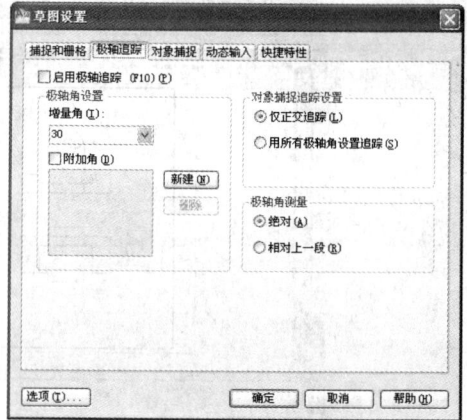

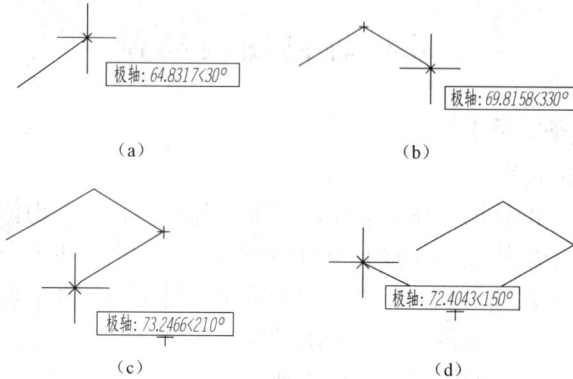

图 4-49　"等轴测捕捉"与"极轴追踪"的综合效果

(a) X 正方向（30°）；(b) Y 正方向（330°）；(c) X 负方向（210°）；(d) Y 负方向（150°）

（3）切换当前轴测面。启用等轴测捕捉功能后，用户只能在一个轴测面上绘图，因此在绘制物体上不同方向的面时，必须首先切换到相应的轴测面上。切换的方法：

1）按 F5 功能键或按 Ctrl+E 快捷键，可沿顺时针方向在左面、上面、右面三个轴测面之间切换。

2）从命令行中输入 ISOPLANE 命令，出现提示：

当前等轴测平面：左　　　　　　　　　　　　(提示用户当前所在的等轴测面为上面)
输入等轴测平面设置 [左(L)/上(T)/右(R)] <上>：　(可选择需要的字母,然后若按回车键)
当前等轴测面:上　　　　　　　　　　　　　(直接按回车键后的效果)

显然，使用功能键切换轴测面更为方便。

4.4.2　绘制轴测图

轴测模式设置完成后，用户可以方便地绘制出各种不同物体的轴测图。

1. 绘制平面体

平面体是由平面多边形构成，画平面体轴测图时，可沿着轴测轴的方向，输入相应的尺寸画出。对于平面体上的倾斜线，可采用画出线段两端点的坐标，然后再连线的方法绘制。若绘制复杂组合体的轴测图，则先画出基本体的轴测图，然后再进行叠加或切割即可，如图

4-50 所示。

　　2. 绘制不同坐标面圆的轴测图

　　在轴测图中，空间坐标面上圆的投影为椭圆。在设置了轴测模式的状态下，使用绘制椭圆命令可直接画出圆的正等轴测图。

命令：_ELLIPSE
指定椭圆轴的端点或 [圆弧(A)/中心点(C)/等轴测圆(I)]：I ↙ (选择画等轴测圆)
指定等轴测圆的圆心：　　　　　　　　　　　　　　　　　(指定圆心)
指定等轴测圆的半径或 [直径(D)]：30 ↙　　　　　　　(输入半径,数值为圆的实际半径)

　　在绘制时，可应用 F5 功能键进行切换，画出三个轴测面上圆的正等轴测图，如图 4-51 所示。

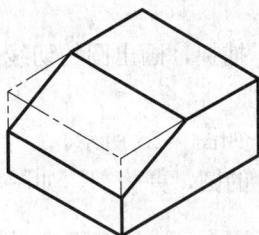

图 4-50　平面体的轴测图画法　　　　　　　图 4-51　圆的等轴测图的画法

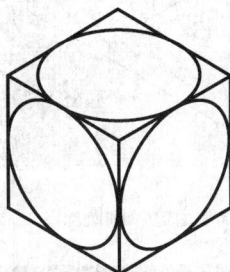

4.4.3　绘制轴测图实例

【例 4-8】　根据图 4-34 所示的三视图，绘制出轴测图。

（1）绘图步骤。

1）设置等轴测模式。

2）绘制底板（100、40、20）。

3）绘制立板（定位 50、ϕ20、R20、10）。

4）绘制其他部分（60、10 等）。

（2）画底板。

命令：_LINE 指定第一点：　　　　　　　　　　　　　(指定 1 点)
指定下一点或 [放弃(U)]：100 ↙　　　　　　　　　　(指定 2 点)
指定下一点或 [放弃(U)]：40 ↙　　　　　　　　　　 (指定 3 点)
指定下一点或 [闭合(C)/放弃(U)]:100 ↙　　　　　　(指定 4 点)
指定下一点或 [闭合(C)/放弃(U)]:　　　　　　　　　(捕捉端点1,闭合直线)

　　其他线段的画法类似，如图 4-52 所示。

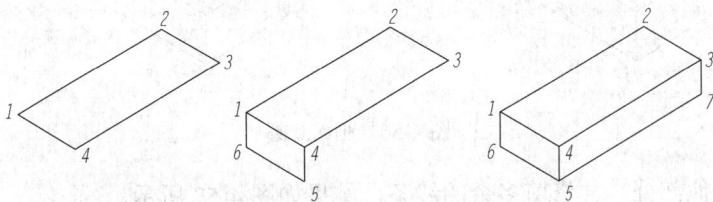

图 4-52　画底板

（3）定位，画圆。捕捉 1、2 线段中点 A，由 A 点向上画高度为 30（减去底板的高度）的直线，再向前画 10，确定 B 点，即前面椭圆的圆心点。

注意

用 F5 功能键将等轴测面切换为右面。

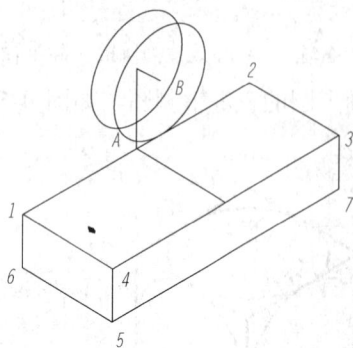

图 4-53　定位，画圆

```
命令：_ELLIPSE
指定椭圆轴的端点或 [圆弧(A)/中心点(C)/等轴测圆
(I)]:I ↙
指定等轴测圆的圆心：        (单击 B 点)
指定等轴测圆的半径或 [直径(D)]: 20 ↙
```

重复椭圆命令，画出向后长度为 10 的后面椭圆，如图 4-53 所示。

（4）设置"最近点"捕捉，画出圆的切线，如图 4-54 所示。

（5）修剪多余的线，如图 4-55 所示。

（6）画出直径为φ20 的圆，并修剪，如图 4-56 所示。

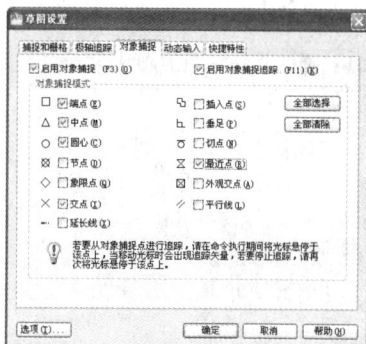

图 4-54　设置"最近点"捕捉，画圆的切线

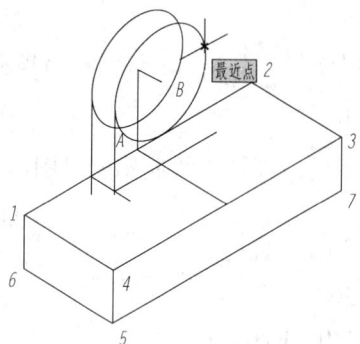

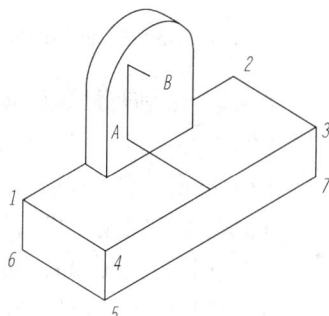

图 4-55　修剪多余的线后

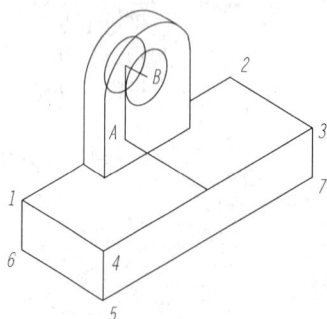

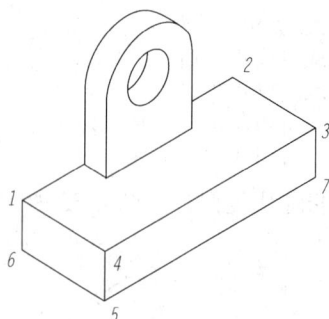

图 4-56　画φ20 圆

（7）画出其他部分，并修剪多余的线条，结果如图 4-57 所示。

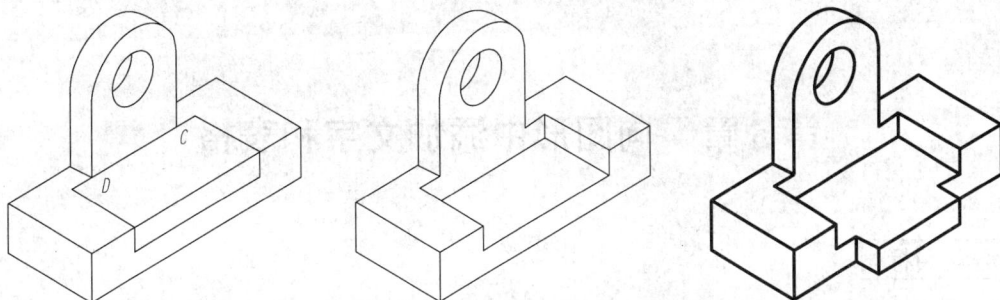

图 4-57   绘制其他部分，完成作图

思 考 题

1. 比较"移动"、"旋转"和"对齐"命令的不同，哪一种更具有综合性？
2. 图 4-8 中所示的"凸台"与"矩形"还可以用其他什么方法绘制？
3. 试比较"拉伸"、"延伸"、"拉长"命令的不同，各应用在什么场合？
4. 打断命令与修剪命令有何不同？
5. 夹点编辑的方法有哪些？如何使用？
6. CHANGE 命令有哪些修改功能？
7. 如何应用"特性"对话框修改对象的属性？
8. 如何应用"特性匹配"命令？
9. 在 AutoCAD 2010 中绘制三视图时，为保证其投影对应关系，除了使用"构造线"命令、"对齐"命令外，还可以使用其他什么方法？
10. 轴测图的特点是什么？设置等轴测模式包括哪些内容？怎样绘制轴测图？

第 5 章　向图形中添加文字和表格

📇 学习目标

（1）向工程图样中输入文字、说明等。
（2）正确填写标题栏、明细栏，技术要求等内容。
（3）绘制表格。

📇 学习内容

（1）掌握文字样式的设置。
（2）应用 TEXT、MTEXT 命令正确标注文字、输入特殊符号等。
（3）应用 DDEDIT 命令、特性管理器对文字进行编辑。
（4）应用 AutoCAD 2010 版本中的表格功能绘制表格。

5.1　文字样式设置

在文字标注中，有时需要不同的文字字体，如汉字有宋体、黑体、楷体等字体，英文有 Roman、Romant、Romantic、Complex、Italic 等字体。尤其是汉字是我国用户常用的，因此，针对不同的要求，需要设置不同的文字样式以满足用户。在 AutoCAD 2010 中，用于文字标注的文字样式包括字体、文字高度、宽度以及倾斜角度等，字型可以选择大字体使用字型文件（通常后缀为.shx 和 Romans.shx），也可以使用 Windows 操作系统的系统 TrueType 字体（如宋体、楷体等）。

1. 功能
创建或修改文字样式并设置当前的文字样式。
2. 命令执行方式
下拉菜单："格式"→"文字样式"。
命令：STYLE（也可'STYLE 透明使用）。
3. 操作过程
执行该命令后，AutoCAD 弹出如图 5-1 所示的"文字样式"对话框。
AutoCAD 2010 中默认的字体样式为标准样式（Standard）。用户可以使用"文字样式"对话框创建新的文字样式或者修改已有的文字样式。
文字样式对话框的主要内容如下：
（1）样式（S）。列出了当前可以使用的文字样式，默认的字体样式为"Standard"。
1）新建（N）。该按钮用于定义一个新的文字样式。单击该按钮，在弹出的"新建文件样式"对话框的"样式名"编辑框中输入要创建的新文字样式的名称，如图 5-2 所示，然后单击"确定"按钮，回到"文字样式"对话框。

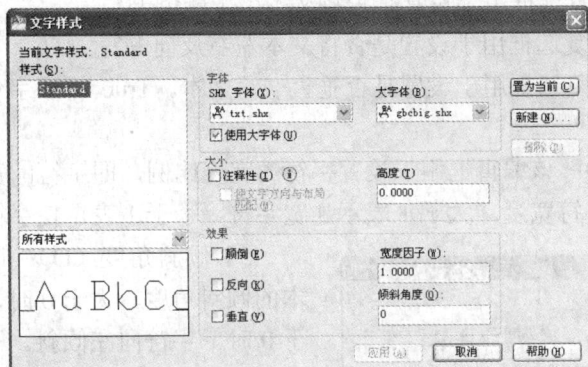

图 5-1　"文字样式"对话框

2）置为当前（C）。单击该按钮，可将"文字样式"对
话框中选定的样式设置为当前。

3）删除（D）。单击该按钮，可以删除一个已有的文字
样式，但无法删除已经被使用的文字样式和默认的字体样式
"Standard"。

图 5-2　"新建文字样式"对话框

（2）字体。该区域用于设置当前字型的字体、字体格式等。

1）字体名（F）。用户可任选一种样式作为当前字型的字体样式。选择不同的文字字体，
其可设置的文字样式不同，对于 True Type 字体一般只有"常规"一种设置，如图 5-3 所示。

2）shx 字体（X）。当用户选用"shx"后，复选框"使用大字体"可选，则用"大字
体"下拉列表框替代"字体样式"下拉列表框，如图 5-4 所示，这时用户可以从中选择一种
大字体。

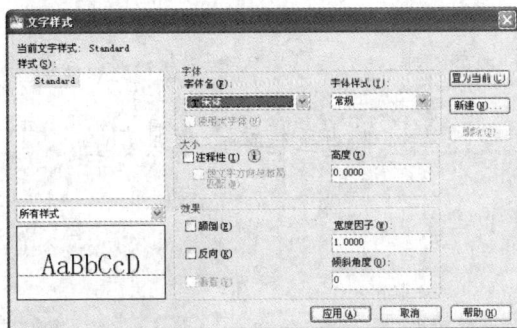

图 5-3　设置文字字体

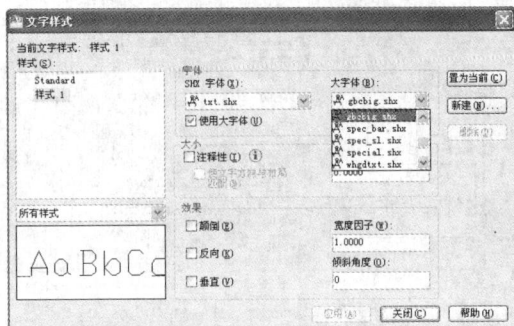

图 5-4　使用大字体

（3）大小。

1）注释性（I）。该复选框用于指定文字为注释性。选中后，"使文字方向与布局匹配"
复选框变为可选，表示在指定图纸空间视口中的文字方向与布局方向匹配。

2）高度（T）。该编辑框用于设置当前字符高度。一般用户可使用默认的高度为 0，这样
用户可以在使用该文字样式进行文字标注时，由用户随机指定文字的高度。

（4）效果。该区域用于设置字符的书写效果。它包括如下内容：

1）颠倒（E）：该复选框用于设置是否将文本上下颠倒书写。

2）反向（K）：该复选框用于设置是否将文本左右反向书写。

3）垂直（V）：该复选框用于设置是否垂直书写文本。True Type 字体不能设置为垂直书写方式。

4）宽度比例（W）：该编辑框用于设置字符的宽度比例，即字符的宽度和高度之比。取值为 1 表示保持正常字符宽度，大于 1 表示加宽字符，小于 1 表示使字符变窄。

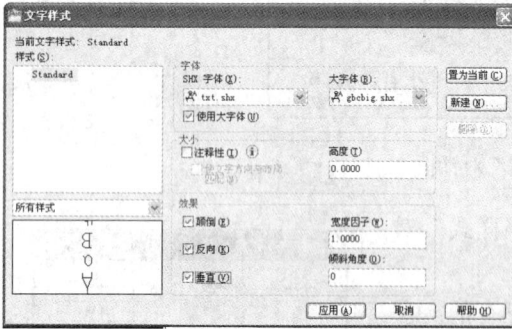

图 5-5　字符的效果

5）倾斜角度（O）：该编辑框用于设置文本的倾斜角度。大于 0 时，字符向右倾斜；小于 0 时，字符向左倾斜。

字符的设置为"颠倒"、"反向"、"垂直"时的效果如图 5-5 所示。

【例 5-1】　进行以下操作：

（1）将文字样式"Standard"状态下的字体设置为新字体"gbeitc.shx"。

（2）设置新文字样式"样式 1"为仿宋体。

操作步骤如下：

1）将文字样式"standard"状态下的字体设置为新字体"gbeitc.shx"。

a）选择下拉菜单"格式"→"文字样式"，AutoCAD 弹出"文字样式"对话框，如图 5-1 所示。

b）下拉"SHX 字体"列表，将选项中原来的"txt.shx"字体改为"gbeitc.shx"，其他选项不变，如图 5-6（a）所示。该字体的效果如图 5-6（b）所示。

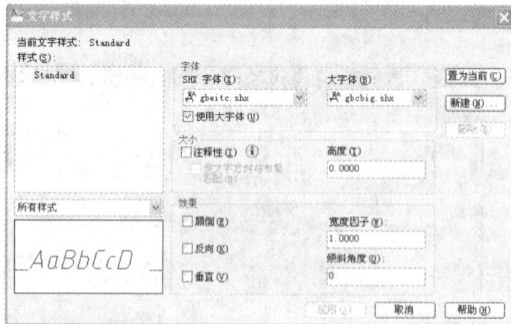

机电工程学院　模具专业

（a）   （b）

图 5-6　设置新字体

（a）设置示意；（b）新字体效果图

注　意

在 AutoCAD 2010 中，使用图 5-6（a）所示的"文字样式"设置可满足一般的文字注写要求。

2）设置新文字样式"样式 1"为仿宋体。

a）选择下拉菜单："格式"→"文字样式"，AutoCAD 弹出"文字样式"对话框，如图

5-1 所示。

b）单击"新建"按钮，AutoCAD 弹出"新建文字样式"对话框。

c）在"新建文字样式"对话框中接受"样式 1"，单击"确定"按钮，回到"文字样式"对话框。

d）选择"字体"下拉列表中的"仿宋体"，单击"应用"按钮，完成新字型设置，单击"关闭"按钮，关闭对话框。

注　意

　在选择"仿宋体"时，必须取消掉"使用大字体"选项。

完成的结果如图 5-7（a）所示。该字体的效果如图 5-7（b）所示。

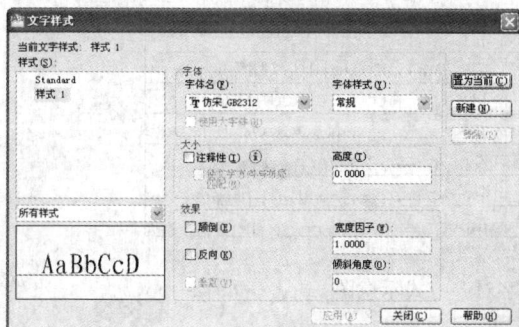

机电工程学院 模具专业

　　　　　　　　（a）　　　　　　　　　　　　　　　　　　　　　　（b）

图 5-7　设置新的文字样式

（a）设置示意；（b）"仿宋体"效果

5.2　单行文字标注

应用 TEXT 或 DTEXT 可动态地进行文字标注，就如同直接在屏幕上输入文字一样，用户可动态看到输入的文字，并且可以使用后退键（Backspace）逐步删除已经输入的文字。TEXT 或 DTEXT 可为图形标注一行或多行文字，每一行文字作为一个实体。

1. 功能

标注单行文字。

2. 命令执行方式

下拉菜单："绘图"→"文字"→"单行文字"。

命令：TEXT 或 DTEXT。

3. 操作过程

执行该命令后，命令行提示：

当前文字样式：　"Standard"　文字高度：　2.5000 注释性：　否
指定文字的起点或 [对正(J)/样式(S)]：

（1）指定文字的起点。这是该命令的默认选项，也是最常用的选项。当用户指定了一个起点后，命令行继续提示：

指定高度 <2.5000>:   (指定文字的高度)
指定文字的旋转角度 <0>: ✓   (指定文字的旋转角度)

按回车键后，在绘图窗口将出现一个可写文本框，在该框内输入内容即可。

（2）对正（J）。对正选项决定所标注的文字排列方式。当输入 J 后，命令行提示：

当前文字样式："Standard" 文字高度：2.5000 注释性：否
指定文字的起点或 [对正(J)/样式(S)]: j ✓
输入选项
[对齐(A)/布满(F)/居中(C)/中间(M)/右对齐(R)/左上(TL)/中上(TC)/右上(TR)/左中(ML)/
正中(MC)/右中(MR)/左下(BL)/中下(BC)/右下(BR)]:(用户从中选择一个选项)

对齐方式如图 5-8 所示。

对齐	Autocad2010中文版教程	右上	Autocad2010中文版教程
布满	Autocad2010中文版教程	左中	Autocad2010中文版教程
居中	Autocad2010中文版教程	正中	Autocad2010中文版教程
中间	Autocad2010中文版教程	右中	Autocad2010中文版教程
右对齐	Autocad2010中文版教程	左下	Autocad2010中文版教程
左上	Autocad2010中文版教程	中下	Autocad2010中文版教程
中上	Autocad2010中文版教程	右下	Autocad2010中文版教程

图 5-8　单行文字对齐方式示意图

1）对齐（A）：选用该项，标注文字在用户指定的文字基线的起点和终点之间保持字符宽度比例不变，通过调整文字的高度来匹配对齐，其高度值不受文字样式中设定的影响。

2）布满（F）：选用该项，标注文字将在指定的文字基线的起点和终点之间保持文字高度不变，通过调整文字的宽度比例来匹配对齐。

3）居中（C）：选用该项，在图形中指定的点与文字基线的中点对齐。

4）中间（M）：选用该项，在图形中指定的点与文字的中间点对齐。

5）右对齐（R）：选用该项，在图形中指定的点与文字基线的右端对齐。

6）左上（TL）：选用该项，在图形中指定的点与标注文字顶部左端点对齐。

7）中上（TC）：选用该项，在图形中指定的点与标注文字顶部中点对齐。

8）右上（TR）：选用该项，在图形中指定的点与标注文字顶部右端点对齐。

9）左中（ML）：选用该项，在图形中指定的点与标注文字左端中间点对齐。

10）正中（MC）：选用该项，在图形中指定的点与标注文字中部中心点对齐。

11）右中（MR）：选用该项，在图形中指定的点与标注文字右端中间点对齐。

12）左下（BL）：选用该项，在图形中指定的点与标注文字底部左端点对齐。

13）中下（BC）：选用该项，在图形中指定的点与标注文字底部中间点对齐。

14）右下（BR）：选用该项，在图形中指定的点与标注文字底部右端点对齐。

【例 5-2】 在相同的图框内，用不同的对齐形式标注文字，如图 5-9 所示。

（1）对齐（A）。

命令：TEXT✓
当前文字样式："Standard" 文字高度：2.5000 注释性：否

指定文字的起点或 [对正(J)/样式(S)]：J✓

输入选项

[对齐(A)/布满(F)/居中(C)/中间(M)/右对齐(R)/左上(TL)/中上(TC)/右上(TR)/左中(ML)/正中(MC)/右中(MR)/左下(BL)/中下(BC)/右下(BR)]：A✓

指定文字基线的第一个端点：　　　　　　　　　　(指定标记的左下点)

指定文字基线的第二个端点：　　　　　　　　　　(指定标记的右下点后出现一个矩形文本框)

输入"制图"后再按回车键。

结果如图 5-9 中（1）所示。

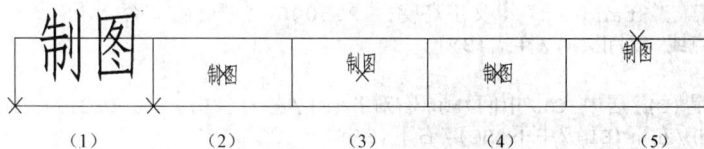

图 5-9　不同对齐形式的标注示例

（2）正中（MC）。

命令：TEXT✓

当前文字样式："Standard" 文字高度：2.5000 注释性：否

指定文字的起点或 [对正(J)/样式(S)]：J✓

输入选项

[对齐(A)/布满(F)/居中(C)/中间(M)/右对齐(R)/左上(TL)/中上(TC)/右上(TR)/左中(ML)/正中(MC)/右中(MR)/左下(BL)/中下(BC)/右下(BR)]：MC✓

指定文字的中间点：　　　　　　　　　　(指定标记点)

指定高度 <2.5000>：✓

指定文字的旋转角度 <0>：✓　　　　　　　　　　(出现一个矩形文本框)

输入"制图"后再按回车键。

结果如图 5-9 中（2）所示。

（3）居中（C）。

命令：TEXT✓

当前文字样式："Standard" 文字高度：2.5000 注释性：否

指定文字的起点或 [对正(J)/样式(S)]：J✓

输入选项

[对齐(A)/布满(F)/居中(C)/中间(M)/右对齐(R)/左上(TL)/中上(TC)/右上(TR)/左中(ML)/正中(MC)/右中(MR)/左下(BL)/中下(BC)/右下(BR)]：C✓

指定文字的中心点：　　　　　　　　　　(指定标记点)

指定高度 <2.5000>：✓

指定文字的旋转角度 <0>：✓　　　　　　　　　　(出现一个矩形文本框)

输入"制图"后再按回车键。

结果如图 5-9 中（3）所示。

（4）中间（M）。

命令：TEXT✓

当前文字样式："Standard" 文字高度：2.5000 注释性：否

指定文字的起点或 [对正(J)/样式(S)]：J✓

输入选项

[对齐(A)/布满(F)/居中(C)/中间(M)/右对齐(R)/左上(TL)/中上(TC)/右上(TR)/左中(ML)/

正中(MC)/右中(MR)/左下(BL)/中下(BC)/右下(BR)]：M✓
　　指定文字的中间点：　　　　　　　　　　　　（指定标记点）
　　指定高度 <2.5000>：✓
　　指定文字的旋转角度 <0>：✓　　　　　　　（出现一个矩形文本框）

输入"制图"后再按回车键。

结果如图 5-9 中（4）所示。

（5）中上（TC）。

命令：TEXT✓
当前文字样式："Standard"　文字高度：2.5000　注释性：否
指定文字的起点或 [对正(J)/样式(S)]：J✓
输入选项
[对齐(A)/布满(F)/居中(C)/中间(M)/右对齐(R)/左上(TL)/中上(TC)/右上(TR)/左中(ML)/
正中(MC)/右中(MR)/左下(BL)/中下(BC)/右下(BR)]：TC✓
　　指定文字的中上点：　　　　　　　　　　　（指定标记点）
　　指定高度 <2.5000>：✓
　　指定文字的旋转角度 <0>：✓　　　　　　　（出现一个矩形文本框）

输入"制图"后再按回车键。

结果如图 5-9 中（5）所示。

注 意

　　在选择不同的对齐形式之后，命令行中关于指定文字位置点的提示是不同的，其产生的结果也不同，但"正中"与"中间"形式是相同的。

（6）样式（S）。选择该项，可将当前图形中用户已定义的某种字型设置为当前字型。

命令：TEXT✓
当前文字样式：样式 1　当前文字高度：3.5000
指定文字的起点或 [对正(J)/样式(S)]：S✓
输入样式名或 [?] <样式 1>：

若接受默认值可直接按回车键，也可输入所需的样式名称。若输入"?"，则在如图 5-10
所示的 AutoCAD 文本窗口中显示当前图形已有的文字样式。

　　⋮
输入样式名或 [?] <Standard>：?
输入要列出的文字样式 <*>：✓

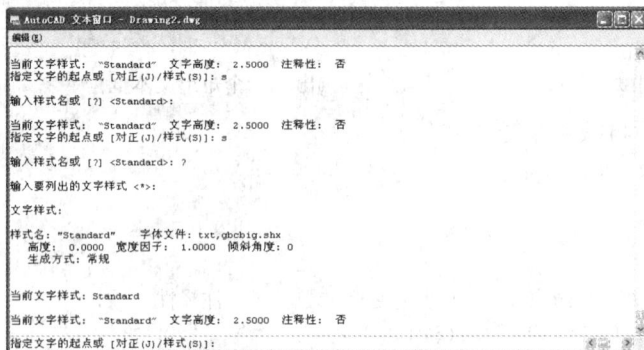

图 5-10　显示当前图形中已有的文字样式

5.3　多行文字标注

在 AutoCAD 2010 中，用户还可以用多行文字 MTEXT 的形式标注文字，与单行文字标注的不同点在于：DTEXT 命令所创建的每行文字是一个对象，而 MTEXT 所创建的段落文字不管包含多少行都作为一个单独的对象。

5.3.1　创建多行文字

（1）功能：标注多行段落文字。

（2）命令执行方式：

下拉菜单："绘图"→"文字"→"多行文字"。

工具栏：绘图 **A**。

命令：MTEXT 或_MTEXT。

（3）操作过程：

执行该命令后，命令行提示如下：

```
当前文字样式："Standard"　文字高度：2.5　注释性：否
指定第一角点：                          (指定放置多行段落文字矩形区域的一个角点)
指定对角点或 [高度(H)/对正(J)/行距(L)/旋转(R)/样式(S)/宽度(W)/栏(C)]：
```

命令行提示用户定义段落文字的边界框，通过定义边界框的两个对角顶点来确定边界框的大小，也可选择一个选项来定义文字的高度、对正方式、行距、旋转角度、文字样式以及宽度，用户可在此处设置这些参数，也可以在随后弹出的快捷菜单中进行设置。

5.3.2　"文字格式"对话框

当用户指定边界框的对角点后，AutoCAD 弹出如图 5-11 所示的"文字格式"对话框。该对话框相当于一个字处理软件，可用于创建或修改多行文字对象，以及从其他文件输入或粘贴文字。

图 5-11　"文字格式"对话框

1. 文字格式工具栏

在"文字格式"工具栏中可以设置多行文字的文字样式、字体、文字高度、加粗、斜体、下画线、上画线、放弃、重做、堆叠和文字颜色等特性。

（1）样式。在多行文字中应用所设置的文字样式，如图 5-12 所示。

图 5-12　文字样式

（2）字体。用户可从如图 5-13 所示的字体下拉列表框中选择一种字体作为选中的字体。

图 5-13　设置多行文字的字体

（3）文字高度。从该下拉列表中选择一高度值或输入一个数值改变选中字体的高度。AutoCAD 保留该值在列表中直到用户改变它。字体高度的默认值取决于文字样式中设置的高度，如图 5-14 所示。

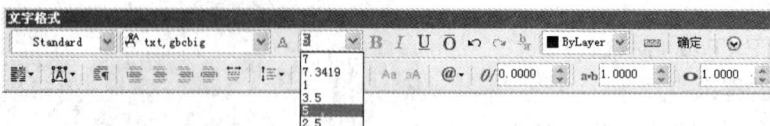

图 5-14　设置多行文字的文字高度

（4）粗体 **B**、斜体 *I*、下画线 U̲、上画线 Ō。用于给选中的字符加黑体、斜体修饰和生成带上、下画线的文字，但 ".shx" 字体不支持粗体和斜体文字。

（5）放弃 ↶。取消前一步对字符的操作。

（6）堆叠/非堆叠。单击 ⓑ 按钮可将文字框中含有 "/"、"#"、"^" 选中字符转换成堆叠表示方式。

1）当字符中包含 "/" 时，采用水平分数的表示方式，"/" 前的为分子，"/" 后的作分母，如选中 "3/4" 后单击 ⓑ 按钮后其表示方式为 $\frac{3}{4}$。

2）当字符中包含有 "#" 时，采用斜分式表示方式，如选中 "3#4" 后单击按钮 ⓑ，其表示方式为 3/4。

3）当字符中包含有 "^" 时，采用上下并排堆叠表示方式，如选中 "3^4" 后单击按钮 ⓑ 后其表示方式为 $\frac{3}{4}$。

在进行字符输入时，AutoCAD 会提示用户是否采用自动堆叠特性，当输入分子分母后直接按回车键后，AutoCAD 弹出如图 5-15 所示的 "自动堆叠特性" 对话框。用户可设置其堆叠的形式。

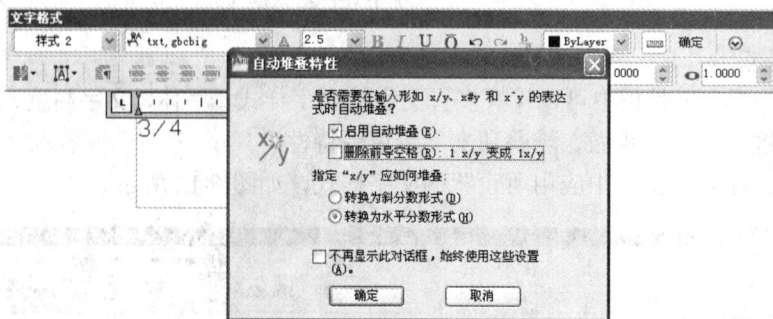

图 5-15　"自动堆叠特性" 对话框

（7）文字颜色。用户可以从如图 5-16 所示颜色下拉列表框中任意选择一种颜色作为标注文字的颜色。

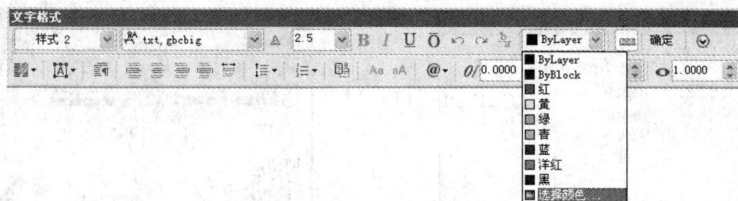

图 5-16　"颜色"下拉列表框

（8）标尺　。单击该图标可以显示或隐藏标尺。

（9）栏数　。显示栏弹出子菜单，该菜单提供"不分栏"、"静态栏"、"动态栏"三个栏选项。

（10）多行文字对正　。单击该按钮，显示"多行文字对正"菜单，如图 5-17（a）所示。段落文字的宽度为矩形边界框的宽度，各对正点在文字边界上的位置如图 5-17（b）所示。

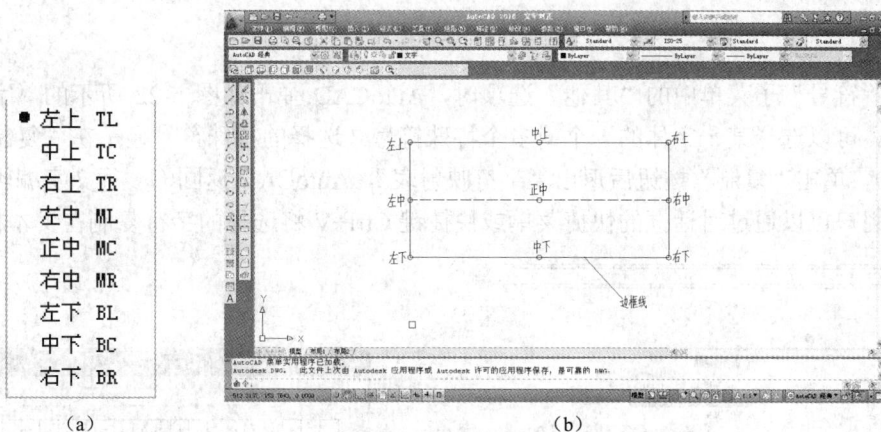

（a）　　　　　　　　　　　　　　　　　　　　（b）

图 5-17　多行文字对正

（a）"多行文字对正"菜单；（b）多行文字对正点在文字边界框上的位置

（11）段落　。单击该按钮，显示"段落"对话框，如图 5-18 所示。指定制表位和缩进，控制段落对齐方式、段落间距和段落行距等。

（12）插入字段　。单击该按钮，弹出如图 5-19 所示的"字段"对话框，用户可根据需要选择插入的字段。

2. 矩形文字输入窗口

矩形文字输入窗口包括两个部分：一是标尺，二是文字输入窗口。可以在文字输入窗口中输入并编辑文字，同时在文字输入窗口中还包含一些快捷菜单，使用这些菜单可以创建和编辑文字。

当在文字输入窗口上方的标尺区右击，弹出快捷菜单，如图 5-20 所示。

在文字输入窗口右击，弹出文字编辑快捷菜单，在此快捷菜单中选择如符号、插入字段、分栏等功能。"符号"子菜单如图 5-21 所示，用户可以从中输入一些如度（°）、公差（±）、直径（ϕ）等特殊符号。

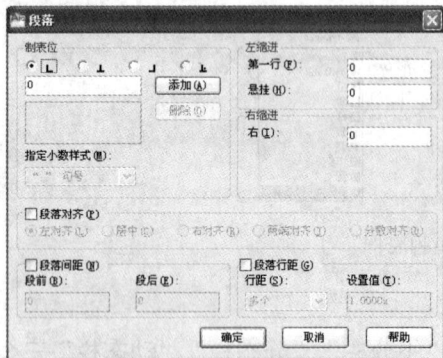

图 5-18 "段落"对话框   图 5-19 "字段"对话框

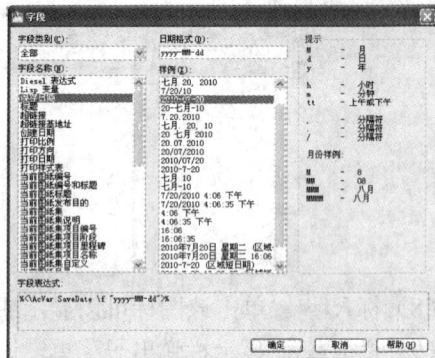

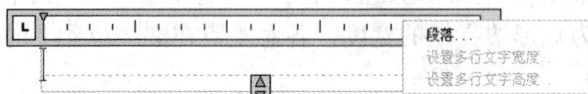

图 5-20 标尺区快捷菜单

选择"符号"子菜单中的"其他"选项时，AutoCAD 弹出如图 5-22 所示的"字符映射表"窗口。可以选择某一字体的一个或多个特殊符号（选择的特殊符号显示在"复制字符"文本框中），单击"复制"按钮后退出"字符映射表"，AutoCAD 返回"多行文字编辑器"对话框中，用户可以通过对话框的快捷菜单或快捷键 Ctrl+V 将选择的字符复制在文本框中。

图 5-21 "符号"子菜单   图 5-22 字符映射表

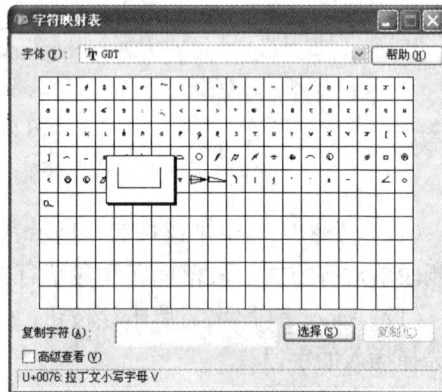

3. 多行文字的其他操作

多行文字包含了比单行文字更丰富的功能，可以通过如图 5-21 所示的快捷菜单来实现这些功能。

（1）查找和替换。显示如图 5-23 所示的"查找和替换"对话框，用于搜索指定的文字串并用新文字进行替换。

（2）背景遮罩。"背景遮罩"对话框如图 5-24 所示。使用背景遮罩的文字效果如图 5-25 所示。

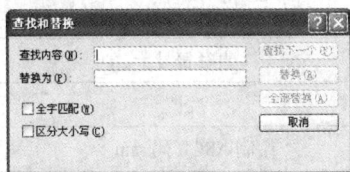

图 5-23　"查找和替换"对话框　　　图 5-24　"背景遮罩"对话框　　　图 5-25　文字效果

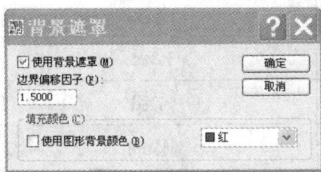

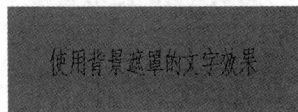

快捷菜单中的其他功能不再一一详述。

【例 5-3】　使用多行文字命令填写标题栏中的文字，如图 5-26 所示。

命令：_MTEXT 当前文字样式："Standard"　文字高度：2.5　注释性：否
指定第一角点：　　　　　　　　　　　　　（在"制图"框的左上角拾取另一点）
指定对角点或 [高度(H)/对正(J)/行距(L)/旋转(R)/样式(S)/宽度(W)/栏(C)]：
　　　　　　　　　　　　　　　　　　　　（在"制图"框的左下角拾取一点）

图 5-26　标题栏中的文字

弹出"文字格式"对话框，如图 5-27 所示。在此对话框中，设置"字高"、"对正"方式等。输入汉字后单击"确定"按钮即完成该栏的填写。其他文字填写的方法类似。

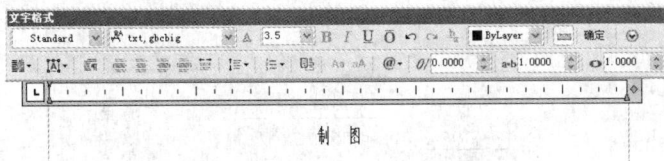

图 5-27　"文字格式"对话框

5.3.3　特殊字符标注

在工程制图中，经常要进行一些特殊字符的标注，如度"°"、公差"±"、直径"φ"或给文字加下画线、上画线等修饰。在多行文字"文字格式"对话框中可以由快捷菜单中"符号"子菜单给出，而在单行文字输入时，这些特殊符号不能从键盘直接输入，在 AutoCAD 2010 中提供了各种控制代码来输入这些符号，控制代码由两个%%号加上一个字符组成，见表 5-1。

表 5-1　　　　　　　　　　　　特殊字符的控制代码及其含义

特殊字符	代码输入	含义
±	%%p	公差符号
────	%%o	上画线

续表

特殊字符	代码输入	含　　义
———	%%u	下画线
%	%%%	百分比符号
φ	%%c	直径符号
°	%%d	度
	%%nnn	绘制 ASCII 码 nnn

注　意

（1）在输入上、下画线符号时，要注意开头与结束：第一次出现时表示下画线开始，第二次出现时表示下画线结束。上画线采用同样方式。

（2）用户在输入这些特殊符号时，在 DTEXT 命令结束前屏幕上原样显示控制代码，直到命令正常结束，AutoCAD 才重新生成图形显示特殊符号。

（3）有些特殊符号的输入，还可以通过选择软键盘的方法来输入。其方法是在输入法状态显示栏中用鼠标右键点取键盘按钮，在弹出的列表单中列出了可供选择的多种软键盘，包括默认的 PC 键盘、希腊字母键盘、标点符号键盘、单位符号键盘等。用户可根据需要任选一种作为当前键盘，完成后需回到 PC 键盘。

【例 5-4】 用 DTEXT 命令输入几行包含特殊字符的文本，如图 5-28 所示。

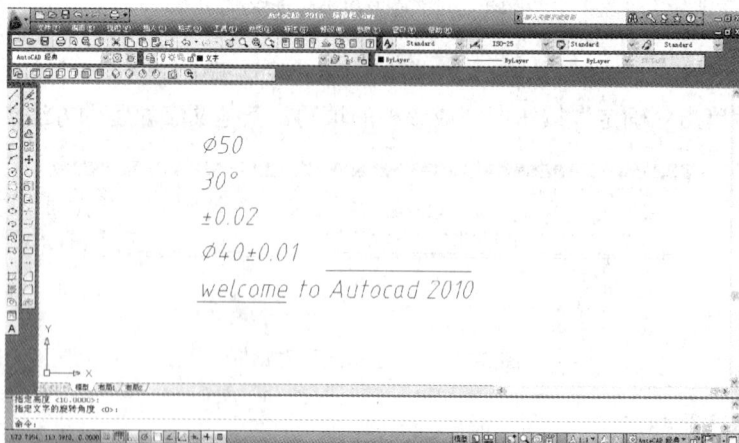

图 5-28　特殊字符标注示例

```
命令：DTEXT
当前文字样式："Standard" 文字高度：5.0000 注释性：否
指定文字的起点或 [对正(J)/样式(S)]：　　　　（在屏幕上拾取一点）
指定高度 <2.5000>: 10 ✓　　　　　　　　　（指定字高）
指定文字的旋转角度 <0>：　　　　　　　　　（屏幕出现一个矩形文本框图）

输入文字：

%%c50 ✓
30%%d ✓
```

```
%%p0.02 ↙
%%c40%%p0.01 ↙
%%uWelcome %%u  to  %%oAutoCAD 2010%%o ↙    (按回车键结束)
```

5.4 编 辑 文 字

编辑文字的常用方法有两种：一种是用 DDEDIT 命令来编辑使用 TEXT 和 MTEXT 命令绘制的文字；另一种是使用对象特性来编辑文字对象的各种属性。

5.4.1 用 DDEDIT 命令编辑文字

（1）功能：编辑文字。

（2）命令执行方式：

下拉菜单："修改"→"对象"→"文字"→"编辑"。

工具栏：文字 。

命令：DDEDIT。

（3）操作过程：

执行该命令后，命令行提示如下：

选择注释对象或 [放弃(U)]:

如果用户选择的是使用 TEXT 命令创建的文字对象，可以在选择文字对象后，直接在要编辑的文字对象上单击，出现"文字"工具栏（如图 5-29 所示），然后在其中就可以直接编辑单行文字的内容，如图 5-30 所示。

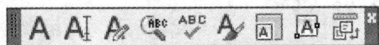

图 5-29 "文字"工具栏

图 5-30 单行文字编辑

如果用户选择的是使用 MTEXT 命令创建的多行文字对象，则 AutoCAD 弹出的是多行文字"文字格式"对话框，如图 5-31 所示。在编辑器的文字框中显示选中的文字对象内容。用户可对文字的内容使用的字体、文字高度、使用的样式等项目进行修改。

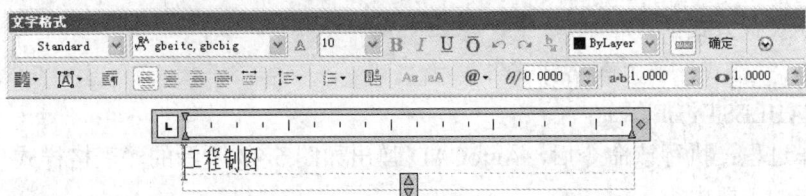

图 5-31 使用"文字格式"编辑文字对象

5.4.2 利用对象特性窗口编辑文字

（1）功能：显示和修改选择文字对象的特性。

（2）命令执行方式：

下拉菜单："修改"→"特性"。

工具栏：标准 。

命令：PROPERTIES 或 DDMODIFY。

（3）操作过程：执行该命令后，AutoCAD 弹出如图 5-32 所示的"特性"对话框。若选中的是由 DTEXT 命令创建的单行文字对象，则弹出如图 5-32（a）所示的"特性"对话框；若选中的是由 MTEXT 命令创建的多行文字对象，则弹出如图 5-32（b）所示的"特性"对话框。

　　用户可在窗口特性列表中编辑文字对象的各种特性。

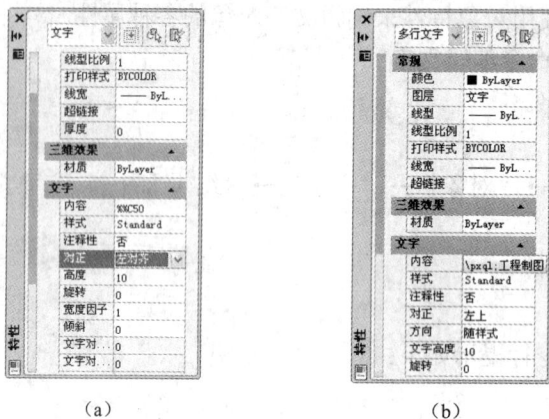

（a）　　　　　　　　　　　　（b）

图 5-32　单行文字与多行文字"特性"对话框

（a）选中 DTEXT；（b）选中 MTEXT

5.5　创建与编辑表格

在 AutoCAD 2010 中文版中，用户可以使用创建表格命令来建立表格，还可以从 Microsoft Excel 中直接复制表格，并将其作为 AutoCAD 表格对象粘贴到图形中。此外，用户还可以输出来自 AutoCAD 的表格数据，以供在 Microsoft Excel 或其他应用程序中使用。

5.5.1　表格样式设置

（1）功能：创建或修改表格样式并设置当前的表格样式。

（2）命令执行方式：

下拉菜单："格式"→"表格样式"。

命令：TABLESTYLE。

（3）操作过程：执行该命令后，AutoCAD 弹出如图 5-33 所示的"表格样式"对话框。该对话框的主要内容：

1）样式（S）。用于显示当前图形所有的表格样式。

2）预览。用于预览选中的表格样式的显示效果。

3）列出（L）。是显示图形中的所有样式，还是显示正在使用的样式。

4）新建（N）。该按钮用于创建新的表格样式。

5）置为当前（U）。该按钮用于将选中的表格样式设置为当前。

6）修改（M）。该按钮用于在打开的"修改表格样式"对话框中修改选中的表格样式。

7）删除（D）。该按钮用于删除选中的表格样式。

5.5.2　新建表格样式

在"表格样式"对话框中，单击"新建"按钮，打开"创建新的表格样式"对话框，如图 5-34 所示。

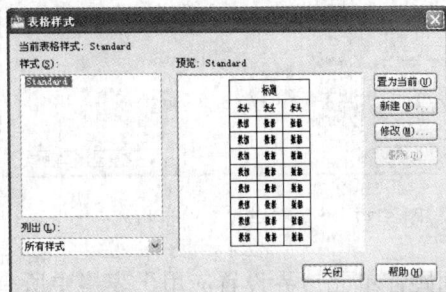

图 5-33　"表格样式"对话框

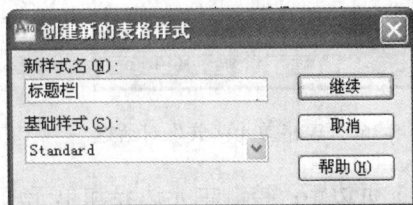

图 5-34　"创建新的表格样式"对话框

在"新样式名"文本框中输入新的表格样式名，在"基础样式"下拉列表中选择一种基础样式，新样式将在该样式的基础上进行修改，然后单击"继续"按钮，将打开"新建表格样式"对话框，如图 5-35 所示。使用该对话框，用户可以设置表格的样式。

（1）三个选项卡的含义。

在"新建表格样式"对话框中，有三个选项卡"常规"、"文字"、"边框"，其含义如下：

1）常规：对每个数据单元格、标题、表头进行基本特性的设置。

2）文字：对表格的单元格、标题、表头进行各种特性的设置。

3）边框：用于设置边框特性。可以设置表格有无边框，还可以设置表格的边框的宽度和颜色等。

（2）对话框中各选项的含义。

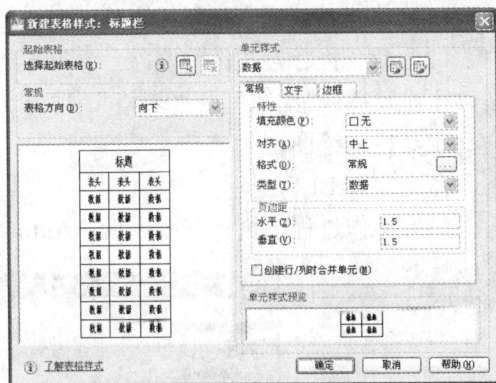

图 5-35　"新建表格样式"对话框

1）起始表格：可以在图形中指定一个表格用作样例来设置当前表格样式的格式，选择表格后，可以指定要从该表格复制到表格样式的结构和内容。

2）单元样式：下拉列表框中包括标题、表头、数据等内容，选择不同的选项可对其进行常规、文字和边框格式的设置。另外，还可以单击按钮 （创建新单元样式）或 （管理单元样式），以创建新单元样式或对单元样式进行管理。

3）特性：在"常规"和"文字"选项卡中可以选择图形中的所有文字样式、文字对齐方式、填充颜色等。可以单击"格式"选项框右侧的按钮 ，弹出"表格单元格式"对话框来设置表格格式，如图 5-36 所示。也可以单击"文字样式"选项框右侧的按钮 ，弹出"文字样式"对话框，以创建新的文字样式，如图 5-37 所示。在"边框"选项卡中，表格样式的网格线将表格分隔成单元格以将标题、表头和数据的边框设置为不同的线宽和颜色，并可通过对话框实时预览表格图像。

图 5-36　"表格单元格式"对话框　　　　　　　图 5-37　"文字样式"对话框

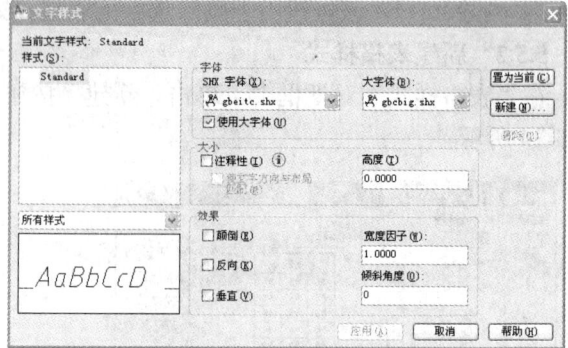

4）页边距：控制单元边界和单元内容之间的间距，单元边界设置应用于表格中所有单元。默认设置为 0.06（英寸）和 1.5（毫米）。

a）水平：设置单元中的文字或块和左右单元边界之间的距离。

b）垂直：设置单元中的文字或块和上下单元边界之间的距离。

文字高度和单元垂直边决定表格的行高。

5.5.3　创建表格

（1）功能：创建一张新的表格。

（2）命令执行方式：

下拉菜单："绘图"→"表格"。

工具栏：绘图　▦ 。

命令：TABLE

（3）操作过程：执行该命令后，AutoCAD 弹出如图 5-38 所示的"插入表格"对话框。

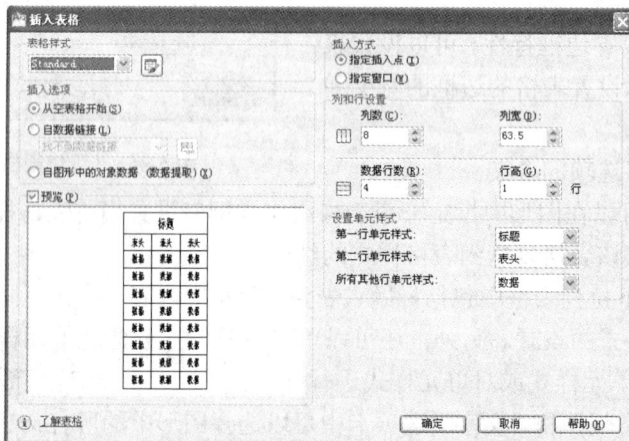

图 5-38　"插入表格"对话框

1）表格样式。用于选择表格样式。

2）插入方式。选择"指定插入点"单选按钮，可以在绘图窗口中的某点插入固定大小的表格；选择"指定窗口"单选按钮，可以在绘图窗口中通过拖拉表格边框来创建任意大小的表格。

　　3）列和行设置。可以通过改变"列"、"列宽"、"数据行"和"行高"文本框中的数值来调整表格的外观大小。

　　4）设置单元样式。主要设置标题、表头和数据，结果可在预览中看出。

　　设置完成后，单击"确定"按钮，根据系统提示指定插入点，则在绘图区域插入一表格，同时系统自动弹出"文字格式"编辑器，如图 5-39 所示。在单元格内输入文字和编辑文字的方法与多行文本相同。输入完成后，单击"确定"按钮即可完成表格的绘制。

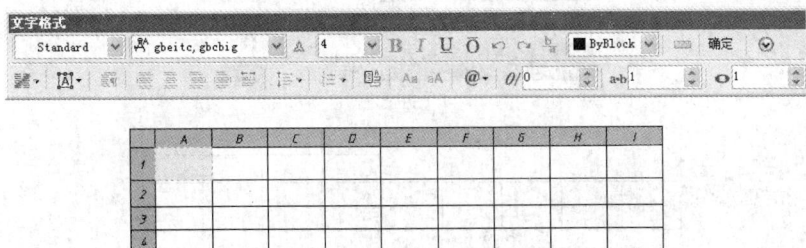

图 5-39　创建表格及输入内容

5.5.4　编辑表格和表格单元

1. 利用夹点修改表格

　　当选中表格后，在表格的四周、标题行上将显示许多夹点，如图 5-40 所示。用户可以通过拖动这些夹点来编辑表格，例如可以改变表格的列宽。

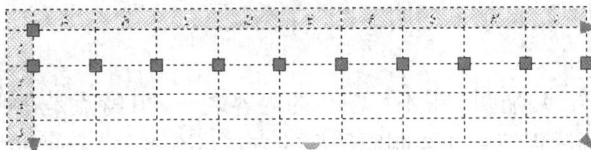

图 5-40　显示表格的夹点

2. 利用"特性"选项板修改表格单元

　　在单元格内部单击选中单元格，弹出"表格"工具栏，如图 5-41 所示，可以修改表格格式，包括插入行、对齐、填充颜色等。右击后在弹出的快捷菜单中选择"特性"命令，即可修改单元格的高度、宽度、颜色等特性，如图 5-42 所示。

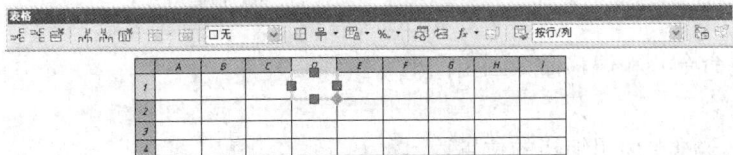

图 5-41　"表格"工具栏

图 5-42　"特性"修改表格

　　在选中的单元格中右击，弹出快捷菜单可以对表格进行更多的设置，如图 5-43（a）所示，将选中的单元格进行"合并"，如图 5-43（b）所示为合并后的表格。

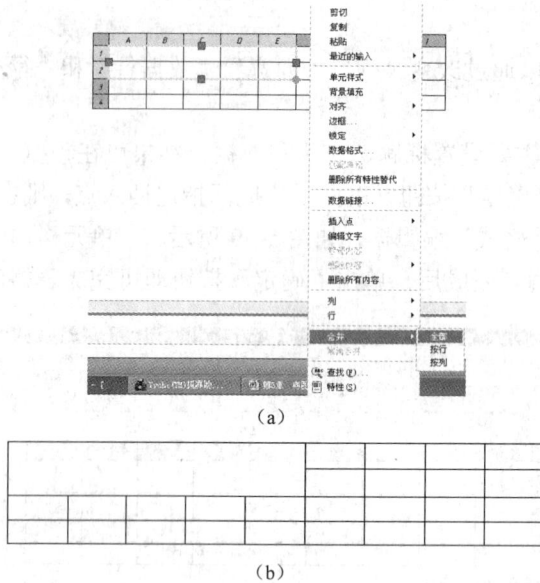

（a）

（b）

图 5-43　对单元格"合并"操作

（a）将选中的单元格"合并"；（b）"合并"后的表格

5.6　文字标注实例

【例 5-5】　绘制如图 5-44 所示的明细栏，并应用 TEXT 命令填写明细栏中的文字。

1. 分析

明细栏是工程图样"装配图"中不可缺少的内容之一。其特点是在明细栏中有多项内容，且每个零件都不同，要分别填写。绘制明细栏的方法也有多种，下面介绍其中的一种方法。

5		齿　轮	1	$m=1.5\ z=30$
4		端　盖	2	
3	GB/T276-94	轴　承	2	
2		轴	1	
1		箱　体	1	
序号	代　号	名　称	数量	备　注

图 5-44　绘制明细栏

2. 绘制步骤

（1）用矩形命令（或直线命令）和偏移命令画出图框（步骤略）。

（2）用 TEXT 命令填写内容。

（3）用复制命令复制几个不同零件明细栏的位置。

（4）用 DDEDIT 命令修改各零件的文字内容。

1）填写文字。

```
命令: TEXT ↙
当前文字样式: "Standard" 文字高度: 10 注释性: 否
```

　　指定文字的起点或 [对正(J)/样式(S)]: J ✓　　　　　　　　(设置对齐形式)
　　输入选项
　　[对齐(A)/布满(F)/居中(C)/中间(M)/右对齐(R)/左上(TL)/中上(TC)/右上(TR)/左中(ML)/
正中(MC)/右中(MR)/左下(BL)/中下(BC)/右下(BR)]: MC ✓　　(设置正中对齐形式)
　　指定文字的中间点:　　　　　　　　　　　　　　　(在"序号"矩形框中间拾取一点)
　　指定高度 <10>: 3.5 ✓
　　指定文字的旋转角度 <0>: ✓　　　　　　　　　　(出现矩形文本窗口)

输入"序号"文字后按回车键。

重复上述操作，填写完明细栏第一行，如图 5-45 所示。

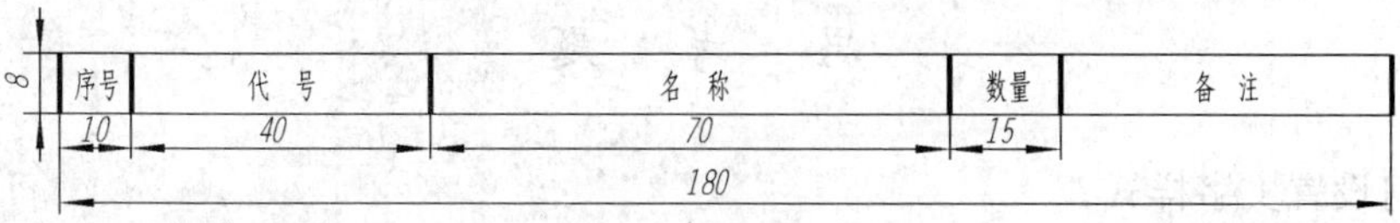

图 5-45　书写单行文字

注 意

（1）文字中间的间隔可以用空格键调整。
（2）图中的尺寸作为参考，不用标出。

2）复制。

命令: _COPY
选择对象: 指定对角点: 找到 14 个　　　　　　　　(用交叉窗口全选)
选择对象: ✓
指定基点或 [位移(D)] <位移>:　　　　　　　　　(拾取矩形框左下角点)
指定第二个点或 <使用第一个点作为位移>:　　　　　(拾取矩形框左上角点)
指定第二个点或 [退出(E)/放弃(U)] <退出>:　　　(按顺序向上继续拾取)
指定第二个点或 [退出(E)/放弃(U)] <退出>:
指定第二个点或 [退出(E)/放弃(U)] <退出>: ✓　　(完成复制)

结果如图 5-46 所示。

图 5-46　复制不同零件明细栏的位置

3）修改文字。

命令: DDEDIT ✓
选择注释对象或 [放弃(U)]:　　　　　　　　(选择要修改的文字"序号",改为"1")
选择注释对象或 [放弃(U)]:　　　　　　　　(继续选择修改文字,直至结束)

结果如图 5-47 所示。

完成后的明细栏如图 5-44 所示。

序号	代 号	名 称	数量	备 注
序号	代 号	名 称	数量	备 注
序号	代 号	名 称	数量	备 注
2	代 号	轴	1	备 注
1	代 号	箱 体	1	备 注
序号	代 号	名 称	数量	备 注

图 5-47　修改文字内容

思 考 题

1．如何设置文字样式？

2．单行文字的输入步骤是什么？

3．如何理解文字的对齐方式？怎么设置？

4．多行文字的输入特点有哪些？

5．如何输入"°"、"φ"、"±"等特殊符号？

6．编辑文字的命令有哪些？

7．如何设置表格样式和创建一张新的表格？

第6章　尺　寸　标　注

📐 **学习目标**

（1）按照国家标准的要求，完成图样中各种不同类型尺寸的标注。

（2）在尺寸标注的过程中，要做到正确、完整、清晰。

💻 **学习内容**

（1）掌握尺寸标注样式的设置。

（2）正确应用基本的标注类型，标注线性、角度等尺寸。

（3）掌握引线标注、快速标注等方法。

（4）应用 DIMEDIT 命令、夹点方式、特性管理器等对所标注的尺寸进行编辑。

（5）在标注时要灵活应用目标捕捉等辅助的定位工具，提高作图的准确性和绘图速度。

6.1　尺　寸　标　注　概　述

6.1.1　尺寸标注的组成

一个完整的尺寸标注由尺寸线、尺寸界线、尺寸箭头和尺寸数字组成，如图 6-1 所示。

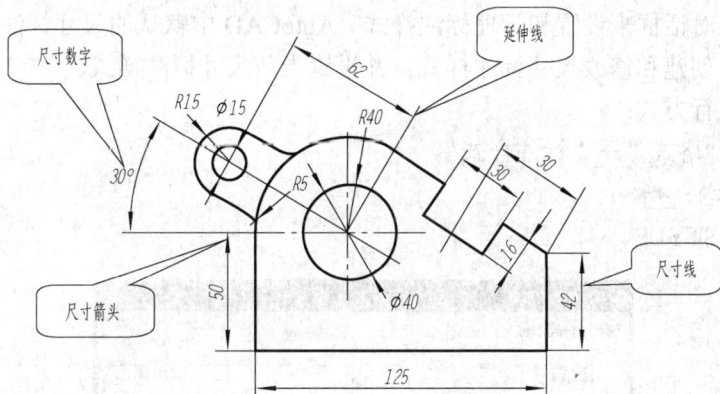

图 6-1　尺寸的组成

1. 延伸线（尺寸界线）

从图形的轮廓线、轴线、对称中心线引出，有时也可以借助于轮廓线，用以表示尺寸起始位置的线。一般情况下，延伸线应与尺寸线相互垂直。

2. 尺寸线

一般与所标注的对象平行，放在两延伸线之间的线。尺寸线不能借助于任何的图线，必须单独画出。

3. 尺寸箭头

在尺寸线两端，用以表明尺寸线的起始位置。尺寸箭头有多种不同的形式，可用于不同的场合。

4. 尺寸数字

标注在尺寸线的上方或中断处，用以表示所选定图形的具体大小。AutoCAD 自动生成所要标注图形的尺寸数值，用户可以接受、添加或修改此尺寸数值。

除此之外，在 AutoCAD 中出现的旁注线标注、中心标记等都是尺寸组成内容的延伸，在具体的标注中，给予介绍。

6.1.2 尺寸标注的准备工作

为准确、快速地标注尺寸并方便尺寸的修改，在标注尺寸前应做好下面的准备工作：

（1）建立一个新图层，专门用于标注尺寸。

（2）创建尺寸文字的文字样式。

（3）设置尺寸标注样式。

（4）保存或输出用户所设置的尺寸标注格式，供以后作图时使用，从而提高作图效率。

（5）打开自动捕捉模式，并设定"端点"、"圆心"、"中点"、"交点"等捕捉类型。

（6）检查所标注的尺寸，并用尺寸标注编辑命令进行调整、修改不合适的尺寸。

6.2 设置尺寸标注样式

在标注尺寸中所使用的标注文字字体、放置形式、文字高度、箭头样式和大小、尺寸界线的偏移距离以及超出标注线的延伸量等尺寸标注的特性称为标注样式。用户可以通过"标注样式管理器"对话框来设置和管理标注样式。AutoCAD 中默认的尺寸标注样式是 ISO-25。

（1）功能：创建和修改尺寸标注样式，并设置当前尺寸标注样式。

（2）命令执行方式：

下拉菜单："格式"→"标注样式"。

工具栏：标注 。

命令：DIMSTYLE。

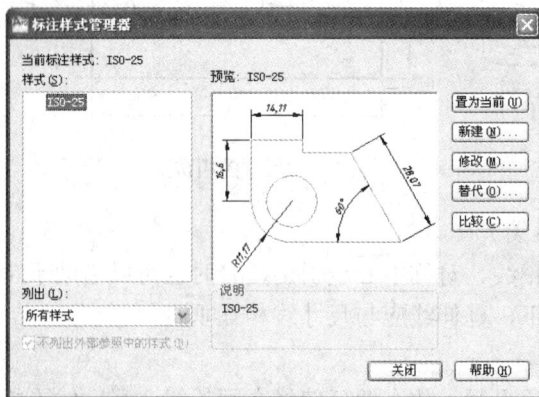

图 6-2 "标注样式管理器"对话框

（3）操作过程：执行该命令后，AutoCAD 弹出如图 6-2 所示的"标注样式管理器"对话框。

6.2.1　标注样式管理器

在"标注样式管理器"对话框中，用户可以新建、修改、替换和编辑尺寸标注样式。

1．当前标注样式

显示当前正在使用的标注样式。

2．样式

在"样式"列表框中列出所有的样式的名称，可单击名称选择某种样式。

3．列出

从该下拉列表中选择在"样式"列表框显示的样式种类，默认的所有类型的样式都显示在"样式"列表框，也可以选择仅列出正在使用的样式。

4．不列出外部参照中的样式

该复选框控制是否在"样式"列表框中列出外部参照中的标注样式。

5．置为当前

用户在"样式"列表框中选择一个标注样式，然后单击此按钮，即将它设置为当前标注样式。用户也可以双击"样式"列表框中的样式名将该样式置为当前样式。

6．新建

单击此按钮新建一种标注样式，AutoCAD 弹出如图 6-3 所示的"创建新标注样式"对话框，用户可以使用该对话框创建新样式。

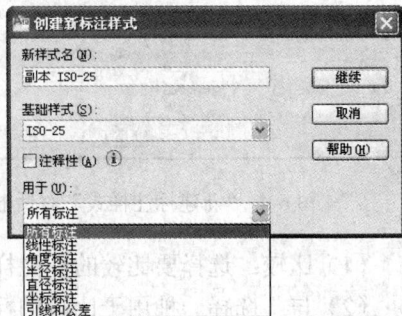

图 6-3　"创建新标注样式"对话框

（1）新样式名：用于指定新样式的名称。

（2）基础样式：该下拉列表框用于选择从哪个样式开始创建新样式，即选择基础样式。

（3）注释性：指定标注样式为注释性。单击信息图标ⓘ以了解有关注释性对象的详细信息。

（4）用于：限定新标注格式的应用范围。该下拉列表框共有 7 个选项：所有标注；线性标注；角度标注；半径标注；直径标注；坐标标注；引线和公差。例如：如果用户想改变标注直径时尺寸文字的书写方式，就可以在此选择"直径"项，然后再进行具体的设置。这样，只有标注直径尺寸时，这种新方式才被应用，其他类型的标注样式维持原有的标注方式。

完成上述操作后选择"继续"按钮进入样式的各种特性设置。AutoCAD 弹出如图 6-4 所示的"新建标注样式"对话框。

在"新建标注样式"对话框中包含有线、符号和箭头、文字、调整、主单位、换算单位和公差七个选项卡。其中还有很多的特性设置，后面再详细介绍。

7．修改

单击该按钮弹出"修改标注样式"对话框，用户可以使用该对话框对选中标注样式的各种设置进行修改。

8．替代

用户可以通过此按钮为一种标注样式建立临时替代样式，以满足某些特殊要求。在进行具体尺寸标注时，当前标注样式的替代样式将应用到所有尺寸标注中，直到用户删除替代样式为止。

9. 比较

该按钮用于比较两种标注样式的不同点。单击"比较"按钮后，AutoCAD 弹出如图 6-5 所示的"比较标注样式"对话框。其中：

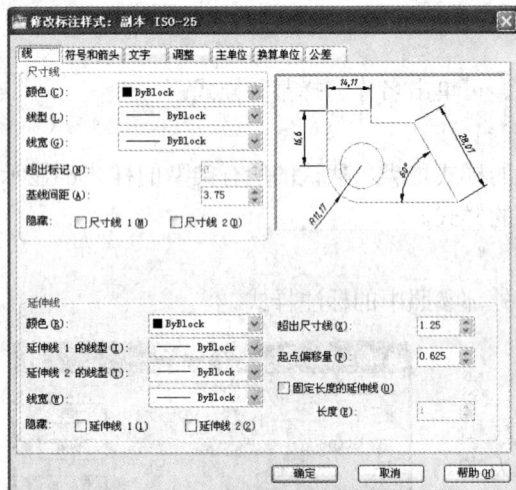

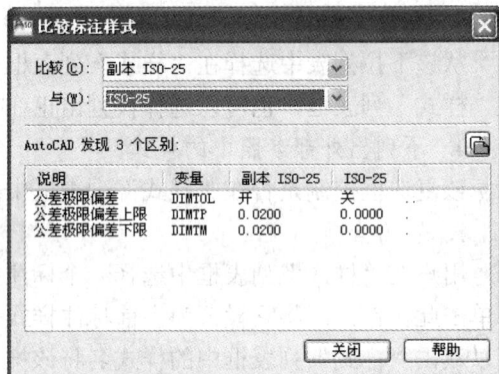

图 6-4 "新建标注样式"对话框   图 6-5 "比较标注样式"对话框

（1）比较：选择要比较的标注样式。

（2）与：选择一种用于比较的标注样式。

（3）AutoCAD 发现 3 个区别：在此框中将显示两种标注样式的区别。其中的 3 为有 3 个方面有所不同，并在列表框图中显示这 3 个方面的内容。

6.2.2 设置尺寸标注样式

用户单击"标注样式管理器"中的"修改"或"替代"按钮以及"创建新标注样式"对话框中的"继续"按钮后，都可打开"新建标注样式"对话框，进行具体的尺寸样式设置。

1. 线

用户可以通过"线"选项卡来设置尺寸线、尺寸界线的格式和位置特征，该选项卡如图 6-4 所示。

（1）尺寸线。该栏用于设置尺寸线的特征。

1）颜色：用户可从"颜色"下拉列表框中直接选择一种颜色，系统默认的颜色为"Byblock"。

2）线宽：设置尺寸线的线宽，默认值为"Byblock"，用户可从下拉列表中选择一种线宽，一般应使用细实线。

3）超出标记：当尺寸箭头设置为建筑标记、倾斜、小点、积分和无标记时，该值用于设置尺寸线超出尺寸界线并延伸出来的长度，如图 6-6 所示。

4）基线间距：此选项决定了平行尺寸线间的距离。例如：当创建基线标注尺寸时，相邻尺寸线间的距离由该选项控制，如图 6-7 所示。

5）隐藏：该项包含两个复选框"尺寸线 1"和"尺寸线 2"，分别控制是否显示尺寸线 1 和尺寸线 2。选中的为不显示，如图 6-8 所示为不同设置时尺寸线的标注。

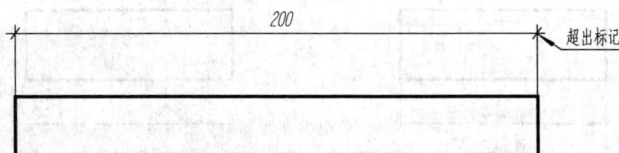

图 6-6　尺寸线超出尺寸界线的标记示例

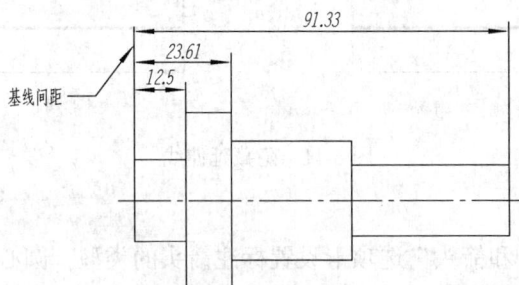

图 6-7　基线间距

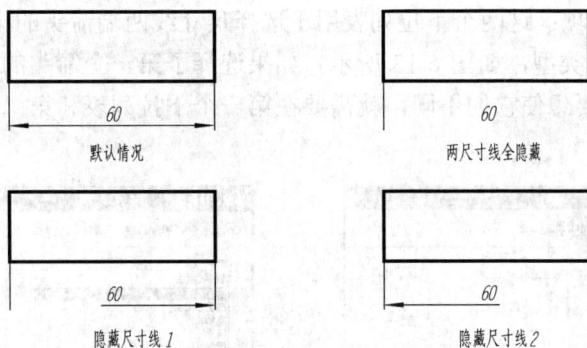

图 6-8　隐藏尺寸线

（2）延伸线（从被标注的对象延伸到尺寸线，即尺寸界线）。该栏用于设置延伸线的特性。

1）颜色：用户可从"颜色"下拉列表框中选择延伸线的颜色。系统默认的颜色为"Byblock"。

2）线宽：设置尺寸界线的线宽，默认是"Byblock"，用户可从下拉列表中选择一种线宽，一般情况下为细实线。

3）超出尺寸线：用于设置延伸线超出尺寸线的长度，如图 6-9 所示。

4）起点偏移量：设置延伸线起点离标注尺寸源点的偏移距离，如图 6-10 所示。

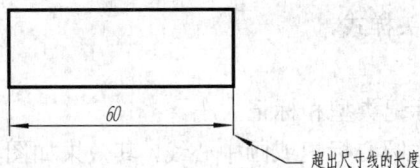

图 6-9　尺寸界线超出尺寸线的长度示例

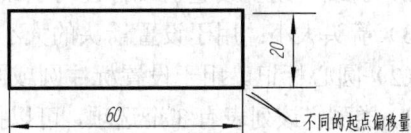

图 6-10　尺寸界线的起点偏移量示例

5）隐藏："延伸线 1"和"延伸线 2"分别控制第一条和第二条延伸线的可见性。第一条延伸线由用户标注时选择的第一个尺寸起点决定，如图 6-11 所示。

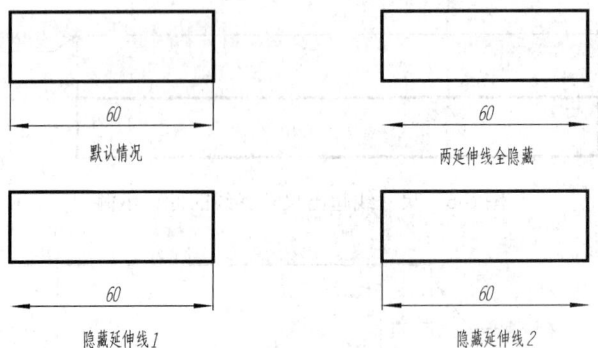

图 6-11　隐藏延伸线

2. 符号和箭头

用户可以通过"符号和箭头"选项卡设置标注箭头的类型、圆心标记、弧长符号和半径标注折弯，如图 6-12 所示。

（1）箭头。用于控制箭头的显示外观，用户可以将两尺寸线箭头设置为不同的形式。

1）第一项和第二项：这两个下拉列表用于选择尺寸线两端箭头的样式，AutoCAD 中提供了 20 种标准的箭头类型，如图 6-13 所示。如果选择了第一个箭头的形式，第二个箭头也将采用相同的形式，要想使它们不同，就需要在第一个下拉列表和第二个下拉列表中分别进行设置。

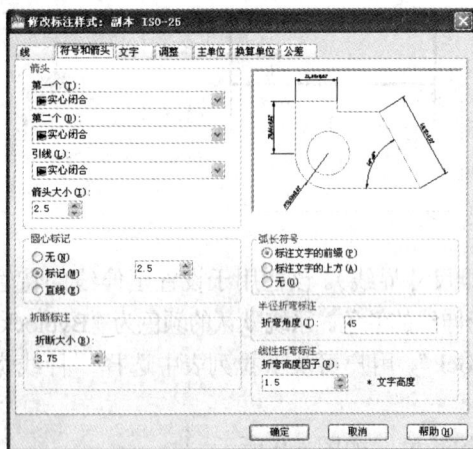

图 6-12　"符号和箭头"选项卡

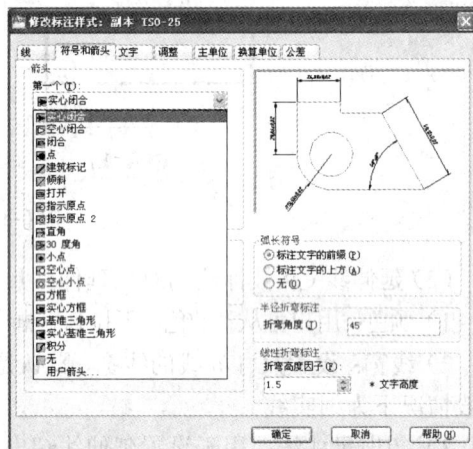

图 6-13　选择箭头的标志符号

2）引线：用于设置引线标注时引线起点处的箭头样式。

3）箭头大小：用于设置箭头的大小尺寸。

（2）圆心标记。用于设置标注圆或圆弧中心的标记类型和标记大小。

1）类型：该列表有 3 个选项，可以控制是否产生圆心标记或画中心线，其效果如图 6-14 所示。

> **注　意**
>
> 只有把尺寸线放在圆或圆弧的外边时，AutoCAD 才绘制圆心标记或中心线。

图 6-14　圆心标记示例

2）大小：在该选项中设定圆心标记或圆心中心线大小。

3）折断标注：显示和设置用于折断标注的间距大小。可以将折断标注添加到线性标注、角度标注和坐标标注等，如图 6-15 所示。

4）弧长符号。用于设置弧长标注时符号的前缀、上方和有无形式，如图 6-16 所示。

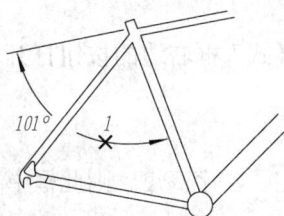

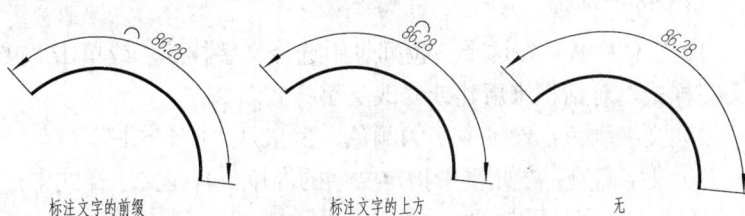

图 6-15　折断标注　　　　　　　　　图 6-16　"弧长符号"标注示例

5）半径折弯标注。设置半径标注折弯的角度，如图 6-17 所示。标注过程如下：

```
命令：_DIMJOGGED
选择圆弧或圆：                          (选择圆弧)
指定中心位置替代：                      (在屏幕上拾取一点)
标注文字 = 200
指定尺寸线位置或 [多行文字(M)/文字(T)/角度(A)]：
                                       (在屏幕上指定尺寸线位置)
指定折弯位置：                          (在屏幕上指定尺寸线位置)
```

6）线性折弯标注：用于控制线性标注折弯的显示，当标注不能精确表示实际尺寸时将折弯线添加到线性标注中。其标注过程如下：

```
命令：_DIMLINEAR              (首先标注线性尺寸)
指定第一条延伸线原点或 <选择对象>：
指定第二条延伸线原点：
指定尺寸线位置或
[多行文字(M)/文字(T)/角度(A)/水平(H)/垂直(V)/旋转(R)]：T ✓ (修改尺寸数字)
输入标注文字 <66.48>：420 ✓
指定尺寸线位置或
[多行文字(M)/文字(T)/角度(A)/水平(H)/垂直(V)/旋转(R)]：
标注文字 = 66.48              (结束线性尺寸标注)

命令：_DIMJOGLINE             (单击折弯线性命令)
选择要添加折弯的标注或 [删除(R)]：    (选择已标注的线性尺寸线)
指定折弯位置 (或按回车键)：           (指定尺寸线上的某一点位置)
```

结果如图 6-18 所示。

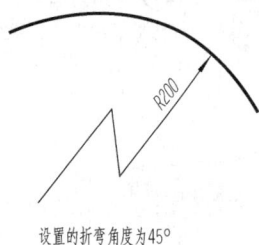

图 6-17　半径标注折弯示例

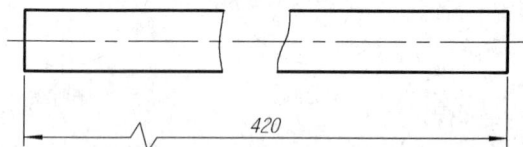

图 6-18　线性折弯标注

3. 文字

用户可以通过"文字"选项卡来设置尺寸标注文字的样式、放置以及对齐方式等特性，在"新建标注样式"对话框中选择"文字"标签后，弹出"文字"选项卡，如图 6-19 所示。

（1）文字外观。

1）字体样式：在这个下拉列表中选择文字样式，或单击"文字样式"框右边的按钮打开"文字样式"对话框来新建或修改文字样式。

2）文字颜色：设置文字的颜色，默认是"Byblock"。

3）文字高度：在此框中指定文字的高度。若在文字样式中已设定了文字高度，则此框中设置的文字高度是无效的。

4）分数高度比例：用户只有在选择"建筑"和"分数"线性标注样式时该选项才有效。

5）绘制文字边框：选中该复选框，则在标注文字周围绘制一个方框，用于工程图样中特殊尺寸的标注。

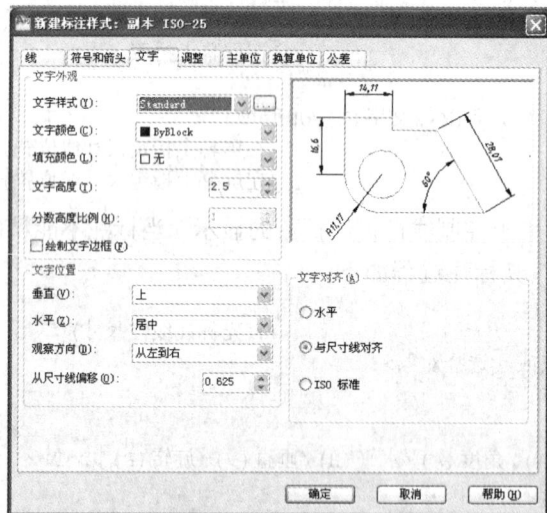

图 6-19　"文字"选项卡

（2）文字位置。在该栏中用户可控制标注文字的放置方式和位置。

1）垂直：控制文字相对尺寸线的位置对正方式，即垂直方向文字的放置位置。有五种放置位置，如图 6-20 所示。

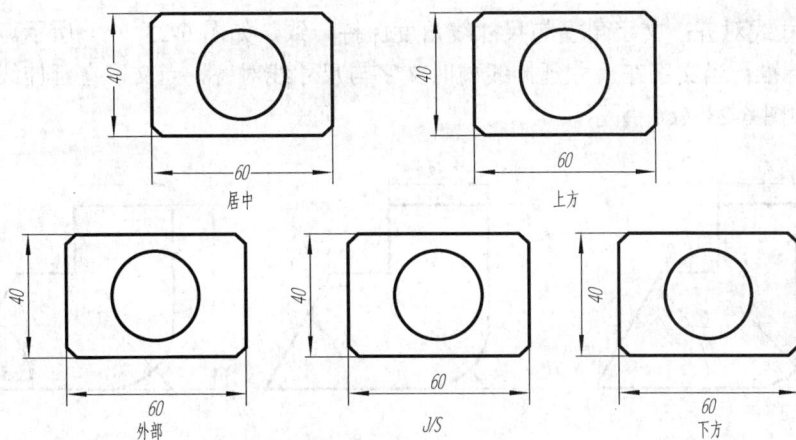

图 6-20　文字垂直位置

2）水平：控制文字沿尺寸线靠近延伸线的对正方式，即水平方向文字的放置位置。有五种位置，如图 6-21 所示。

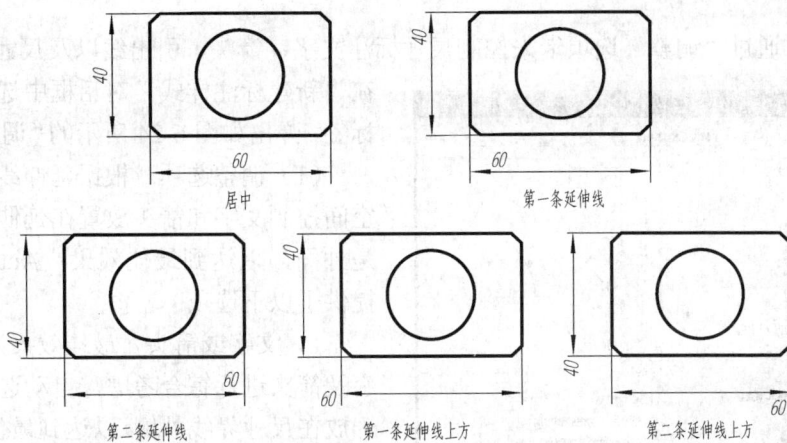

图 6-21　文字水平位置

3）从尺寸线偏移：设置尺寸标注文字离尺寸线的间隙距离，文字间隙距离定义如图 6-22 所示。

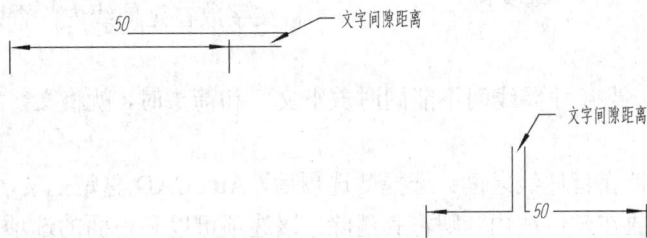

图 6-22　文字间隙距离定义

（3）文字对齐。

1）水平：水平放置文字，文字角度与尺寸线角度无关，如图 6-23（a）所示。

2）与尺寸线对齐：文字角度与尺寸线角度保持一致，如图 6-23（b）所示。

3）ISO 标准：当文字在尺寸延伸线内时文字与尺寸线对齐，当文字在延伸线外时，文字水平排列，如图 6-23（c）所示。

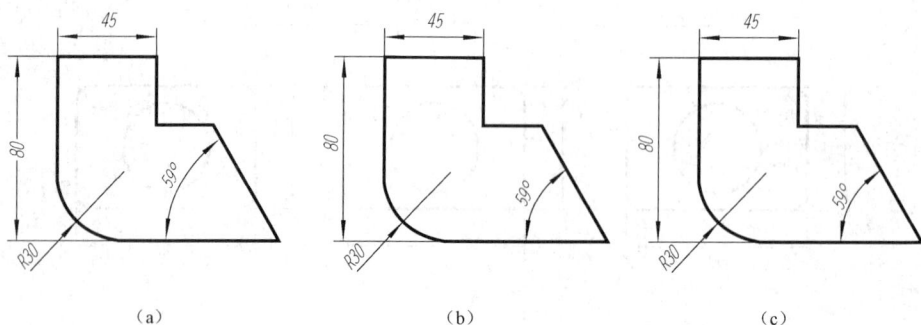

图 6-23　文字对齐形式

（a）水平；（b）与尺寸线对齐；（c）ISO 标准

4．调整

用户可以通过"调整"选项卡来控制尺寸标注文字、箭头、引出线以及尺寸线的位置。

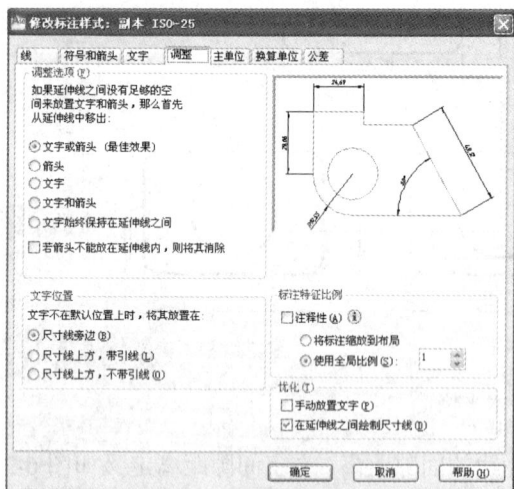

图 6-24　"调整"选项卡

在"新建标注样式"对话框中选择"调整"标签，弹出如图 6-24 所示的"调整"选项卡。

（1）调整选项。根据延伸线之间的有效空间控制文字和箭头放置在延伸线的里面还是外面，以达到最佳效果。AutoCAD 2010 提供了以下选项：

1）文字或箭头（最佳效果）：对标注文字及箭头进行综合考虑，自动选择将其中之一放在尺寸界线外侧，以达到最佳标注效果。

2）箭头：选择此选项后，AutoCAD 尽量将箭头放在延伸线内；否则，文字和箭头都放在尺寸界线外。

3）文字：选择此项后，AutoCAD 尽量将文字放在延伸线内；否则，文字和箭头都在延伸线外。

4）文字和箭头：当尺寸界线间不能同时放下文字和箭头时，就将文字和箭头都放在延伸线外。

5）文字始终保持在延伸线之间：选择此选项后，AutoCAD 总是把文字放置在延伸线内。

6）若箭头不能放在延伸线内，则将其消除：该选项可以和前面的选项一同使用。若延伸线间的空间不足以放下尺寸箭头，且箭头也没有被调整到延伸线外时，AutoCAD 将不绘出箭头。

（2）文字位置。

1）尺寸线旁边：当标注文字在延伸线外时，将文字放置在尺寸线旁边，如图 6-25 所示。

2）尺寸线上方，带引线：当标注文字在尺寸界线外时，把标注文字放在尺寸线上方，并用指引线与其相连，如图 6-25 所示。若选中此选项，则移动文字时将不改变尺寸线位置。

3）尺寸线上方，不带引线：当标注文字在尺寸界线外时，把标注文字放在尺寸线上方，但不用指引线与其连接，如图 6-25 所示。若选中此项，则移动文字时将不改变尺寸线的位置。

（3）标注特征比例。用于设置所有标注的比例值或图纸空间的比例。

1）使用全局比例：全局比例值将影响尺寸标注所有组成元素的大小，如标注文字、尺寸箭头等，如图 6-26 所示。

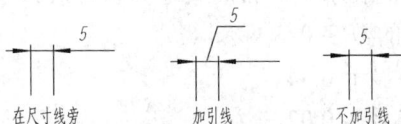

图 6-25　文字放置的位置　　　　　　　　　　图 6-26　全局比例对尺寸标注的影响

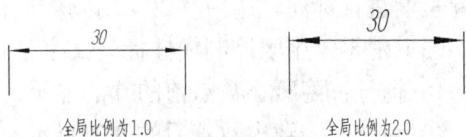

2）将标注缩放到布局。选择此项后，全局比例不再起作用。当前尺寸标注的缩放比例是模型空间相对于图纸空间的比例。

（4）优化。

1）手动放置文字：该选项使用户可能手工放置文字位置。

2）在延伸线之间绘制尺寸线：选中该选项后，AutoCAD 总是在延伸线间绘制尺寸线。否则，当将尺寸箭头移至延伸线外侧时，不画出尺寸线，如图 6-27 所示。

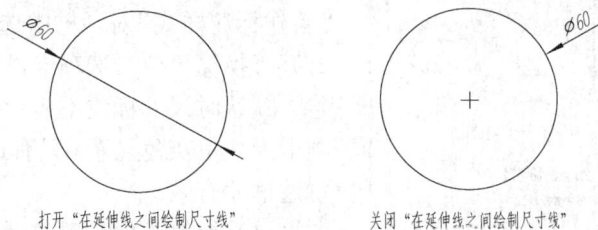

图 6-27　控制是否绘制尺寸线

5. 主单位

用户可以通过"主单位"选项卡来设置尺寸标注主单位的精度和格式，并可给标注文字设置前缀和后缀。在"新建标注样式"对话框中选择"主单位"标签，打开如图 6-28 所示的"主单位"选项卡。

（1）线性标注。用于设置线性标注的主单位格式和精度。

1）单位格式：在此下拉列表中选择所需的长度单位类型。

2）精度：设定长度型尺寸数字的精度（小数点后显示的位数）。

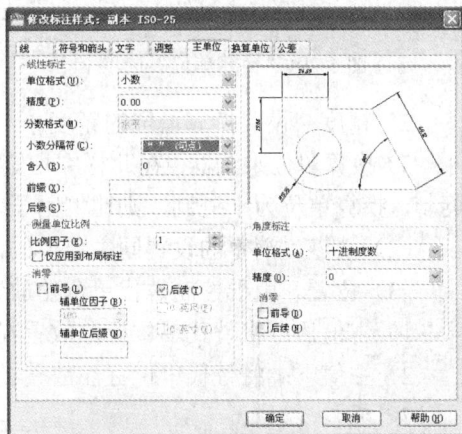

图 6-28　"主单位"选项卡

3）分数格式：当单位格式为建筑或分数时设置分数的格式。

4）小数分格符：当单位格式为小数时设置小数部分的分隔符号，AutoCAD 提供了三种分隔符，即逗号、句点、空格。

5）舍入：用于设定标注测量数值的四舍五入规则（角度除外）。例如：如果在此栏中输入 0.04，则 AutoCAD 将标注数字的小数部分近似到最接近 0.04 的整数倍。

6）前缀/后缀：用于给标注文字添加一个前缀或后缀。

（2）测量单位比例。用于设置尺寸标注时测量的比例因子，默认值为 1，表示按绘图的实际长度进行标注。选中"仅应用到布局标注"复选框表示只对布局尺寸标志有效。

（3）消零。用于控制线性标注文字是否显示无效的数字 0。

1）前导：隐藏小数点前的 0 的显示，如 0.034 将显示 0.34。

2）后续：隐藏小数点后的 0 的显示，如 0.020 将显示 0.02。

（4）角度标注。用于设置角度尺寸的单位格式和精度。

1）单位格式：选择角度的单位类型，默认为十进制度数。

2）精度：设置角度型尺寸数字的精度（小数点后显示的位数）。

3）前导：隐藏角度型尺寸数字前面的 0。

4）后续：隐藏角度型尺寸数字后面的 0。

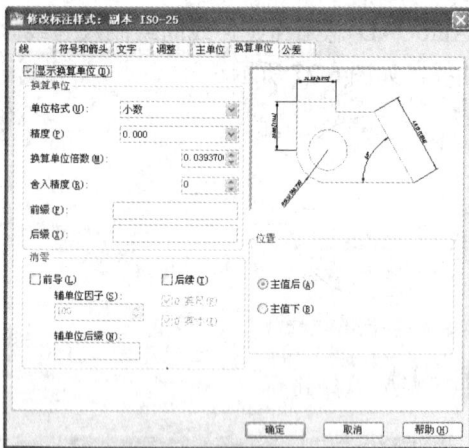

图 6-29　"换算单位"选项卡

6. 换算单位

用户可以通过"换算单位"选项卡来设置替代测量单位的格式和精度以及前缀和后缀等。在"新建标注样式"对话框中选择"换算单位"标签，打开"换算单位"选项卡，如图 6-29 所示。

默认时尺寸标注不显示替代单位标注，该选项卡无效呈灰色显示。只有选中"显示换算单位"复选框才有效。

（1）换算单位。用于设置当前除角度之外所有标注的换算单位格式、精度、换算单位乘法器、舍入精度及前后缀等。

1）单位格式：在此下拉列表中设置换算单位类型。

2）精度：设置换算单位的精度。

3）换算单位乘法器：在此栏中指定主单位与换算单位间的比例因子。例如：若主单位是英制，换算单位为十进制，则比例因子为 25.4。

（2）消零。消零的设置同主单位的消零。

（3）位置。用于控制替代单位的放置方式。

1）主值后：将替代单位标注放置在主单位的后面。

2）主值下：将替代单位标注放置在主单位的下面。

7. 公差

用户可以通过"公差"选项卡来控制尺寸标注文字公差的格式。在"新建标注样式"对话框中选择"公差"标签，打开"公差"选项卡，如图 6-30 所示。

（1）公差格式。用于指定公差值及精度。

1）方式：设置以何种形式标注公差。下拉列表中包含五个选项，如图 6-30 所示。

2）精度：设置尺寸公差的精度。

3）上偏差/下偏差：设置尺寸的上偏差值和下偏差值，尺寸公差标注示例如图 6-31 所示。

4）高度比例：设置当前公差文字的高度。AutoCAD 根据主标注文字高度和该比例计算公差文字的高度，默认值为 1。

5）垂直位置：用于控制对称和极限偏差公差文字和主标注文字的对正方式。有"上"、"中"、"下"三种形式："上"表示公差文字与主标注文字的顶线对齐；"中"表示与主标注文字中线对齐；"下"表示与主标注文字底线对齐。

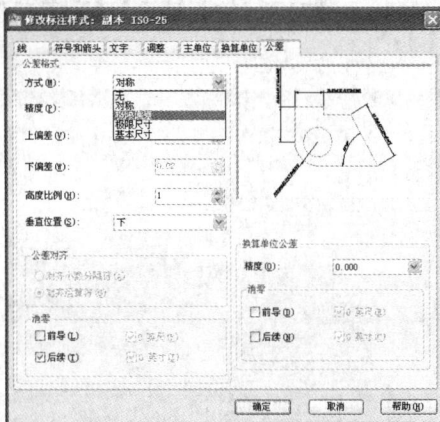

图 6-30 "公差"选项卡

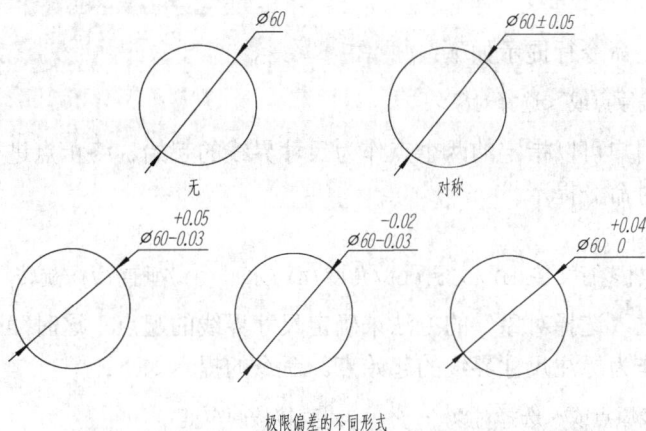

极限偏差的不同形式

图 6-31 尺寸公差标注示例

6）消零：隐藏偏差数字中前、后面零的显示。

（2）换算单位公差。该栏用于设置换算单位公差的精度和消零规则。

6.3 形体尺寸标注方法

本节主要介绍怎样利用前面讲述的尺寸标注方法和样式给图形标注尺寸。"标注"工具栏及下拉菜单如图 6-32 所示。

6.3.1 线性尺寸标注

（1）功能：用于标注两点之间的距离，两点可以是平面或空间中的任意两点。

（2）命令执行方式：

下拉菜单："标注" → "线性"。

工具栏：标注 ⊢。

命令：DIMLINEAR 或 DIMLIN。

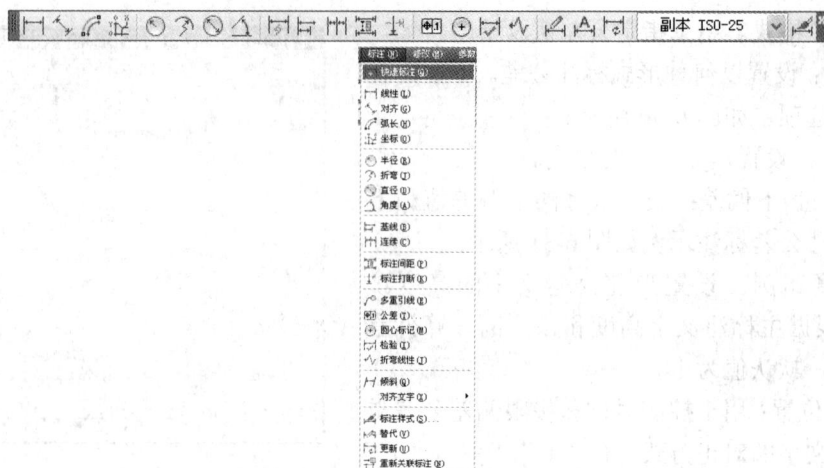

图 6-32 "标注"工具栏及下拉菜单

（3）操作过程：

执行该命令后，命令行提示如下：

指定第一条延伸线原点或 <选择对象>：

一般情况下，用户可以指定的两个点作为尺寸界线的起始、终止点进行标注，即在提示时使用默认项，这时命令提示：

指定第二条延伸线原点：
指定尺寸线位置或[多行文字(M)/文字(T)/角度(A)/水平(H)/垂直(V)/旋转(R)]：

用户还可以通过"选择对象"的方法来确定尺寸界线的起点，这时 AutoCAD 标注将选择对象的两个端点作为标注尺寸界线的起始点。命令的提示如下：

指定第一条延伸线原点或 <选择对象>：↙   （直接按回车键）
选择标注对象：   （选择要标注的对象）
指定尺寸线位置或[多行文字(M)/文字(T)/角度(A)/水平(H)/垂直(V)/旋转(R)]：

命令分析如下：

1）指定尺寸线位置：用户可以通过拖动鼠标，在屏幕上合适的位置单击，确定所标尺寸水平或垂直放置的位置。

2）多行文字（M）：选择此项可打开多行文字"文字样式"对话框，如图 6-33 所示，用户在选定的文字前后输入新的数值，达到添加新的内容的目的。

图 6-33 "文字样式"对话框

3）单行文字（T）：选择此项可直接在命令行对标注文字进行编辑。

4）角度（A）：选择此项用于调整尺寸文字的放置角度。

5）水平（H）此选项用于强制水平放置尺寸文字。

6）垂直（V）：此选项用于强制垂直放置尺寸文字。

7）旋转（R）：此选项用于旋转标注的尺寸。

【**例 6-1**】 应用"线性标注"命令给图形标注尺寸，如图 6-34 所示。

分 析：在该图形中，主要标注长度方向的线性尺寸。在标注过程中，若存在尺寸误差，可在命令执行过程中进行修改。

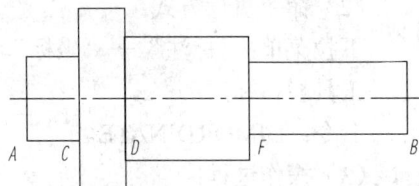

图 6-34 线性尺寸标注示例

```
命令：_DIMLINEAR
指定第一条延伸线原点或 <选择对象>：<对象捕捉 开>        (拾取 A 点)
指定第二条延伸线原点：                               (拾取 B 点,标总长)
指定尺寸线位置或[多行文字(M)/文字(T)/角度(A)/水平(H)/垂直(V)/旋转(R)]:T ✓
                                                  (修改尺寸数字)
输入标注文字 <91.33>：92  ✓
指定尺寸线位置或[多行文字(M)/文字(T)/角度(A)/水平(H)/垂直(V)/旋转(R)]：
                        (在屏幕上拾取某个位置后,点击左键确定。如图中尺寸数字 92)
```

下面的步骤为继续执行该命令，依次拾取 AC、BD、BF 线段，完成长度方向的尺寸标注，如图 6-35 所示。

6.3.2 对齐尺寸标注

（1）功能：标注一个有一定倾斜角度、不平行于 X 轴或 Y 轴对象的实际尺寸。

（2）命令执行方式：

下拉菜单："标注"→"对齐"。

工具栏：标注 。

命令：DIMALIGNED。

（3）操作过程：

执行该命令后，命令行提示如下：

```
指定第一条延伸线原点或 <选择对象>：
指定第二条延伸线原点：           (与线性标注相同,拾取两个点或选择要标注的对象)
指定尺寸线位置或[多行文字(M)/文字(T)/角度(A)]：
标注文字 = 22.72              (也可修改尺寸数字)
```

结果如图 6-36 所示。

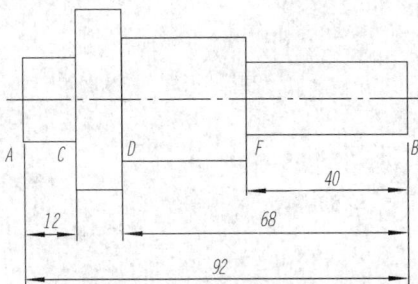

图 6-35 完成后的长度方向尺寸标注

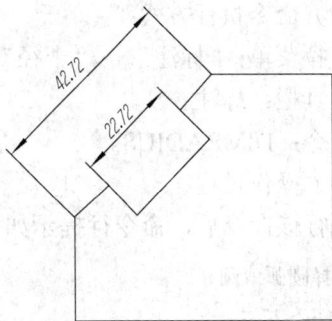

图 6-36 对齐尺寸标注

6.3.3　坐标标注

（1）功能：用于标注相对于原点（基准点）的图形中任意点的 X 和 Y 坐标值。

（2）命令执行方式：

下拉菜单："标注"→"坐标"。

工具栏：标注 ⚏ 。

命令：DIMORDINATE。

（3）操作过程：

执行该命令后，命令行提示如下：

指定点坐标：　　　　　　　　　　　　　　（指定一个点定义特征位置）
指定引线端点或 [X 基准(X)/Y 基准(Y)/多行文字(M)/文字(T)/角度(A)]：

命令说明：

1）指定引线端点。该选项为默认项，用于确定引线的端点位置。指定端点后，AutoCAD 在该点标注出指定点的坐标。

AutoCAD 将标注文字与坐标引线对齐显示，即自动地沿 X 轴或 Y 轴放置标注文字和引出线。对于 X 坐标值的引出线垂直于 X 轴，对于 Y 轴的引出线垂直于 Y 轴绘出。AutoCAD 根据用户指定的引出线端点的位置与特征的差异来确定标注测量 X 还是 Y 坐标。

在未指定标注类型（X 坐标或 Y 坐标）前，在标注点附近上下拖动鼠标时，AutoCAD 自动将标注类型置为 Y 坐标标注；在标注点附近左右拖动鼠标时，AutoCAD 自动将标注类型置为 X 坐标标注。

如图 6-37 所示为各圆心的坐标尺寸的标注。

2）X 坐标（X）。该选项将标注类型固定为 X 坐标标注。选择该选项后，拖动鼠标不能改变标注的类型。

3）Y 坐标（Y）。该选项将标注类型固定为 Y 坐标标注。选择该选项后，拖动鼠标不能改变标注的类型。

4）多行文字（M）、文字（T）和角度（A）。这三个选项的功能及使用方法与线性标注中对应选项相同。

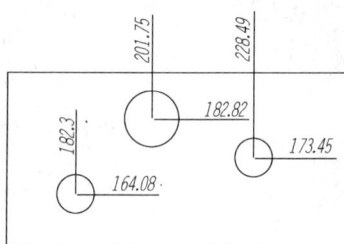

图 6-37　各圆心坐标尺寸标注示例

6.3.4　标注半径/直径

1．标注半径

（1）功能：用于标注圆或圆弧的半径值。

（2）命令执行方式：

下拉菜单："标注"→"半径"。

工具栏：标注 ⊘ 。

命令：DIMRADIUS。

（3）操作过程：

执行该命令后，命令行提示如下：

选择圆弧或圆：
标注文字 = 26
指定尺寸线位置或 [多行文字(M)/文字(T)/角度(A)]：

直接指定尺寸线位置后，AutoCAD 按测量值标注圆或圆弧的半径。半径尺寸标注是由带一个箭头指向圆或圆弧的半径尺寸线和一前面带有字母 R 的标注文字组成，R 表示为半径标注。

2. 标注直径

（1）功能：用于标注圆或圆弧的直径值。

（2）命令执行方式：

下拉菜单："标注" → "直径"。

工具栏：标注 ⃝ 。

命令：DIMDIAMETER。

（3）操作过程：

执行该命令后，命令行提示如下：

```
选择圆弧或圆：
标注文字 = 50
指定尺寸线位置或 [多行文字(M)/文字(T)/角度(A)]：
```

根据不同的需要，用户可以设置多种直径标注的形式。直径标注与半径标注相似，只是在尺寸数字前加一个直径符号"ϕ"。

注 意

　　在半径和直径标注时，如果对该标注进行修改时，需重新输入其"R"或"ϕ"标识符，而"ϕ"的输入则要输入控制符"%%C"。

6.3.5　角度标注

（1）功能：用于标注圆、圆弧、两条非平行线段或三个点间的角度，尺寸线为弧线。

（2）命令执行方式：

下拉菜单："标注" → "角度"。

工具栏：标注 △。

命令：DIMANGULAR。

（3）操作过程：

执行该命令后，命令行提示如下：

```
选择圆弧、圆、直线或 <指定顶点>：
选择第二条直线：
指定标注弧线位置或 [多行文字(M)/文字(T)/角度(A)/象限点(Q)]：
标注文字 = 59
```

举例说明命令执行过程如下：

1）圆弧的角度标注。

```
命令：_DIMANGULAR
选择圆弧、圆、直线或 <指定顶点>：              (选择一段圆弧)
指定标注弧线位置或 [多行文字(M)/文字(T)/角度(A)/象限点(Q)]：
                                   (指定尺寸线位置或选择一个选项)
标注文字 =200
```

结果如图 6-38 所示。

2）圆的角度标注。

命令：_DIMANGULAR
选择圆弧、圆、直线或 <指定顶点>：   (在圆上选择 A 点，作为第一条尺寸界线的起点)
指定角的第二个端点：   (选择 B 点)
指定标注弧线位置或 [多行文字(M)/文字(T)/角度(A)/象限点(Q)]
                                          (移动光标指定尺寸线位置)

标注文字 =73

指定的尺寸线位置，如图 6-39 所示。

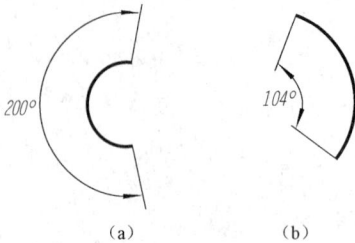

图 6-38 圆弧的角度标注   图 6-39 圆的角度标注
（a）指定尺寸线位置在圆弧的外侧；（b）指定尺寸线位置在内侧

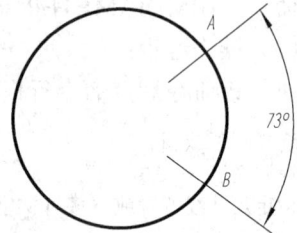

3）两条非平行直线之间的角度标注。

命令：_DIMANGULAR
选择圆弧、圆、直线或 <指定顶点>：   (指定第一条直线)
选择第二条直线：   (指定第二条直线)
指定标注弧线位置或 [多行文字(M)/文字(T)/角度(A)/象限点(Q)]
                                          (移动光标指定尺寸线的位置)

标注文字 =47

结果如图 6-40 所示。

4）定义三点标注角度。

命令：_DIMANGULAR
选择圆弧、圆、直线或 <指定顶点>： ↙
指定角的顶点：   (指定角的顶点)
指定角的第一个端点：   (拾取角的第一个端点)
指定角的第二个端点：   (拾取角的第二个端点)
指定标注弧线位置或 [多行文字(M)/文字(T)/角度(A)/象限点(Q)]：
                                          (移动光标指定尺寸线的位置)

标注文字 = 42

结果如图 6-41 所示。

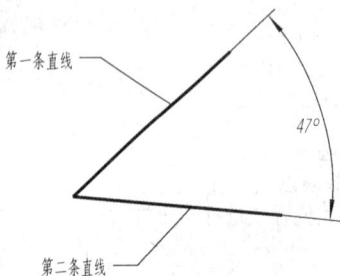

图 6-40 两条非平行直线的角度标注   图 6-41 通过三点标注角度

6.3.6 基线/连续尺寸标注

1. 基线标注

（1）功能：用于标注工程图形中有一个共同基准的线性尺寸或角度尺寸。

（2）命令执行方式：

下拉菜单："标注" → "基线"。

工具栏：标注 ⊟。

命令：DIMBASELINE 或 DIMBASE。

（3）操作过程：要创建基线标注，用户首先要创建或选择一个长度型、坐标型或角度尺寸标注作为基准标注。AutoCAD 将基准标注的第一条尺寸界线作为基线标注的起始点，然后选择第二条基准线的起点。AutoCAD 在基准标注的上面按一定的偏移距离创建第二个尺寸标注。

执行该命令后，命令行提示如下：

```
指定第二条延伸线原点或 [放弃(U)/选择(S)] <选择>:
标注文字 = 120
```

命令提示中的选项说明：

1）选择（S）：选择基准标注并将靠近选择点的延伸线作为基准标注的基准。

2）指定第二条延伸线原点：以同一基准标注来标注多个基线型标注。

3）放弃（U）：取消创建的前一个基准标注。

基线标注的示例如图 6-42 所示。

```
命令: _DIMLINEAR
指定第一条延伸线原点或 <选择对象>:                    (拾取 A 点)
指定第二条延伸线原点:                               (拾取 C 点)
指定尺寸线位置或[多行文字(M)/文字(T)/角度(A)/水平(H)/垂直(V)/旋转(R)]:
标注文字 =12.5                                    (标注一个长度尺寸作为基准标注)
命令: _DIMBASELINE    ✓
指定第二条延伸线原点或 [放弃(U)/选择(S)] <选择>: (拾取 D 点)
标注文字 =23.61
指定第二条延伸线原点或 [放弃(U)/选择(S)] <选择>: (拾取 F 点)
标注文字 =53.13
指定第二条延伸线原点或 [放弃(U)/选择(S)] <选择>: (拾取 B 点)
标注文字 =91.33
指定第二条延伸线原点或 [放弃(U)/选择(S)] <选择>: ✓
选择基准标注: ✓                                  (结束标注)
```

2. 连续标注

（1）功能：用于标注在同一方向上连续的线性尺寸或角度尺寸。

（2）命令执行方式：

下拉菜单："标注" → "连续"。

工具栏：标注 ⊢⊢⊢。

命令：DIMCONTINUE 或 DIMCONT。

（3）操作过程：

执行该命令后，命令行提示如下：

```
指定第二条延伸线原点或 [放弃(U)/选择(S)] <选择>:
标注文字 = 60
```

连续标注与基线标注类似，不同的是基线标注是基于相同尺寸标注起点，而连续标注是一系列首尾相连的标注形式，即每一个连续标注的第二条尺寸界线作为下一个连续标注的起点。

连续标注的示例如图 6-43 所示。

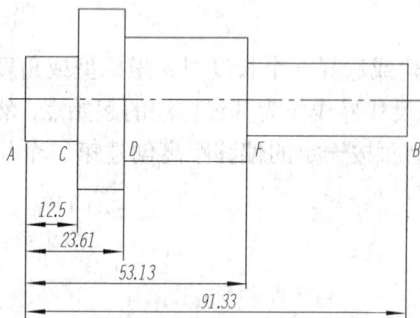

图 6-42　基线标注示例　　　　图 6-43　连续标注示例

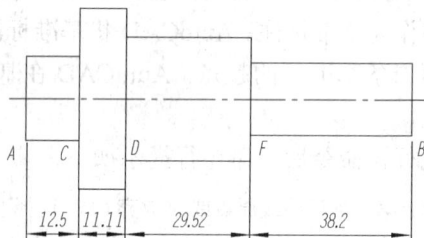

```
命令: _DIMLINEAR ✓
指定第一条延伸线原点或 <选择对象>:              (拾取 A 点)
指定第二条延伸线原点:                          (拾取 C 点)
指定尺寸线位置或[多行文字(M)/文字(T)/角度(A)/水平(H)/垂直(V)/旋转(R)]:
标注文字 =12.5                        (标注一个长度尺寸作为基准标注)
命令: _DIMCONTINUE ✓
指定第二条延伸线原点或 [放弃(U)/选择(S)] <选择>: (拾取 D 点)
标注文字 =11.11
指定第二条延伸线原点或 [放弃(U)/选择(S)] <选择>: (拾取 F 点)
标注文字 =29.52
指定第二条延伸线原点或 [放弃(U)/选择(S)] <选择>: (拾取 B 点)
标注文字 =38.2
指定第二条尺寸界线原点或 [放弃(U)/选择(S)] <选择>: ✓
选择连续标注: ✓                                (结束标注)
```

注意

在基线标注和连续标注之前，用户都应该进行至少一次长度型、角度型或坐标型的尺寸标注。另外，使用基线型标注和连续型标注时，系统不允许用户改变标注文字的内容，因此要求作图准确。

【例 6-2】 应用尺寸标注的命令，给图 6-44 所示的图形标注尺寸。

分析： 该图形中的形状有圆、圆弧、倾斜部分等，在标注尺寸时，应用到的命令有：线性尺寸、对齐尺寸、圆、圆弧尺寸、角度的标注等。

（1）设置图层、文字样式、标注尺寸样式等（过程略）。

（2）线性尺寸标注。主要是 125、50 和 42 尺寸标注，结果如图 6-45 所示。

```
命令：_DIMLINEAR
指定第一条延伸线原点或 <选择对象>：
<对象捕捉 开>              (拾取左下角点)
指定第二条延伸线原点：     (拾取右下角点)
指定尺寸线位置或 [多行文字(M)/文字(T)/角度(A)/水平(H)/垂直(V)/旋转(R)]：↙
标注文字 =125             (标注尺寸"125")
```

以类似的方法标注 50、42 尺寸。

（3）圆、圆弧尺寸标注。主要是圆ϕ40、ϕ15；R15、R40、R5 的标注，如图 6-46 所示。

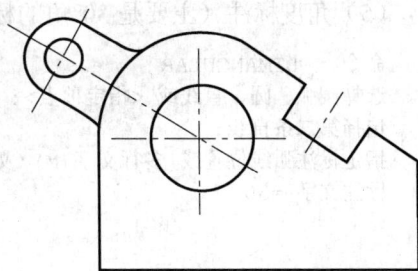

图 6-44　标注尺寸示例

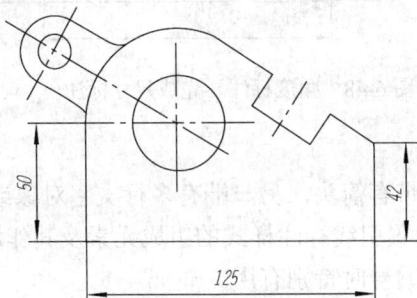

图 6-45　标注线性尺寸　　　　图 6-46　标注圆、圆弧尺寸

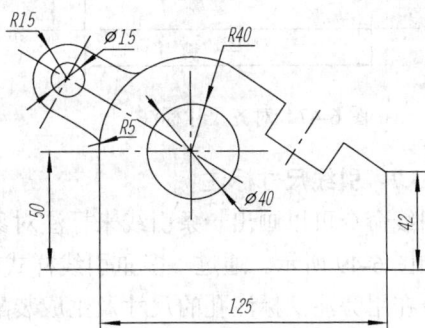

```
命令：_DIMRADIUS
选择圆弧或圆：                                  (选择 R40 圆弧)
标注文字 =40
指定尺寸线位置或 [多行文字(M)/文字(T)/角度(A)]： (在屏幕上指定该圆弧位置)
```

以类似方法标注 R15、R5 尺寸。

```
命令：_DIMDIAMETER
选择圆弧或圆：                                  (选择ϕ40 圆)
标注文字 =40
指定尺寸线位置或 [多行文字(M)/文字(T)/角度(A)]： (在屏幕上指定该圆的位置)
```

以类似方法标注ϕ15 尺寸。

（4）对齐尺寸标注。主要是 62、16、30、38 的标注，如图 6-47 所示。

```
命令：_DIMALIGNED
指定第一条延伸线原点或 <选择对象>：<对象捕捉 开> (拾取ϕ15 的中心点)
指定第二条延伸线原点：                          (拾取ϕ40 的中心点)
指定尺寸线位置或[多行文字(M)/文字(T)/角度(A)]：
标注文字 =62                                    (在屏幕上指定 62 尺寸的位置)
```

以类似方法标注 38、16、30 尺寸。

（5）角度标注（主要是 30°角的标注，如图 6-48 所示）。

```
命令：_DIMANGULAR
选择圆弧、圆、直线或 <指定顶点>：              (拾取水平中心线)
选择第二条直线：                              (拾取倾斜中心线)
指定标注弧线位置或[多行文字(M)/文字(T)/角度(A)]：(在屏幕上指定该角度的位置)
标注文字 =30
```

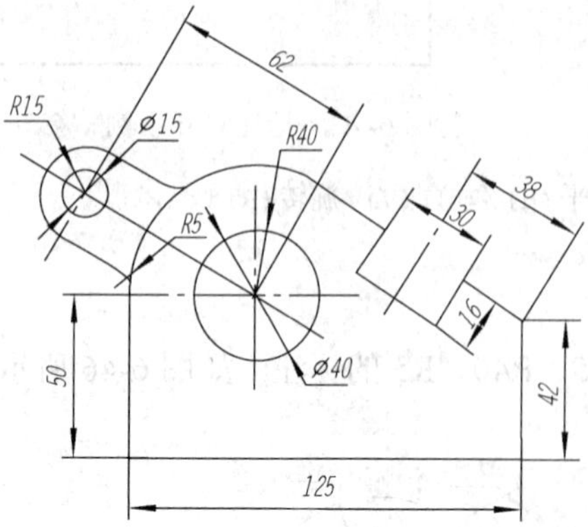

图 6-47　对齐尺寸标注 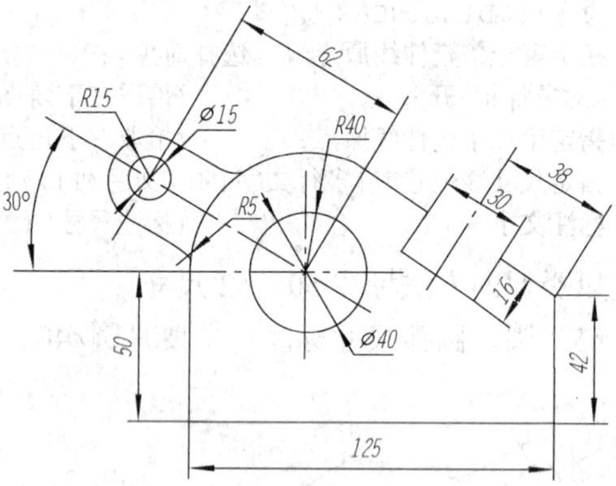　　　　　　　　图 6-48　角度标注，完成尺寸标注

6.3.7　引线尺寸标注

引线命令可以画出一条引线来标注对象，其一端带有箭头，另一端有多行文字对象或块等，如图 6-49 所示。通过"多重引线样式管理器"设置引线标注样式的组成元素及其作用，该命令在用旁注法标注孔的尺寸及生成装配图的零件编号时特别有用。

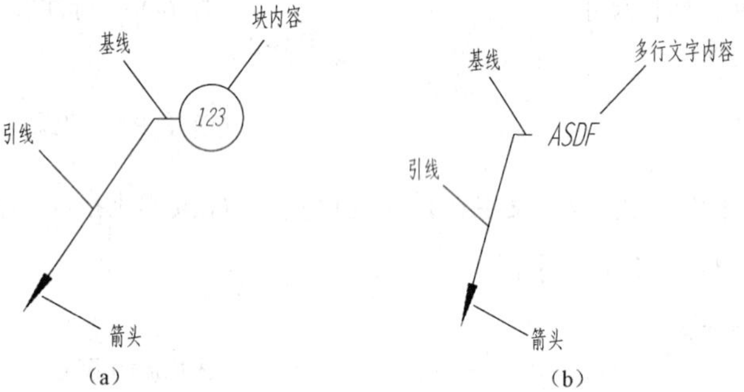

图 6-49　引线标注形式

（a）带有块内容的引线；（b）带有多行文字内容的引线

1. 多重引线标注样式

（1）功能：创建和修改多重引线样式。

（2）命令执行方式：

下拉菜单："格式"→多重引线样式"。

工具栏：多重引线 　。

命令：MLEADERSTYLE。

（3）操作过程：执行该命令后，弹出如图 6-50 所示的"多重引线样式管理器"对话框。

1）在"多重引线样式管理器"对话框中，单击"新建"按钮，弹出如图 6-51 所示的"创建新多重引线样式"对话框，利用该对话框创建新多重引线样式。对话框中各选项的功能如下。

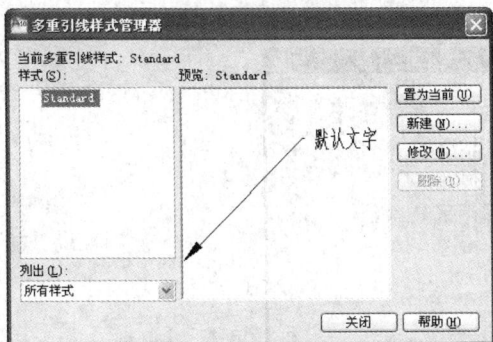

图 6-50 "多重引线样式管理器"对话框

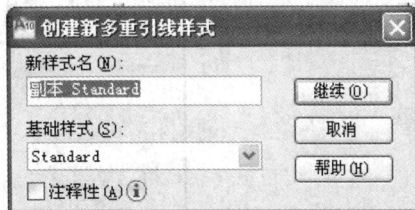

图 6-51 "创建新多重引线样式"对话框

a）新样式名：用于输入新样式的名称。

b）基础样式：用于选择一种基础样式，新样式将在该样式的基础上进行修改。

2）设置了新样式的名称和基础样式后，单击该对话框中的"继续"按钮，将弹出如图 6-52 所示"修改多重引线样式"对话框，对话框中各选项的功能如下。

a）"引线格式"选项卡：设置障碍多重引线的基本外观。该选项卡包括确定引线类型，可以选择直引线、样条曲线或无引线，引线的颜色、线型和线宽，箭头的符号和大小等。如图 6-53 所示为箭头的符号为"点"的形式。

图 6-52 "修改多重引线样式"对话框

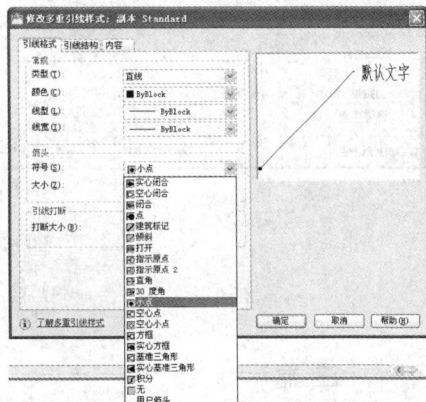

图 6-53 "引线格式"选项卡

b）"引线结构选项卡"：控制多重引线的约束，如图 6-54 所示。在该选项卡中可以设置引线的最大点数、引线中第一个点的角度、引线基线中的第二个点的角度、基线距离和引线的缩放比例内容等。

c）"内容"选项卡：确定多重引线是包含文字还是包含块，如图 6-55 所示。如果内容需要包含的是多行文字，需单击"多重引线类型"选项框选择"多行文字"选项，此时"内容"选项卡如图 6-55（a）所示，则需要设置文字的样式、颜色、角度、对齐、高度和引线连接位置等内容。如果内容中包含的是块，单击"多重引线类型"选项框，选择"块"选项，此时"内容"选项卡如图 6-55（b）所示，则要指定用于多重引线内容的块（即源块）；指定块附着到多重引线对象的方式，可能通过指定块的插入点或块的圆心来附着块；指定多重引线块内容的颜色。

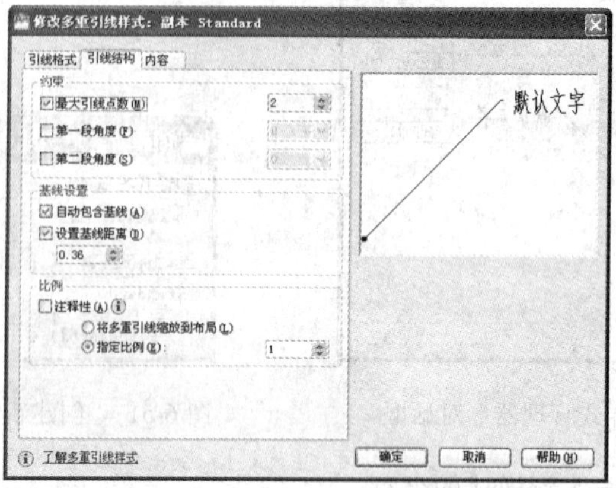

图 6-54　"引线结构"选项卡

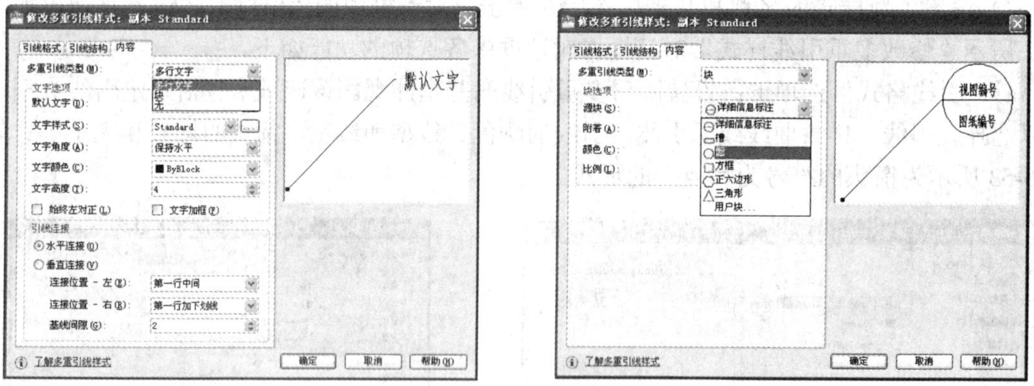

（a）　　　　　　　　　　　　　　　　（b）

图 6-55　"内容"选项卡

（a）包含多行文字；（b）包含块

注　意

选择了包含多行文字选项后，在"引线连接"选择中，连接位置的选择如图 6-56（a）所示；连接位置选项的示意图如图 6-56（b）所示。

2. "多重引线"标注命令的应用

"多重引线样式"设置完成后，就可以调用"多重引线"命令。方法如下：

（1）单击菜单栏中的"标注"→"多重引线"命令。

（2）单击"多重引线"工具栏中的按钮 。

（3）在命令行输入"MLEADER"，按回车键。

执行该命令后，命令行提示：

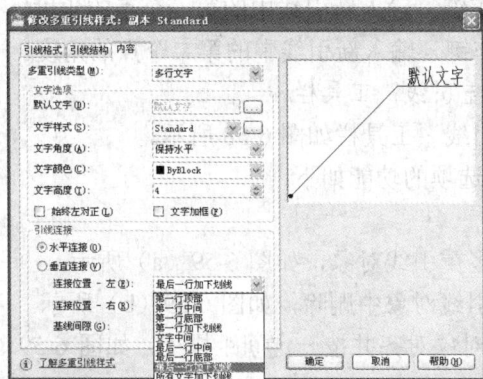
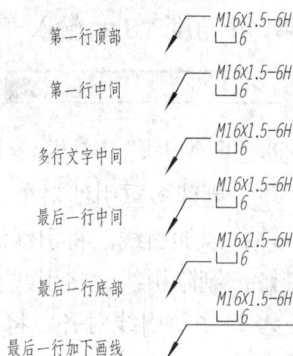

（a）　　　　　　　　　　　　　　　　　（b）

图 6-56　"内容"选项卡——引线连接

（a）引线连接位置选项；（b）连接位置选项的示意图

命令：_MLEADER
指定引线箭头的位置或 [引线基线优先 (L) /内容优先 (C) /选项 (O)] <内容优先>：
　　　　　　　　　　　　　　　　　　　　　（在屏幕上指定一点）
指定引线基线的位置：　　　　　　　　　　　（在屏幕上指定另一点）

这时屏幕上出现如图 6-57 所示的多行文字对话框，输入文字内容后，单击"确定"按钮退出。

图 6-57　"多重引线"命令的应用

其他情况如下。

1）引线基线优先（L）：输入"L"后，按回车键，指定多重引线对象基线的位置，并且后续的多重引线也将先创建基线，除非重新设置。

2）内容优先（C）：输入"C"后，按回车键，指定与多重引线对象相关联的文字或块的位置，后续的多重引线对象也将先创建内容，除非重新设置。

3）选项（O）：输入"O"，按回车键，提示如下：

输入选项 [引线类型 (L) /引线基线 (A) /内容类型 (C) /最大节点数 (M) /第一个角度 (F) /第二个角度 (S) /退出选项 (X)] <退出选项>：

分别针对各选项进行设置如下：

a）引线类型（L）：输入"L"后，按回车键，根据提示指定要使用的引线类型。

b）引线基线（A）：输入"A"后，按回车键，确定是否使用基线。

c）内容类型（C）：输入"C"后，按回车键，根据提示确定内容类型是块还是多行文字。

d）最大节点数（M）：输入"M"后，按回车键，确定引线最大的节点数。

e）第一个角度（F）：输入"F"后，按回车键，输入新引线中的第一个点的角度。

f）第二个角度（S）：输入"S"后，按回车键，输入新引线中的第二个点的角度。

图 6-58 "多重引线"工具栏

3．"多重引线"工具栏

"多重引线"工具栏如图 6-58 所示。

各工具选项的功能如下：

（1） ：创建多重引线对象。

（2） ：添加引线。将引线添加至现有的多重引线对象，如图 6-59（a）所示。

（3） ：删除引线。将引线从现有的多重引线对象中删除，如图 6-59（b）所示。

（4） ：多重引线对齐。将选定多重引线对象对齐并按一定间距排列，如图 6-59（c）所示。

（5） ：多重引线合并。将包含块的选定多重引线组织到行或列中，并引用单引线显示结果，如图 6-59（d）所示。

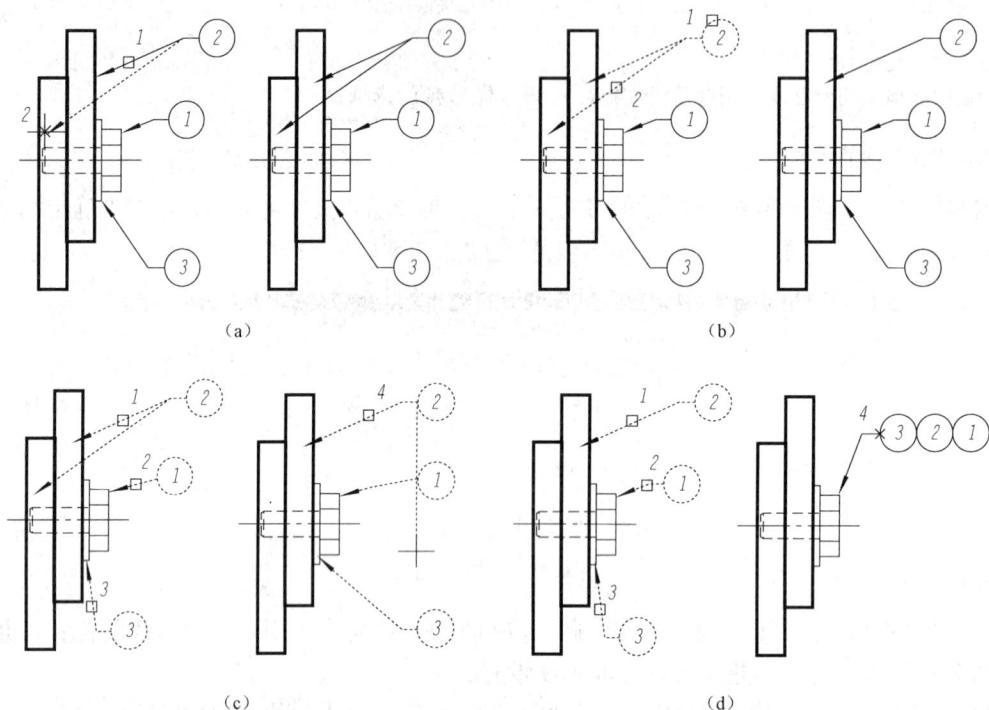

图 6-59 "多重引线"工具选项的功能

（a）添加引线；（b）删除引线；（c）多重引线对齐；（d）多重引线合并

6.3.8 尺寸公差与形位公差标注

尺寸公差和形位公差是反映零件使用性能的重要的技术指标，正确地标注尺寸和形位公差，对实际生产起着决定性的作用。AutoCAD 2010 提供了方便、快捷的标注方法，下面通过具体实例详细介绍。

【例 6-3】 给图形标注尺寸公差和形位公差，如图 6-60 所示。

1．利用当前样式覆盖方式标注尺寸公差

（1）打开"标注样式管理器"对话框，单击"替代"按钮，打开"替代当前样式"对话框，再打开"公差"选项卡。

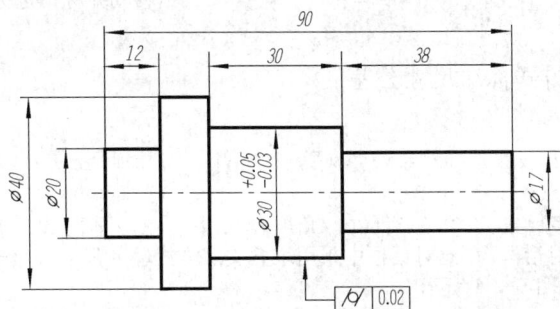

图 6-60   标注尺寸和形位公差示例

（2）在如图 6-61 所示的对话框中，设置所要标注公差的参数。同时，设置"主单位"前缀，用于标注"ϕ"符号，如图 6-62 所示。

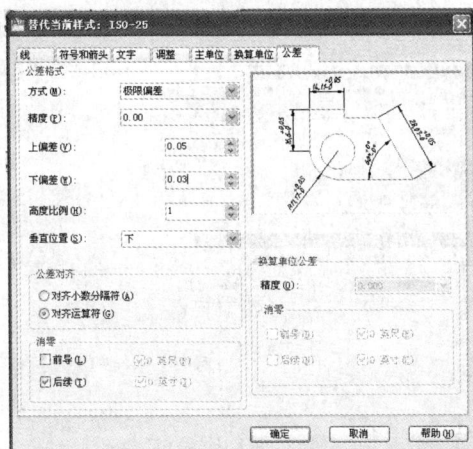

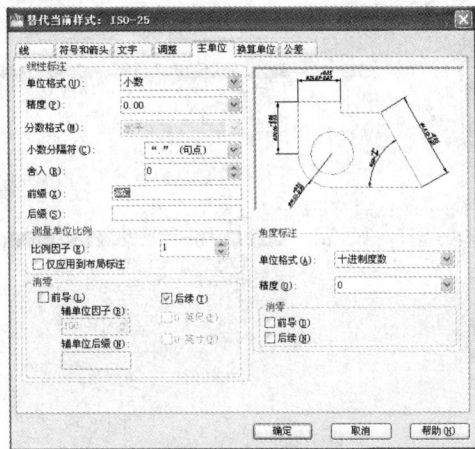

图 6-61   "公差"选项卡   图 6-62   设置"主单位"的前缀

（3）返回 AutoCAD 绘图窗口，标注如图 6-63 所示的带有公差的尺寸。

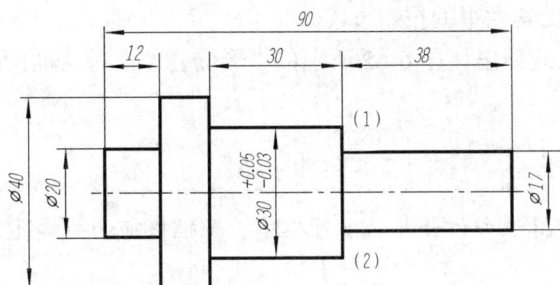

图 6-63   标注尺寸公差

命令：_DIMLINEAR
指定第一条延伸线原点或 <选择对象>：<对象捕捉 开>   （捕捉(1)点）
指定第二条延伸线原点：   （捕捉(2)点）

指定尺寸线位置或[多行文字(M)/文字(T)/角度(A)/水平(H)/垂直(V)/旋转(R)]:

(移动光标指定标注文字的位置)

标注文字=30

2．通过堆叠文字方式标注尺寸公差

命令: _DIMLINEAR
指定第一条延伸线原点或 <选择对象>: <对象捕捉 开>　　(捕捉(1)点)
指定第二条延伸线原点:　　　　　　　　　　　　　　(捕捉(2)点)
指定尺寸线位置或[多行文字(M)/文字(T)/角度(A)/水平(H)/垂直(V)/旋转(R)]: M↙
(打开"文字格式"对话框,在此对话框中采用堆叠文字方式输入尺寸公差+0.05^-0.03 选中后,单击 ᵇ̲ₐ,并按回车键,结果如图 6-64 所示)
指定尺寸线位置或[多行文字(M)/文字(T)/角度(A)/水平(H)/垂直(V)/旋转(R)]:

(移动光标指定标注文字的位置)

> **注 意**
> 在采用这种方法标注公差时,要将"公差"选项卡中"公差格式"下拉列表设置为"无"选项。

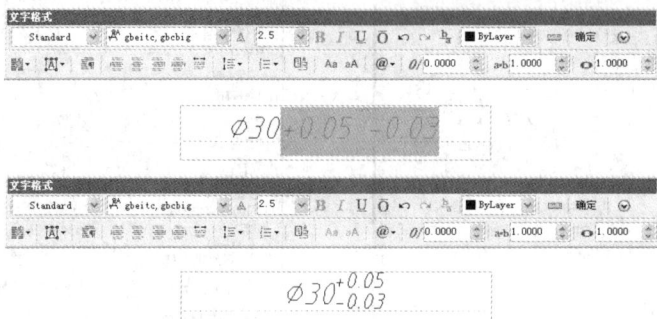

图 6-64　堆叠方式标注尺寸公差

3．标注形位公差

（1）应用"公差"命令标注。

1）单击菜单栏中的"标注"→"公差"命令。

2）单击"标注"工具栏中的按钮 ⊞ 。

执行该命令后,系统弹出如图 6-65 所示的"形位公差"对话框,用户可在其中选择形位公差符号。

> **注 意**
> 应用该命令只能标注形位公差的项目框格,而框格前的引线还需要用"多重引线"命令绘制。

（2）应用"LEADER"命令标注形位公差的步骤。

命令: LEADER ✓
指定引线起点:　　　　　　　　　　　　　　　　　　(捕捉(3)点,见图 6-66)
指定下一点:　　　　　　　　　　　　　　　　　　　(捕捉(4)点)
指定下一点或 [注释(A)/格式(F)/放弃(U)] <注释>:　(捕捉(5)点)

指定下一点或 [注释(A)/格式(F)/放弃(U)] <注释>: ✓
输入注释文字的第一行或 <选项>: ✓
输入注释选项 [公差(T)/副本(C)/块(B)/无(N)/多行文字(M)] <多行文字>: T ✓

选择"公差"选项,出现如图 6-65 所示的"形位公差"对话框。单击"符号",出现"特征符号"对话框,如图 6-65 所示,选择应标注的形位公差项目符号后退出。再输入公差值,单击"确定"按钮,完成标注,如图 6-66 所示。

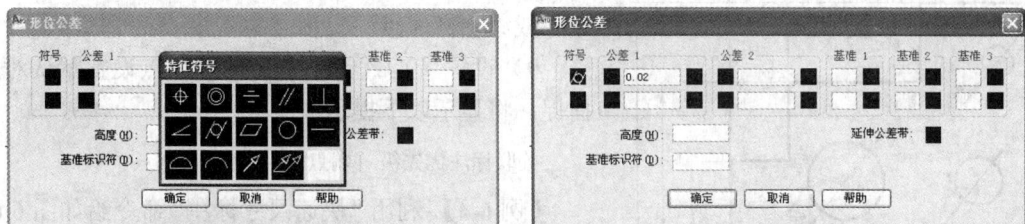

图 6-65 "形位公差"对话框

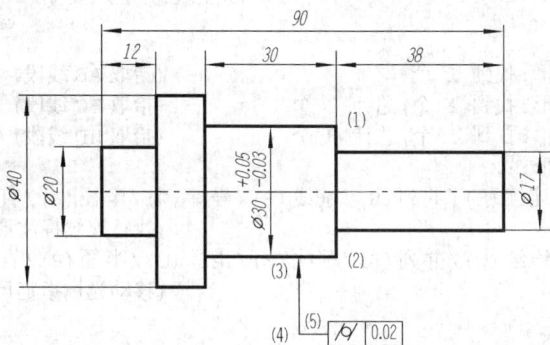

图 6-66 标注形位公差

6.3.9 快速尺寸标注

(1)功能:自动地给多个对象一次性创建尺寸标注。此命令包含基线标注、连续尺寸标注、半径标注、直径标注、坐标标注等方式,使标注工作简化,提高绘图效率。

(2)命令执行方式:

下拉菜单:"标注"→"快速标注"。

工具栏:标注 |➤| 。

命令:QDIM。

(3)操作过程:

执行该命令后,命令行提示如下:

选择要标注的几何图形: (选择用户想要标注的多个对象)
指定尺寸线位置或 [连续(C)/并列(S)/基线(B)/坐标(O)/半径(R)/直径(D)/基准点(P)/编辑(E)/设置(T)] <连续>:   (指定尺寸线位置或选择一个选项)

命令说明:

1)连续标注(C):选择此项,即执行连续尺寸标注方式。

2)并列标注(S):选择此项,即可根据选择的对象创建一系列并列标注。

3)基线标注(B):选择此项,即执行基线尺寸标注方式。

4）坐标标注（O）：以一基点为准，标注其他端点相对于基点的相对坐标。

5）半径标注（R）：选择此项，即执行半径尺寸标注方式。

6）直径标注（D）：选择此项，即执行直径尺寸标注方式。

7）基准点（P）：在不改变用户坐标系（UCS）原点的条件下，改变坐标型标注或基准型标注的基准参考点位置。

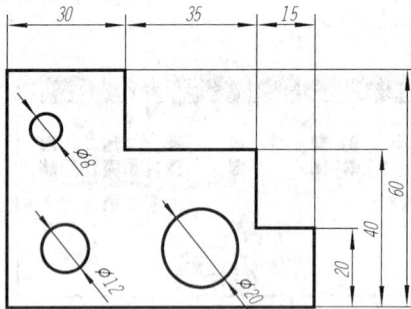

图 6-67　快速尺寸标注示例

8）编辑（E）：选择此项，可编辑标注点，即可删除或添加标注点。

9）设置（T）：为指定延伸线原点设置默认对象捕捉，将显示以下提示：

关联标注优先级 [端点(E)/交点(I)]

【例6-4】 利用"快速尺寸标注"命令给如图 6-67 所示的图形标注尺寸。

（1）标注连续型尺寸。

```
命令：_QDIM
选择要标注的几何图形:找到 1 个                    (拾取 AB 线段)
选择要标注的几何图形:找到 1 个,总计 2 个          (拾取 BC 线段)
选择要标注的几何图形:找到 1 个,总计 3 个          (拾取 HD 线段)
选择要标注的几何图形:✓
指定尺寸线位置或[连续(C)/并列(S)/基线(B)/坐标(O)/半径(R)/直径(D)/基准点(P)/编辑
(E)/设置(T)] <连续>:✓                           (执行连续标注形式)
指定尺寸线位置或[连续(C)/并列(S)/基线(B)/坐标(O)/半径(R)/直径(D)/基准点(P)/编辑
(E)/设置(T)] <连续>:                            (移动光标指定尺寸线的位置)
```

结果如图 6-68 所示。

（2）标注基线型尺寸。

```
命令：_QDIM
选择要标注的几何图形:找到 1 个                    (拾取 DE 线段)
选择要标注的几何图形:找到 1 个,总计 2 个          (拾取 CH 线段)
选择要标注的几何图形:找到 1 个,总计 3 个          (拾取 BG 线段)
选择要标注的几何图形:✓
指定尺寸线位置或[连续(C)/并列(S)/基线(B)/坐标(O)/半径(R)/直径(D)/基准点(P)/编辑
(E)/设置(T)] <连续>:B✓                          (执行基线标注形式)
指定尺寸线位置或[连续(C)/并列(S)/基线(B)/坐标(O)/半径(R)/直径(D)/基准点(P)/编辑
(E)/设置(T)] <基线>:                            (移动光标指定尺寸线的位置)
```

结果如图 6-69 所示。

（3）标注直径。

```
命令：_QDIM
选择要标注的几何图形:找到 1 个                    (拾取圆 1)
选择要标注的几何图形:找到 1 个,总计 2 个          (拾取圆 2)
选择要标注的几何图形:找到 1 个,总计 3 个          (拾取圆 3)
选择要标注的几何图形:✓
指定尺寸线位置或[连续(C)/并列(S)/基线(B)/坐标(O)/半径(R)/直径(D)/基准点(P)/编辑
(E)/设置(T)]<基线>:D✓                           (执行直径标注形式)
指定尺寸线位置或[连续(C)/并列(S)/基线(B)/坐标(O)/半径(R)/直径(D)/基准点(P)/编辑
(E)]<直径>:                                    (移动光标指定尺寸线的位置)
```

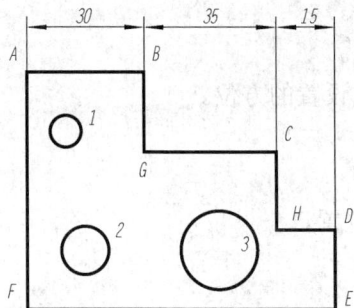

图 6-68 连续标注

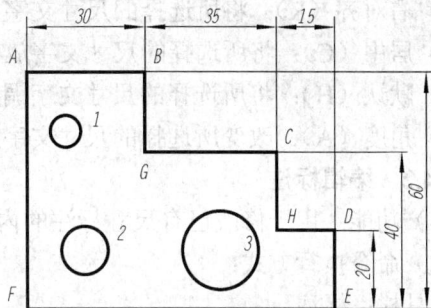

图 6-69 基线型标注

结果如图 6-70 所示。

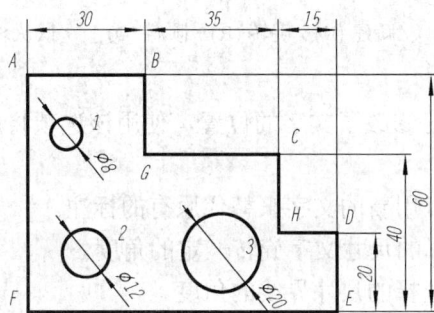

图 6-70 直径标注

6.4 编 辑 尺 寸 标 注

尺寸标注的编辑包括尺寸文字位置、内容、标注样式、尺寸公差等方面的编辑，用户可以使用 AutoCAD 的标注编辑命令或使用尺寸标注对象的夹点，来编辑尺寸标注。

6.4.1 编辑标注文字

（1）功能：用于修改已有标注对象的标注文字的位置和方向。

（2）命令执行方式：

下拉菜单："标注" → "对齐文字"。

工具栏：标注 ⒜ 。

命令：DIMTEDIT。

（3）操作过程：

执行该命令后，命令行提示如下：

选择标注：   （选择要编辑的标注）

为标注文字指定新位置或 [左对齐(L)/右对齐(R)/居中(C)/默认(H)/角度(A)]：

命令说明：

1）为标注文字指定新位置：此选项是默认值，用户可动态地拖动文字到一个新的位置。

2）左对齐（L）：将所选择的尺寸文字调整为左对齐。

3）右对齐（R）：将所选择的尺寸文字调整为右对齐。

4）居中（C）：将所选择的尺寸文字放在尺寸线中间。

5）默认（H）：将所选择的尺寸文字调整到尺寸格式设置的方位。

6）角度（A）：改变所选择的尺寸文字放置角度。

6.4.2　编辑标注

（1）功能：用于修改已有尺寸标注的内容和放置的位置。

（2）命令执行方式：

工具栏：标注　⚖。

命令：DIMEDIT。

（3）操作过程：

执行该命令后，命令行提示如下：

输入标注编辑类型 [默认(H)/新建(N)/旋转(R)/倾斜(O)] <默认>：

命令说明：

1）默认（H）：用户若已修改了文字的位置，使用该选项将所选择的尺寸文字重新定位到默认位置。

2）新建（N）：用户可以用新的文字来替代原有的标注。

3）旋转（R）：将所选择的尺寸文字旋转一定的角度。

4）倾斜（O）：调整所选择的尺寸界线的角度。

6.4.3　利用夹点方式编辑标注

使用"夹点"来编辑尺寸标注，是最快捷、最简单的方法。利用鼠标选中要修改的尺寸后，可以拖动该尺寸到合适的位置，也可以进行拉伸、移动、复制或镜像标注对象等。各种尺寸标注对象的夹点位置如图 6-71 所示。

使用"特性"可以来编辑对象的各种特性，同样也可以方便地使用它来编辑尺寸标注对象。其方法是：选择已标注的某个尺寸，打开"特性"对话框，如图 6-72 所示。

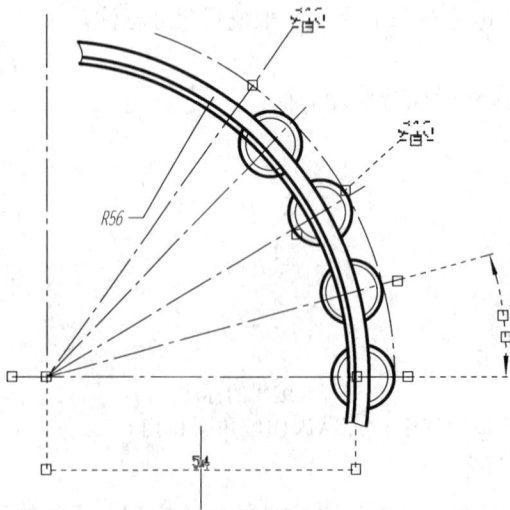

图 6-71　各种尺寸的"夹点"位置　　　　图 6-72　使用"特性"编辑标注

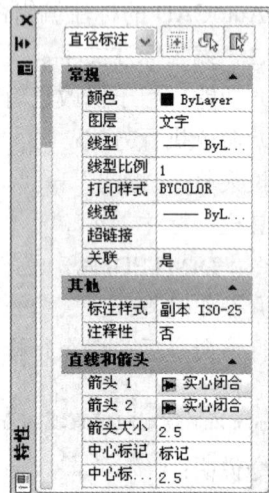

在对话框中，显示了所有尺寸标注的内容，用户可以根据具体的要求，修改其中的一项或多项。比如：可以通过"特性"对话框的特性列表中的"常规"项，编辑和修改标注的通用特性，如线型、颜色、线宽等；从"其他"项中修改使用的标注样式；在"直线和箭头"项中，修改标注的尺寸线、尺寸界线以及箭头等标注特性。

思　考　题

1．尺寸标注的组成有哪些内容？
2．在 AutoCAD 2010 中，标注尺寸前应做哪些准备工作？
3．如何设置尺寸标注样式？"标注样式管理器"中有哪些需要设置的选项？各选项的作用是什么？
4．尺寸标注有哪些种类？各有何特点？
5．基线型、连续型尺寸标注的注意点是什么？
6．如何根据要求设置引线标注的内容？
7．尺寸公差的标注方法有几种？
8．如何设置形位公差的标注？
9．快速标注的特点是什么？
10．如何编辑尺寸标注的内容？

第7章 图块和块属性

学习目标

（1）将工程图样中的"表面结构符号"定义为带属性的块。

（2）将标题栏、明细栏定义为带属性的块。

学习内容

（1）掌握图块的定义和保存方法。

（2）掌握图块的插入方法。

（3）掌握图块属性的定义方法。

（4）正确定义带属性的图块。

（5）掌握图块的编辑方法。

7.1 图块的定义

图块的定义就是将图形中的一个或几个实体组合成一个整体，并定名保存，以后将其作为一个实体在图形中随时调用和编辑。

7.1.1 定义块

（1）功能：将选定的多个对象定义为块。

（2）命令执行方式：

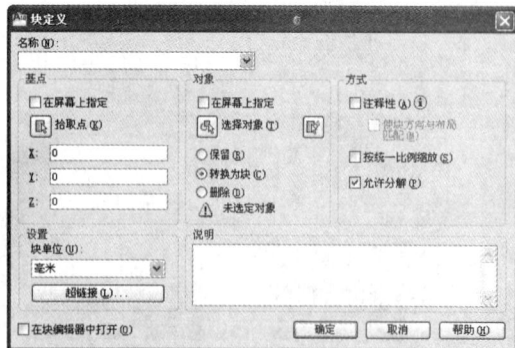

图 7-1 "块定义"对话框

下拉菜单："绘图"→"块"→"创建"。

工具栏：绘图 🔲 。

命令：BLOCK 或 BMAKE。

（3）操作过程：

执行该命令后，AutoCAD 弹出如图 7-1 所示"块定义"对话框。该对话框中各选项的含义如下：

1）名称：该框用于输入预定义的图块名。其下拉列表框列出了当前图形中所有的块名，如果用户输入的图块名是列表框中已有的块名，则单击"确定"按钮，系统将提示该图块已定义，是否重新定义它。新块的名称最多可以由 255 个字符组成，这些字符包括字母、数字、空格等字符。

2）基点：用于指定图块的插入基点。一般情况下，通过单击"拾取点"旁边的按钮 🔲 来定义新块的基点，单击按钮 🔲 返回到绘图窗口，在绘图窗口内拾取一点后，AutoCAD 返回"块定义"对话框，并在 X、Y、Z 文本框中显示出基点的坐标。

3）对象：用于选择设置成块的对象，以及选择的对象转换为块后原有对象的操作方式。

其中，"选择对象"按钮用于选取组成块的实体，单击该按钮后对话框暂时消失，等待用户在屏幕上用目标选取方式选取预组成块的实体。实体选取操作结束后自动回到对话框状态。单选按钮的使用说明如下：

a）保留：将选择对象设置为块后在绘图窗口保留原选择的对象。

b）转换为块：将原选择的对象直接转换为块，该方式在绘图窗口的显示与"保留"方式相同，但在绘图窗口显示的对象不再为单个的对象，而是作为一个块来显示。

c）删除：将选择对象设置为块后在绘图窗口删除原选择的对象。

d）🔲 (快速选择)：单击该按钮，将弹出如图 7-2 所示的"快速选择"对话框，可快速选择需要的对象。

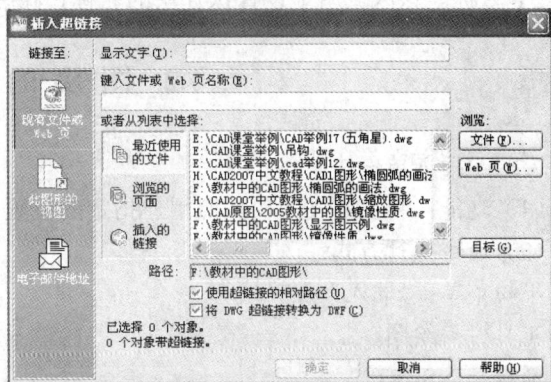

4）设置。用于指定块的设置。

a）块单位：可在选项框中选择块参照的插入单位。

b）说明：用于输入块的文字说明。

c）超链接：单击该按钮，将弹出如图 7-3 所示的"插入超链接"对话框，可以选择要附着的超链接。

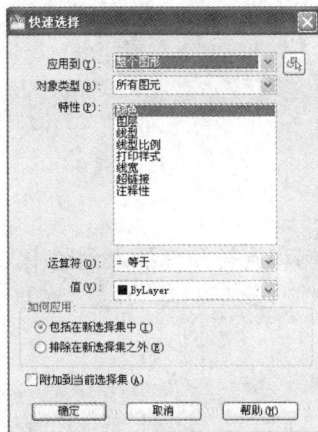

图 7-2 "快速选择"对话框　　　　　　图 7-3 "插入超链接"对话框

5）方式：指定块的行为。

a）注释性：指定块为注释性。

b）使块方向与布局匹配：指定在图纸空间视口中的块参照的方向与布局的方向匹配。如果未选择"注释性"选项，则该选项不可用。

c）按统一比例缩放：勾选该复选框，插入块时将按统一比例缩放。

d）允许分解：选中该复选框，插入的块将允许分解。

用户依次输入块名、插入点并选择预定义为块的对象后就完成了块的定义。用此命令定义完块后，组成块的对象将消失，用 OOPS 命令可将其恢复。

说　明：采用 Block 或 Bmake 命令设置的块，只能在块所在的图形文件中使用，而不能被其他的图形引用，因此也称为"内部块"。

7.1.2 存储块

（1）功能：将图形文件中的整个图形、内部块或某些实体写入一个新的图形文件，其他

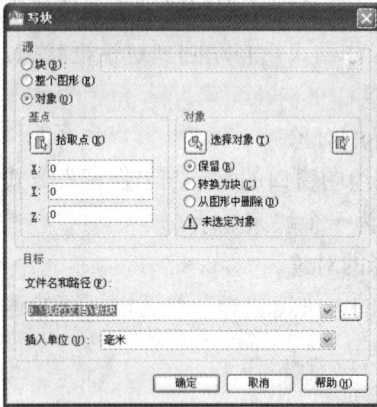
图 7-4 "写块"对话框

图形文件均可以将它作为块调用，也称为外部块。

（2）命令执行方式：

命令：WBLOCK。

（3）操作过程：执行该命令后，AutoCAD 弹出如图 7-4 所示的"写块"对话框。

"写块"对话框中各选项的含义：

1）源。该栏用于指定存储为块的对象及块的基点。

a）块：该单选项指定将内部块写入外部块文件，用户可以通过下拉列表框选择一个块名将该块进行保存。保存块的基点与原块的基点相同。

b）整个图形：该单选项指定将整个图形写入外部块文件，块的基点为坐标原点。

c）对象：该单选项指定将用户选取的实体作为块存储。当用户选中本单选按钮后，下面的"基点"栏和"对象"栏均激活用以选择，其含义及使用方法与"定义块"对话框中的对应选项相同。

2）目标。该区域用于设置保存块的名称、路径和插入单位。

7.2　图块的调用

7.2.1　插入单一块

（1）功能：将已定义的块按照用户指定的位置、图形比例和旋转角度插入到图中。

（2）命令执行方式：

下拉菜单："插入"→"块"。

工具栏：绘图。

命令：INSERT。

（3）操作过程：执行该命令后，AutoCAD 弹出如图 7-5 所示的"插入"对话框。

"插入"对话框中各选项的含义如下：

1）名称。通过"名称"下拉列表框用户可以选择将要插入的已在本图形中定义的块名。如果用户需要插入在别的图形文件中定义过的块或别的图形，可以单击"浏览"按钮浏览。

2）插入点。用于指定图块基点在图形中的插入位置。用户可选中"在屏幕上指定"复选框，在屏幕上选择一个插入点，也可以不选中复选框，而直接在 X、Y、Z 文本框中输入点的坐标。

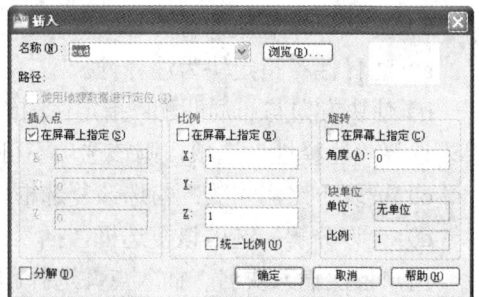
图 7-5 "插入"对话框

3）比例。用户可以选中"在屏幕上指定"复选框，在屏幕上确定插入时的缩放比例，也可以不选中该复选框，而直接在本栏的 X、Y、Z 文本框中输入插入时用户所需的 X、Y、Z 三个方向的缩放比例。当用户选中"统一比例"复选框时，仅需要设置 X 一个方向的缩放比例，此时其他两个方向的缩放比例与 X 向缩放比例相同。

-----🔊 注 意-----

在插入块时，若在提示下输入的缩放比例为负值，则 AutoCAD 插入图形将是原图形的镜像图形。

4）旋转。用户可以利用"在屏幕上指定"复选框来确定插入时的旋转角度，也可以直接在"角度"文本框中输入旋转角度值。

5）块单位。用户可以改变块的单位和比例。

6）分解。块在插入时，AutoCAD 是将块中图形对象作为一个整体看待的，如果选中该复选框，则在块插入时，将块进行分解为独立的图形对象。

7.2.2 插入图块阵列

（1）功能：在插入块的同时将块按要求的矩形阵列排列。该命令是将块插入和矩阵排列结合在一起的操作。

（2）命令执行方式：

命令：MINSERT。

（3）操作过程：

执行该命令后，命令行提示如下：

```
输入块名或 [?]：(输入块名)
单位：毫米   转换：   1.0000
指定插入点或 [基点(B)/比例(S)/X/Y/Z/旋转(R)]：       (指定插入点、缩放比例及旋转角度)
-----
输入行数 (---) <1>：                              (输入阵列的行数)
输入列数 (||||) <1>：                             (输入阵列的列数)
输入行间距或指定单位单元 (---)：                    (输入阵列的行距)
指定列间距 (||||)：                               (输入阵列的列距)
```

【例 7-1】 将零件螺母定义成块 LM，再作阵列插入，如图 7-6 所示。

（1）绘制单个的螺母，并将其定义为块"LM"。

```
命令：_BLOCK                                      (打开"块定义"对话框)
指定插入基点：<对象捕捉 开>                         (指定螺母的中心点)
选择对象：指定对角点：找到 6 个                      (交叉窗口全选)
选择对象：✓                                       (单击对话框中的"确定"按钮)
```

（2）插入矩形阵列。

```
命令：MINSERT  ✓
输入块名或 [?] <11>：LM ✓                          (输入"LM"块名)
指定插入点或 [基点(B)/比例(S)/X/Y/Z/旋转(R)]：        (指定插入基点)
输入 X 比例因子,指定对角点,或 [角点(C)/XYZ] <1>：✓    (接受默认值)
输入 Y 比例因子或 <使用 X 比例因子>：✓                (接受默认值)
指定旋转角度 <0>：✓
输入行数 (---) <1>：3✓                             (输入 3 行)
输入列数 (||||) <1>：4✓                            (输入 4 列)
输入行间距或指定单位单元 (---)：50✓                  (输入行间距为 50)
指定列间距 (||||)：60 ✓                            (输入列间距为 60)
```

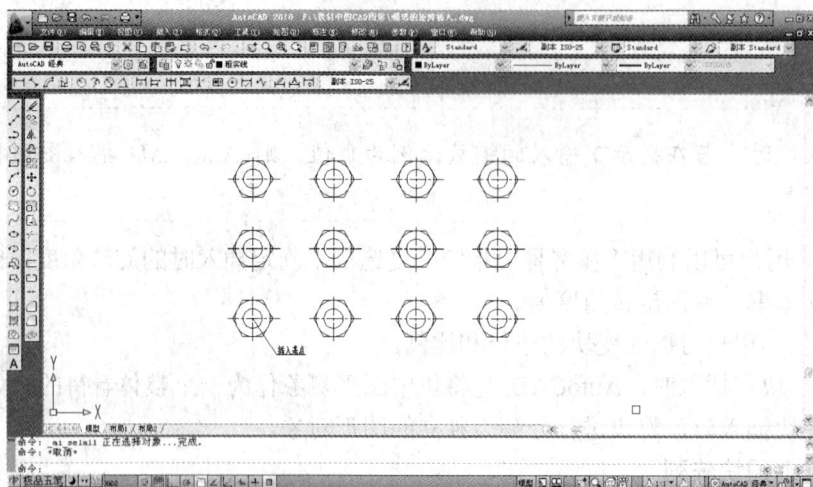

图 7-6　插入阵列图块

至此完成作图，如图 7-6 所示。因为基点在左下角，输入的行距、列距均为正值，阵列的方向是由左下角向右上角。

7.3　图 块 的 编 辑

7.3.1　图块的特性

在建立一个块时，组成块的实体的特性将随块定义一起存储。当在其他图形中插入块时，这些特性也随着一起带入，并根据不同的情况有所变化。

1. "随层"块特性

如果由某个层的具有"随层"设置的实体组成一个内部块，这个层的颜色、线型等特性将设置并储存在块中，以后不管在哪一层插入都保持这些特性。

如果在当前图形中插入一个具有"随层"设置的外部块，当外部块所在层在当前图形中没定义，则 AutoCAD 自动建立该层来放置块，块的特性与块定义时一致；如果当前图形中存在与之同名而特性不同的层，则当前图形中该层的特性将覆盖图块原有特性。

2. 0 层上"随层"块的特性

如果组成块的实体是在 0 层上绘制的并且用"随层"设置特性，则该块无论插入哪一层，其特性都采用当前插入层的设置。例如：当前层为 1 层，1 层的颜色为红色，而 0 层的颜色为蓝色，则插入当前层的 0 层"随层"块的特性同样为"随层"的红色。0 层上"随层"块的特性随插入层特性的改变而改变。

3. "随块"块特性

如果组成的实体采用"随块"设置，则块在插入前没有任何层、颜色、线型、线宽设置，被视为白色连续线。当块插入当前图形中时，块的特性按当前绘图环境的层、颜色、线型和线宽设置。例如：当前绘图环境为 0 层、颜色为绿色，则此时插入"随块"的特性同样为 0 层、绿色。"随块"块的特性是随不同的绘图环境而变化的。

4. 指定颜色和线型的块的特性

如果组成块的实体特性具有指定的颜色和线型，则块的特性也是固定的，在插入时不受当前图形设置的影响。

注　意

　　0 层上建立的块是随各插入层浮动的，插入哪层，0 层块就置于哪层上。因此，一般在 0 层上定义块。

7.3.2　块嵌套

块嵌套就是指在一个块中还包含有其他的块引用，AutoCAD 对块的嵌套没有限制，用户可以根据需要来确定块的嵌套数。当用户在进行块的嵌套时，块内的图层、线型和颜色等都会发生变化，其变化规律与块插入图形时的规律相同。

块的嵌套为用户利用现有的块来构建新的块提供了极大便利。在工程图样的绘制中，用户可以将几个块嵌套在一起，定义成为一个新的块。比如：可以将螺纹连接件中的螺栓、螺母、垫圈等分别定义成块，然后，再将其嵌套（组装）在一起，组成一个新的"螺纹连接件"的块。这样，在调用的时候，既可以单独使用各个块，又可以使用组合后的块，给绘制装配图样带来很大方便。

7.3.3　重新定义图块

当在一幅图形中已插入了很多相同的图块，而用户又需将这些相同的块统一做一些修改或改换成另一个标准时，可以运用块的重新定义功能，以快速、准确地完成修改任务。

1. 重新定义块的方法

重新定义块，就是以相同的名字重新定义块内容。重新定义块的具体步骤如下：

（1）插入要修改的块或使用图形中已存在的块。

（2）用分解命令将块分解，使之成为独立的对象。

（3）用编辑命令按新块图形要求修改旧块图形。

（4）运行"块定义"命令，选择新块图形作为块定义选择对象，给出与分解前的块相同的名字。

（5）完成此命令后会弹出如图 7-7 所示的警告信息对话框，单击"是"按钮，块被重定义，图中所有对该块的引用在插入的同时被自动修改更新。

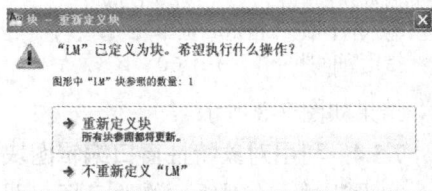

图 7-7　块重定义信息框

2. 实例

用重新定义块的方法将如图 7-6 所示"LM"图块的形状作修改为如图 7-8 所示形状，其操作步骤：

（1）绘制一个新的带有垫圈的螺母。

（2）将其定义为与原螺母同名（LM）的图块，替换原有的图块。

（3）用 MINSERT 命令重新插入。

```
命令：INSERT↙                                （插入"LM"块）
指定插入点或 [基点(B)/比例(S)/X/Y/Z/旋转(R)]：   （在屏幕上指定一点）
⋮
命令：_EXPLODE                               （分解原图块）
选择对象：找到 1 个命令：

命令：_CIRCLE
```

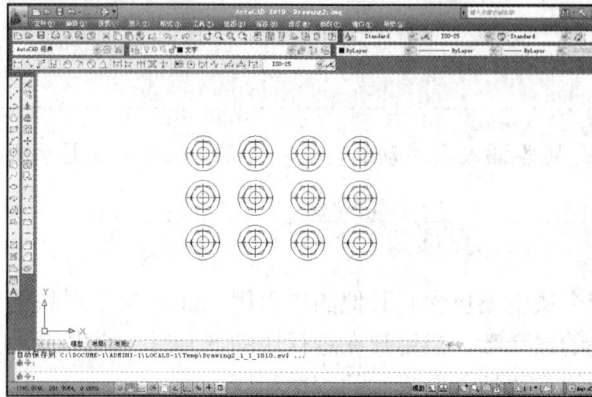

图 7-8　图块的替代

指定圆的圆心或 [三点(3P)/两点(2P)/切点、切点、半径(T)]:
指定圆的半径或 [直径(D)] <20>:　　　　　　　　　　　　(在原图形上绘制一垫圈圆)

命令: _BLOCK　　　　　　　　　　　　　　　　　　　　(打开"块定义"对话框)
指定插入基点: <对象捕捉 开>　　　　　　　　　　　　　(捕捉新螺母图形的中心点)
选择对象: 指定对角点: 找到 7 个　　　　　　　　　　　(应用交叉窗口全选)
选择对象: ✓　　　　　　　　　　　　　　　　　　　　(按回车键后出现信息框, 如图 7-7 所示)

命令: MINSERT ✓　　　　　　　　　　　　　　　　　　(插入一阵列图块)
输入块名或 [?] <LM>: ✓
单位: 毫米　转换:
指定插入点或 [基点(B)/比例(S)/X/Y/Z/旋转(R)]:
输入 X 比例因子, 指定对角点, 或 [角点(C)/XYZ(XYZ)] <1>: ✓
输入 Y 比例因子或 <使用 X 比例因子>:　　✓
指定旋转角度 <0>:　✓
输入行数 (---) <1>: 3　✓
输入列数 (||||) <1>: 4　✓
输入行间距或指定单位单元 (---): 50　✓
指定列间距 (||||): 60　✓

结果如图 7-8 所示。

7.3.4　利用对象特性窗口编辑图块

在设计时, 有时需要修改已插入图块的插入点、缩放比例、旋转角度等, 利用对象特性窗口是一种方便、快捷的方法。选中需修改的图块, 打开"特性"对话框, 如图 7-9 所示。

图 7-9　"特性"对话框修改图块

在此对话框中, 可修改插入点的 X、Y、Z 坐标, 块插入时在 X、Y、Z 方向的缩放比例系数, 以及插入的块名和块插入时的旋转角度等。

7.4　块　属　性

工程图样中, 零件或符号除自身的形状外, 还包含许多参数和文字说明信息, 如图样中的技术要求、零件的表面结构、装配图中的序号和明细栏等一些可变的文本信息。在 AutoCAD 中，系统将图块所含的附加信息称为属性，可以赋予属性值，以便更好地说明其具体要求。属性是图块的附属物，它必须依赖于图块而存在，没有图块就没有属性。

7.4.1　定义属性

在定义带属性的图块前，需要先定义该图块的属性，即定义每个属性的标记名、属性提示、属性默认值、属性的显示格式（可见或不可见）、属性在图块中的位置等。定义属性后，该属性以其标记名在图中显示出来，并保存有关的信息。

（1）功能：定义属性。

（2）命令执行方式：

下拉菜单："绘图"→"块"→"定义属性"。

命令：ATTDEF。

（3）操作过程：执行该命令后，AutoCAD 弹出如图 7-10 所示的"属性定义"对话框。

"属性定义"对话框各选项的含义如下：

1）模式。"模式"栏用于设置属性的模式。"不可见"复选框用于设置在插入块后是否显示其属性值；"固定"复选框用于设置其属性值是否为常量；"验证"复选框用于设置在插入块时是否提示用户确认输入的属性值；"预设"复选框用于设置是否将属性值设置为其默认值。"锁定位置"复选框用于锁定块参照中属性的位置。"多行"复选框指定属性值可以包含多行文字。

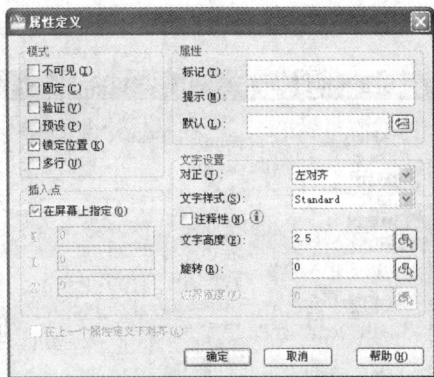

图 7-10　"属性定义"对话框

2）属性。该栏用于设置属性的标记、插入块时的提示及属性的默认值。一般情况下，用户可以在"标记"选项中输入块的名称或代号；"提示"选项中可以不输入提示内容，AutoCAD 自动将其设置成与属性标记一样；"默认"选项可以输入默认的属性值，也可以是空值。

3）插入点。该栏用于设置属性的插入点。用户可以选中"在屏幕上指定"复选框，在绘图窗口中指定一点作为插入点，或者直接在 X、Y、Z 坐标文本框中输入插入点的坐标值。

4）文字设置。该栏用于设置属性文字的样式、对齐方式、字高及旋转角度等。

5）在上一个属性定义下对齐。若选择该复选框，则当前属性采用上一个块属性的文字样式、字高及旋转角度，且另起一行按上一个属性的对正方式排列。

7.4.2　使用带属性的图块

使用带属性的图块的操作过程如下：

（1）先画好要插入的图形。

（2）进行属性定义（ATTDEF）。

（3）将属性和相应的图形一起定义成块（BLOCK 或 BMAKE）或块文件（WBLOCK）。

（4）插入带属性的块，输入属性值（INSERT）。

（5）属性编辑（DDATTE）。

【例 7-2】　将表面结构代号定义为带属性的块，并插入到图形中，如图 7-11 所示。

步骤：

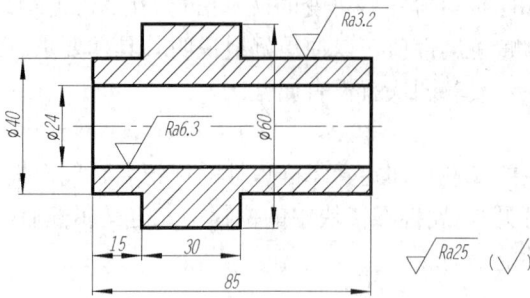

图 7-11　使用带属性的块示例

（1）绘制表面结构符号，如图 7-12 所示。

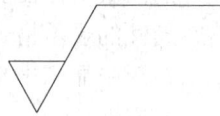

图 7-12　表面结构符号

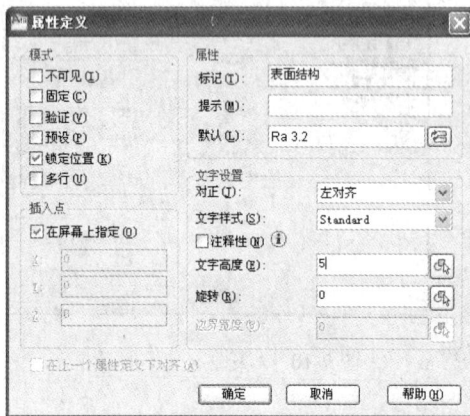

图 7-13　表面结构属性定义

（2）属性定义：

选择下拉菜单"绘图"→"块"→"定义属性"，出现"属性定义"对话框如图 7-13 所示，在其中填写所示内容，单击"确定"按钮，并在屏幕上拾取属性的插入点如图 7-14 所示，完成属性定义。

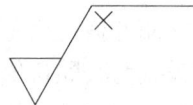

图 7-14　属性插入点

（3）定义带属性的块。

```
命令：_BLOCK
指定插入基点：<对象捕捉 开>                    (选择下面的端点)
选择对象：指定对角点：找到 4 个               (交叉式全选)
选择对象：✓                                  (按回车键后，单击"确定"按钮)
```

（4）存储块：

```
命令：WBLOCK ✓
```

弹出"写块"对话框，在此对话框的相关栏中选择"块名"后，单击"确定"按钮，完成存储块。

（此步骤根据具体要求，也可不做。）

（5）插入块：在如图 7-15 所示的零件表面插入结构代号。

```
命令：_INSERT
指定插入点或 [基点(B)/比例(S)/X/Y/Z/旋转(R)]：   (在图形外表面拾取一点)
输入属性值
表面结构 <Ra  3.2>:✓                            (选择默认值,确定外表面的数值)

命令：INSERT ✓
指定插入点或 [基点(B)/比例(S)/X/Y/Z/旋转(R)]：   (在图形内表面拾取一点)
```

输入属性值

表面结构 <Ra 3.2>: Ra 6.3 ↙   (更改属性值为 Ra 6.3,确定内表面的数值)

插入左下角的表面结构代号后,完成作图,其效果如图 7-16 所示。

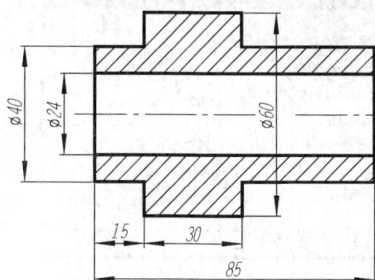

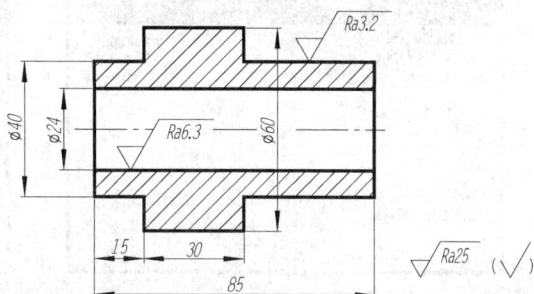

图 7-15 零件图   图 7-16 插入表面结构代号后的零件图

7.5 属 性 编 辑

属性编辑包括三部分内容:一是用 DDEDIT 命令对已赋予属性,但未定义成块的或已赋予属性并已定义成块的属性进行编辑;二是用 ATTEDIT 命令修改图形中已插入的属性块的属性值;三是用 EATTEDIT、ATTEDIT 命令修改单个块属性和修改全局的块属性。下面主要介绍前两种编辑方法。

7.5.1 改变属性定义

(1)功能:修改属性定义中的属性标记、提示及默认值。

(2)命令执行方式:

下拉菜单:"修改"→"对象"→"文字"→"编辑"。

命令:DDEDIT。

(3)操作过程:

执行该命令后,命令行提示如下:

选择注释对象或 [放弃(U)]:

(4)该命令可以针对以下两种情况进行编辑:

1)已赋予属性,但未定义成块。选择要修改的属性标记后,AutoCAD 弹出如图 7-17 所示的"编辑属性定义"对话框,可以修改属性定义的标记、提示和默认值。

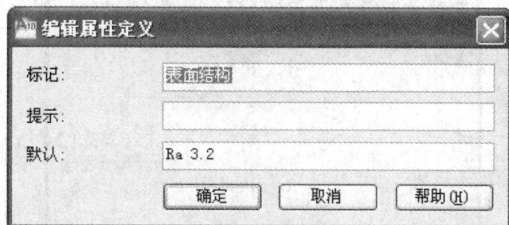

图 7-17 "编辑属性定义"对话框

2)已赋予属性并已定义成块。用户选择要修改的属性标记后,AutoCAD 弹出的"增强属性编辑器"对话框,该对话框各选项卡的内容如图 7-18 所示。

使用该对话框可以编辑属性特性、属性值、文字样式和特性等。完成一个属性的修改后,AutoCAD 接着提示:

选择注释对象或 [放弃(U)]:

可以接着选择要修改的属性标记对其进行修改，若选择"放弃（U）"选项则取消上一个属性的修改，在此提示下按回车键则确认修改，并退出 DDEDIT 命令。

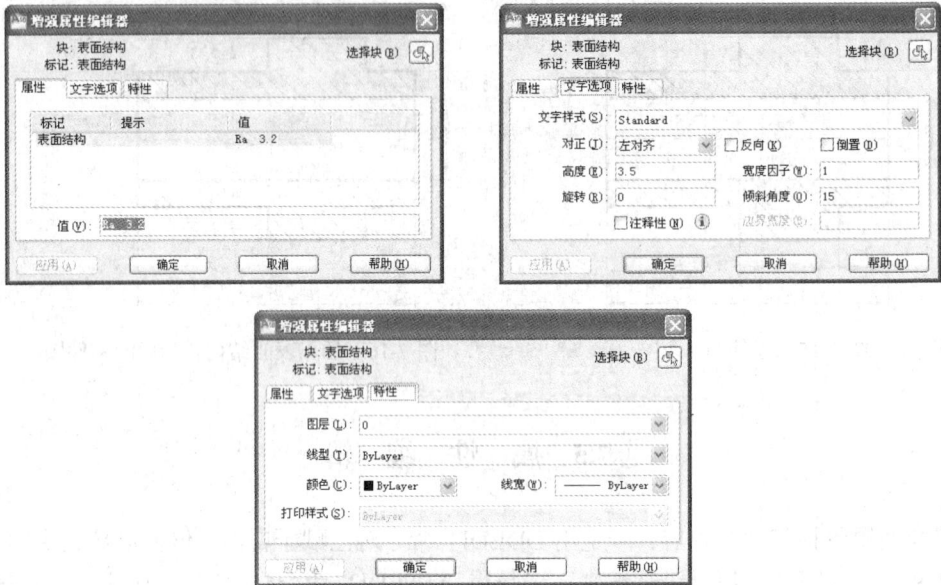

图 7-18　"增强属性编辑器"对话框

7.5.2　改变属性值

对已插入到图形中的块属性，可以对其属性进行编辑来改变属性的值以及位置、方向、可见性等。

1. ATTEDIT 命令

（1）功能：用于修改图形中已插入的属性块的属性值。

（2）命令执行方式：

命令：ATTEDIT。

（3）操作过程：

执行该命令后，命令行提示如下：

选择块参照：

选择带属性的图块后，AutoCAD 弹出如图 7-19 所示的"编辑属性"对话框，可以使用该对话框来修改属性值。

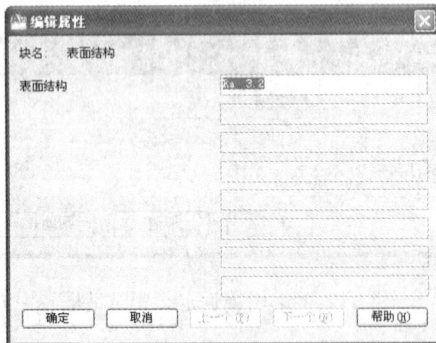

图 7-19　"编辑属性"对话框

2. 使用"块属性管理器"

（1）功能：管理块定义上的属性。

（2）命令执行方式：

下拉菜单："修改"→"对象"→"属性"→"块属性管理器"。

命令：BATTMAN。

（3）操作过程：

执行该命令后，AutoCAD 弹出如图 7-20（a）所示的"块属性管理器"。选中属性值后，单击"编辑"按钮，弹出如图 7-20（b）所示的"编辑属性"对话框，可进行块属性的编辑。

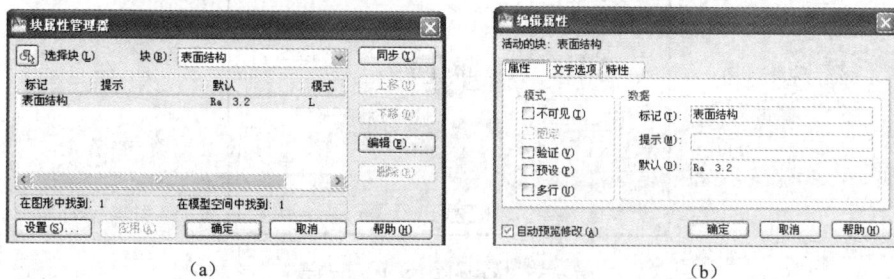

图 7-20　块属性管理

（a）"块属性管理器"对话框；（b）"编辑属性"对话框

7.6　图块和块属性应用实例

在第 5 章中曾经介绍用"复制"命令和"单行文字"以及"编辑文字"命令的方法绘制装配图中的明细栏，下面介绍另一种应用定义带属性的块及其插入块的方法绘制明细栏，两种方法可以加以比较，灵活应用。

【例 7-3】　将明细栏定义为如图 7-21 所示带属性的块，并进行插入。

5		齿轮	1	m=1.5 z=30
4		端盖	2	
3	GB/T276-94	轴承	2	
2		轴	1	
1		箱体	1	
序号	代号	名称	数量	备注

图 7-21　明细栏

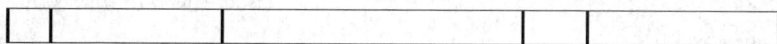

图 7-22　明细栏图框

（1）绘制明细栏图框，如图 7-22 所示，尺寸参见图 5-45。

（2）属性定义，如图 7-23、图 7-24 所示。

命令：_ATTDEF　　　　　　　　　　　　　　　　　（属性定义命令）

弹出如图 7-23 所示的"属性定义"对话框，所输入的内容和文字选项的设置见图。按顺序从左向右依次输入其他内容。

（3）将图 7-24 所示图形定义成块，名称为"MXL"。

命令：_BLOCK　　　　　　　　　　　　　　　　　　（定义块命令）

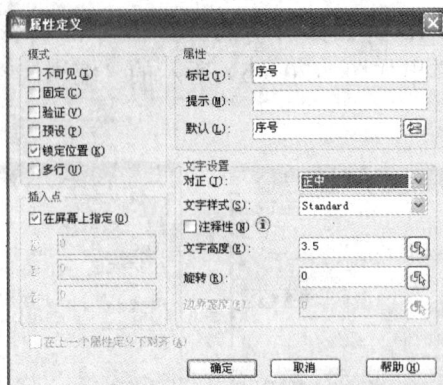

图 7-23　"属性定义"对话框

序号	代号	名称	数量	备注

图 7-24　完成属性定义

弹出如图 7-25 所示的"块定义"对话框。在名称栏中输入"MXL"，单击"拾取点"按钮。

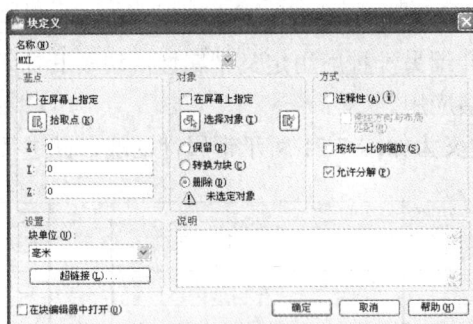

图 7-25　"块定义"对话框

```
指定插入基点：<对象捕捉 开>                    (选择图框的左下角)
选择对象：指定对角点：找到 13 个               (交叉窗口全选)
选择对象：✓                                  (按回车键后，单击"确定"按钮)
```

（4）插入明细栏。

```
命令：_INSERT                                (插入块命令，弹出"插入"对话框)
指定插入点或 [基点(B)/比例(S)/X/Y/Z/旋转(R)]：  (图框左下角)
输入属性值
备注 <备注>:✓                               (输入具体属性值)
数量 <数量>:1 ✓
名称 <名　称>：箱　体✓
代号 <代　号>:✓
序号 <序号>：1✓
```

按顺序依次插入各零件的明细栏，如图 7-26 所示。

5	代号	齿轮	1	m=1.5 z=30
4	代号	端盖	2	备注
3	GB/T276—94	轴承	2	备注
2	代号	轴	1	备注
1	代号	箱体	1	备注
序号	代号	名称	数量	备注

图 7-26 完成插入后的明细栏

（5）属性编辑。在图 7-26 中，可看出在有些栏中还有不需要的内容，如"备注"等，可以用编辑属性命令"DDATTE"进行修改。

命令：DDATTE ✓ （改变属性值命令）
选择块参照： （选择需修改的块）

弹出如图 7-27 所示的"编辑属性"对话框。在该对话框中，删除不需要的属性值，如"备注"、"代号"，也可对其他参数进行修改。编辑完成后的明细栏如图 7-21 所示。

【例 7-4】 将流程图作成带属性的块，完成如图 7-28 所示流程图的制作。

（1）分别绘制"开始框"、"过程框"、"判断框"图形，如图 7-29 所示（以开始框为例）。

（2）分别定义成带属性的块，如图 7-30、图 7-31 所示。

（3）画出箭头，并定义成块，如图 7-32 所示。

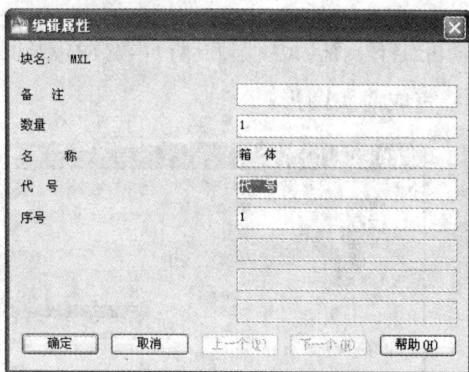

图 7-27 "编辑属性"对话框

1）多段线命令。

a）功能。用于绘制由若干直线和圆弧连接而成的不同宽度的曲线或折线，并且无论该多段线中含有多少条直线或圆弧，它们都是一个实体。

b）命令执行方式：

下拉菜单："绘图"→"多段线"。

工具栏：绘图 ⊃。

命令：PLINE 或 PL。

图 7-28 流程图

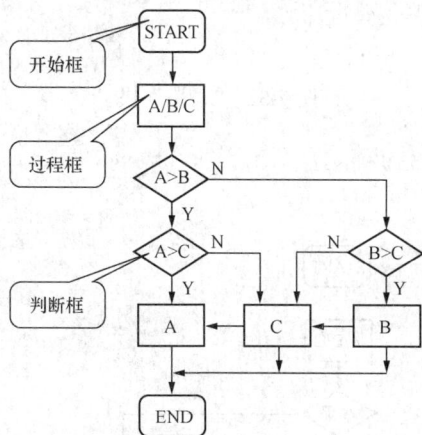

图 7-29 开始框

c）操作过程：

执行该命令后，命令行提示如下：

指定起点： （指定多段线的起点）
当前线宽为 0.0000 （默认值）
指定下一个点或 [圆弧(A)/半宽(H)/长度(L)/放弃(U)/宽度(W)]：

d）各选项说明。

圆弧(A)：输入 A，以画圆弧的方式绘制多段线。
半宽(H)：该选项用于设置多段线的半宽值。
长度(L)：定义下一段多段线的长度。
宽度(W)：该选项用于设置多段线的宽度值。

2）画箭头。

命令：_PLINE （多段线）
指定起点：   （在屏幕上指定一点）
当前线宽为 0.0000
指定下一个点或 [圆弧(A)/半宽(H)/长度(L)/放弃(U)/宽(W)]: W ✓
指定起点宽度 <0.0000>: 1 ✓
指定端点宽度 <1.0000>: 0 ✓
指定下一个点或 [圆弧(A)/半宽(H)/长度(L)/放弃(U)/宽度(W)]: 5 ✓
指定下一个点或 [圆弧(A)/半宽(H)/长度(L)/放弃(U)/宽度(W)]: ✓

完成箭头图形。

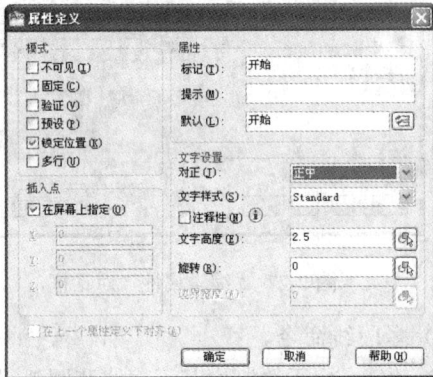

图 7-31 完成带属性块的定义

图 7-30 "开始框"属性定义

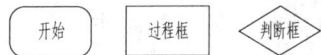

图 7-32 "箭头"块

（4）插入各带属性的块，排列成流程图，如图 7-33 所示。
（5）用直线连接，如图 7-34 所示。

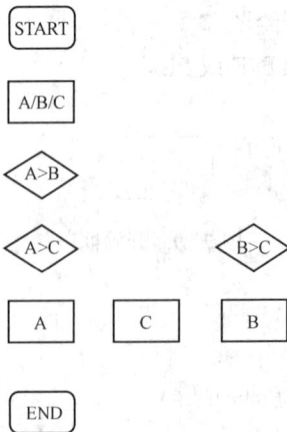

图 7-33 插入各带属性的图块

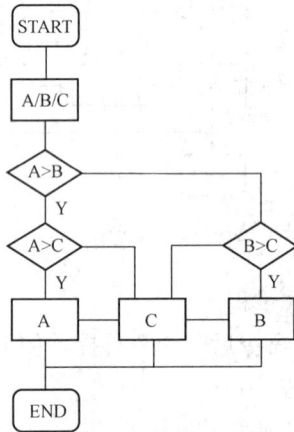

图 7-34 用直线连接

> **注 意**
>
> 为了排列整齐，可打开栅格命令，进行栅格捕捉操作。

（6）插入箭头和输入相应的字母，如图 7-35 所示。

> **注 意**
>
> 插入箭头时，注意其方向，利用如图 7-36 所示的"插入"对话框调整箭头方向。

完成后的流程图如图 7-28 所示。

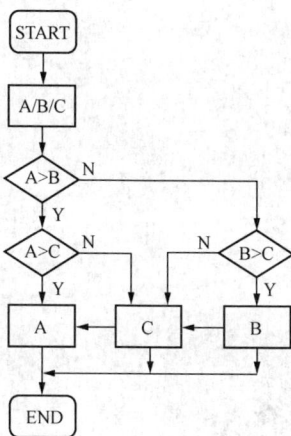

图 7-35　插入箭头与字母

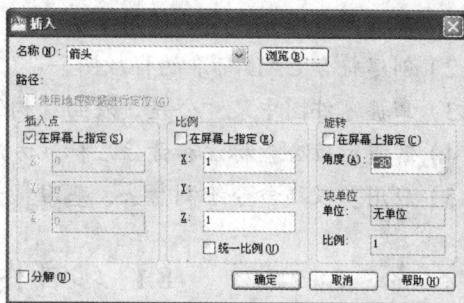

图 7-36　箭头插入方向的调整

思 考 题

1．图块的作用是什么？有何特点？

2．何谓内部块？何谓外部块？如何定义？有何区别？

3．图块的插入有哪几种方法？图块的阵列插入方法是怎样？其与一般的图形阵列命令有什么区别？

4．在 0 层上建立图块有何特点和好处？

5．创建带属性块的操作步骤有哪些？

6．熟悉并掌握表面结构代号、明细栏的建块步骤。

7．图块的编辑命令有哪些？"DDEDIT"与"ATTEDIT"有何区别？

第8章　零件图的绘制

📺 学习目标

（1）正确绘制轴类零件工作图。
（2）正确绘制盘盖类零件工作图。
（3）正确绘制叉架类零件工作图。
（4）正确绘制箱体类零件工作图。

📋 学习内容

（1）掌握图案填充命令的使用方法。
（2）创建符合 CAD 标准的样板图。
（3）掌握零件图中尺寸公差、表面结构的标注方法。
（4）掌握形位公差标注和旁注法标注方法。
（5）应用多段线命令绘制箭头、基准符号等。

8.1　零件图的基本内容

零件图是设计部门提交给生产部门的重要技术文件。它不仅反映了设计者的设计意图，而且表达了零件的各种技术要求，如表面结构、尺寸公差和形位公差等。零件图是制造和检验零件的重要依据。零件图如图 8-1 所示。

一张完整的零件图包括以下内容。

（1）一组视图。主要表达零件的结构形状。要根据零件的结构特点选择适当的剖视、断面等表达方法，将零件的结构形状表达清楚。在 AutoCAD 中，涉及剖面线的画法（图案填充）。

（2）完整的尺寸。主要反映零件的大小，尺寸标注要正确、完整、清晰和合理。在 AutoCAD 中，要进行尺寸标注样式的设置。

（3）技术要求。零件图上的技术要求主要包括尺寸公差、形位公差、表面结构、表面处理、热处理等。在 AutoCAD 中，可将有关内容定义成块，还可以使用文字命令输入相关的技术要求。

（4）标题栏。其内容包括零件的名称、材料、数量、比例，图样的编号，以及设计、制图、审核人员的签名等。在 AutoCAD 中，要绘制表格和应用文字输入方法输入相关的内容。

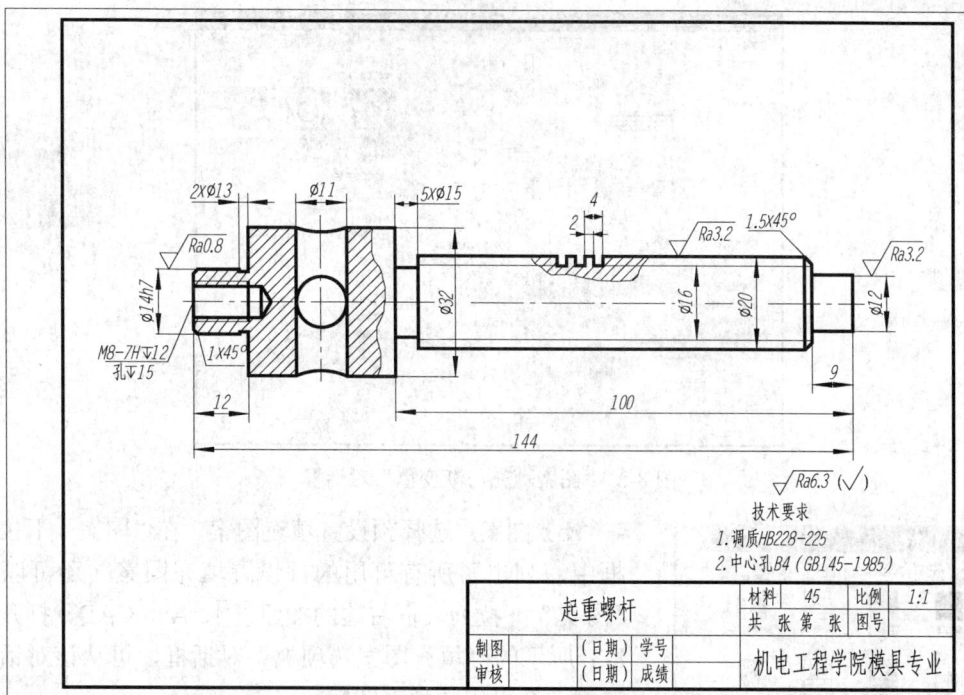

图 8-1　起重螺杆

8.2　图案填充（剖面线的画法）

由图 8-1 中可看出，该视图的局部采用了剖切的画法，因此在剖视区域要用图案进行填充，即画剖面线。关于剖面线的画法，在工程制图国家标准中已有规定。对于工程上常用的金属材料，一般用与水平成 45°的等距的细实线绘制，并且还规定了同一个零件的几个剖视图，其剖面线的方向、间距要一致。

8.2.1　创建图案填充

（1）功能。在指定的填充边界内填充一定样式的图案。

（2）命令执行方式：

下拉菜单："绘图"→"图案填充"。

工具栏：绘图 ▨。

命令：BHATCH。

（3）操作过程：执行该命令后，AutoCAD 弹出如图 8-2 所示的"图案填充和渐变色"对话框。在这个对话框，选择"图案填充"选项卡中一种图案，确定填充边界后，单击"确定"按钮，就可以完成简单的图案填充操作。

1）设置填充图案。"图案填充"选项卡主要用于控制用户剖面线的图案样式及有关特性。它包括如下的内容：

a）类型：选择和设置所用的填充图案的类型。单击下拉列表箭头，其中图样类型有"预定义"、"用户定义"和"自定义"三种，可选择需要的填充方式。AutoCAD 默认的是"预定义"方式。

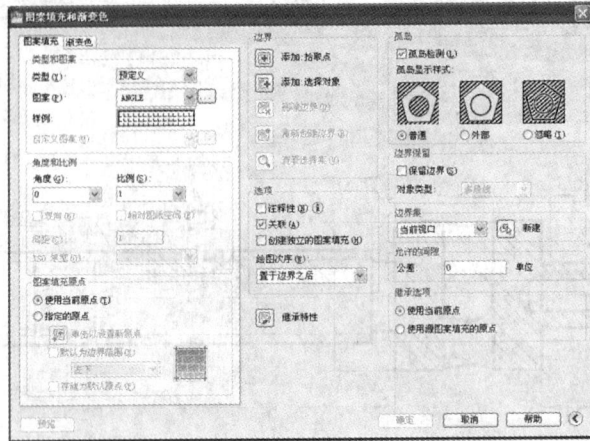

图 8-2 "图案填充与渐变色"对话框

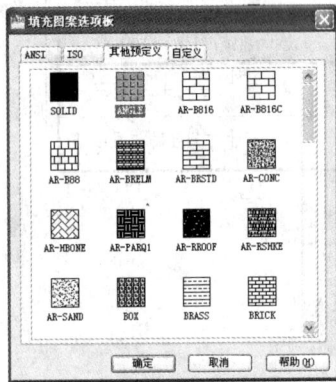

图 8-3 "填充图案选项板"对话框

b）图案：选择预设置填充图案。在"图案"下拉列表框中，列出了所有可用的预设置填充图案。还可以单击"图案"下拉列表框右边的按钮，AutoCAD，打开如图 8-3 所示的"填充图案选项板"对话框，可从该对话框中选择一个可用的填充图案。

c）样式：该框显示了所选中填充图案的预览图像。单击此框也可弹出"填充图案选项板"对话框。

d）角度：图样中剖面线的倾斜角度。默认值是 0，用户可输入值改变角度。

e）比例：图样填充时的比例因子。AutoCAD 提供的各图案有默认的比例，如果此比例不合适（太稀或太密），可以输入值，给出新比例。在实际使用时，填充图案的比例设置太小，其填充速度较慢，有时甚至会出现死机的现象。因此，剖面线填充比例不宜设置太小。

还有其他的项目："自定义图案"、"相对图纸空间"、"间距"、"双向"，这四项只有在选择了"用户自定义"选项后，才可使用，一般情况下都不用。"双向"是指确定用户临时定义的填充线为一组平行线还是相互垂直的两组平行线。"ISO 笔宽"也只有用户选择了 ISO 填充图案后，才可确定它的内容。

2）设置填充色。使用"图案填充与渐变色"对话框中的"渐变色"选项卡，可设定填充色，如图 8-4 所示。

a）单色：使用一种颜色的渐变色来填充图形。双击右边的颜色条或按钮，都可选择需要的颜色，并通过"渐深"至"渐浅"的滑块调整渐变效果。

b）双色：使用由两种颜色形成的渐变色来填充图形。

c）渐变图案：显示可用的 9 种渐变填充图案。

d）居中：选中该复选框，所选颜色将以居中的方式渐变。

e）角度：用于设置渐变的方向。

3）设定填充方式。使用"图案填充和渐变色"对话框中的"孤岛"选项可以进一步设置填充边界的填充方式。

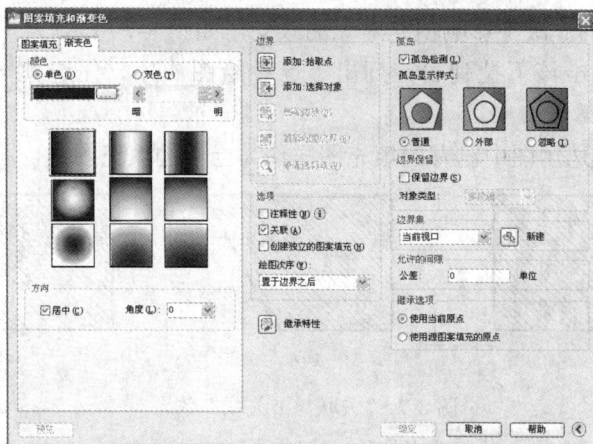

图 8-4 "渐变色"选项卡

a）孤岛检测：用于定义最外面填充边界内部对象的图案填充方法。所谓"孤岛"指位于选定填充区域内，但不进行图案填充的区域。孤岛的填充方式有三种：① 普通：从外向里，每奇数个相交区域进行填充，在交替的区域间填充图案；② 外部：只将最外层画上剖面线。③ 忽略：忽略边界内的孤岛，全部画上剖面线。

b）对象类型：用于设置是否将填充边界以对象的形式保留下来以及保留的类型。选择"保留边界"复选框后，可从下拉列表中选取面域或多段线。

c）边界集：相当于"边界"命令，建立填充剖面线的边界。

d）允许的间隙：用于设定填充区域允许的最大间隙。该文本框的默认值为 0。若不设置该间隙值，则在填充时，遇到不封闭的边界会出现"图案填充-边界未闭合"对话框，如图 8-5 所示。图 8-6 所示的为设置允许间隙的效果。

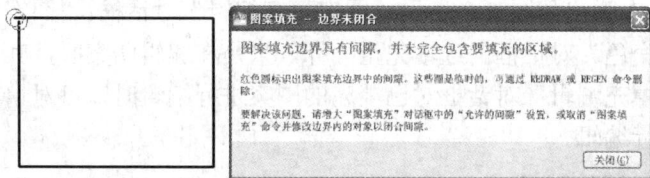

图 8-5 "图案填充-边界未闭合"对话框   图 8-6 设置"允许间隙"的效果

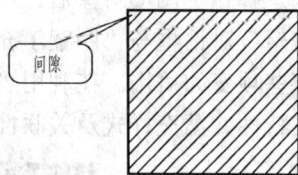

4）其他选项。

a）添加拾取点：在要填充剖面线的区域内拾取点，AutoCAD 自动分析当前对象，以便决定剖面线边界。

b）添加选择对象：选择形成填充边界的对象。此时，无需对象构成闭合的边界。

c）删除边界：用于清除以"拾取点"方法定义的填充边界内的孤岛，以便让剖面线穿过孤岛区。

d）查看选择集：查看当前边界选择集。单击该选项，AutoCAD 临时切换到绘图屏幕，将所选择的填充边界以高亮度方式显示。在没有选取对象时，此选项不可用。

e）关联：用于控制创建的图案填充与填充边界是关联的还是不关联的。填充后，如果是关联的，则随着填充边界的改变填充也随着变化；如果是非关联的，则填充相对于它的填充边界是独立的，边界的修改不影响填充对象的改变，如图 8-7 所示。

　　f）绘图次序：单击该下拉列表，列出了 5 种绘图次序，任选其一可以改变当前绘图顺序。

　　g）继承特性：即选用图中已有的填充图样作为当前的填充图样，相当于格式刷。

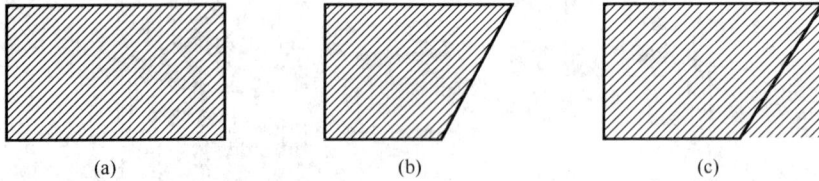

　　　　　(a)　　　　　　　　　　　(b)　　　　　　　　　　　(c)

图 8-7　"关联与不关联"效果

（a）原始图形；（b）关联；（c）不关联

8.2.2　编辑图案填充

（1）功能。编辑已有的图案填充对象。

（2）命令执行方式：

下拉菜单："修改"→"对象"→"图案填充"。

工具栏：修改Ⅱ 。

命令：HATCHEDIT。

快捷菜单：选择一个图案填充对象，在绘图区域右击，从弹出的快捷菜单中选择"图案填充编辑"选项。

（3）操作过程：

执行该命令后，命令行提示如下：

选择图案填充对象：

选择一个图案对象后，AutoCAD 弹出如图 8-8 所示"图案填充编辑"对话框。"图案填充编辑"对话框与"图案填充和渐变色"对话框的选项完全一样，只是在编辑图案时，其中的某些项变为可用。在利用"图案填充编辑"对话框对已填充的图案进行编辑时，可对填充图案特性、填充样式及关联性等进行编辑。

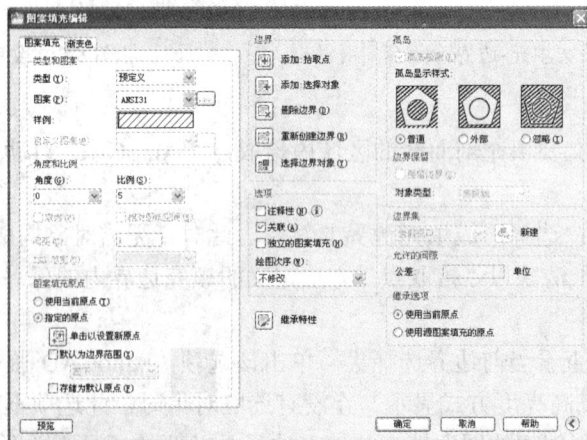

图 8-8　"图案填充编辑"对话框

8.3　创建样板图

8.3.1　制作样板图的目的

AutoCAD 2010 提供了许多种类的模板，但没有符合我国工程制图标准的模板。因此，需要建立自己的样板图，这样在创建新的图形文件时，就可以直接调用现有的样板图，而不必每一张图样都要重新进行设置相关的绘图参数或样式，避免重复工作。

制作一张样板图主要包括如下的内容：

（1）选择图幅，确定绘图单位。

（2）设置图层、线型、线宽和颜色。

（3）设置文字样式。

（4）设置尺寸标注样式。

（5）绘制图框和标题栏。

（6）设置常用的图形符号。

（7）设置其他有关参数。

8.3.2　样板图的制作步骤

下面以 A3 号图幅为例，说明制作样板图的步骤。

1. 选择系统样图

选择"新建"命令，打开"创建新图形"对话框，单击"使用样板"单选按钮。在"选择样板"列表框中，选择 Acadiso.dwt 标准图样作为新图的初始图样。

2. 设置绘图界限

根据 A3 图纸幅面，用 LIMITS 命令设置绘图边界。

```
命令: '_LIMITS
重新设置模型空间界限:
指定左下角点或 [开(ON)/关(OFF)] <0.0000,0.0000>: ✓
指定右上角点 <420.0000,297.0000>: ✓
(接受默认值)
```

3. 设置绘图单位

选择下拉菜单"格式"→"单位"，弹出"图形单位"对话框，如图 8-9 所示，设置长度、角度单位、精度等。

4. 设置图层、线型、线宽和颜色

选择下拉菜单"格式"→"图层"，弹出"图层特性管理器"对话框，根据 CAD 制图标准，建立如图 8-10 所示的图层、线型、线宽和颜色等。

5. 设置文字样式

选择下拉菜单"格式"→"文字样式"，弹出"文字样式"对话框，如图 8-11 所示。在设置字体的过程中，字高设置为 0，主要是在具体标注时随时调整，应用方便。

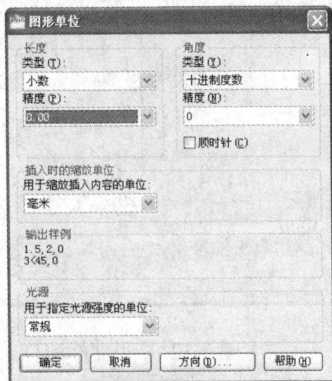

图 8-9　"图形单位"对话框

6. 设置尺寸标注样式

选择下拉菜单"格式"→"标注样式",弹出"标注样式管理器"对话框,如图 8-12 所示。在此对话框中,进行标注样式的设置。可接受当前标注样式"ISO-25",该格式比较接近我国的标准。如果在具体标注时有特殊要求,可进行修改。

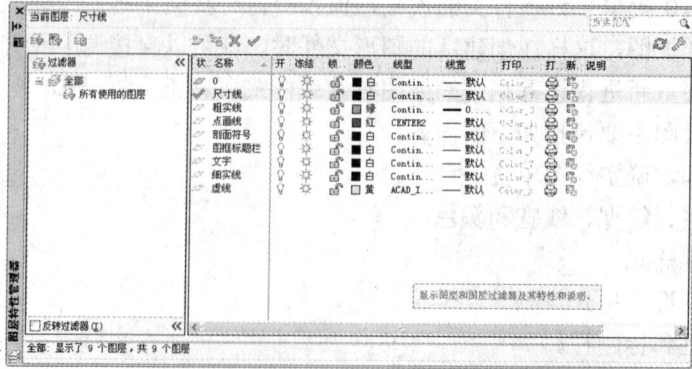

图 8-10　图层、线型、线宽和颜色的设置

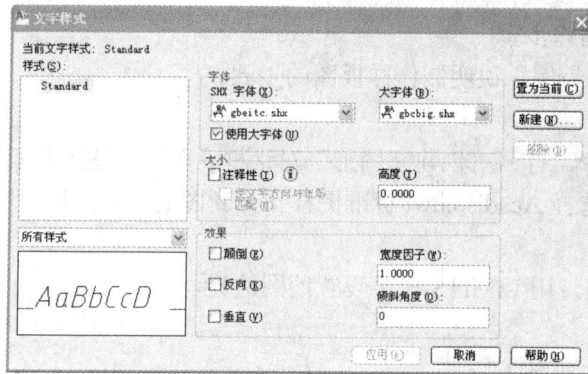

图 8-11　"文字样式"设置

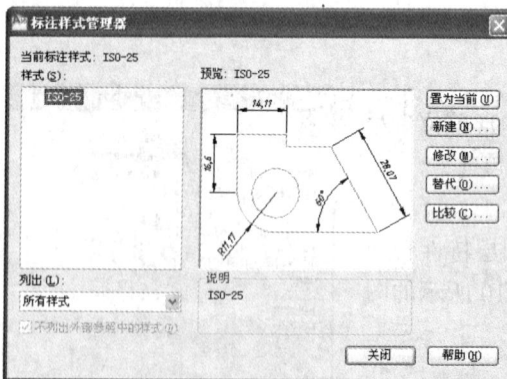

图 8-12　"尺寸标注样式"设置

7. 绘制图框和标题栏

图框可以用直线命令或矩形命令绘制,标题栏可定义为图块插入,过程略。

8. 保存样板图

单击"保存"按钮,弹出"图形另存为"对话框,如图 8-13 所示。在"文件类型"下拉列表框中选择"图形样板文件(*.dwt)",在"文件名"文本框中输入"A3",单击"保存"按钮,这时打开出现"样板选项"对话框,如图 8-14 所示,输入样板文件的描述,并选择测量单位后点击"确定"按钮。

在样板图的制作中,还可以将"表面结构"等符号定义为块,一起保存,以随时调用。

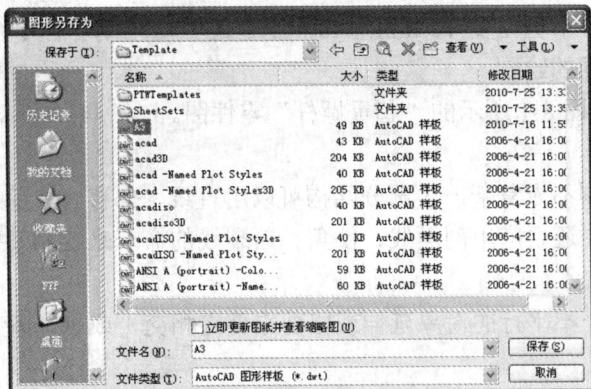

图 8-13 "图形另存为"对话框

8.3.3 样板图的调用

创建一张新图时，在"创建新图形"对话框中，选择"使用样板"单选按钮，在"选择样板"列表框中找到 A3.dwt，并双击，这时所显示的图形便为 A3.dwt 样板图，如图 8-15 所示。

用上述方法可将 A0（841×1189）、A1（594×841）、A2（420×594）、A4（210×297）等做成系统样板图。

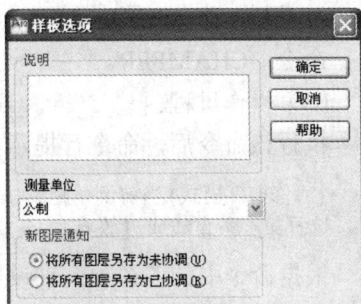

图 8-14 "样板选项"对话框

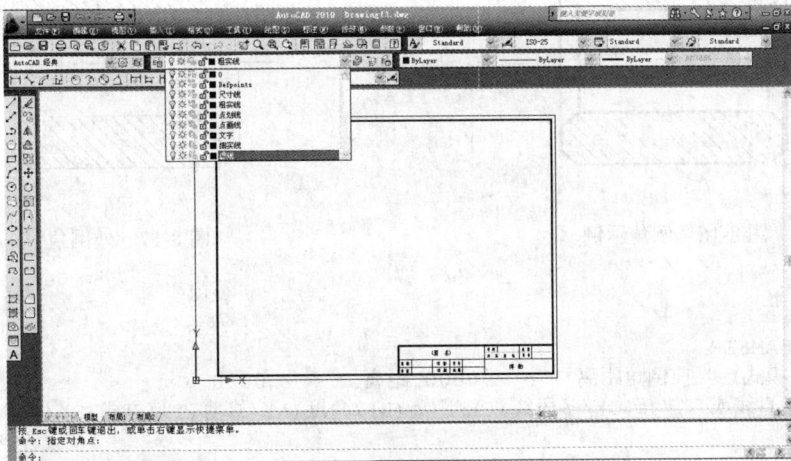

图 8-15 调用样板图

8.4 绘图实例

在实际工程中零件的种类很多，但可以归纳为轴类、轮盘类、叉架类和箱体类零件等。这些零件的实际用途不同，其各自的结构特点也不同，绘制其图样时，方法上也有所差异。有关零件图的视图选择、表达方案、尺寸标注、技术要求等问题，在"工程制图"课程的学习中已掌握，下面通过举例主要介绍应用 AutoCAD 的方法绘制各种零件图的过程。

8.4.1　轴类零件图的绘制

【例 8-1】　绘制如图 8-1 所示的"起重螺杆"零件图。

1．分析

该轴类零件的绘制不太复杂，大部分结构可以用直线、偏移、修剪等命令完成。但从图形中也可以看到，其中还要应用剖面线、倒角、断裂线的命令来绘制某些结构。

2．倒角命令

（1）功能。将两个不平行的对象延伸或修剪来使之相交，或以一条有一定的斜角的直线来连接两对象。

（2）命令执行方式：

下拉菜单："修改"→"倒角"。

工具栏：修改 ◁|。

命令：CHAMFER。

（3）操作过程：

执行该命令后，命令行提示如下：

（"修剪"模式）当前倒角距离 1=0.00,距离 2=0.00
选择第一条直线或 [放弃(U)/多段线(P)/距离(D)/角度(A)/修剪(T)/方式(E)/多个(M)]：

根据命令中的各选项，来设置倒角的距离、角度、修剪方式等，如图 8-16 所示。

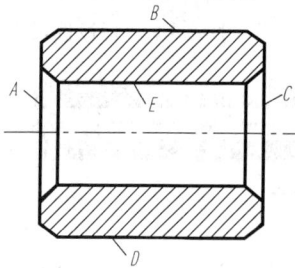

图 8-16　倒角示例　　　　　　　　　图 8-17　外倒角

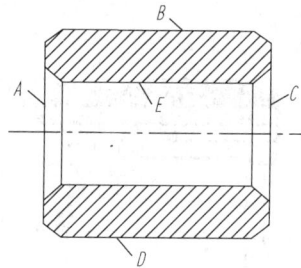

1）外倒角。

命令：_CHAMFER
（"修剪"模式）当前倒角距离 1 = 2.0000,距离 2 = 2.0000
选择第一条直线或 [放弃(U)/多段线(P)/距离(D)/角度(A)/修剪(T)/方式(E)/多个(M)]：D ✓
　　　　　　　　　　　　　　　　　　　　　（设置倒角距离）
指定第一个倒角距离 <2.0000>：4 ✓
指定第二个倒角距离 <4.0000>：✓
选择第一条直线或 [多段线(P)/距离(D)/角度(A)/修剪(T)/方法(M)]：T
　　　　　　　　　　　　　　　　　　　　　（设置修剪模式）
输入修剪模式选项 [修剪(T)/不修剪(N)] <不修剪>：T ✓
　　　　　　　　　　　　　　　　　　　　　（设置为修剪）
选择第一条直线或 [多段线(P)/距离(D)/角度(A)/修剪(T)/方法(M)]：（选择 A 边）
选择第二条直线：（选择 B 边）

完成左上角的外倒角。

命令：CHAMFER ✓

("修剪"模式) 当前倒角距离 1 = 4.0000,距离 2 = 4.0000
选择第一条直线或 [放弃(U)/多段线(P)/距离(D)/角度(A)/修剪(T)/方式(E)/多个(M)]:
　　　　　　　　　　　　　　　　　　　　　　　　　　　　(拾取 B 边)
选择第二条直线:　　　　　　　　　　　　　　　　　　　　(拾取 C 边)

完成右上角的外倒角。 其他外倒角的方法类似,如图 8-17 所示。

2)内倒角(关闭剖面线层)。

命令: CHAMFER
("修剪"模式) 当前倒角距离 1 = 4.0000,距离 2 = 4.0000
选择第一条直线或 [放弃(U)/多段线(P)/距离(D)/角度(A)/修剪(T)/方式(E)/多个(M)]: T ↙
输入修剪模式选项 [修剪(T)/不修剪(N)] <修剪>: N ↙　　　(设置为不修剪)
(请注意这一点!)
选择第一条直线或 [放弃(U)/多段线(P)/距离(D)/角度(A)/修剪(T)/方式(E)/多个(M)]:
　　　　　　　　　　　　　　　　　　　　　　　　　　　　(拾取 E 边)
选择第二条直线:　　　　　　　　　　　　　　　　　　　　(拾取 A 边)

完成左上角的内倒角。

命令: CHAMFER
("不修剪"模式) 当前倒角距离 1 = 4.0000,距离 2 = 4.0000
选择第一条直线或 [放弃(U)/多段线(P)/距离(D)/角度(A)/修剪(T)/方式(E)/多个(M)]:
　　　　　　　　　　　　　　　　　　　　　　　　　　　　(拾取 E 边)
选择第二条直线:　　　　　　　　　　　　　　　　　　　　(拾取 C 边)

完成右上角的内倒角。其他的内倒角方法类似,如图 8-18 所示。

补画缺线并修剪后,完成作图,如图 8-19 所示。

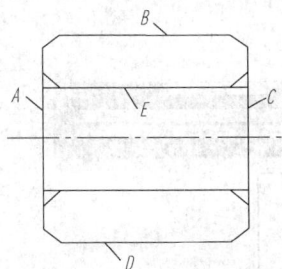

图 8-18　设置不修剪模式内倒角　　　　　图 8-19　补画缺线并修剪

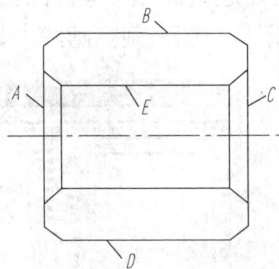

思考:为什么在倒内角时,设置为不修剪模式?如果设置为修剪模式的结果如何?

3. **样条曲线命令**

(1)功能:用于创建样条曲线。样条曲线是通过一系列指定点形成的一条光顺曲线,经常用在绘制断裂线(即波浪线)或一些不规则曲线。

(2)命令执行方式:

下拉菜单:"绘图"→"样条曲线"。

工具栏:绘图 ~ 。

命令:SPLINE。

(3)操作过程:

执行该命令后,命令行提示如下:

指定第一个点或 [对象(O)]:
当在屏幕上直接点取一点,系统接着提示:

指定下一点：

指定下一点或 [闭合(C)/拟合公差(F)] <起点切向>：

各选项含义如下：

1）闭合：生成一条闭合的样条曲线。选择此选项后，系统提示指定切线矢量。

2）拟合公差：输入曲线的偏差值。值越大，曲线越远离指定的点；值越小，曲线离指定
的点越近。

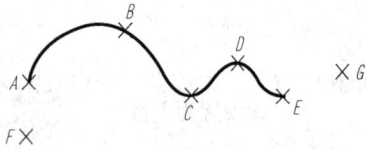

图 8-20　绘制样条曲线示例

3）起点切向：指定在样条曲线起始点处的切线方向。

若在"指定第一个点或 [对象(O)]:"下，输入 O，执行对象选项：

对象（O）：把一条多段线拟合生成样条曲线。

绘制如图 8-20 所示的样条曲线。

```
命令: _SPLINE
指定第一个点或 [对象(O)]:                                    (拾取 A 点)
指定下一点:                                                  (拾取 B 点)
指定下一点或 [闭合(C)/拟合公差(F)] <起点切向>:               (拾取 C 点)
指定下一点或 [闭合(C)/拟合公差(F)] <起点切向>:               (拾取 D 点)
指定下一点或 [闭合(C)/拟合公差(F)] <起点切向>:               (拾取 E 点)
指定下一点或 [闭合(C)/拟合公差(F)] <起点切向>: ✓
指定起点切向:                                                (拾取 F 点)
指定端点切向:                                                (拾取 G 点)
```

4．绘制"起重螺杆"零件图的步骤

（1）调用样板图，画点画线，如图 8-21 所示。

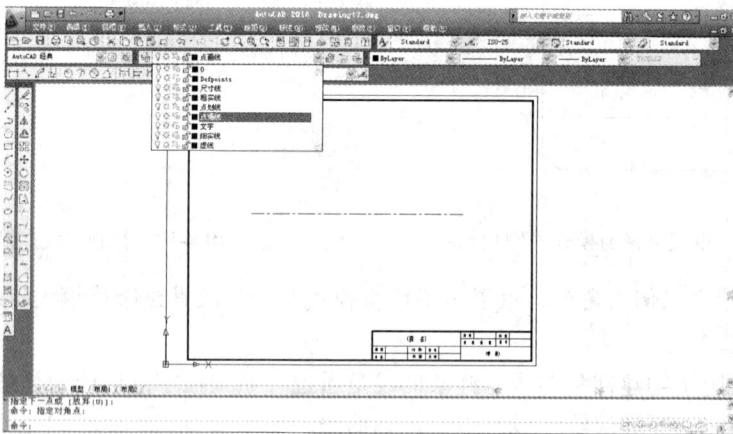

图 8-21　调用 A3 样板图

（2）画不同的轴径。由于轴类零件是对称的，因此可以先画出其中的一半，然后通过镜像得到完整的图形。分别用直线命令、偏移命令和修剪命令等画出该零件的上半部分，如图 8-22 所示。

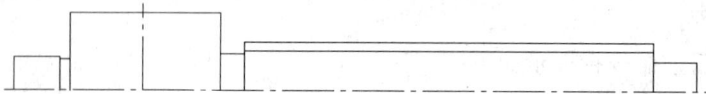

图 8-22　画不同的轴径

（3）镜像图形并倒角。

命令：_MIRROR
选择对象：指定对角点：找到 27 个　　　　　　　　　　　　（交叉窗口全选）
选择对象：✓
指定镜像线的第一点：　　　　　　　　　　　　　　　　（拾取中心线的左端点）
指定镜像线的第二点：　　　　　　　　　　　　　　　　（拾取中心线的右端点）
要删除源对象吗？[是(Y)/否(N)] <N>：✓
命令：CHAMFER
（"修剪"模式）当前倒角距离 1 = 1.5000,距离 2 = 1.5000
选择第一条直线或 [多段线(P)/距离(D)/角度(A)/修剪(T)/方法(M)]：D ✓
　　　　　　　　　　　　　　　　　　　　　　（设置左边轴径倒角）
指定第一个倒角距离 <1.5000>：1 ✓
指定第二个倒角距离 <1.0000>：✓
选择第一条直线或 [多段线(P)/距离(D)/角度(A)/修剪(T)/方法(M)]：
选择第二条直线：

右边轴径倒角方法类似，完成倒角后，补画缺线，完成图形如图 8-23 所示。

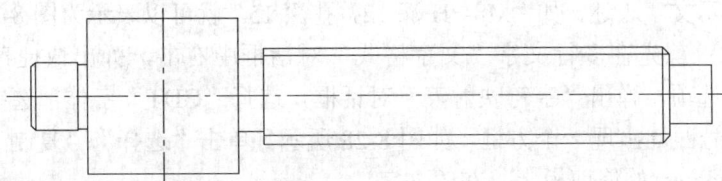

图 8-23　镜像、倒角

（4）画局部剖视图。

1）使用样条线命令画出波浪线。

2）画出所表达的左端螺孔、圆孔等的内部结构和需表达的螺纹牙型，如图 8-24 所示。

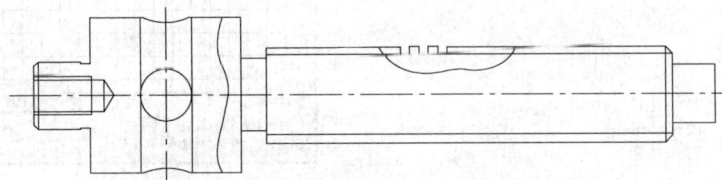

图 8-24　画螺孔、圆孔和牙型结构

3）画出剖面线，如图 8-25 所示。

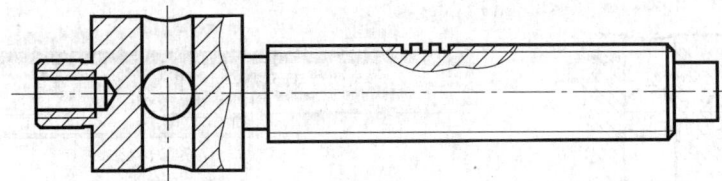

图 8-25　画剖面线

（5）插入表面结构代号和标注尺寸。将表面结构图形和属性一起定义为块"表面结构"，并插入到图形中。设置尺寸标注样式，标注尺寸，如图 8-26 所示。在这个过程中，螺孔的旁注法标注说明如下：

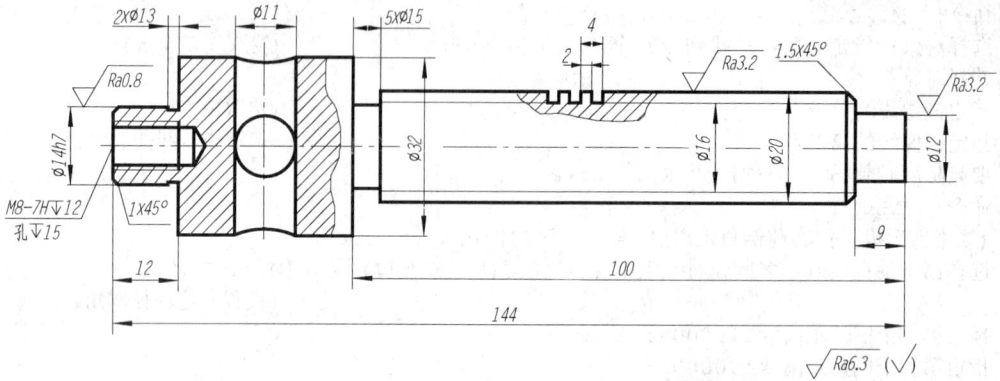

图 8-26　标注尺寸、插入图块

在工程图样中，旁注法标注孔类形状简捷、方便，因此经常使用。根据新的国家标准，用一些符号来表示文字表述，如"M8-7H 深 12，孔深 15"就可以表示为图 8-27 所示的形式。其标注的方法为：首先在多行文字"文字格式"对话框中右击，弹出快捷菜单，选择"符号"→"其他"选项，弹出"字符映射表"对话框，选择"GDT"字体，选中所需符号并单击，此时在该符号四周出现一个方框，如图 8-28 所示。单击"选择"、"复制"按钮便可将该符号复制到 Windows 的修剪板上。在"文字格式"对话框中粘贴该符号时，按一般的"粘贴"（Ctrl+V）方法即可。

图 8-27 所示的旁注法标注步骤如下。

1）选择直线命令，画出引线，如图 8-29 所示。

图 8-27　符号标注

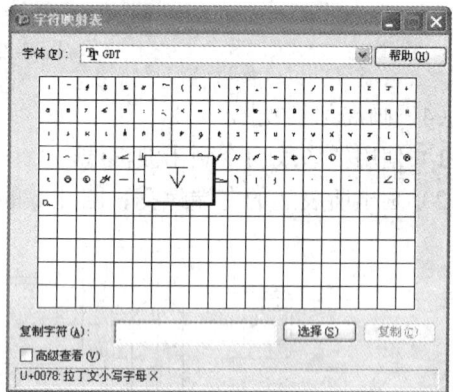

图 8-28　字符映射表

2）应用多行文字命令，打开"文字格式"对话框，输入标注的文字，符号字体为 GDT，如图 8-30 所示。

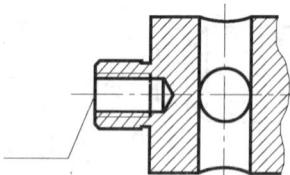

图 8-29　画出引线

图 8-30　输入标注的文字

3）调整标注位置。结果如图 8-31、图 8-32 所示。

旁注法标注的方法，还可以标注销孔、扩孔、倒角和某些文字说明等。

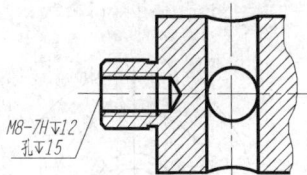

图 8-31 确定标注位置

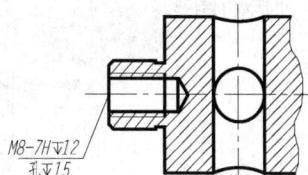

图 8-32 调整标注位置

（6）填写标题栏。利用"单行文字"或"多行文字"命令填写标题栏中的相关内容（步骤略）。完成后的"起重螺杆"零件图如图 8-1 所示。

8.4.2 盘盖类零件图的绘制

【例 8-2】 绘制如图 8-33 所示的"顶盖"零件图。

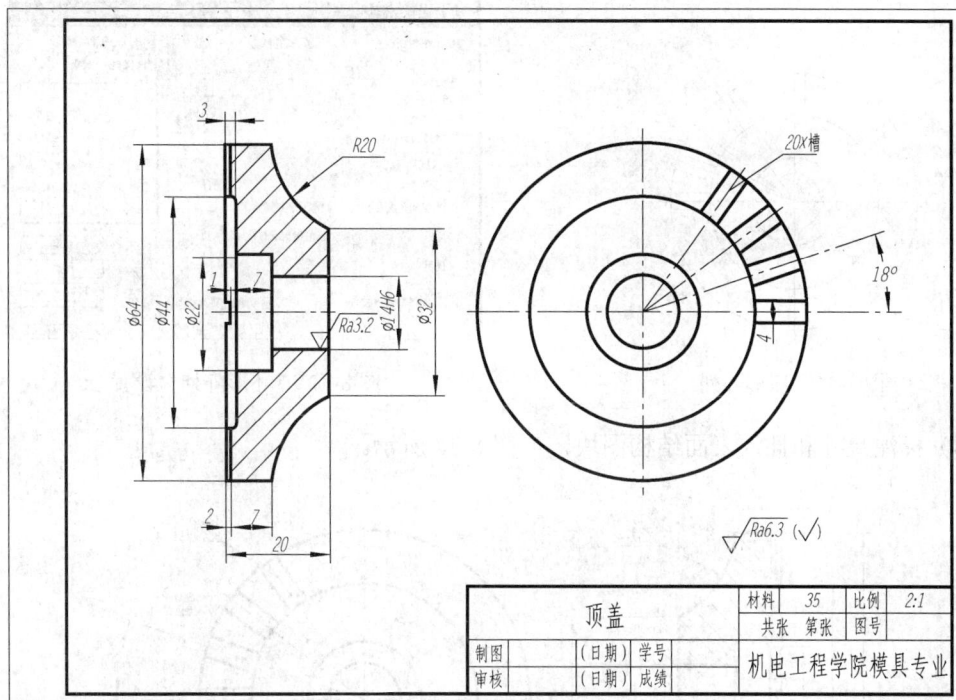

图 8-33 "顶盖"零件图

1. 分析

盘盖类零件多以回转体为主，一般用两个视图来表达。"顶盖"零件图的绘制主要应用直线、圆、环形阵列等命令。

2. 绘制步骤

（1）调用样板图，画中心线，步骤略。

（2）画主视图并填上剖面线。由于该零件是上下对称，因此可以先画出上半部分图形，再用镜像命令绘制出主视图的视图，然后再填充剖面线，如图 8-34 所示。

（3）画出左视图，作环形阵列。首先画出几个不同直径的同心圆，并画出一个阵列的图形，如图 8-35 所示；然后，进行环形阵列，如图 8-36 和图 8-37 所示。按"顶盖"零件图要求，修改阵列后的图形。

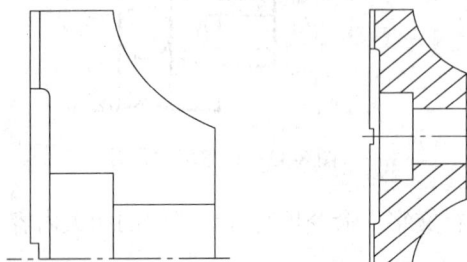

图 8-34　画主视图和剖面线　　　　　　　　　图 8-35　画左视图

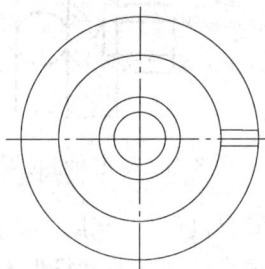

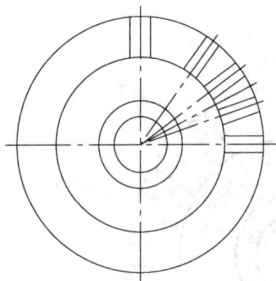

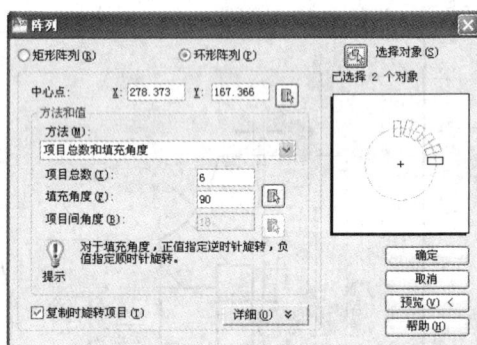

图 8-36　环形阵列　　　　　　　　　　图 8-37　"环形阵列"设置

（4）标注尺寸和插入表面结构图块，如图 8-38 所示。

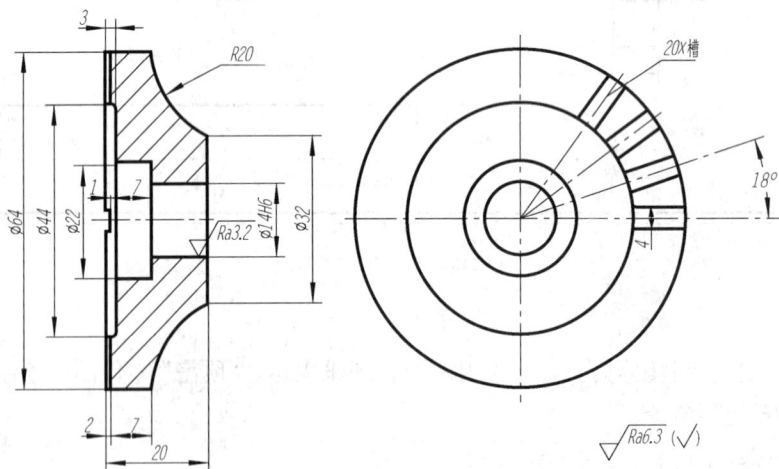

图 8-38　标注尺寸和插入图块

（5）填写标题栏，检查，结果如图 8-33 所示。

8.4.3　叉架类零件图的绘制

【例 8-3】　绘制如图 8-39 所示的"拨叉"零件图。

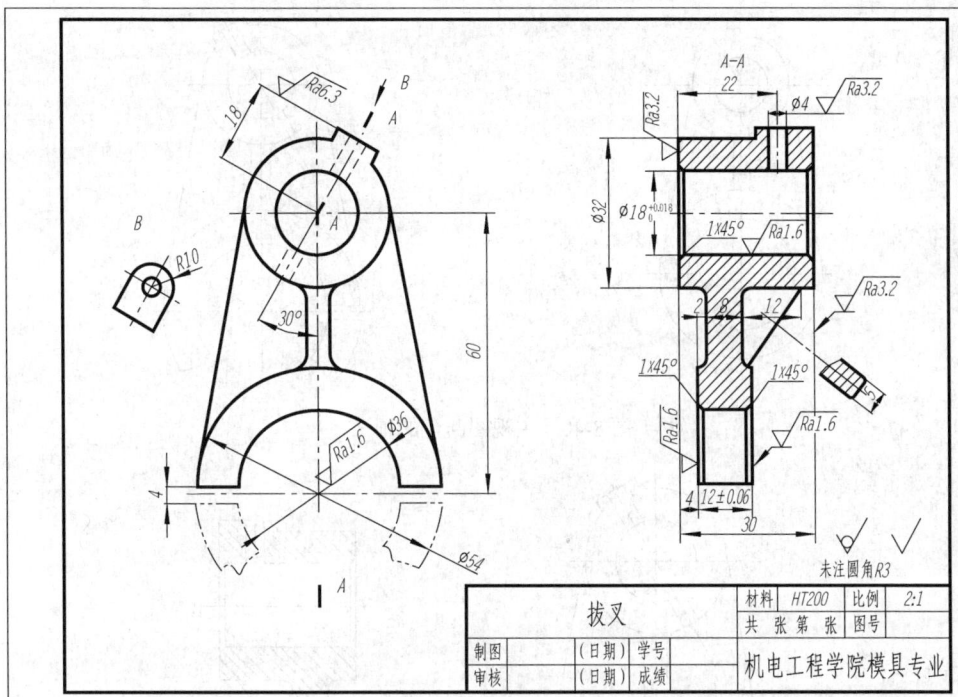

图 8-39 "拨叉"零件图

1．分析

该类零件的形状不规则，且加工位置不定，所绘制的图形上多有倾斜部分。"拨叉"零件图除了有主视图、左视图之外，还有斜视图和移出断面图。倾斜部分的图形可以在水平位置画好后，再用旋转命令旋转到倾斜位置；另外，在该图上还有剖切位置线和表示投影方向的箭头，这些都可以用多段线命令来画；该图上还有尺寸公差的标注，且表面结构代号标注也有多处。

2．画图步骤

（1）调用样板图。图形采用放大比例 2:1 绘制。

（2）画主视图。图形上部的凸台先画成水平位置，再将其旋转至倾斜，如图 8-40 所示。

```
命令：_ROTATE
UCS 当前的正角方向：ANGDIR=逆时针 ANGBASE=0
选择对象：找到 1 个,总计 3 个
选择对象：✓
指定基点：                                    (指定上部圆孔的中心点)
指定旋转角度,或 [复制(C)/参照(R)] <0>：-30 ✓
```

主视图中的细双点划线是假想位置线，选择图层上的"细双点画线"层绘制，在左视图上不画。

（3）画左视图。打开对象捕捉，用构造线命令保证主、左视图间的"高平齐"的投影对应关系，内孔的倒角设置为不修剪的模式，倒圆角也设置为不修剪的模式，如图 8-41 所示。

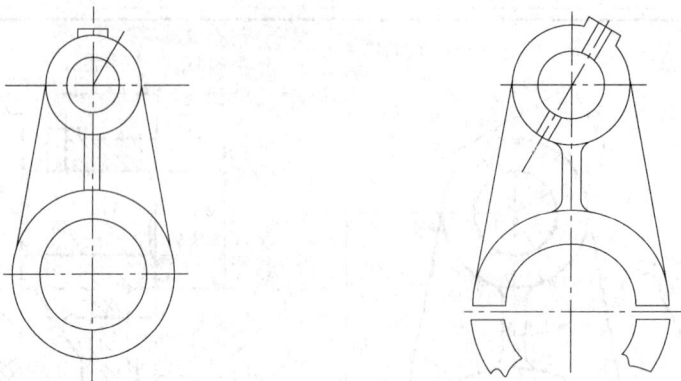

图 8-40   主视图凸台的画法

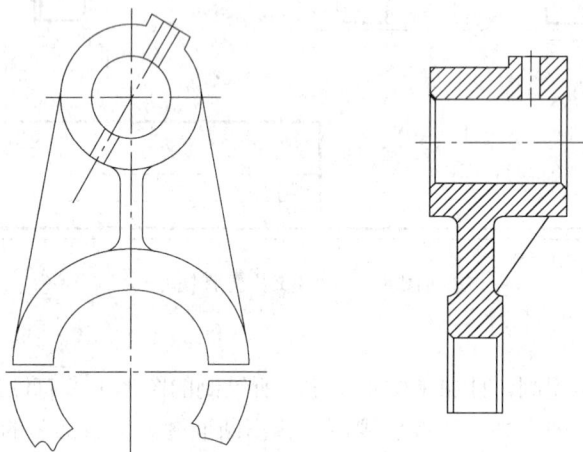

图 8-41   画左视图

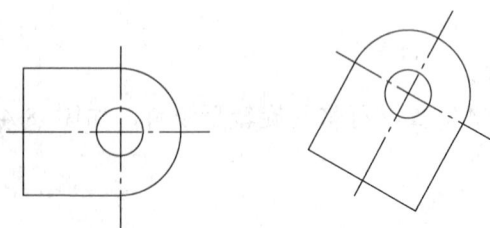

图 8-42   斜视图的画法

（4）画斜视图和移出剖面图。斜视图可先画为水平位置，再旋转成倾斜，如图 8-42 所示。在工程制图的标准中，也可以将其旋转为水平位置放置。画移出断面时，需打开"垂足"捕捉模式。

（5）标注尺寸和插入表面结构代号图块。由于该图形采用了放大比例绘制，因此在标注尺寸时，可将"标注样式管理器"中的"主单位"选项卡中的"比例因子"设置为"0.5"，这样标注出的尺寸是实物的实际大小，如图 8-43 所示。

（6）尺寸公差的设置。在该图样中有几处要标注尺寸公差，以 ϕ18 孔的公差标注为例，如图 8-44 所示。

插入表面结构代号图块时要注意，不同方向其字头的位置要正确。

（7）剖切位置线和向视图箭头的画法。剖切位置线是表示剖切的种类和位置的。"拨叉"零件图中的左视图是一个"两相交平面的全剖视图"，其剖切位置是要标注出来的，以便于看图。从图中可看出，剖切位置线是用短的粗实线表示。因此在 CAD 中，可以用多段线（PLINE）命令绘制。

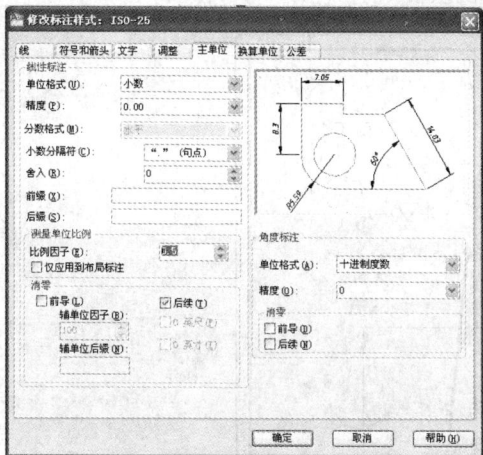

图 8-43   比例因子的设置

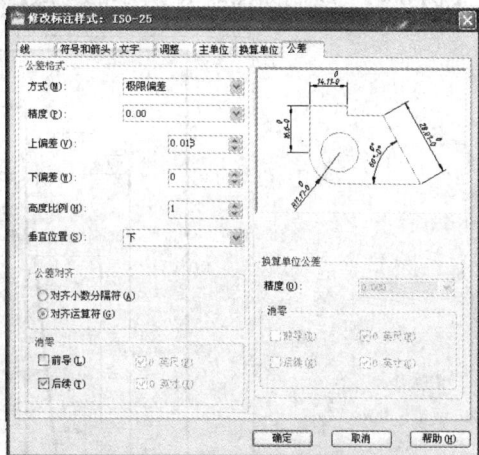

图 8-44   设置尺寸公差的标注

在"拨叉"零件图中绘制的剖切位置符号和表示斜视图投影方向的箭头的画法如图 8-45 所示。

1）画剖切位置符号。

剖切位置符号   箭头

图 8-45   多段线画图示例

```
命令：_PLINE
指定起点：
当前线宽为 0.0000
指定下一个点或 [圆弧(A)/半宽(H)/长度(L)/放弃(U)/宽度(W)]：W↙        （改变线的宽度）
指定起点宽度 <0.0000>：1 ↙                                        （起点线宽为1）
指定端点宽度 <1.0000>：↙                                         （端点线宽为1）
指定下一个点或 [圆弧()/半宽(H)/长度(L)/放弃(U)/宽度(W)]：<正交 开> 5 ↙
                                                                  （符号长度）
指定下一点或 [圆弧(A)/闭合(C)/半宽(H)/长度(L)/放弃(U)/宽度(W)]：↙
```

剖切位置符号在起始点、转折处和终止点均要绘制，其他位置重复上述步骤即可。

2）画箭头。

```
命令：_PLINE
指定起点：                                                        （在屏幕上拾取一点）
当前线宽为 0.0000
指定下一个点或 [圆弧(A)/半宽(H)/长度(L)/放弃(U)/宽度(W)]：8 ↙      （画前边一段直线）
指定下一点或 [圆弧(A)/闭合(C)/半宽(H)/长度(L)/放弃(U)/宽度(W)]：W ↙
                                                                  （设置线宽）
指定起点宽度 <0.0000>：1 ↙                                        （箭头的尾端线宽为1）
指定端点宽度 <1.0000>：0 ↙                                        （箭头的前端线宽为0）
指定下一点或 [圆弧(A)/闭合(C)/半宽(H)/长度(L)/放弃(U)/宽度(W)]：4↙
                                                                  （箭头长度为4）
指定下一点或 [圆弧(A)/闭合(C)/半宽(H)/长度(L)/放弃(U)/宽度(W)]：↙
```

3）填写标题栏和技术要求（步骤略）。

（8）检查，完成作图。

8.4.4　箱体类零件图的绘制

【例 8-4】　绘制如图 8-46 所示的"底座"零件图。

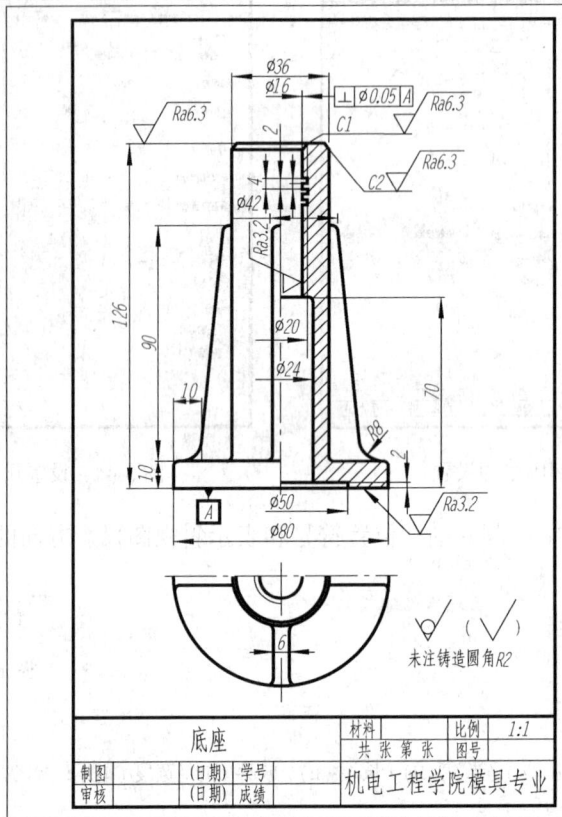

图 8-46　"底座"零件图

1．分析

在工程上，箱体类零件是较为复杂的零件，这是因为箱体类零件主要起容纳、支承等作用。有些箱体类零件造型比较复杂，需要采用不同的表达方法，且视图数量也较多。"底座"零件图采用了两个视图表达，俯视图采用的是简化画法。因为是对称的，只画出了一半图形。该视图可应用直线、圆命令，偏移、倒角和倒圆角等命令绘制，其中还有形位公差的标注。

2．画图步骤

（1）调用样板图。

（2）画主视图。该主视图是半剖视图，可以先将外形的一半画出，镜像后再修改，画其剖切部分。如图 8-47～图 8-49 所示。

（3）画俯视图。应用构造线命令保证与主视图"长对正"的投影对应关系，如图 8-50 所示。

图 8-47 绘制主视图的一半外形　图 8-48 镜像形成主视图　图 8-49 修改成半剖视图并画剖面线

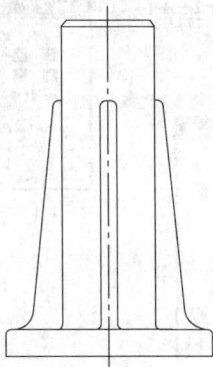

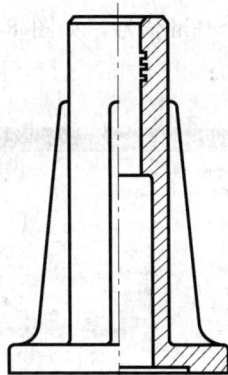

（4）标注尺寸和插入表面结构代号图块。在主视图上标注尺寸时，要注意半剖视图上表示直径尺寸的标注。选择下拉菜单"格式"→"标注样式"，设置尺寸线和延伸线，如图 8-51 所示。标注结果如图 8-52 所示。

标注其他尺寸和插入表面结构代号图块的步骤不再详细介绍。

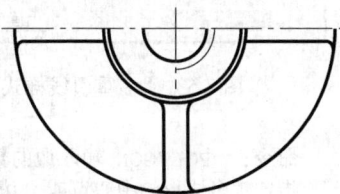

图 8-50　俯视图

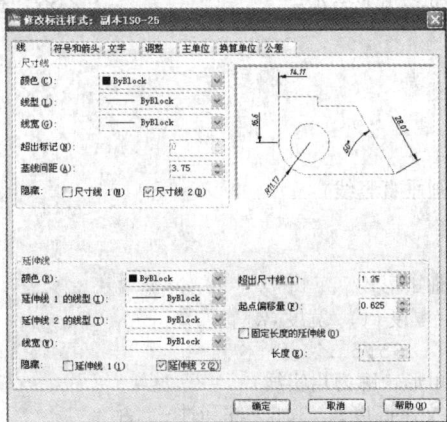

图 8-51　隐藏另一边的延伸线和尺寸线

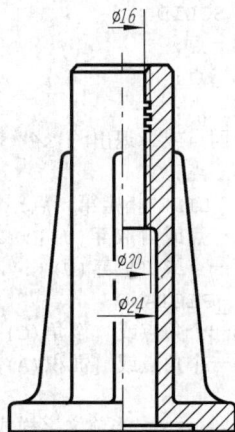

图 8-52　半剖视图尺寸标注

（5）形位公差的标注。这是一个内螺纹的轴线相对底面的垂直度公差。采用"多重引线样式"和 LEADER 命令标注，其设置如图 8-53 和图 8-54 所示。标注结果如图 8-55 所示。

```
命令：LEADER ✓
指定引线起点：                                    （与ϕ16 的尺寸线对齐指定一点）
指定下一点：                                      （水平方向画一条直线）
指定下一点或 [注释(A)/格式(F)/放弃(U)] <注释>：✓
输入注释文字的第一行或 <选项>：✓
输入注释选项 [公差(T)/副本(C)/块(B)/无(N)/多行文字(M)] <多行文字>：T ✓
```

按回车键后弹出如图 8-54 所示的"形位公差"对话框，进行设置。在形位公差标注中，

还有一个基准代号，如图 8-56 所示。其绘制
的过程为：

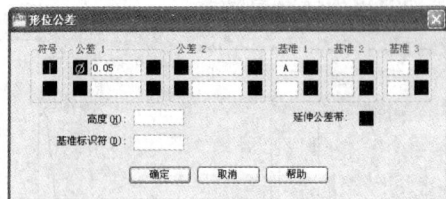

图 8-54　形位公差设置

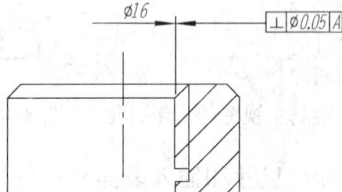

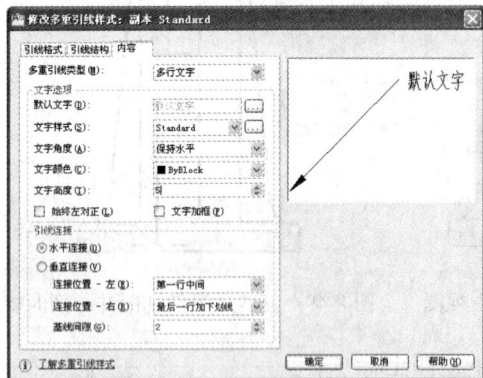

图 8-53　"多重引线样式"设置　　　　　　图 8-55　形位公差标注

命令：_POLYGON 输入边的数目 <3>：✓　　（用正多边形命令画一三角形）
指定正多边形的中心点或 [边(E)]：
输入选项 [内接于圆(I)/外切于圆(C)] <I>：
指定圆的半径：1.5 ✓
命令：SOLID ✓　　　　　　　　　　　（将三角形填充）　　图 8-56　基准代号
指定第一点：
指定第二点：
指定第三点：
指定第四点或 <退出>：✓
指定第三点：✓
命令：_LINE 指定第一点：<正交 开>　　（画垂直竖线）
指定下一点或 [放弃(U)]：2 ✓
指定下一点或 [放弃(U)]：✓
命令：_RECTANG　　　　　　　　　　（画矩形）
指定第一个角点或 [倒角(C)/标高(E)/圆角(F)/厚度(T)/宽度(W)]：
指定另一个角点或 [面积(A)/尺寸(D)/旋转(R)]：@5,5 ✓
　　　　　　　　　　　　　　　　　（矩形轮廓为粗实线）
命令：_MTEXT 当前文字样式："STANDARD" 文字高度：3.5 注释性：否
　　　　　　　　　　　　　　　　　（输入文字）
指定第一角点：
指定对角点或 [高度(H)/对正(J)/行距(L)/旋转(R)/样式(S)/宽度(W)/栏(C)]：
输入字母"A"后，按回车键完成任务。

该基准代号也可以定义为带属性的块，以备插入使用。

（6）填写标题栏和技术要求，检查、完成作图。

思　考　题

1．图案填充的步骤是什么？
2．在什么情况下设置区域填充的"允许间隙"？

3. 为什么要创建样板图？其步骤如何？怎样保存？

4. 在调用样板图时，其内容还可以修改吗？

5. 在倒内角时，为什么要设置为"不修剪"模式？如果设置为"修剪"，结果如何？

6. 在零件图中插入表面结构代号图块时，应注意什么问题？

7. 用某些符号代替文字说明，其符号如何标注？

8. 怎么设置形位公差的标注？

9. 如何将基准代号定义为带属性的块？

第9章 装配图的绘制

🖥 **学习目标**

正确绘制千斤顶装配图。

📋 **学习内容**

（1）了解 AutoCAD 2010 设计中心的内容和使用方法。

（2）掌握打开多个图形文件进行复制、粘贴绘制装配图的方法。

9.1 装配图的基本内容

一张完整的装配图示意如图 9-1 所示（只给出主视图），应包括以下的内容：

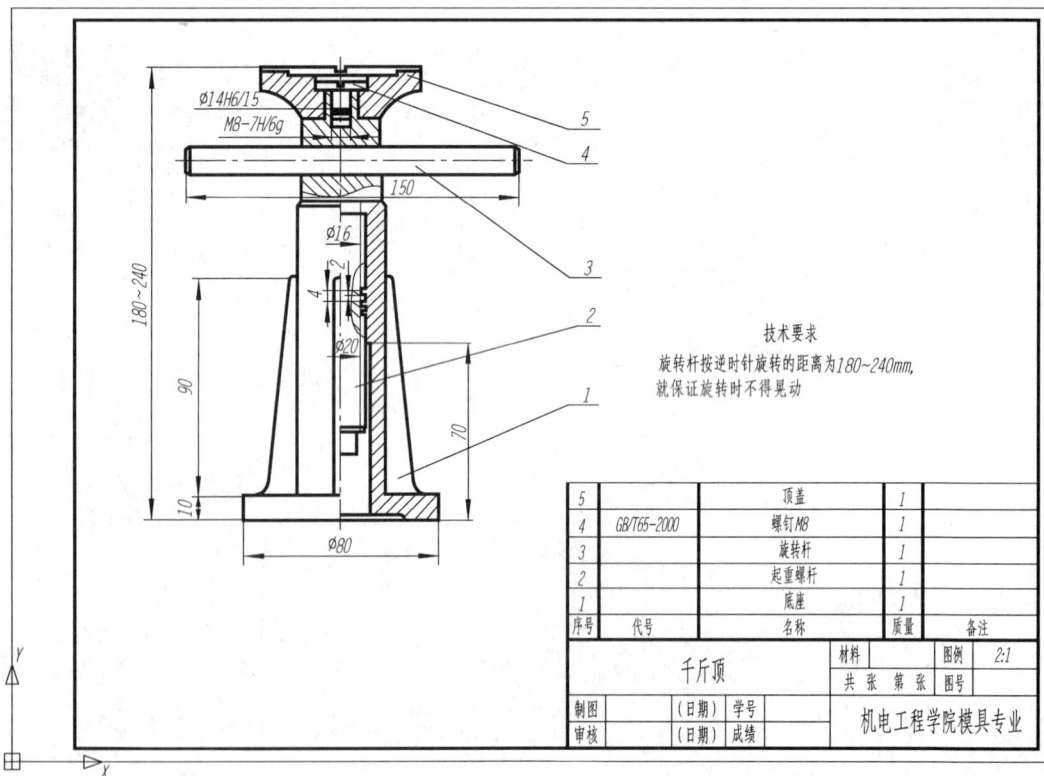

5		顶盖	1	
4	GB/T65-2000	螺钉M8	1	
3		旋转杆	1	
2		起重螺杆	1	
1		底座	1	
序号	代号	名称	质量	备注

技术要求

旋转杆按逆时针旋转的距离为180~240mm，就保证旋转时不得晃动

图 9-1 "千斤顶"装配图

（1）一组视图。主要用于表达机器或部件的工作原理与结构，各零件之间的装配、连接、传动关系，以及主要零件的结构形状。

（2）必要的尺寸。表示机器或部件的性能、规格以及在装配、检验、安装和运输时所需的一些尺寸。

（3）技术要求。主要是对机器或部件在安装、调试和使用过程中的质量要求等。

（4）零件的编号、明细栏和标题栏。说明零件名称、数量、材料以及机器、部件和组件的名称等有关项目。

9.2 AutoCAD 设计中心的应用

AutoCAD 2010 中的 AutoCAD 设计中心可以看成一个设计管理系统，主要作用是管理和使用图形。利用设计中心，用户不仅可以浏览到自己的设计，还可以借鉴别人的设计思想和设计图形，达到资源共享的目的。

9.2.1 启动 AutoCAD 2010 设计中心

1. 操作命令介绍

（1）功能。启动 AutoCAD 设计中心。

（2）命令执行方式：

下拉菜单："工具" → "选项板" → "设计中心"。

工具栏：标准 ▦。

命令：ADCENTER。

（3）操作过程：执行该命令后，AutoCAD 启动 AutoCAD 设计中心。第一次启动时，AutoCAD 设计中心窗口显示如图 9-2 所示。

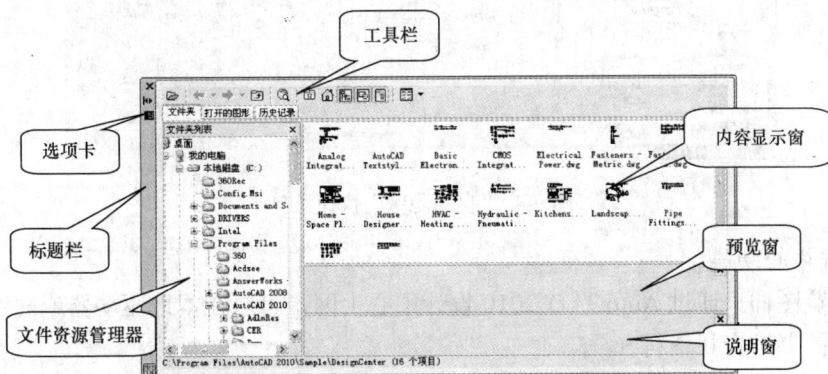

图 9-2 第一次启动 AutoCAD 设计中心

"设计中心"窗口包括工具栏、选项卡、资源管理器及内容显示窗等部分组成。

2. 设计中心的显示控制

默认情况下，AutoCAD 设计中心窗口处于浮动状态。用户可以根据需要将其拖动到绘图窗口的合适位置。单击 AutoCAD 设计中心标题栏的任何地方，按住鼠标拾取键不放，可以将其拖到屏幕的任何地方。如果将设计中心放到 AutoCAD 的左边区域，可以双击 AutoCAD 设计中心标题栏，如图 9-3 所示。

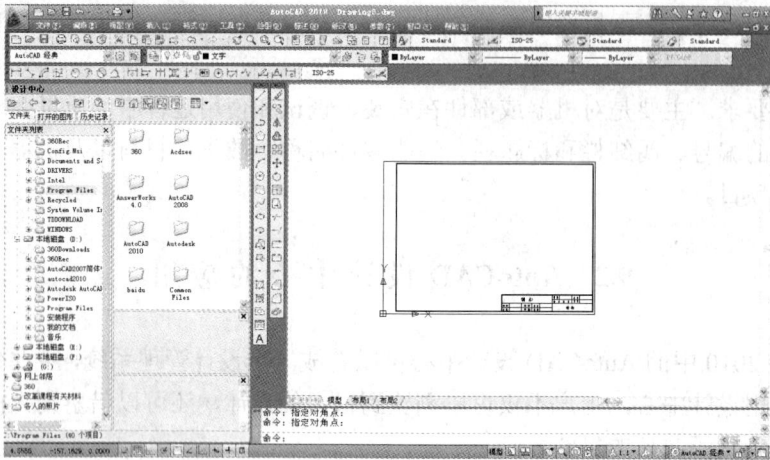

图 9-3　设计中心与绘图区域的位置

　　用鼠标右击设计中心的标题栏，并在弹出的快捷菜单中选择"自动隐藏"命令，或单击标题栏中的 ⬥ 按钮，均可将设计中心窗口隐藏起来，而只显示一个标题栏，如图 9-4 所示。

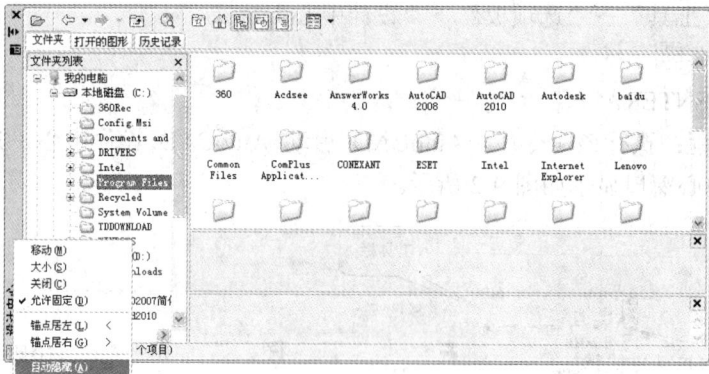

图 9-4　"自动隐藏"快捷菜单

　　3．设计中心功能

　　（1）浏览图样。通过 AutoCAD 2010 设计中心上网，可以在本地驱动器或网络上浏览图样，就像在图书馆查找资料一样。

　　（2）创建指向常用图形、文件夹和 Internet 地址的快捷方式。

　　（3）查看对象中的定义，如任何图样文件的图块、图层、线型、外部参照、绘图空间等。

　　（4）查找自己计算机上或网络驱动器上图样目录及其内容。

　　（5）打开图样。将图形文件（DWG）从控制板直接拖放到绘图区域。

　　（6）查看和参照光栅图像文件。

　　（7）控制面板内容的显示方式。可以在大图标、小图标、列表和详细资料四种方式之间切换。

9.2.2　AutoCAD 2010 设计中心构成

　　1．选项卡

　　"设计中心"窗口包括"文件夹"、"打开图形"和"历史记录"三个选项卡，其功能如下。

（1）文件夹：用于显示设计中心的资源及层次结构，如图 9-2 所示。

（2）打开的图形：用于显示在当前 AutoCAD 环境中打开的所有图形。此时，单击某个文件图标，就可以看到该图形的有关设置，如图层、线型、文字样式、标注样式、块及外部参照等，如图 9-5 所示。

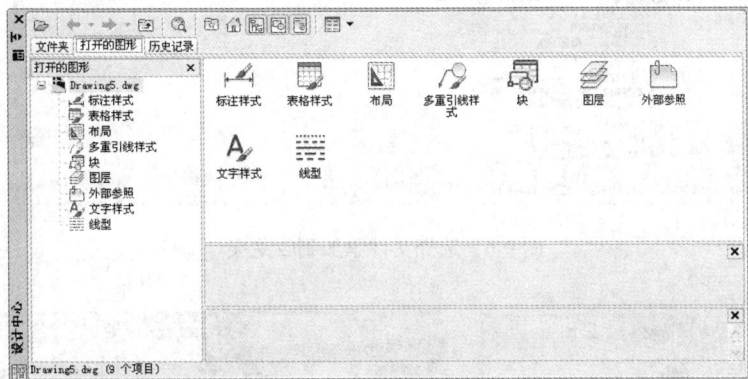

图 9-5　"打开图形"选项卡

（3）历史记录：用于显示用户最近访问过的文件，包括这些文件的完整路径。

2. 工具栏

"设计中心"窗口的工具栏包括"加载"、"搜索"、"收藏夹"和"主页"等多个按钮，常用按钮的功能如下：

（1）"加载"按钮 ▷：单击该按钮，打开"加载"对话框。该对话框与标准的"选择文件"对话框类似。用户利用该对话框可以从 Windows 桌面、收藏夹，或通过 Internet 加载图形文件。

（2）"搜索"按钮 ◌：用于快速查找对象。单击该按钮，将打开"搜索"对话框，用户通过设置搜索条件，可查找所需的图形。

（3）"收藏夹"按钮 ▣：单击该按钮，可以在"文件夹列表"中显示 Favorites/Autodesk 文件夹（收藏夹）中的内容，同时在树状视图中反白显示该文件夹。用户可以通过收藏夹存放本地硬盘、网络驱动器或 Internet 网页上常用的文件。

向"收藏夹"添加相关内容的步骤如下：

1）在设计中心的"文件夹列表"中选定需要添加的内容，如图 9-6 所示。

2）鼠标右击，在弹出的快捷菜单中选择"添加到收藏夹"命令，即将相关的内容添加到收藏夹中。

3）单击"收藏夹"按钮，就可以在"内容显示框"中显示该文件，如图 9-7 所示。

（4）"主页"按钮 ⌂：单击该按钮，可以快速定位到 Design Center 文件夹中。该文件夹位于 AutoCAD 2010/Sample 下，如图 9-8 所示。

9.2.3　利用 AutoCAD 设计中心打开图形

用户可以通过 AutoCAD 设计中心打开一个图形文件。

打开 AutoCAD 设计中心的"收藏夹"按钮，在"内容显示窗"中选择要打开的图形，右击，弹出快捷菜单，从中选择"在应用程序窗口中打开"项，如图 9-9 所示。

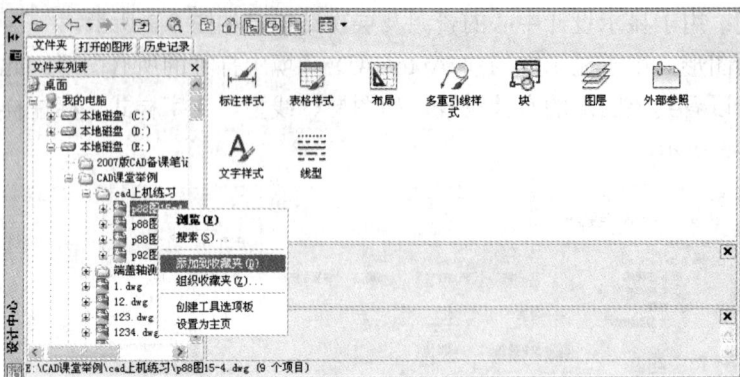

图 9-6 选择文件添加到收藏夹

图 9-7 显示收藏的内容

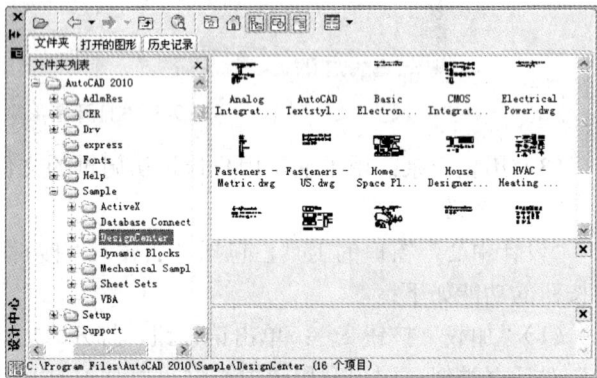

图 9-8 Design Center 文件夹

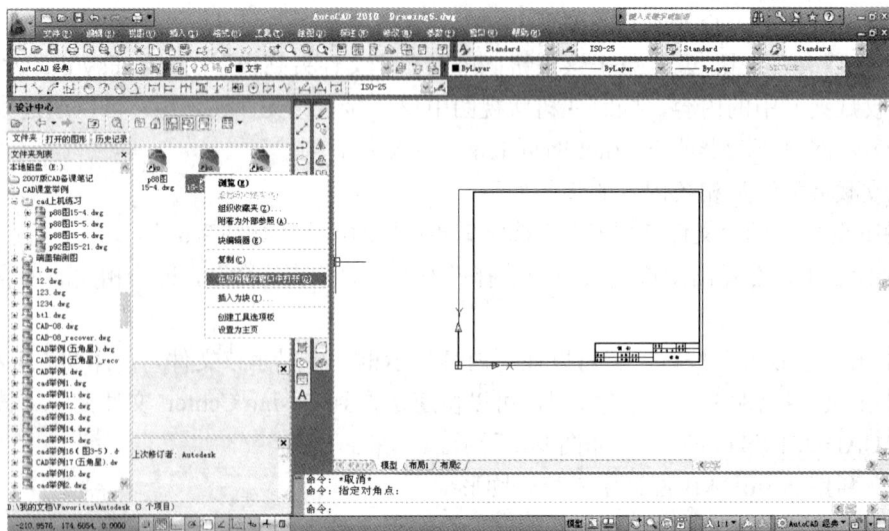

（a）

图 9-9 利用快捷菜单打开图形文件（一）

（a）选择图形文件

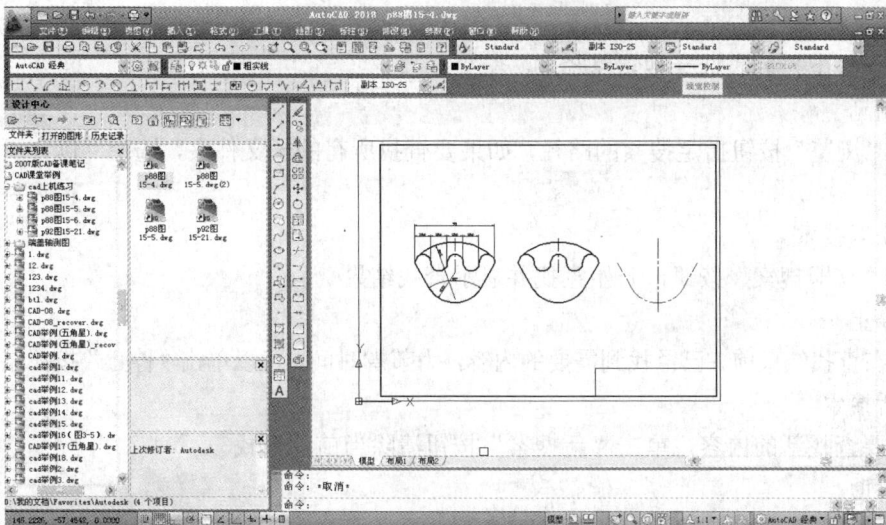

（b）

图 9-9　利用快捷菜单打开图形文件（二）

（b）打开的图形文件

9.2.4　查找内容

用户通过使用 AutoCAD 设计中心来查找已有的图块、文字样式、标注样式、图层等信息，或者查找图形文件本身，可显著地节省时间。

单击按钮 ，AutoCAD 弹出如图 9-10 所示的"搜索"对话框。在"搜索"下拉列表中，当选择的对象不同时，对话框中显示的选项卡不同，查询条件也不相同。

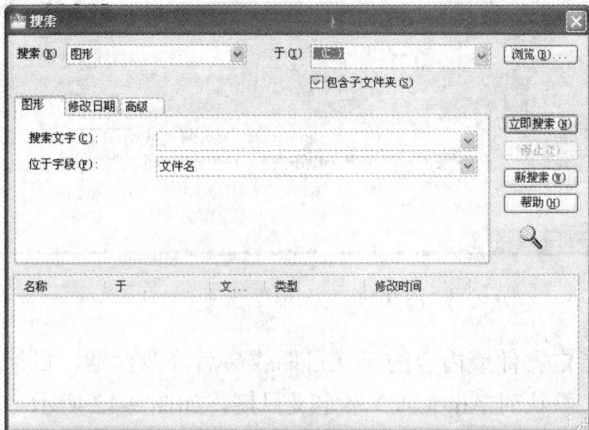

图 9-10　"搜索"对话框

该对话框中各选项功能如下。

1. 搜索（K）

用户可以在"搜索"下拉列表中选择所需要查找内容的类型。这些类型包括图形、布局、块、图层、文字样式等。

2. 于（I）

在"于"下拉列表选择搜索路径。

3. 浏览

单击"浏览"按钮指定搜索的路径，如果要查找所有的子文件夹，选择"包含子文件夹"复选框。

4. 立即搜索

单击"立即搜索"按钮，开始查找并显示查找结果。

5. 停止

如果在查找结束前，已经找到需要的内容，为节省时间，可以单击"停止"按钮结束查找。

6. 新搜索

如果要查找新的内容，单击"新搜索"按钮清除当前的查找。

7. 帮助

单击"帮助"按钮，可以获得帮助信息。

8. 选项卡

如果在"搜索"下拉列表框中选择"图形"，则该对话框包含了"图形"、"修改日期"、"高级"三个选项卡，以指定不同的搜索方式。

（1）图形：该选项卡指定需要查找的"文件名"、"标题"、"作者"、或"关键字"等，如图 9-11 所示，搜索到的图形信息。

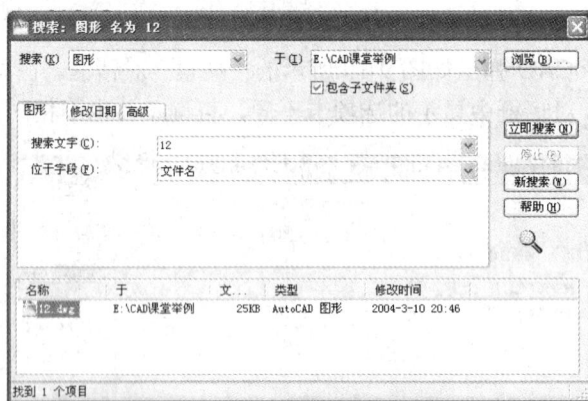

图 9-11 "图形"选项卡

（2）修改日期：指定文件或内容的建立日期或最后修改日期、日期范围，以及当前日期的前几天或前几个月。默认时 AutoCAD 不定义日期，如图 9-12 所示。

（3）高级：用于指定附加的查找参数。在该选项卡的第一个下拉列表框中可以指定查找的内容，如块名、块和图形说明、属性标记或属性值，如图 9-13 所示。

如果用户已经找到所找的项目并显示在查找结果列表中，则可将它添加到某个打开的图形文件中去或将它装载到内容显示框中。

9.2.5 将指定内容添加到图形中

在 AutoCAD 设计中心中，可以将"内容显示框"或"搜索"对话框中的内容直接拖放到打开的图形中，也可以将内容复制到剪贴板上，然后粘贴到图形。根据插入内容类型的不同，用户可以选择不同的方法。

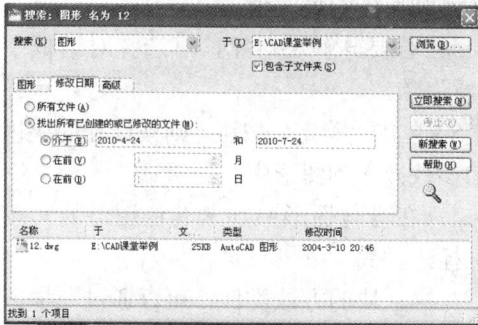

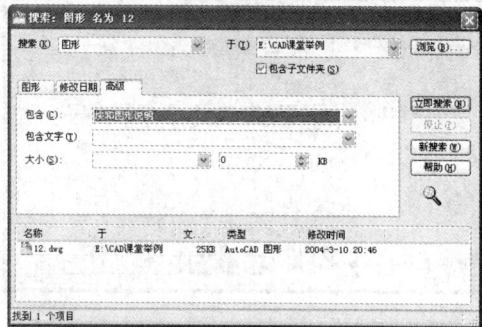

图 9-12 "修改日期"选项卡　　　　　图 9-13 "高级"选项卡

1. 插入块

利用 AutoCAD 设计中心，可以将块插入到图形中。将块插入到图形后，块定义被复制到所插入图形的数据库，在此之后可直接再用 INSERT 命令插入该块。AutoCAD 设计中心提供了两种插入块到图形中的方法。

（1）按默认缩放比例和旋转角度插入块。利用此方式插入图块时，对图块进行自动缩放。具体的操作方法如下：

1）从"内容显示窗"或"搜索"对话框中选择要插入的块，并把它拖动到打开的图形文件中。

2）在所需的位置松开鼠标定位块，此块对象以默认的比例和旋转因子插入到图形中。

（2）按指定坐标、缩放比例和旋转角度插入块。这种方式是使用"插入块"对话框来定义要插入块的各种参数。具体的操作方法如下：

1）从"内容显示窗"或"查找"对话框中选择要插入的块，右击要插入的图块。

2）从快捷菜单中选择"插入块"项，如图 9-14 所示。打开"插入"对话框，如图 9 15 所示。

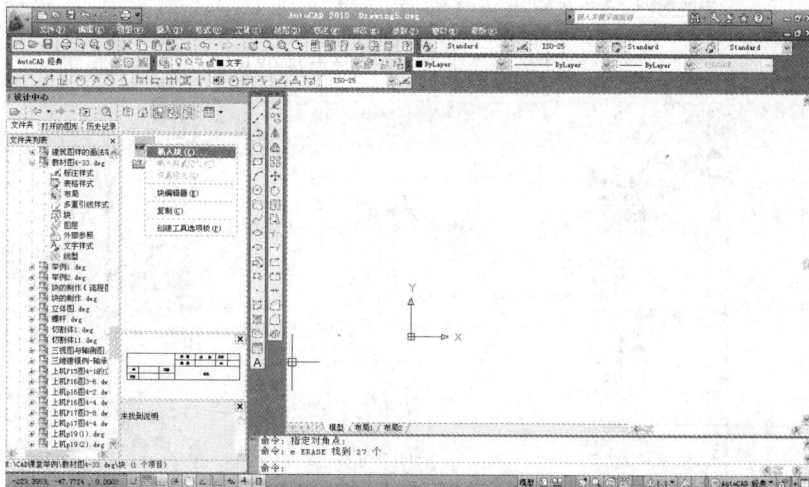

图 9-14 选择"插入块"项

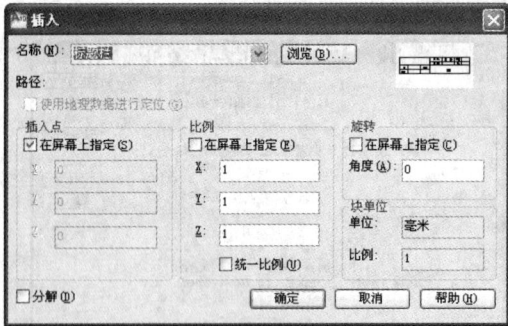

图 9-15　"插入"对话框

3）在"插入"对话框中，输入插入点、缩放比例和旋转角度等值。

4）若要分解块对象，可选择对话框中的"分解"项。

5）单击"确定"按钮，则被选择的块以设定的参数插入到图形中。

2．在当前图形中加入其他图形的文字样式、标注样式

与插入块的方法类似，可以通过左拖或右击（显示快捷菜单）的方法从设计中心将指定图形中的文字样式、标注样式插入到当前图形中。

操作步骤如下：

通过 AutoCAD 设计中心，在"文件夹列表"中找到并选中图形文件，如图 9-16 所示。从图 9-16 中可以看到，选中"图 4-32.dwg"文件后，AutoCAD 在设计中心的"内容显示窗"上显示出"标注样式"、"布局"、"块"等图标，双击"标注样式"图标，AutoCAD 在"内容显示窗"上显示出该图形所具有的标注样式，如图 9-17 所示。

图 9-16　选中图形文件"图 4-32.dwg"

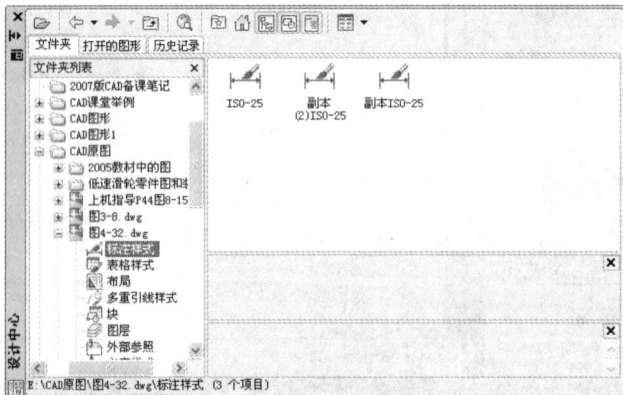

图 9-17　显示图形文件"图 4-32.dwg"中的标注样式

选中图 9-17 中的"副本（2）ISO-25"，将它拖到当前图形的绘图窗口中，即给当前图形添加了标注样式"副本（2）ISO-25"。

完成上述操作后，通过"标注样式管理器"对话框可以看到，当前图形中新增加了"副本（2）ISO-25"的标注样式，如图 9-18 所示。

3. 在图形之间复制块

用户可以使用 AutoCAD 设计中心浏览和加载想要复制的块。用户将块复制到 Windows 的剪贴板中，然后粘贴到用户打开的图形文件中。操作方法如下：在"内容显示窗"中选择要复制的块，然后右击块图标，从弹出的快捷菜单中选择"复制"菜单项；然后激活绘图窗口，从"编辑"菜单中选择"粘贴"选项或直接按 Ctrl+V 键将复制块粘贴到图形中，如图 9-19 所示。

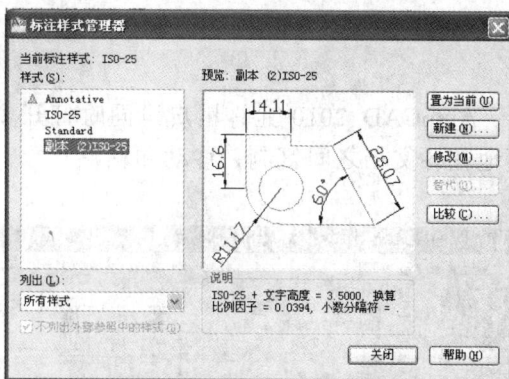

图 9-18 "标注样式管理器"对话框

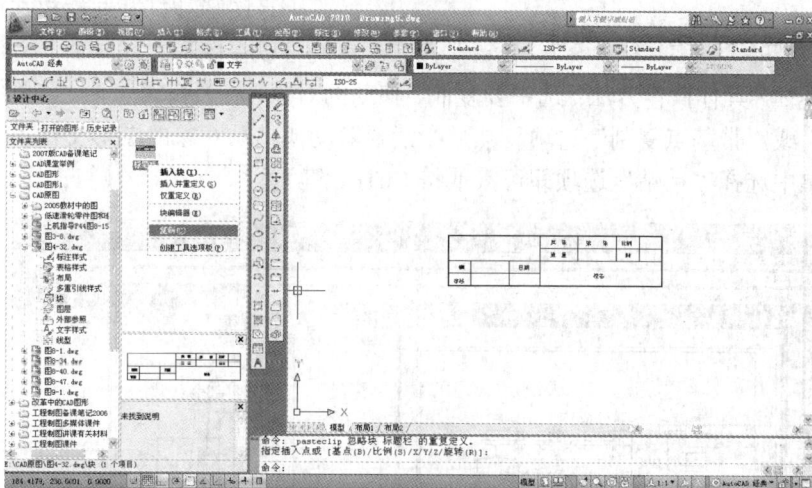

图 9-19 复制块的快捷菜单，并在图形中显示块

4. 在图形之间复制层

利用 AutoCAD 设计中心可以创建一个新图样，并从 AutoCAD 设计中心中复制已定义好的图层到当前图形中，有两种方法：

（1）拖拉图层到一个已打开的图样中。首先，打开一个新图样，或保证要复制层的图样是打开的；其次，在 AutoCAD 设计中心"内容显示窗"中，选择一个或多个要复制的层；最后，拖拉图层到已打开的图样中，释放鼠标拾取键。

（2）复制、粘贴层到已打开的图样中。前两个步骤同上；第三，右击选择要复制的层，从弹出的快捷菜单中选择"复制"命令；第四，从"编辑"菜单中选择"粘贴"命令，将所选的图层粘贴到当前图样中。

9.3　多重设计环境

AutoCAD 2010 允许用户可同时打开多个图形文件进行编辑，因而可通过剪贴板方便地在各文档之间复制、移动和粘贴对象，添加相关数据，减少重复的工作，提高工作效率。

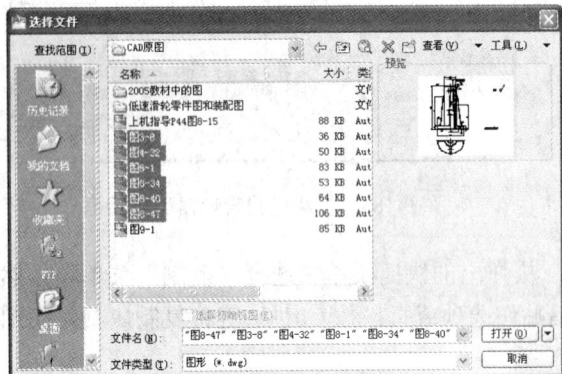

图 9-20　选择多个文件

9.3.1　打开多个图形文件

选择"打开"命令，可以打开多个所需要的图形文件。用户也可以在"选择文件"对话框中按下 Ctrl 键或 Shift 键一次选择多个图形文件，如图 9-20 所示。

9.3.2　在图形之间操作

当打开了多个图形文件后，可以利用"窗口"菜单，把图形窗口垂直平铺或层叠，如图 9-21 所示。

一旦图形被打开并摆放在屏幕上，用户就可以在图形之间修剪、复制和粘贴或拖动和放入实体。具体操作方法：选中要复制、移动的对象，在"编辑"下拉菜单中选择"修剪"、"复制"或"带基点复制"选项，然后激活要移动或粘贴对象的图形文件窗口，在"编辑"下拉菜单中选择"粘贴"选项即可（或按 Ctrl+V 键）。

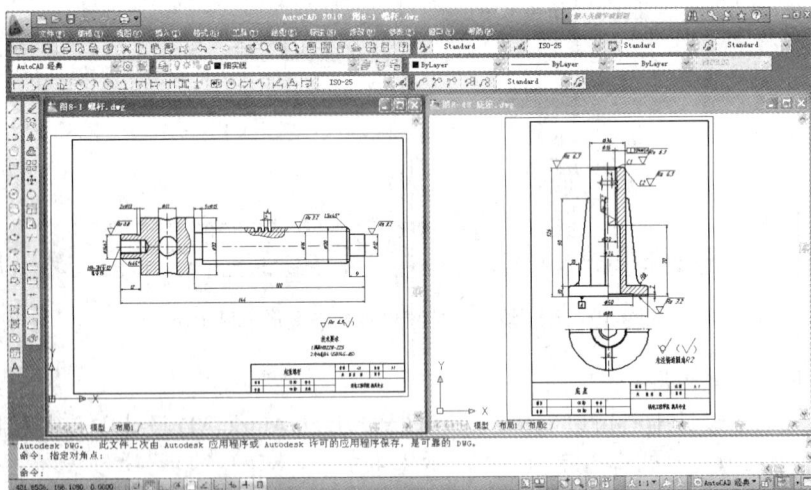

图 9-21　垂直平铺窗口

9.4　装配图绘制实例

本节主要介绍千斤顶部件装配图的绘制过程。

9.4.1 绘制方法

在设计新产品过程中，一般先根据机器或部件的机构运动简图画出装配图，然后根据装配图设计零件并绘制零件图。在生产过程中，装配图是制定装配工艺规程，进行装配、检验、调试等工作的依据。

根据前述的 AutoCAD 设计中心和打开多个图形文件窗口的特点，利用 AutoCAD 可以由零件图进行拼画装配图，其具体的方法是：由 AutoCAD 设计中心打开有关零件图的视图，根据装配关系和相对位置进行定位，再经过修剪等处理生成装配图；也可以利用同时打开多个零件视图的窗口，在各窗口之间通过复制、粘贴的方法绘制装配图。当然，还可以将上述两种方法综合应用。

9.4.2 绘制步骤

在设计装配图前要对设计对象进行装配关系的分析，弄清楚各个零件之间的相互关系和位置尺寸。

（1）确定关键的装配零件和装配关系，并将其作为拼画装配图时的基础零件。

（2）在插入后续的零件时，要对该零件图进行修改编辑，删除多余尺寸、表面结构、剖面线等。尺寸合适后再移到装配图中，并对插入后被遮挡部分进行擦除、修剪等操作。

（3）整理视图、标注尺寸，对零件进行编写序号、绘制并填写明细栏等。

> **注 意**
>
> 每插入一个零件后，都要作适当的编辑和修改，不要把所有的零件全部插入后再修改，这样由于图线太多，修改将变得困难。

9.4.3 绘制千斤顶装配图

1. 分析

该部件是由底座、起重螺杆、顶盖、旋转杆和螺钉五个零件组成。其中底座是主要的零件，可以底座作为基础零件，进行该装配图的拼画。

主要的表达方法：主视图保持底座的半剖视，起重螺杆上部用局部剖视，螺纹的连接及顶盖用全剖视图来表示。画出的图形如图 9-1 所示。

将明细栏做成块的形式插入、修改。

2. 绘制步骤

（1）利用 AutoCAD 设计中心打开"底座"零件图，如图 9-22 所示。并进行复制（主要是保留原零件图），只显示图形层，关闭其他层（只画主视图）。

（2）插入"起重螺杆"零件。此插入过程采用"打开多个图形文件窗口"的形式，在图形之间进行复制、粘贴的方法 ，如图 9-23 所示。

粘贴时，要使用"移动"命令，并打开"对象捕捉"，准确定位后，应用"修剪"命令进行修改。有时零件图的放置位置与装配图不一致时，还要用"旋转"命令进行调整，如图 9-24 所示。

（3）依次插入顶盖、螺钉和旋转杆等零件，如图 9-25 所示。

在上述插入零件图的过程中，一般是插入每一个零件都要进行修改，不要积累太多，图形较乱，给修改带来麻烦。

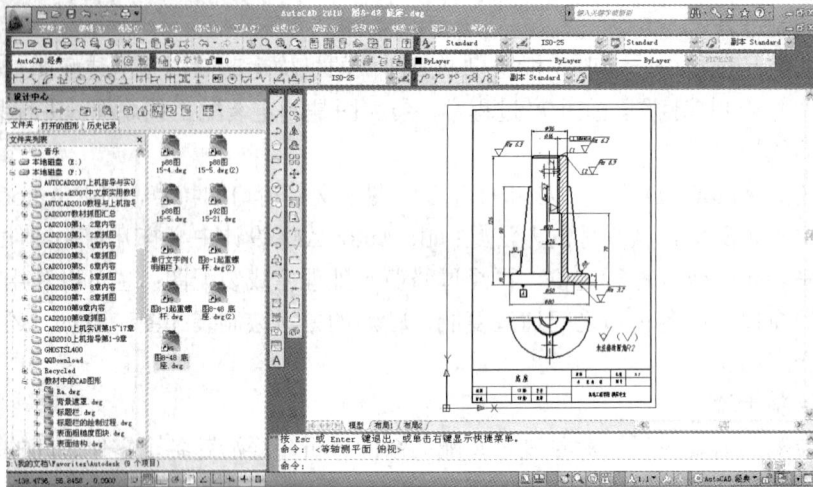

图 9-22　在设计中心中打开基础零件

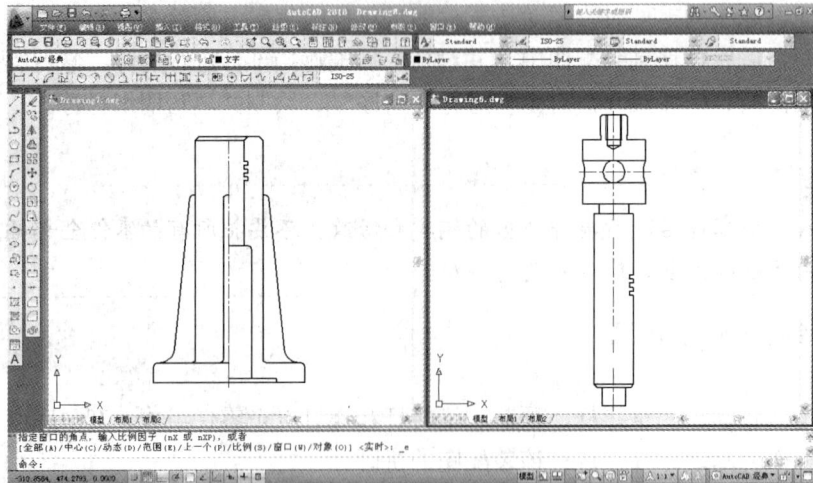

图 9-23　垂直平铺窗口——在多窗口中复制图形

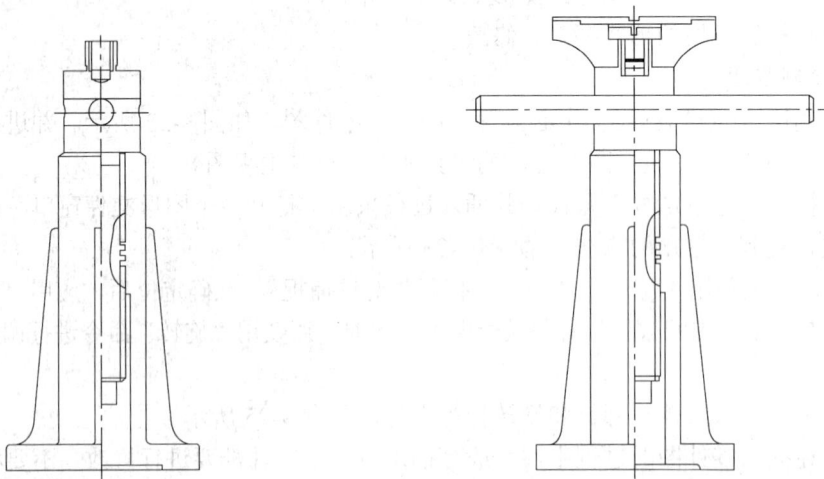

图 9-24　利用"旋转"命令调整

图 9-25　插入其他零件并修改

（4）画剖面线。装配图的剖面线的规定画法是：相邻两个零件的剖面线方向要相反或间距要不同；同一个零件的几个剖视图，其剖面线方向和间距要一致。

在画剖面线时，若出现"找不到闭合的图案填充边界"的提示，可以在"图案填充"对话框的"高级"选项中设置"允许的间隙"，设定填充区域允许的最大间隙。

（5）标注装配图的尺寸和填写技术要求。装配图上只是标注规格（性能）尺寸、装配尺寸、外形尺寸、安装尺寸和其他重要尺寸。标注样式的设置可直接利用样板中已设定好的，也可从 AutoCAD 设计中心中复制。如果有不合适的地方，还可以通过"标注样式管理器"修改，如图 9-26 所示。

（6）编序号和填写明细栏。序号是每个零件在装配图上的编号，编写的方法在工程制图中有规定，同一张装配图上所编写的形式应一致，且要排列整齐。序号可逐个编写，也可以定义成带属性的块进行插入。下面介绍应用"多重引线"命令标注序号的方法。

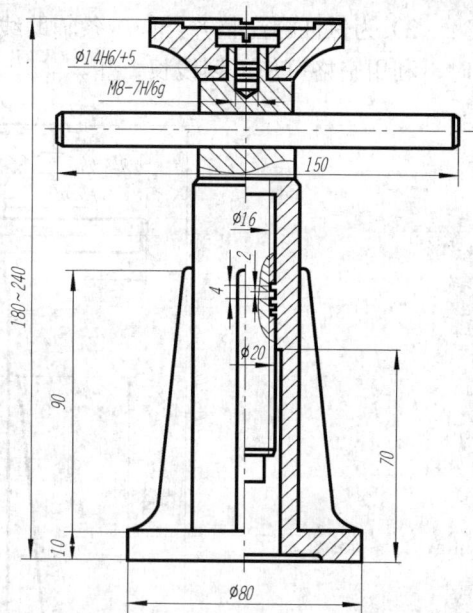

图 9-26　标注尺寸

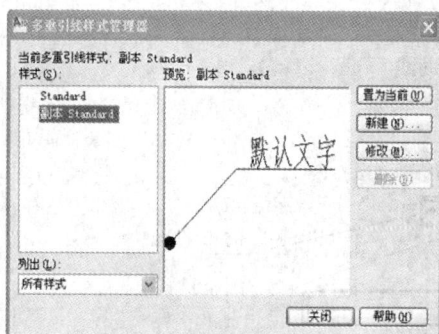

(a)

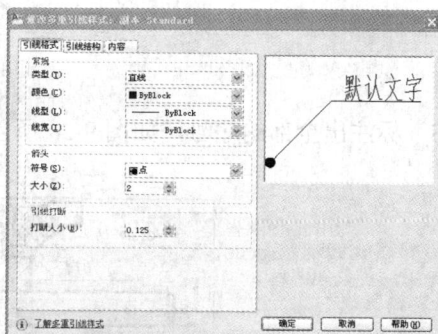

(b)

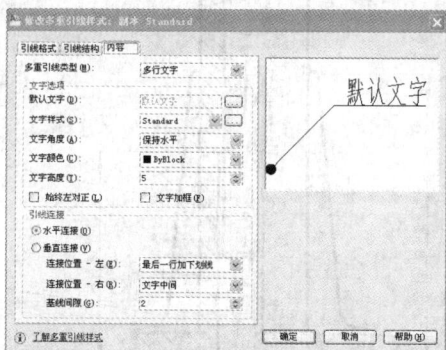

(c)

图 9-27　多重引线样式设置

(a) 设置新样式；(b) 设置箭头符号；(c) 设置引线连接

　　1）进行"多重引线样式"设置。选择下拉菜单"格式"→"多重引线样式",打开如图
9-27 所示的对话框,进行如图所示设置。

　　2）为保证标注整齐,作一条辅助线,将引线的位置对齐,如图 9-28 所示。在对齐引线
时,利用空格可使下划线长一些。

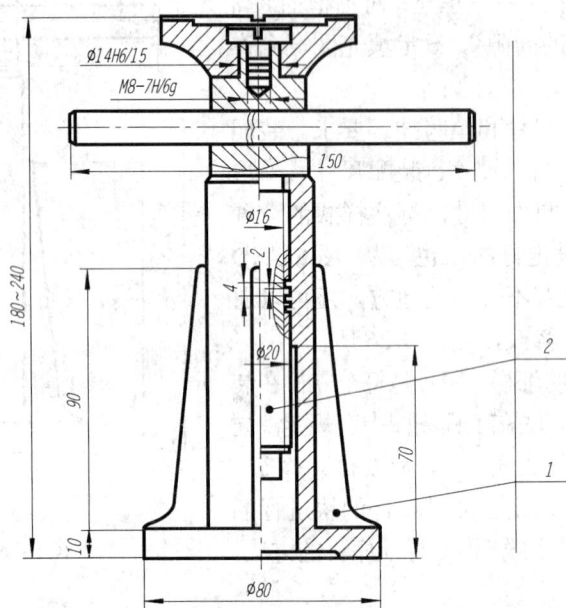

图 9-28　作辅助线

　　3）标注出全部的序号,如图 9-29 所示。

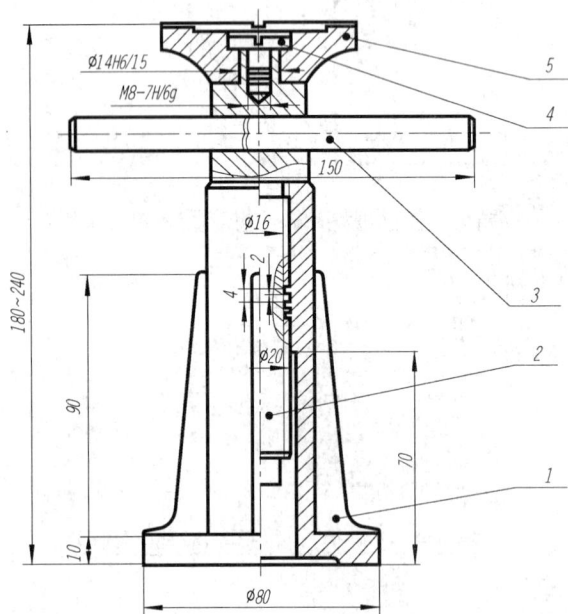

图 9-29　完成标注

将标题栏的内容修改成装配图的有关内容。

明细栏的具体画法和内容应做成块，进行插入（前面已有讲述）。另外，还可以利用 AutoCAD 设计中心"在图形之间复制块"的方法进行块的插入。

（7）检查，完成作图，如图 9-1 所示。

思 考 题

1．AutoCAD 2010 设计中心由哪几部分组成？

2．通过 AutoCAD 2010 设计中心可以访问的资源有哪些？

3．利用 AutoCAD 2010 设计中心打开图形文件与用其他方式打开图形文件相比较，有何特色？

4．如何在图形之间复制块和复制层？

5．在 AutoCAD 2010 中绘制装配图的方法、步骤是什么？

6．在"多个图形文件"之间有哪些操作方法？应注意哪些问题？有什么体会？

第 10 章　三维造型基础

学习目标

（1）掌握三维造型环境的内容与设置方法。

（2）掌握观察方向的设置方法与命令，如视点、视图、动态观察等命令的使用。

（3）掌握三维基本实体造型的方法。

（4）掌握右手定则的使用方法，能够利用右手定则来判断 X、Y、Z 三轴的正方向和旋转正方向。

（5）了解并掌握各种设置用户坐标系的方法，能够根据需要设置用户坐标系。了解坐标系图标的设置方法。

（6）培养空间构图的能力，能够在空间进行线框造型，了解能够用于空间构图的命令有哪些，只能用于二维构图的命令有哪些。

学习内容

（1）三维造型环境的内容与设置方法。

（2）三维基本实体创建命令的使用方法，如多段体、长方体、楔体、圆锥体、球体、圆柱体、圆环体、棱锥体等。

（3）右手定则的内容与使用。

（4）用户坐标系的设置方法与用户坐标系图标的设置方法。

（5）线框造型的方法。

10.1　三维造型环境的创建

在三维造型之前创建一个适合的造型环境有利于提高造型速度。三维造型环境的创建主要包括绘图空间的设置、工具栏的关闭与调用（"建模"工具栏、"实体编辑"工具栏、"视图"工具栏、"视觉样式"工具栏、"动态观察"工具栏等）及视图方向的设置等内容。

10.1.1　绘图空间的设置

1．设置工作空间为"AutoCAD 经典"

单击屏幕底端的"切换工作空间"按钮，在出现的快捷菜单中可以选择"二维草图与注释"、"三维建模"和"AutoCAD 经典"三种绘图空间之一，如图 10-1 所示。进行三维造型时，若对 AutoCAD 三维造型比较熟悉可以使用"三维建模"工作空间，对于习惯了传统界面的 AutoCAD 用户可以使用"Autocad 经典"工作空间。这里为了便于介绍，选用"AutoCAD 经典"工作空间。

2．工作空间设置

单击图 10-1 所示屏幕底端的"切换工作空间"按钮，在出现的快捷菜单中选择"工作空间设置"选项。在出现的"工作空间设置"对话框中设置"我的工作空间"为"AutoCAD 经典"，设置"切换工作空间时"为"自动保存工作空间修改"，如图 10-2 所示。

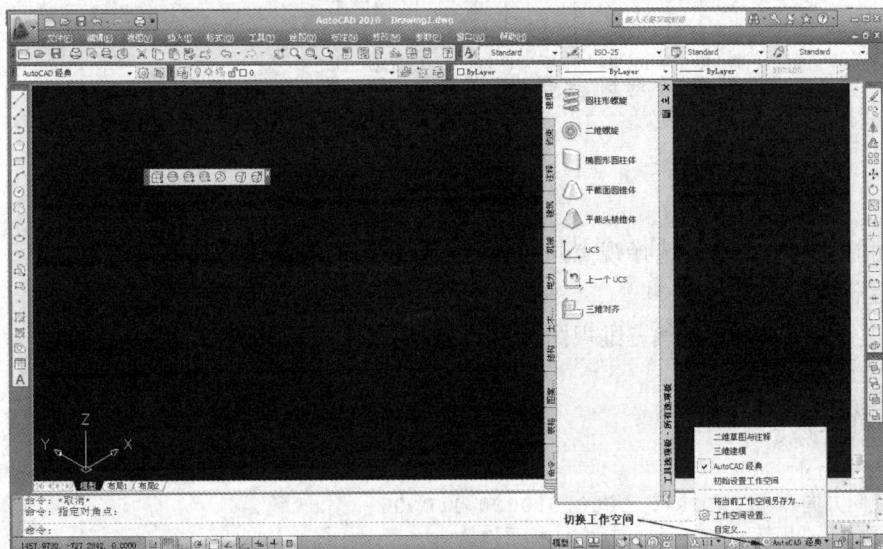

图 10-1　切换工作空间

10.1.2　工具栏的关闭与调用

1. 关闭工具栏

关闭"工具"选项板和"平滑曲面"工具栏。

2. 调用工具栏

在任意工具栏上右击，在出现的快捷菜单中调出"建模"工具栏、"实体编辑"工具栏、"视图"工具栏、"视觉样式"工具栏和"动态观察"工具栏。以后可以根据需要用这种方法调用其他工具栏。

10.1.3　视图方向的设置

在绘制三维立体图形时，为了全方位地观察立体，一个方向往往不能满足需要。为了满

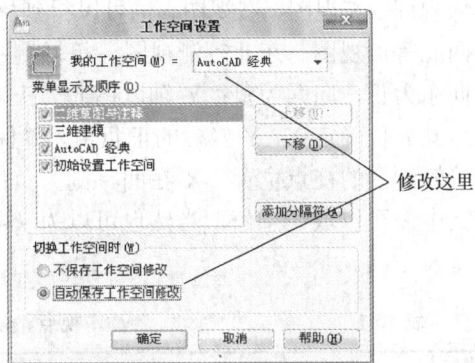

图 10-2　工作空间设置

足用户的需要，AutoCAD 提供的相关命令可以帮助用户从不同角度、不同方向来观察三维立体。

1. 视图

选择下拉菜单"视图"→"三维视图"或使用如图 10-3 所示"视图"工具栏，可以设置常用的视图方向。

2. 视点

一般使用视图命令就可以满足对立体的观察要求，但若希望从某一特定位置观察立体需要使用视点功能。这个功能由 VPOINT 和 DDVPOINT 两个命令都可以实现。

（1）VPOINT 命令。

命名视图　俯视　仰视　左视　右视　前视　后视　西南等轴测　东南等轴测　东北等轴测　西北等轴测　创建相机　上一视图

图 10-3　"视图"工具栏

1) 功能：利用命令行选择视点，并将视点到原点的连线作为观察物体方向。

2) 命令执行方式：

下拉菜单："视图"→"三维视图"→"视点"。

命令：VPOINT

3) 操作过程：

命令：VPOINT ✓
当前视图方向：VIEWDIR=0.0000,0.0000,1.0000
指定视点或 [旋转(R)] <显示指南针和三轴架>：

以上选项的分别是：

a) 指定视点。通过输入视点的绝对坐标值确定视点位置。视点与坐标原点的连线作为观察物体的方向。通过视点的设置可以得到各种标准的显示视图，如主视图、后视图、俯视图、仰视图、左视图、右视图。也可以得到标准的等轴测视图，如西南等测视图、东南等测视图、西北等测视图、东北等测视图。等轴测视图与视点的关系可以通过以下方法来确定：X 轴以向东为正，向西为负；Y 轴以向北为正，向南为负；Z 轴永远为正。确定轴测图视点时，根据其方位确定 X、Y 坐标的正负值，并保证 X、Y、Z 坐标的绝对值相等即可。如要确定西南等轴测图的视点位置，X 在西，则为负；Y 在南，也为负；则其视点坐标为 $(-n, -n, n)$，其中 n 可以取任意值，当然也可以为 $(-1, -1, 1)$。基本视点、轴测视点与视点坐标的关系见表 10-1。

表 10-1　　　　　　　　　基本视点、轴测视点与视点坐标的关系

选项	对应视点	观察方向
俯视	0, 0, 1	正上方
仰视	0, 0, −1	正下方
左视	−1, 0, 0	正左方
右视	1, 0, 0	正右方
主视	0, −1, 0	正前方
后视	0, 1, 0	正后方
西南等轴测	−1, −1, 1	西南方
东南等轴测	1, −1, 1	东南方
东北等轴测	1, 1, 1	东北方
西北等轴测	−1, 1, 1	西北方

b）旋转（R）。通过输入用户视线与 X 轴和 XY 平面的夹角确定视点方向，两角度间的关系如图 10-4 所示。选择该项后 AutoCAD 将提示如下信息：

输入 XY 平面中与 X 轴的夹角 <270>：
输入与 XY 平面的夹角 <90>：

c）显示坐标球和三轴架。选择该项后屏幕上会出现如图 10-5 所示的坐标球和三轴架，用户可以利用它直观地设置新视点。在示意图中，小十字光标代表视点的位置。球的中心是北极（0，0，n），若将十字光标放置在北极上，就可以在屏幕上显示图形的俯视图；球体内圆代表赤道（n，n，0），外圆表示南极（0，0，-n），十字光标在内圆之中表示视点位于 Z 轴的正方向一侧；光标在内外环之间时，表示视点在 Z 轴的负方向一侧。选取光标，在坐标球内移动，则三轴架也随之转动，用户可以观察坐标轴的变化情况，达到满意时可单击鼠标，确定视点。其坐标球、十字光标和视图的关系见表 10-2。

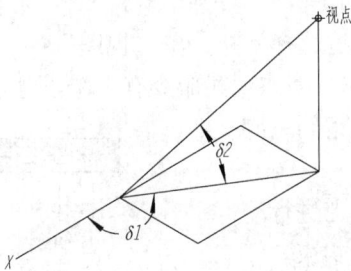

图 10-4 "放置"选择视点中两角度的关系   图 10-5 坐标球和三轴架

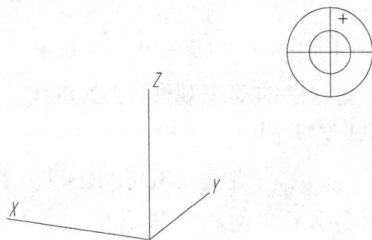

表 10-2   坐标球、十字光标和视图的关系

坐标球	十字光标位置	视图
	A	俯视图
	B	左视图
	C	右视图
	D	主视图
	E	后视图
	F	上左后视图
	G	下左前视图
	H	下右前视图
	I	上右后视图

（2）DDVPOINT 命令。

1）功能：利用对话框选择视点，并将视点到原点连线的作为观察物体方向。

2）命令执行方式：

下拉菜单："视图"→"三维视图"→"视点预置"。

命令：DDVPOINT。

3）操作过程：执行该命令后，屏幕上出现如图 10-6 所示的"视点预设"对话框，用户使用该对话框可以方便地进行视点选择，对话框各部分含义如下：

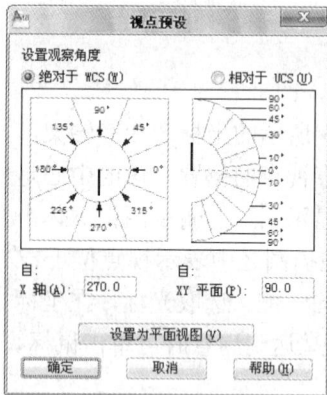

图 10-6 "视点预设"对话框

a）绝对于 WCS（**W**）：相对于 WCS 设置查看方向。

b）相对于 UCS（**U**）：相对于当前 UCS 设置查看方向。

c）X 轴（**A**）：指定视线与 X 轴的角度。

d）XY 平面（**P**）：指定视线与 XY 平面的角度。

e）设为平面视图（**V**）：返回到 AutoCAD 初始点状态，即俯视状态。

3. 动态观察

在使用视点命令时，每次只能观察一个方向，若想观察三维图形的各个方位，必须多设几个视点，这显然比较麻烦。AutoCAD 提供了一个通过鼠标来观察三维图形各个部位的命令——动态观察。

进行动态观察可以通过选择下拉菜单"视图"→"动态观察"或使用如图 10-7 所示"动态观察"工具栏进行操作。动态观察命令有三个，分别为：

（1）受约束的动态观察（3DORBIT）⊕：将动态观察约束到 XY 平面或 Z 方向。

（2）自由动态观察（3DFORBIT）⊘：在任意方向上进行动态观察。沿 XY 平面和 Z 轴进行动态观察时，视点不受约束。

（3）连续动态观察（3DCORBIT）⊘：连续地进行动态观察。在要使连续动态观察移动的方向上单击并拖动，然后释放鼠标。轨道沿该方向继续移动。

10.1.4　与三维实心体有关的两个变量

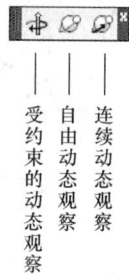

图 10-7 "动态观察"工具栏

1. 系统变量 ISOLINES

（1）功能：指定对象上每个曲面的轮廓素线数目。

（2）命令执行方式：

命令：ISOLINES。

（3）操作过程：

```
命令：ISOLINES↙
输入 ISOLINES 的新值 <4>:
```

系统变量 ISOLINES 的有效设置为 0～2047 的整数。数量越大素线数目越多，立体表达越精细。

2. 系统变量 FACETRES

（1）功能：调整着色对象和删除了隐藏线的对象的平滑度。有效值为 0.01～10.0。

（2）命令执行方式：

命令：FACETRES

（3）操作过程：

```
命令：FACETRES↙
输入 FACETRES 的新值 <0.5000>:
```

10.2 三维基本实体的创建

10.2.1 三维实体造型简介

三维实体是三维图形中最重要的部分，它除了具有三维图形的尺寸、形状特性外，还具有质量、体积、重心、惯性距、回转半径等实体特性，利用这些特性可以对设计的产品进行各种测试以确保它达到产品说明书的要求，这样可省掉构造昂贵原型的花费，并使产品生产周期缩短。另外，用户还可以对三维实体进行求并、求差、求交等布尔运算，从而形成更复杂、更具有实际意义的物体。

创建三维实体的方法，归纳起来有两种：一种是直接输入实体的控制尺寸，由 AutoCAD 相关函数自动生成；另一种是由二维图形经过转换而生成，如面域、旋转或拉伸等。直接输入实体的控制尺寸的方法只能创建一些基本的规则实体，而由二维图形转换法可以创建较为复杂的实体。

创建实体可以从命令行输入命令，也可以使用下拉菜单"绘图"→"建模"或使用如图 10-8 所示"建模"工具栏中按钮。

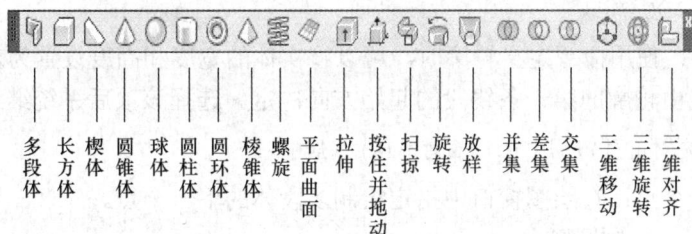

图 10-8 "建模"工具栏

下面介绍创建实体的第一种方法——基本规则实体的创建。这些基本实体包括多段体、长方体、楔体、圆锥体、球体、圆柱体、圆环体和棱锥体。

10.2.2 多段体

（1）功能：通过 POLYSOLID 命令，用户可以创建或将现有直线、二维多线段、圆弧或圆转换为有固定高度和宽度的直线段和曲线段的墙。

（2）命令执行方式：

下拉菜单："绘图"→"建模"→"多段体"。

工具栏：建模 。

命令：POLYSOLID。

（3）操作过程：

```
命令: POLYSOLID ↙
高度 = 80.0000, 宽度 = 5.0000, 对正 = 居中
指定起点或 [对象(O)/高度(H)/宽度(W)/对正(J)] <对象>: H↙
指定高度 <80.0000>: 60↙
高度 = 60.0000, 宽度 = 5.0000, 对正 = 居中
指定起点或 [对象(O)/高度(H)/宽度(W)/对正(J)] <对象>: W↙
指定宽度 <5.0000>: 10
```

高度 ＝ 60.0000, 宽度 ＝ 10.0000, 对正 ＝ 居中
指定起点或 [对象(O)/高度(H)/宽度(W)/对正(J)] <对象>: -50,0↙
指定下一个点或 [圆弧(A)/放弃(U)]: -50,100↙
指定下一个点或 [圆弧(A)/放弃(U)]: A↙
指定圆弧的端点或 [闭合(C)/方向(D)/直线(L)/第二个点(S)/放弃(U)]: 50,100↙
指定下一个点或 [圆弧(A)/闭合(C)/放弃(U)]: 指定圆弧的端点或 [闭合(C)/方向(D)/直线(L)/第二个点(S)/放弃(U)]: L↙
指定下一个点或 [圆弧(A)/闭合(C)/放弃(U)]: 50,0↙
指定下一个点或 [圆弧(A)/闭合(C)/放弃(U)]: C↙

选择"视图"工具栏的"西南等轴测视图",则屏幕上出现如图10-9所示多段体。

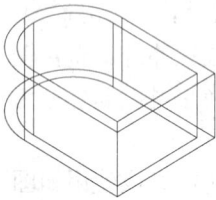

图 10-9　多段体

长方体命令的各选项含义如下:

(1)指定起点:在绘图窗口中指定绘制多段体的起始点。

(2)对象(O):指定要转换为实体的对象。可以转换为直线、圆弧、二维多段线样条曲线和圆。

(3)高度(H):指定实体的高度。默认高度设置为当前 PSOLHEIGHT 设置。

(4)宽度(W):指定实体的宽度。默认宽度设置为当前 PSOLWIDTH 设置。

(5)对正(J):使用命令定义轮廓时,可以将实体的宽度和高度设置为左对正、右对正或居中。对正方式由轮廓的第一条线段的起始方向决定。选择该项后系统继续提示:

输入对正方式[左对正(L)/居中(C)/右对正(R)]<居中>:

(6)指定下一个点:在绘图窗口中指定绘制多段体的下一个点。

(7)圆弧(A):绘制圆弧。

(8)闭合(C):连接当前点和起始点并结束命令。注意当闭合会造成实体自交时,不能使用该项。

(9)放弃(U):取消当前点。

注 意

若希望看到实体更加真实的表达,可以使用"视觉样式"工具栏中的按钮,具体功能请读者自行理解或参考第13章的相关内容。

10.2.3　长方体

(1)功能:创建实心长方体。

(2)命令执行方式:

下拉菜单:"绘图"→"建模"→"长方体"。

工具栏:建模🔲。

命令:BOX。

(3)操作过程:

命令: BOX ↙
指定第一个角点或 [中心(C)]: 0,0,0↙
指定其他角点或 [立方体(C)/长度(L)]: L↙

指定长度 <100.0000>:100✓
指定宽度 <80.0000>:80✓
指定高度或 [两点(2P)] <60.0000>:60✓

选择视图工具栏的"西南等轴测视图"则屏幕上出现如图10-10 所示长方体。

（4）长方体命令的各选项含义如下：

1）指定第一个角点：在提示下输入长方体的角点坐标或在屏幕上用光标指定一点。主要用于确定长方体的基准点，默认为长方体的角点，如图 10-11（a）所示。

2）中心点（CE）：以长方体的中心点作为基准点，如图 10-11（b）所示。

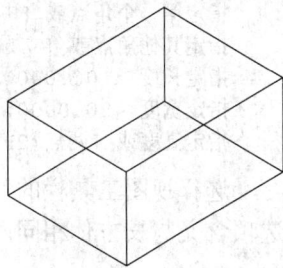

图 10-10　长方体

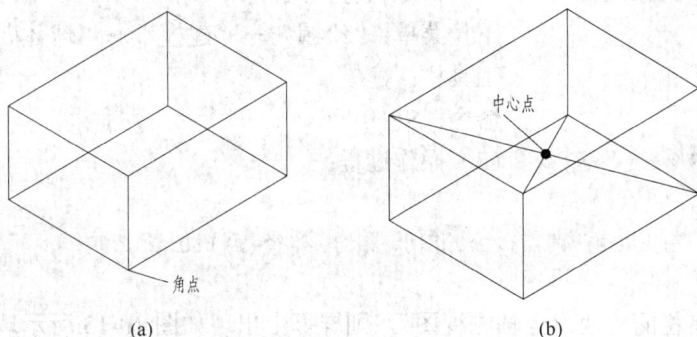

图 10-11　长方体的角点和中心点

（a）长方体的角点；（b）长方体的中心点

3）指定其他角点：在屏幕上确定一点，该点与长方体的基准点形成一个矩形，矩形平行于 X 轴的边长作为长方体的长，平行于 Y 轴的边长作为长方体的宽，高由后面的提示选项确定。

4）立方体（C）：创建一个长、宽、高都相等的长方体。

5）长度（L）：创建指定长、宽、高值的长方体。

注　意

在选择该项时，默认的长度方向由指定的第一个角点和当前的光标位置决定，因此若希望创建与坐标轴平行的长方体，最好先将"正交"打开。

6）两点（2P）：通过指定两点并根据两点之间的距离来确定长方体的高度。

10.2.4　楔体

（1）功能：创建实心楔体。

（2）命令执行方式：

下拉菜单："绘图"→"建模"→"楔体"。

工具栏：建模 。

命令：WEDGE。

（3）操作过程：

```
命令: WEDGE ✓
指定第一个角点或 [中心(C)]: 0,0 ✓
指定其他角点或 [立方体(C)/长度(L)]: L ✓
指定长度 <100.0000>: ✓
指定宽度 <80.0000>: ✓
指定高度或 [两点(2P)] <60.0000>: ✓
```

选择视图工具栏的"西南等轴测视图"，则屏幕上出现如图 10-12 所示楔体。楔体的其他选项含义与长方体相同。

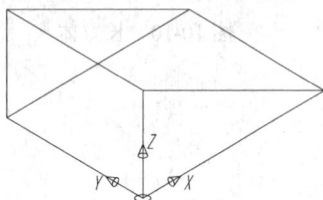

图 10-12　楔体

10.2.5　球体

（1）功能：创建实心球体。

（2）命令执行方式：

下拉菜单："绘图"→"建模"→"球体"。

工具栏：建模●。

命令：SPHERE。

（3）操作过程：

```
命令: SPHERE ✓
指定中心点或 [三点(3P)/两点(2P)/相切、相切、半径(T)]:0,0 ✓
指定半径或 [直径(D)]: 30 ✓
```

选择视图工具栏的"西南等轴测视图"，则屏幕上出现如图 10-13 所示球体。

（4）球体命令的各选项含义如下：

1）指定中心点：指定球体的球心。

2）三点（3P）/两点（2P）/相切、相切、半径（T）：与绘圆命令选项含义相同。系统将通过所确定圆的圆心为球心，圆半径为球半径来确定球体。

3）指定半径或[直径（D）]：确定圆体的半径或直径。

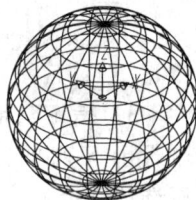

图 10-13　球体

10.2.6　圆柱体

（1）功能：创建实心圆柱体。

（2）命令执行方式：

下拉菜单："绘图"→"建模"→"圆柱体"。

工具栏：建模●。

命令：CYLINDER。

（3）操作过程：

```
命令: CYLINDER ✓
指定底面的中心点或 [三点(3P)/两点(2P)/相切、相切、半径(T)/椭圆(E)]: 0,0 ✓
指定底面半径或 [直径(D)] <30.0000>: 40 ✓
指定高度或 [两点(2P)/轴端点(A)] <100.0000>: 80 ✓
```

选择视图工具栏的"西南等轴测视图"，则屏幕上出现如图 10-14 所示圆柱体。

（4）圆柱体命令的各选项含义如下：

1）指定底面的中心点：定义圆柱体底面圆的中心点，并以此点作为创建圆柱的基准。

2）三点（3P）/两点（2P）/相切、相切、半径（T）：与绘圆命令选项含义相同。系统将通过所确定圆作为圆柱体的底圆。

3）椭圆（E）：创建具有椭圆底的圆柱体。创建过程如下：

命令：CYLINDER ✓
指定底面的中心点或 [三点(3P)/两点(2P)/相切、相切、半径(T)/椭圆(E)]：E ✓ (指定创建椭圆柱)
指定第一个轴的端点或 [中心(C)]：C ✓ (选择确定椭圆的方法，具体参考椭圆命令)
指定中心点：0,0 ✓ (确定椭圆的中心)
指定到第一个轴的距离 <40.0000>：50 ✓ (指定椭圆的半轴长)
指定第二个轴的端点：20 ✓ (指定椭圆的另一半轴长)
指定高度或 [两点(2P)/轴端点(A)]<80.0000>:20✓ (指定椭圆柱的高度)

椭圆柱结果如图 10-15 所示。

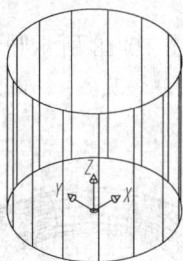

图 10-14 圆柱体

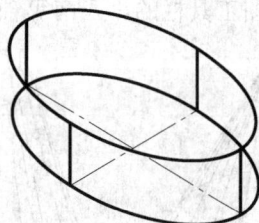

图 10-15 椭圆柱

4）指定底面半径或[直径（D）]：通过指定底圆半径或直径（D）的方式确定底圆大小。

5）指定圆柱体高度：确定圆柱体的高度。

6）轴端点（A）：确定圆柱体顶圆的圆心位置。如图 10-16 所示，选择该项后，圆柱体将以该指定位置与底圆圆心连线的长度作为圆柱体的高，连线方向作为圆柱体的轴线方向，圆柱体的底圆与该轴线相垂直。椭圆柱选项与此相同。

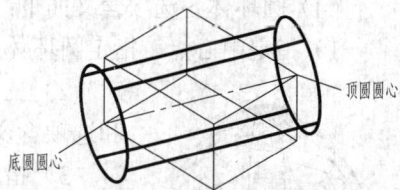

10.2.7 圆锥体

（1）功能：创建实心圆锥体。

（2）命令执行方式：

下拉菜单："绘图"→"建模"→"圆锥体"。

工具栏：建模。

命令：CONE。

图 10-16 圆柱体"轴端点"选项

（3）操作过程：

命令：CONE ✓
指定底面的中心点或 [三点(3P)/两点(2P)/相切、相切、半径(T)/椭圆(E)]：0,0 ✓
指定底面半径或 [直径(D)] <40.0000>：40 ✓
指定高度或 [两点(2P)/轴端点(A)/顶面半径(T)] <141.4214>：80 ✓

选择视图工具栏的"西南等轴测视图"则屏幕上出现如图 10-17（a）所示圆锥体。

（4）圆锥体命令的各选项含义如下：

顶面半径（T）：定义圆台体上表面半径，结果如图 10-17（b）所示。圆锥体其他各选项含义与圆柱体相同。

10.2.8　圆环体

（1）功能：创建实心圆环体。

（2）命令执行方式：

下拉菜单："绘图"→"建模"→"圆环体"。

工具栏：建模 ⊚。

命令：TORUS。

（3）操作过程：

```
命令: TORUS ✓
指定中心点或 [三点(3P)/两点(2P)/相切、相切、半径(T)]: 0,0 ✓
指定半径或 [直径(D)] <40.0000>:40 ✓
指定圆管半径或 [两点(2P)/直径(D)] <10.0000>: 5 ✓
```

选择视图工具栏的"西南等轴测视图"，则屏幕上出现如图 10-18 所示圆环体。

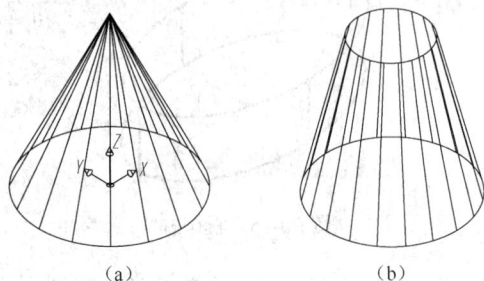

图 10-17　圆锥体

（a）圆锥体；（b）圆台体

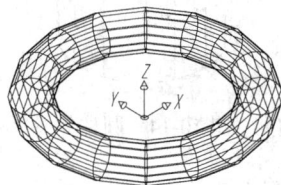

图 10-18　圆环体

（4）圆环体各选项含义如下：

1）指定中心点：指定圆环体中心，并以此点作为创建圆环体的基准点。

2）三点（3P）/两点（2P）/相切、相切、半径（T）：与绘圆命令和选项含义相同。

3）指定半径或[直径（D）]：指定圆环体中心到圆管中心的距离（圆环体半径）。此项若为负值则会创建形似美式橄榄球的实体，如图 10-19 所示，但要求圆管半径大于此项半径的绝对值。

4）指定圆管半径或[两点（2P）/直径（D）]：直接输入圆管的半径或直径，或通过两点的方式确定圆管的半径。

10.2.9　棱锥面

（1）功能：创建实心棱锥体。

（2）命令执行方式：

下拉菜单："绘图"→"建模"→"棱锥面"。

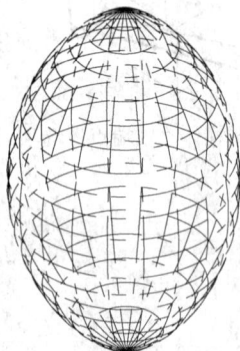

图 10-19　橄榄球

工具栏：建模 ▲。

命令：PYRAMID。

（3）操作过程：

命令：PYRAMID ✓
4 个侧面 外切
指定底面的中心点或 [边(E)/侧面(S)]: 0,0 ✓
指定底面半径或 [内接(I)] <40.0000>: 50 ✓
指定高度或 [两点(2P)/轴端点(A)/顶面半径(T)] <80.0000>: 100 ✓

选择视图工具栏的"西南等轴测视图"，则屏幕上出现如图 10-20 所示棱锥面。

（4）棱锥面各选项含义如下：

1）指定底面的中心点：指定棱锥面底面中心，并以此点作为创建棱锥面的基准点。

2）边（E）：指定棱锥面底面一条边的长度，通过拾取两点来确定。

3）侧面（S）：指定棱锥面的侧面数。可以输入 3~32。默认值为 4。

4）指定底面半径：指定棱锥面底面多边形的内接圆或外切圆半径。

图 10-20 棱锥面

5）内接（I）/外切（C）：确定棱锥面底面多边形的确定方法是内接还是外切。

6）指定高度：指定棱锥面的高度。

7）两点（2P）：将棱锥面的高度指定为两个指定点之间的距离。

8）轴端点（A）：指定棱锥面轴的端点位置。该端点是棱锥面的顶点。轴端点可以位于三维空间中的任何位置，定义了棱锥面的长度和方向。

9）顶面半径（T）：指定棱锥面的顶面半径，并创建棱台。

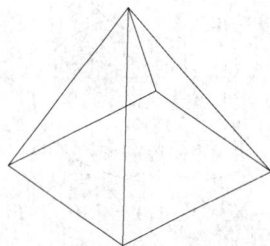

10.2.10 螺旋

使用 HELIX 命令，可以创建二维或三维的螺旋线。

（1）功能：创建二维螺旋线或三维螺旋线。

（2）命令执行方式：

下拉菜单："绘图"→"建模"→"螺旋"。

工具栏：建模 。

命令：HELIX。

（3）操作过程：

命令：HELIX ✓
圈数 = 3.0000 扭曲=CCW
指定底面的中心点： (在屏幕上选择螺旋线底面的中心点)
指定底面半径或 [直径(D)] <1.0000>: 50 ✓
指定顶面半径或 [直径(D)] <50.0000>: 20 ✓
指定螺旋高度或 [轴端点(A)/圈数(T)/圈高(H)/扭曲(W)] <1.0000>: 80 ✓

设置当前视图为西南等轴测图，结果如图 10-21（a）所示。

螺纹命令各选项含义为：

1）指定底面的中心点：选择螺旋线底面的中心点。

2）指定底面半径或[直径（D）]：指定螺旋线底圆的半径或直径。底面半径不能都设置为 0。

3）指定顶面半径或[直径（D）]：指定螺旋线顶圆的半径或直径。顶面半径的默认值始终是底面半径的值。顶面半径不能都设置为 0。

4）指定螺旋高度：指定螺旋线的高度，如图 10-21（a）所示。若高度为 0，则会创建二维螺旋线，如图 10-21（b）所示。

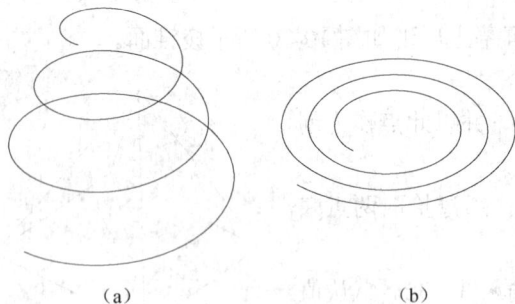

图 10-21　螺旋线

（a）螺旋高度为 80；（b）螺旋高度为 0

5）轴端点（A）：指定螺旋轴的端点位置。轴端点可以位于三维空间的任意位置。轴端点定义了螺旋线的长度和方向。

6）圈数（T）：指定螺旋线的圈（旋转）数。螺旋线的圈数不能超过 500。最初，圈数的默认值为 3。绘制图形时，圈数的默认值始终是先前输入的圈数值。

7）圈高（H）：指定螺旋线内一个完整圈的高度。当指定圈高的值时，螺旋线中的圈数将相应地自动更新。如果已指定螺旋线的圈数，则不能输入圈高的值。螺旋线高度与圈数、圈高的关系为：螺旋线高度＝圈数×圈高。

8）扭曲（W）：指定以顺时针（CW）方向还是逆时针方向（CCW）绘制螺旋。螺旋扭曲的默认值是逆时针。

10.3　布　尔　运　算

在前面几节中所创建的实体均是单个的形体，而如何将这些单个的形体组合在一起，从而形成一个更加复杂的形体。在形体创建过程中有些立体可以看作是由一个形体挖切掉另一个形体而形成的，有些立体可以看作是由两个形体的公共部分，如何创建有这些特点的形体。以上这些问题均可以通过布尔运算来完成。布尔运算就是对三维实体进行并集（UNION）、差集（SUBSTRACT）和交集（INTERSECT）的运算，使简单三维实体进行组合，进而形成复杂的三维实体。

10.3.1　并集

（1）功能：通过并集运算，可将几个三维实体或二维面域合并成一个对象。

（2）命令执行方式：

下拉菜单："修改"→"实体编辑"→"并集"。

工具栏：实体编辑 ⊚ 。

命令：UNION。

【例 10-1】　绘制两个直径为 50、高为 40 的相同圆柱体。并移动其中一个与另一个相交如图 10-22（a）所示，并将两圆柱作布尔求并运算。

1．分析

先绘制两个圆柱，再使用移动命令（MOVE）将它们交在一起，最后使用布尔运算

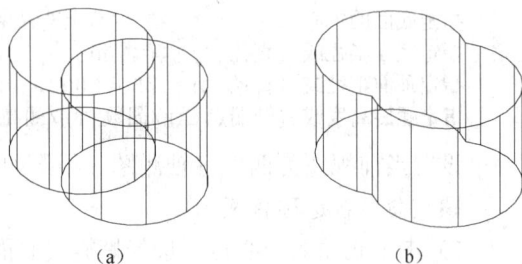

图 10-22　布尔求并运算

（a）原图；（b）并集

中的并集运算将两个圆柱合并在一起。

2．操作过程

（1）设置系统变量 ISOLINES=20。

命令：ISOLINES↙
输入 ISOLINES 的新值 <4>：20 ↙

（2）设置当前视图为西南等轴测视图。

选择下拉菜单"视图"→"三维视图"→"西南等轴测(S)"。

（3）绘制圆柱 1。

命令：CYLINDER ↙
指定底面的中心点或 [三点(3P)/两点(2P)/切点、切点、半径(T)/椭圆(E)]：0,0,0↙
指定底面半径或 [直径(D)] <40>：25 ↙
指定高度或 [两点(2P)/轴端点(A)] <80>：40 ↙

（4）利用复制命令生成相同圆柱 2。

命令：COPY ↙
选择对象：   （选择圆柱 1) ↙
找到 1 个
选择对象：↙
当前设置：复制模式 = 多个
指定基点或 [位移(D)/模式(O)] <位移>：   （在圆柱 1 上任取一点)
指定第二个点或 <使用第一个点作为位移>： （在屏幕上选择一点，使两圆柱位置如"原图"所示)
指定第二个点或 [退出(E)/放弃(U)] <退出>：↙

（5）对两圆柱进行布尔求并运算。

命令：UNION ↙
选择对象：   （选择两圆柱)
选择对象：↙

结果如图 10-22（b）所示。

10.3.2 差集

（1）功能：通过差集运算，可从一个实体或面域中挖切掉另一实体或面域。

（2）命令执行方式：

下拉菜单："修改"→"实体编辑"→"差集"。

工具栏：实体编辑 ◎ 。

命令：SUBTRACT。

【例 10-2】 绘制两个直径为 50、高为 40 的相同圆柱体，并移动其中一个与另一个相交如图 10-23（a）所示，并将两圆柱作布尔差集运算。

原图绘制参照[例 10-1]，对两圆柱进行布尔求差集运算。

命令：SUBTRACT ↙
选择要从中减去的实体、曲面和面域...
选择对象：↙   （选择圆柱 1) ↙
选择对象：↙
选择要减去的实体、曲面和面域...
选择对象：   （选择圆柱 2) ↙

选择对象：✓

结果如图 10-23（b）所示。

10.3.3　交集

（1）功能：通过交集运算，可得到几个相交实体或相交面域的公共部分。

（2）命令执行方式：

下拉菜单："修改"→"实体编辑"→"交集"。

工具栏：实体编辑 ⊚。

命令：INTERSECT。

【例 10-3】　绘制两个直径为 50、高为 40 的相同圆柱体，并移动其中一个与另一个相交，如图 10-24（a）所示，并将两圆柱作布尔交集运算。

原图绘制参照[例 10-1]，对两圆柱进行布尔交集运算。

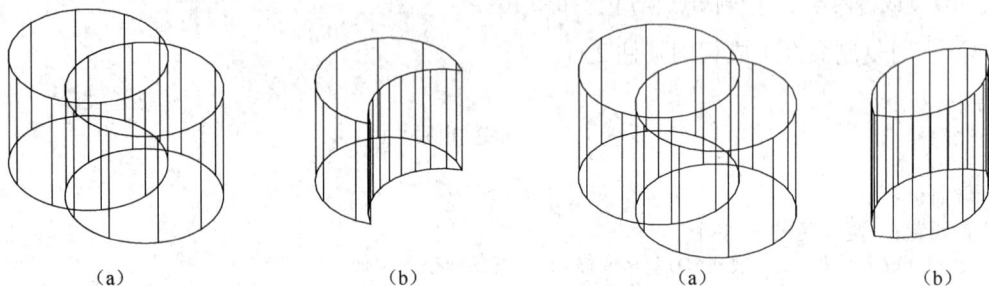

（a）	（b）	（a）	（b）

图 10-23　布尔差集运算　　　　　　　　　图 10-24　布尔求交运算

（a）原图；（b）差集　　　　　　　　　　（a）原图；（b）交集

```
命令：INTERSECT ✓
选择对象：                    （选择两圆柱）✓
选择对象：✓
```

结果如图 10-24 所示。

10.3.4　面域

面域是厚度为零的实体，创建面域的步骤一般分为两步：第一步是创建封闭的图形轮廓；第二步是利用面域命令（REGION）来将封闭的零件轮廓生成面域。

（1）功能：将包含封闭区域的对象转换为面域对象。

（2）命令执行方式：

下拉菜单："绘图"→"面域"。

工具栏：绘图 ⊚。

命令：REGION。

（3）操作过程：

```
命令：REGION✓
选择对象：                    （选择欲转换为面域的对象）
选择对象：✓
```

选择完成后，若转换成功系统将提示：

已提取 1 个环。

已创建 1 个面域。

> **注意**
>
> （1）能够转换为面域的对象必须是闭合的二维图形（这些图形不可以相交，但可自交）。构成闭合二维图形的对象可以是多段线、直线或曲线，也可以是它们组合的图形。曲线包括圆弧、圆、椭圆弧、椭圆和样条曲线。
>
> （2）面域命令对原对象的处理由系统变量 DELOBJ 决定，若该系统变量不为零，则 AutoCAD 将在将原始对象转换为面域之后删除这些对象，否则将保留这些对象。如果原始对象是图案填充对象，那么面域命令操作后图案填充的关联性将丢失。要恢复图案填充关联性，需重新填充此面域。
>
> （3）单纯使用面域的时候很少，很多的时候是为其他操作作准备，如先将二维对象转换成面域，再进行拉伸、旋转等操作。

【例 10-4】 绘制两个直径为 30 的圆，并移动其中一个与另一个相交如图 10-25（a）所示，并将两圆先作面域转换再做布尔并集、差集、交集运算。

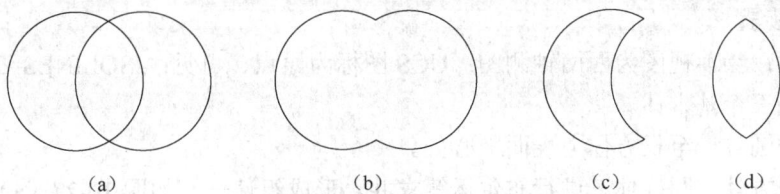

图 10-25 面域的布尔运算

（a）原图；（b）并集；（c）差集；（d）交集

1．分析

先绘制两个相交圆，再将两圆生成面域，最后对两圆面域进行布尔运算。在绘制过程中，应注意绘制两圆时，必须使两圆相交且均转化成面域之后才能看出布尔运算的效果。因此在创建完两相交圆后，应先用面域命令（REGION）将两圆转化成面域后再进行布尔运算。

2．操作过程

（1）绘制两半径均为 30 的圆，如图 10-25（a）所示，过程略。

（2）将两圆转换成面域。

```
命令：REGION↙
选择对象：          (选择两圆)
选择对象：↙
已提取 2 个环。
已创建 2 个面域。
```

（3）对两圆进行布尔求并、求差、求交运算。操作参考圆柱求并、求差、求交运算过程，具体过程略。结果如图 10-25（b）、（c）、（d）所示。

【例 10-5】 请绘制长方体，长、宽、高分别为 100、60、20；绘制圆柱体一，底圆半径 20、高 60；绘制圆柱体二，底圆半径 15、高 80。请将以上基本实体组合成一个实体，如图 10-26（b）所示。

1．分析

该组合体由两个圆柱和一个长方体组合而成。因此可以先绘制这三个基本实体，将直径较大的圆柱以底圆圆心为基准移到长方体上表面的中心处，并对两者进行布尔求并运算；然后将直径较小的圆柱以顶圆圆心为基准移到大圆柱上表面圆心处；最后，用大直径圆柱与长方体的组合体减去（布尔求差运算）小直径圆柱即可完成。

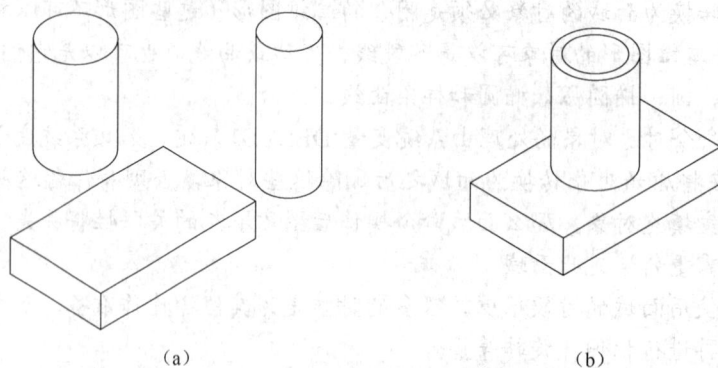

图 10-26　三维实体造型基础绘图实例

（a）原图；（b）组合体

2．操作步骤

（1）设置：当前视图为西南轴测图；UCS 图标为原点、可见；ISOLINES=20。

（2）绘制三个基本体。

（3）移动圆柱一至长方体上表面中心处。

（4）将长方体与圆柱体一进行布尔运算求并，形成组件一，如图 10-27（a）所示。

（5）移动圆柱体二到长方体下表面中心处。

（6）将组件一与圆柱体二进行布尔运算求差，形成组件二，如图 10-27（b）所示。

（7）组件二即为所求。

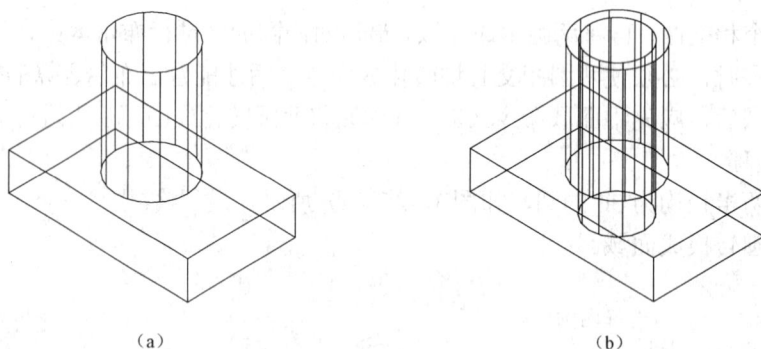

图 10-27　组件分析

（a）组件一；（b）组件二

3．操作过程

（1）设置当前视图为西南轴测图，ISOLINES=20。

1）设置当前视图为西南轴测图。

选择下拉菜单"视图"→"三维视图"→"西南等轴测"

2）设置 ISOLINES=20。

命令：ISOLINES ↙
输入 ISOLINES 的新值 <4>：20 ↙

（2）绘制三个基本体。

1）绘制长方体。

命令：BOX ↙
指定第一个角点或 [中心(C)]：0,0,0 ↙
指定其他角点或 [立方体(C)/长度(L)]：L ↙
指定长度：100 ↙
指定宽度：60 ↙
指定高度或 [两点(2P)]：20 ↙

2）绘制圆柱体一。

命令：CYLINDER ↙
指定底面的中心点或 [三点(3P)/两点(2P)/相切、相切、半径(T)/椭圆(E)]：0,120,0 ↙
指定底面半径或 [直径(D)]：20 ↙
指定高度或 [两点(2P)/轴端点(A)] <20.0000>：60 ↙

3）绘制圆柱体二。

命令：CYLINDER ↙
指定底面的中心点或 [三点(3P)/两点(2P)/相切、相切、半径(T)/椭圆(E)]：0,180,0 ↙
指定底面半径或 [直径(D)]：15 ↙
指定高度或 [两点(2P)/轴端点(A)] <20.0000>：80 ↙

4）移动图柱体一至长方体上表面中心处。

命令：MOVE ↙
选择对象：　　　　　　　　　　　　　　　（选择圆柱体一）
找到 1 个
选择对象：↙
指定基点或 [位移(D)] <位移>：　　　　　（捕捉圆柱体一底圆圆心）
指定第二个点或 <使用第一个点作为位移>：50,30,20 ↙

5）将长方体与圆柱体　进行布尔运算求并，形成组件　。

命令：UNION ↙
选择对象：　　　　　　　　　　　　　　　（选择长方体和圆柱体一）
找到 2 个
选择对象：↙

6）以圆柱体二上表面圆心为基准移动圆柱体二到圆柱体一上表面圆心处。

命令：MOVE ↙
选择对象：　　　　　　　　　　　　　　　（选择圆柱体二）
找到 1 个
选择对象：↙
指定基点或 [位移(D)] <位移>：　　　　　（捕捉圆柱体二上表面圆心）
指定第二个点或 <使用第一个点作为位移>：　（捕捉圆柱体一上表面圆心）

7）将组件一与圆柱体二进行布尔运算求差，形成组件二。

命令：SUBTRACT ↙
选择要从中减去的实体、曲面和面域…
选择对象：　　　　　　　　　　　　　　　（选择组件一）
选择对象：↙
选择要减去的实体或面域 …

选择对象：　　　　　　　（选择圆柱体二）

选择对象：✓

组件二即为所求，结果如图 10-26（b）所示。

10.4　右　手　定　则

在前面几章的学习中主要是在平面坐标系中作图，仅仅用到 X 轴和 Y 轴。在三维造型中要用到 X、Y、Z 轴，这就要涉及如何根据已知的两坐标轴的正方向来判定第三坐标的正方向问题和如何判定绕 X、Y、Z 轴旋转的正方向问题。一般遇到这种方向判定的问题时，都要用到一个重要的判定定则——右手定则。

10.4.1　坐标轴正方向的确定

如图 10-28 所示，将右手大拇指指向 X 轴的正方向，右手食指指向 Y 轴的正方向，使右手的中指弯曲并与大拇指指向的 X 轴正方向和食指指向 Y 轴的正方向所确定的平面垂直，则右手中指指向的方向即为 Z 轴的正方向。因为在绘制二维图形时，默认的情况下，X 轴正方向水平向右，Y 轴正方向垂直向上，因此 Z 轴的正方向应自屏幕垂直向外指向读者。

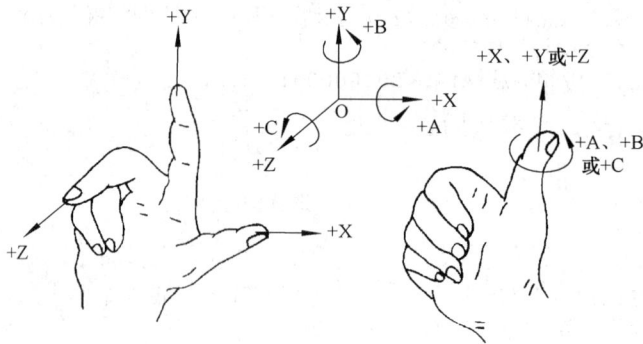

图 10-28　右手定则

10.4.2　旋转正方向的确定

如图 10-28 所示，将右手大拇指伸出指向 X、Y、Z 轴的正方向，使右手其余四指弯曲，则四指弯曲的方向就是绕指定轴旋转的正方向。

另外，还可以通过一种辅助的方法来确定旋转的正方向，即确定旋转轴正方向上任意一点，自该点向原点观察，逆时针方向即为旋转的正方向。

<!-- 注意 -->

注　意

在三维造型过程中，经常会遇到判定方向问题，因此熟练掌握右手定则是学好三维造型的重要基础，在使用过程中要时刻注意坐标轴和旋转的正方向问题。

10.5　用户坐标系 UCS

以前章节中使用的主要是世界坐标系（WCS），对于 AutoCAD 系统来说，世界坐标系是唯一不变的（指坐标原点和 X、Y、Z 轴的方向不变），默认情况下屏幕上显示的是世界坐标系的 XY 平面。而用户坐标系 UCS（User Coordinate System）是相对于世界坐标系而言的，它可以根据用户的需要任意设置坐标原点位置、坐标平面的位置和坐标轴的方向（但 X、Y、Z 轴始终保持相互垂直），是一种可移动的坐标系统。在三维造型中，经常会利用用户坐标系来确定三维形体的位置。

10.5.1　建立用户坐标系 UCS

（1）功能：控制或建立新的用户坐标系。

（2）命令执行方式：

下拉菜单："工具"→"新建 UCS"。

工具栏：UCS⌊。

命令：UCS。

（3）操作过程：

命令：UCS ✓
当前 UCS 名称：*世界*
指定 UCS 的原点或 [面(F)/命名(NA)/对象(OB)/上一个(P)/视图(V)/世界(W)/X/Y/Z/Z 轴(ZA)] <世界>：

1. 指定 UCS 的原点

使用一点、两点或三点定义一个新的 UCS。如果指定单个点，当前 UCS 的原点将会移动而不会更改 X、Y、Z 轴的方向；若指定两点，则第一点为坐标原点，UCS 将绕先前指定的原点旋转以使 UCS 的 X 轴正半轴通过该点；若指定三点，则第一点为坐标原点，第二点为 X 轴正方向上的点，第三点为 Y 轴正方向上的点，Z 轴由右手定则确定。指定 UCS 原点的方法如图 10-29 所示。

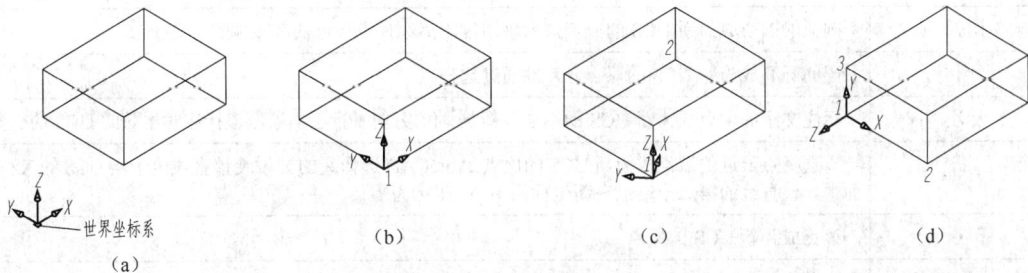

图 10-29　指定新 UCS 原点

(a) 世界坐标系；(b) 一点；(c) 二点；(d) 三点

2. 面（F）

根据三维实体上的平面创建新 UCS。新的 UCS 附着于所选面，坐标原点与所选平面上的最近顶点重合，X 轴对齐所选面最近的边；Y 轴与 X 轴垂直。可以通过所给选项对所选面和 X、Y 轴进行转换设置。执行该选项后，AutoCAD 提示：

选择实体对象的面：
输入选项 [下一个(N)/X 轴反向(X)/Y 轴反向(Y)] <接受>：

以上各选项含义为：

（1）下一个：将新 UCS 定位于邻接的面或选定边所在面的反面。

（2）X 轴反向：将 UCS 绕 X 轴旋转 180°。

（3）Y 轴反向：将 UCS 绕 Y 轴旋转 180°。

（4）接受：接受新 UCS。

3. 命名（NA）

按名称保存并恢复通常使用的 UCS 方向。执行该选项后，AutoCAD 提示：

输入选项 [恢复(R)/保存(S)/删除(D)/?]：s

以上各选项含义为：

（1）恢复（R）：将新 UCS 定位于邻接的面或选定边所在面的反面。

（2）保存（S）：把当前 UCS 按指定名称保存。该名称最多可以包含 255 个字符，并可包括字母、数字、空格和任何未被 Microsoft® Windows®和 AutoCAD 用作其他用途的特殊字符。

（3）删除（D）：删除某一已命名的用户坐标系。在选择时可以用逗号分隔多个 UCS 名或使用通配符删除多个 UCS。如果删除当前 UCS，则它被重新命名为"未命名 UCS"。

（4）?：列出 UCS，列出当前已定义的 UCS 的名称。

4. 对象（OB）

根据用户选择对象创建新 UCS，这些对象不包括 3D 多段线、3D 实心体、3D 网格、视口对象、段落文本、多线、构造线、射线、引线、椭圆、面域或样条线。新 UCS 坐标原点和 X 轴正方向按表 10-3 所示规则规定，Z 轴正方向与所选对象的 Z 轴正方向一致，Y 轴方向用右手定则确定。

表 10-3   **通过选择对象来定义 UCS**

对象	确定 UCS 的方法
圆弧	圆弧的圆心成为新 UCS 的原点，X 轴通过距离选择点最近的圆弧端点
圆	圆的圆心成为新 UCS 的原点，X 轴通过选择点
标注	标注文字的中点成为新 UCS 的原点，新 X 轴的方向平行于当绘制该标注时生效的 UCS 的 X 轴
直线	离选择点最近的端点成为新 UCS 的原点。AutoCAD 选择新的 X 轴使该直线位于新 UCS 的 XZ 平面中。该直线的第二个端点在新坐标系中 Y 坐标为零
点	该点成为新 UCS 的原点
二维多段线	多段线的起点成为新 UCS 的原点。X 轴沿从起点到下一顶点的线段延伸
实体	二维填充的第一点确定新 UCS 的原点。新 X 轴沿前两点之间的联机方向
宽线	宽线的"起点"成为新 UCS 的原点，X 轴沿宽线的中心线方向
三维面	取第一点作为新 UCS 的原点，X 轴沿前两点的联机方向，Y 的正方向取自第一点和第四点，Z 轴由右手定则确定
形、文字、块参照、属性定义	该对象的插入点成为新 UCS 的原点，新 X 轴由对象绕其拉伸方向旋转定义。用于建立新 UCS 的对象在新 UCS 中的旋转角度为零

执行该选项后，AutoCAD 提示：

选择对齐 UCS 的对象：

利用对象方式进行 UCS 的设定有时非常有效，但在使用过程中应注意所选对象的特性。如

图 10-30 所示是以圆弧为对象来确定新的 UCS。

5. 上一个（P）

AutoCAD 保存在图纸空间中创建的最后 10 个坐标系和在模型空间中创建的最后 10 个坐标系。选择该项，将返回前一种坐标系统。

6. 视图（V）

坐标原点不变，以垂直于观察方向（平行于屏幕）的平面为 XY 平面，建立新的坐标系。

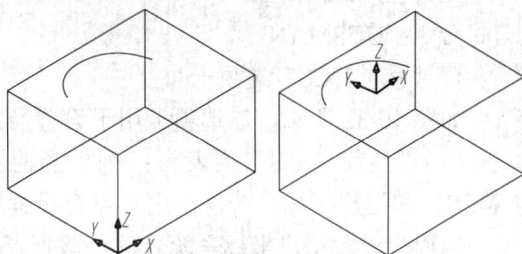

图 10-30　通过指定对象确定新坐标系

7. 世界（W）

将当前用户坐标系设置为世界坐标系。

8. X/Y/Z

通过绕指定轴旋转当前 UCS 来确定新 UCS。执行该选项后，AutoCAD 提示：

指定绕 n 轴的旋转角度 <0>:

在提示中，n 代表 X、Y、Z 轴，输入正或负的角度以旋转 UCS。其默认角度值由系统变量 UCSAXISANG 来确定。AutoCAD 用右手定则来确定绕该轴旋转的正方向，即如果用右手握住所需绕之旋转的轴，且使拇指指向该轴的正方向，则其他合并的手指所指的方向就是旋转的正方向。

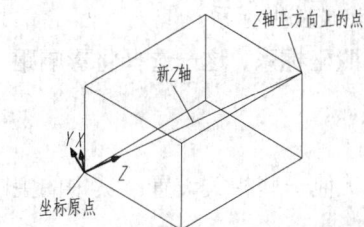

图 10-31　通过指定 Z 轴确定新坐标系

9. Z 轴（ZA）

通过确定新坐标系原点和 Z 轴正方向上任一点创建新的 UCS，如图 10-31 所示。执行该选项后，AutoCAD 提示：

指定新原点或 [对象(O)] <0,0,0>:
在正 Z 轴范围上指定点 <0.0000,0.0000,1.0000>:

在确定了 Z 轴上的点后，系统会相应地确定新坐标系统的 X 轴和 Y 轴。若在系统提示"在正 Z 轴范围上指定点"提示下给出空响应，新坐标系统的 Z 轴将与上一个坐标系统的 Z 轴方向相同。对象的含义是将 Z 轴与离选定对象最近的端点的切线方向对齐。Z 轴正半轴指向背离对象的方向。该种方式一般用于对 X、Y 轴方向要求不高的情况下，如创建一个底面在 XY 平面上的圆柱。

10.5.2　UCS 管理器

利用 UCS 命令可以保存或加载符合自己需要的坐标系统，但当用户坐标系数目增加时，用户需要记忆的名称也随之增加，这为用户造成了很大不便，为了解决这个问题，在 AutoCAD 中提供了一个管理 UCS 的工具——UCS 管理器的"命名 UCS"选项卡，如图 10-32 所示。

（1）功能：对坐标系统进行存储、删除和调用。

（2）命令执行方式：

下拉菜单："工具"→"命名 UCS"。

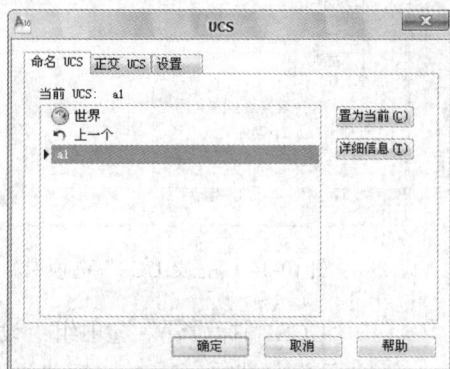

图 10-32　"命名 UCS"选项卡

工具栏：UCSII 🖳。

命令：UCSMAN。

1. "命名 UCS" 选项卡

如图 10-32 所示，该选项卡用于设置当前坐标系统。其中的主要部分为：

（1）"当前 UCS" 列表框：列出当前图形文件所有的坐标系统，包括世界坐标系统（WCS）和用户坐标系统。若用户没有设置用户坐标系统时，该列表框只有世界坐标系统一项。当用户设置用户坐标系统以后，该列表框将出现"上一个"和用户所定义的用户坐标系名称。

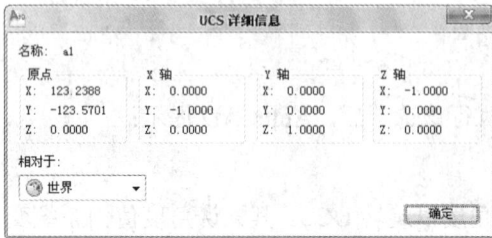

图 10-33　坐标系详细信息

1）世界：世界坐标系统。

2）上一个：上一次曾经使用的坐标系统。

3）自定义 UCS：用户定义的坐标系统。

（2）"置为当前"按钮：将选定的坐标系统设置为当前坐标系统。

（3）"详细信息"按钮：列出所选坐标系的详细参数，该参数可以相对于世界坐标系，也可以相对于用户自定义的坐标系，如图 10-33 所示。

2. "正交 UCS" 选项卡

如图 10-34 所示，该选项卡用于设置 AutoCAD 提供的六种正交 UCS。其中的主要部分为：

（1）"当前 UCS" 列表框：列出 AutoCAD 提供的六种正交 UCS 坐标系。

（2）"相对于"下拉列表框：在该列表框中用户可以选择参照坐标系，这一选择将影响距离数值。

3. "设置" 选项卡

如图 10-35 所示，该选项卡用于设置坐标图标显示方式及其他一些相关设置。其中的主要部分为：

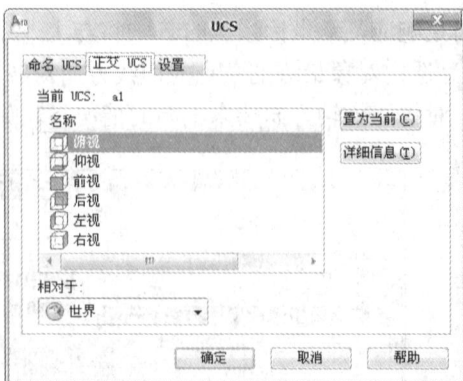

图 10-34　"正交 UCS"选项卡

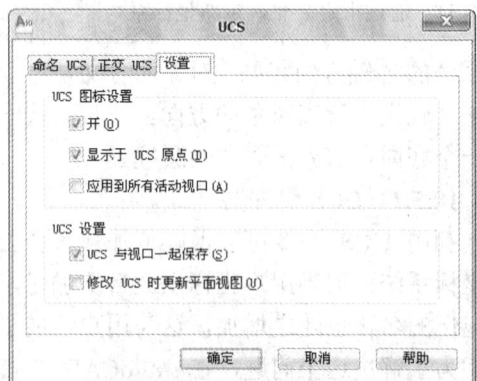

图 10-35　"设置"选项卡

（1）"UCS 图标设置"选项组：设置 UCS 图标的显示特性。

1）"开"复选框：UCS 图标"显示/关闭"开关。

2）"显示于 UCS 原点"复选框：控制 UCS 图标位于当前坐标系原点处，若取消则位于屏幕左下角。

3）"应用到所有活动窗口"复选框：将使当前坐标系图标的所有设置应用到所有活动视口。

（2）"UCS 设置"选项组：设置 UCS 系统与视口的关系。

1）"UCS 与视口一起保存"复选框：确定坐标系统是否随着当前视口一起存储。

2）"修改 UCS 时更新平面视图"复选框：修改视口中的坐标系时恢复平面视图。

10.5.3　UCS 图标的显示

UCS 图标是用户了解当前用户坐标的有用工具，它在模型空间和图纸空间中显示不同，在相同空间也有两种不同形式，如图 10-36 所示。

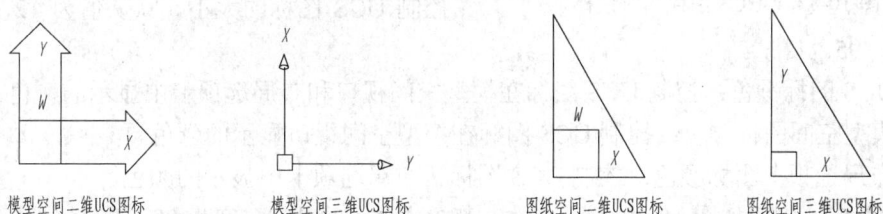

模型空间二维UCS图标　　模型空间三维UCS图标　　图纸空间二维UCS图标　　图纸空间三维UCS图标

图 10-36　UCS 图标

在前面学习了通过 UCS 管理器可以设置 UCS 图标的一些属性，现在学习控制 UCS 图标的另一种方法——UCSICON 命令法。

1. 功能

控制 UCS 图标的显示方式。

2. 命令执行方式

下拉菜单："视图"→"显示"→"UCS 图标"。

3. 命令：UCSICON。

操作过程：

```
命令: UCSICON ✓
输入选项 [开(ON)/关(OFF)/全部(A)/非原点(N)/原点(OR)/特性(P)] <开>:
```

以上各选项功能分别为：

（1）开（ON）：屏幕上显示 UCS 图标。

（2）关（OFF）：屏幕上不显示 UCS 图标。

（3）全部（A）：将对图标的修改应用到所有活动视口。否则，UCSICON 命令只影响当前视口。

（4）非原点（N）：不管 UCS 原点在何处，图标总在屏幕的左下角显示。

（5）原点（OR）：在当前坐标系的原点（0，0，0）处显示该图标。如果原点不在屏幕上，图标将出现在窗口的左下角。

（6）特性（P）：选择该项将出现"UCS 图标"对话框，如图 10-37 所示。在此对话框可设置 UCS 图标的显示方式和图标的属性。

1）UCS 图标样式：指定二维或三维 UCS 图标的显示及其外观。

a）二维：显示二维图标，不显示 Z 轴。

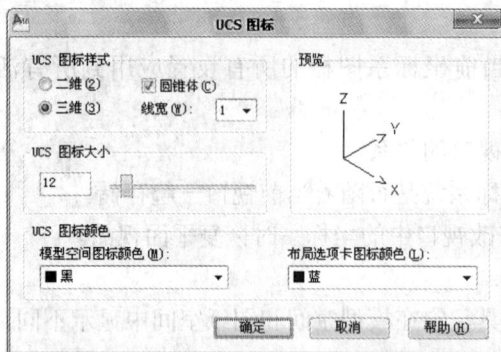

图 10-37 "UCS 图标"对话框

b）三维：显示三维图标。

c）圆锥体：如果选中三维 UCS 图标，则 X、Y 轴显示三维圆锥形箭头。如果不选择"圆锥体"，则显示二维箭头。

d）线宽：控制三维 UCS 图标的线宽。可选 1、2、3 三个选项。

2）预览：显示 UCS 图标在模型空间中的预览效果。

3）UCS 图标大小：按视口大小的百分比控制 UCS 图标的大小。默认值为 12，有效值范围是 5～95。

4）UCS 图标颜色：控制 UCS 图标在模型空间视口和布局选项卡中显示的颜色。

a）模型空间图标颜色：控制 UCS 图标在模型空间视口显示的颜色。

b）布局选项卡图标颜色：控制 UCS 图标在布局选项卡中显示的颜色。

【例 10-6】　创建如图 10-38 所示立体，其中楔体长为 100、宽为 80、高为 60，孔半径为 25，长为 80，孔中心位于楔体斜面中心处，孔轴线与斜面垂直。

1. 分析

由图 10-38 所示楔体位置可以看出该楔体长为-100。创建孔时，由于孔与斜面垂直，因此应先将斜面所在面设置为 XY 平面，再将斜面中心设置为圆柱的底圆中心并进行圆柱的创建。最后利用布尔差集运算完成最后的实体造型。

2. 操作过程

（1）设置当前视图为西南等轴测视图。

选择下拉菜单"视图"→"三维视图"→"西南等轴测"

（2）利用楔体命令创建楔体。

命令：WEDGE ✓
指定第一个角点或 [中心(C)]: 0,0,0✓
指定其他角点或 [立方体(C)/长度(L)]: L ✓
指定长度 <100.0000>: -100 ✓
指定宽度 <80.0000>: 80✓
指定高度或 [两点(2P)] <60.0000>: 60✓

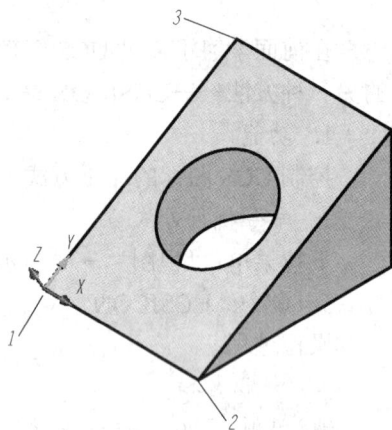

图 10-38 UCS 造型实例

（3）将斜面设置为 XY 平面。

命令：UCS ✓
当前 UCS 名称：*前视*
指定 UCS 的原点或 [面(F)/命名(NA)/对象(OB)/上一个(P)/视图(V)/世界(W)/X/Y/Z/Z 轴(ZA)] <世界>:　　　（选择如图 10-38 所示点 1）
指定 X 轴上的点或 <接受>:　　　（选择如图 10-38 所示点 2）
指定 XY 平面上的点或 <接受>:　　　（选择如图 10-38 所示点 3）

结果如图 10-38 所示。

（4）创建圆柱。

命令：CYLINDER ↙
指定底面的中心点或 [三点(3P)/两点(2P)/切点、切点、半径(T)/椭圆(E)]:
　　　　　　　（同时按 Shift 键和右击，在出现的快捷菜单中选择"两点之间的
　　　　　　　　中点(T)"，依次选择如图 10-38 中所示点 2 和点 3.）
指定底面半径或 [直径(D)] <38.4573>: 25 ↙
指定高度或 [两点(2P)/轴端点(A)] <-80.0000>: -80↙

（5）布尔差集运算。

命令：SUBTRACT ↙
选择要从中减去的实体、曲面和面域...
选择对象：　　　　　　　（选择楔体）
选择对象：↙
选择要从中减去的实体、曲面和面域...
选择对象：　　　　　　　（选择圆柱体）
选择对象：↙

结果如图 10-38 所示。

10.6 线 框 造 型

线框造型是由点、线和曲线等图素构成的。进行线框造型是进行复杂实体造型和复杂曲面造型的基础。该种造型中的每一种图素均需单独绘出，故需要的绘图时间较长。在前面学习的二维绘图命令中，二维多段线命令（PLINE）、正多边形命令（POLYGON）、圆命令（CIRCLE）、矩形命令（RECTANG）、椭圆命令（ELLIPSE）等仅能在 XOY 平面内使用；直线命令（LINE）、构造线命令（XLINE）、射线命令（RAY）、样条曲线命令（SPLINE）等可以在三维空间中使用。在三维空间中绘制多段线时，一般使用三维多段线命令（3DPOLY）。

（1）功能：创建三维多段线。

（2）命令执行方式：

下拉菜单："绘图" → "三维多段线（3）"。

命令：3DPOLY。

（3）操作过程：

命令：3DPOLY
指定多段线的起点：
指定直线的端点或 [放弃(U)]:
指定直线的端点或 [放弃(U)]:
指定直线的端点或 [闭合(C)/放弃(U)]:

绘制三维多段线时，确定三个点后将会出现"闭合（C）"选项；与二维多段线相比，三维多段线的宽度不能改变，也不能绘制圆弧。

【例 10-7】 利用直线命令（LINE）创建如图 10-39 所示的一个长方体，长方体的长、宽、高分别为 100、80、60，基准点为（0，0）。

1. 分析
创建该长方体，可以先以（0，0）为基准点，根据长方体的长、宽、高计算长方体各顶

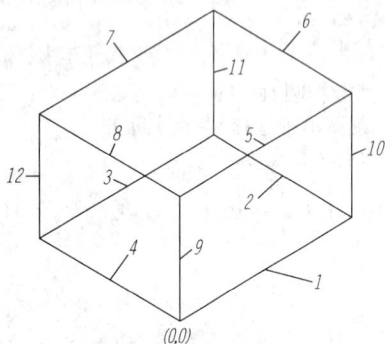

图 10-39   线框造型

点的空间坐标值，如底面各顶点坐标分别为（0，0）、（100，0）、（100，80）、（0，80），然后再进行绘制，因为是在 XOY 平面上绘制图形，Z 坐标均为 0，因此在输入坐标时可以不输入 Z 坐标。然后再计算顶面各顶点坐标，绘制顶面各线；最后用直线将相应顶点连接起来即可。

2．操作过程

（1）设置当前视图为西南等轴测视图。

选择下拉菜单"视图"→"三维视图"→"西南等轴测"

（2）利用直线命令绘制图线 1～12，过程略。结果如图 10-39 所示。

[说 明]：绘制该长方体时，也可以先利用矩形（RECTANG）命令绘制长方体上下两个矩形，再用直线连接即可。

【例 10-8】   在长方体上绘制如图 10-40 所示三维多段线，三维多段线通过各点均为各直线的中点。长方体的长、宽、高分别为 100、80、60。

1．分析

该题创建长方体的作用仅是为了容易确定三维多段线各点位置。因此创建完长方体并执行三维多段线命令后，直接选取长方体各边中点位置即可。

2．操作过程

（1）设置当前视图为西南等轴测视图。

选择下拉菜单"视图"→"三维视图"→"西南等轴测"

（2）绘制长方体。绘图过程与[例 10-7]相同，过程略。

（3）绘制三维多段线。

```
命令：3DPOLY↙
指定多段线的起点：                          (选择点Ⅰ)
指定直线的端点或 [放弃(U)]：                 (选择点Ⅱ)
指定直线的端点或 [放弃(U)]：                 (选择点Ⅲ)
指定直线的端点或 [闭合(C)/放弃(U)]：         (选择点Ⅳ)
指定直线的端点或 [闭合(C)/放弃(U)]：         (选择点Ⅴ)
指定直线的端点或 [闭合(C)/放弃(U)]：         (选择点Ⅵ)
指定直线的端点或 [闭合(C)/放弃(U)]：         (选择点Ⅶ)
指定直线的端点或 [闭合(C)/放弃(U)]：         (选择点Ⅷ)
指定直线的端点或 [闭合(C)/放弃(U)]：C↙
```

结果如图 10-40 所示。

【例 10-9】   在长方体上绘制如图 10-41 所示三维样条曲线，样条曲线通过各点均为各直线的中点。长方体的长、宽、高分别为 100、80、60。

1．分析

该题创建长方体的作用仅是为了容易确定三维多段线各点位置。因此创建完长方体并执行三维样条曲线线命令后，直接选取长方体各边中点位置即可。

2．操作过程

（1）绘制长方体。绘图过程与[例 10-7]相同，过程略。

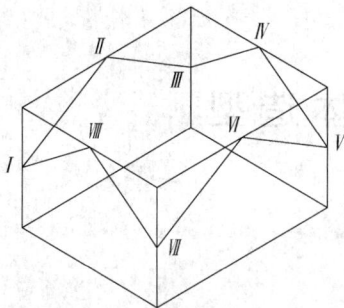

图 10-40 三维多段线的绘制   图 10-41 三维样条曲线的绘制

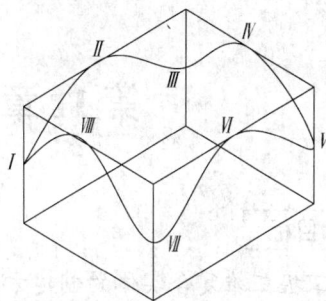

（2）绘制三维样条曲线。

```
命令：SPLINE↙
指定第一个点或 [对象(O)]：                          (选择点Ⅰ)
指定下一点：         (选择点Ⅱ)
指定下一点或 [闭合(C)/拟合公差(F)] <起点切向>：      (选择点Ⅲ)
指定下一点或 [闭合(C)/拟合公差(F)] <起点切向>：      (选择点Ⅳ)
指定下一点或 [闭合(C)/拟合公差(F)] <起点切向>：      (选择点Ⅴ)
指定下一点或 [闭合(C)/拟合公差(F)] <起点切向>：      (选择点Ⅵ)
指定下一点或 [闭合(C)/拟合公差(F)] <起点切向>：      (选择点Ⅶ)
指定下一点或 [闭合(C)/拟合公差(F)] <起点切向>：      (选择点Ⅷ)
指定下一点或 [闭合(C)/拟合公差(F)] <起点切向>：      (选择点Ⅰ)
指定下一点或 [闭合(C)/拟合公差(F)] <起点切向>：↙
指定起点切向：↙
指定端点切向：↙
```

结果如图 10-41 所示。

思 考 题

1. 三维造型环境包括哪些内容？如何设置？
2. 如何能够观察到三维对象的空间结构。
3. 动态观察有哪些方法？它们有何区别？
4. 三维基本实体有哪些？各基本体的基本参数有哪些？
5. 布尔运算有哪几项运算？操作过程是怎样的？
6. 右手定则是如何规定的？
7. 确定用户坐标系方法有哪些？
8. 如何控制坐标系图的显示？
9. 线框造型的特点是什么？
10. 哪些绘图命令只能在二维空间中绘制？哪些绘图命令能够在三维空间中绘制？

第 11 章　三维实体造型

学习目标

（1）掌握三维复合实体的创建方法。
（2）掌握三维实体的编辑方法。
（3）掌握三维实体的操作方法。
（4）掌握由三维实体模型创建正交视图的方法。

学习内容

（1）三维复合实体创建命令的使用方法，如面域、拉伸、旋转、螺旋、扫掠、放样、按住并拖动等。

（2）常用的实体编辑命令的使用方法，如布尔运算（并集、差集和交集）、实体对角面和边的编辑（拉伸、移动、旋转、偏移、倾斜、复制、着色、分割、抽壳、清除、检查或删除）等。

（3）三维实体的操作命令的使用方法，如剖切、切割、倒直角、倒圆角、三维阵列、三维移动、三维旋转、三维镜像、对齐、三维对齐、加厚、转换为实体、提取边、干涉检查。

（4）掌握由三维实体模型创建正交视图的方法、命令的使用方法（如设置视图、设置图形、设置轮廓）和机件的其他表达方法。

11.1　复合实体造型

11.1.1　拉伸

通过拉伸二维对象来创建三维实体或曲面。

1. 功能

将闭合对象（例如圆）转换为三维实体，将开放对象（例如直线）转换为三维曲面。

2. 命令执行方式

下拉菜单："绘图"→"建模"→"拉伸"。

工具栏：建模💷。

命令：EXTRUDE。

3. 操作过程

```
命令：EXTRUDE ✓
当前线框密度： ISOLINES=20
选择要拉伸的对象：　　　　　　　（选择欲拉伸的对象）
选择要拉伸的对象：✓
指定拉伸的高度或 [方向(D)/路径(P)/倾斜角(T)] <50.0000>：P ✓
　　　　　　　　　　（选择通过拉伸高度方式或路径方式拉伸对象）
选择拉伸路径或 [倾斜角]：　　　　（选择拉伸路径）
```

4. 拉伸命令各选项含义

（1）选择要拉伸的对象：选择欲进行拉伸的对象。可以拉伸成三维实体对象包括三维面、封闭多段线、多边形、圆、椭圆、封闭样条曲线、圆环和面域。

> **注 意**
>
> 包含在块中的对象和具有相交或自交的图形是不能拉伸的。

（2）指定拉伸的高度：如果输入正值，将沿对象所在面的法线正方向拉伸对象；如果输入负值，将沿对象所在面的法线负方向拉伸对象。

（3）方向（D）：通过指定的两点指定拉伸的长度和方向。

（4）路径（P）：选择基于指定曲线对象的拉伸路径，路径将移动到轮廓的质心，然后沿选定路径拉伸选定对象的轮廓以创建实体。

（5）倾斜角（T）：正角度表示从基准对象逐渐变细的拉伸，而负角度则表示从基准对象逐渐变粗的拉伸，默认角度 0 表示在与二维对象所在平面垂直的方向上进行拉伸。所有选定的对象和环都将倾斜到相同的角度。

> **注 意**
>
> （1）在拉伸过程中，用户可以设置拉伸对象的高度和倾斜角度，且高度和倾斜角度值均可正可负。若高度值为正，则沿对象所在面的法线正方向拉伸；若高度值为负，则沿对象所在面的法线负方向拉伸。若倾斜角度为正，则向实体内倾斜；若倾斜角度为负，则向实体外倾斜。当设置的高度和角度造成物体产生自交情况时（相对而言高度较大，角度较大），系统将只将对象拉伸到交点处。
>
> （2）在利用路径进行拉伸时，拉伸的路径可以是直线、圆、圆弧、椭圆、椭圆弧、多段线或样条曲线。路径既不能与轮廓共面，也不能具有高曲率的区域，否则将导致拉伸失败。
>
> （3）路径拉伸无法沿三维样条曲线进行，但可以是由多段线编辑（PEDIT）而成的样条曲线。如果路径是一条样条曲线，那么它在路径的一个端点处应该与轮廓所在的平面垂直。否则，AutoCAD 将旋转此轮廓以使其与样条曲线路径垂直。如果样条曲线的一个端点在轮廓平面上，那么 AutoCAD 绕该点旋转剖面，否则 AutoCAD 移动样条曲线路径到轮廓的中心然后绕中心旋转轮廓。
>
> （4）如果路径包含不相切的线段，那么 AutoCAD 沿每个线段拉伸对象，然后沿两线段形成的角平分面斜接接头。如果路径是封闭的，轮廓应位于斜接面上。这允许实体的起始截面和结束截面相互匹配。如果轮廓不在斜接面上，则 AutoCAD 将旋转该轮廓直到它位于斜接面上。

【例 11-1】 利用拉伸命令完成如图 11-1 所示图形。

1. 分析

从图 11-1 可以看出，该立体可看作是由一矩形与一圆组合，并通过拉伸而形成。但若想将该实体拉伸出来，必须使矩形和圆形成一个对象，即必须通过多段线编辑（PEDIT）命令将其编辑成一条封闭的多段线，或通过面域命令将其转换成一个封闭的面域才能执行拉伸操作。下面的操作采用了第二种方法（转换面域）。

2．操作过程

（1）创建拉伸截面。结果如图 11-2 所示，过程略。

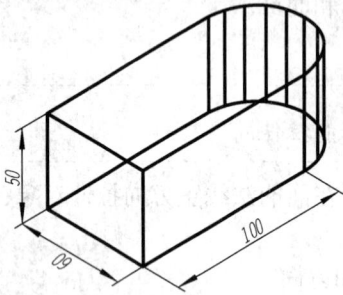

图 11-1　拉伸实体

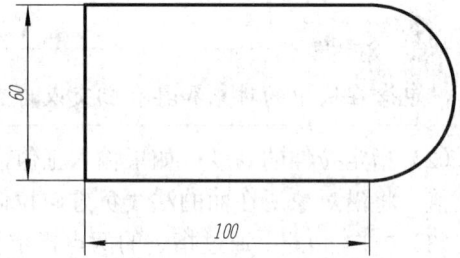

图 11-2　拉伸实体截面

（2）制作面域。

```
命令：REGION✓
选择对象：                    (选择前面制作截面)
选择对象：✓
已提取 1 个环。
已创建 1 个面域。
```

（3）对底面图形进行拉伸。

```
命令：EXTRUDE ✓
当前线框密度：ISOLINES=20
选择要拉伸的对象：         (选择前面制作的面域)
找到 1 个
选择要拉伸的对象：✓
指定拉伸的高度或 [方向(D)/路径(P)/倾斜角(T)] <-50.0000>：50 ✓
```

（4）将视图设置成西南等轴测图方向。

选择下拉菜单"视图"→"三维视图"→"西南等轴测(S)"

结果如图 11-1 所示。

图 11-3　拉伸实体

【例 11-2】 利用拉伸命令完成如图 11-3 所示图形。

1．分析

从图 11-3 可以看出，该立体可看作是由一正六边形与一圆组合，并通过带一定角度拉伸而形成。

2．操作过程

（1）绘制正六边形和圆。

正六边形边数为 6,中心点为(0,0,0),圆的半径为 50
正六边形内部的圆的圆心为(0,0,0),圆的半径为 30。
创建过程略。

（2）对正六边形和圆进行拉伸。

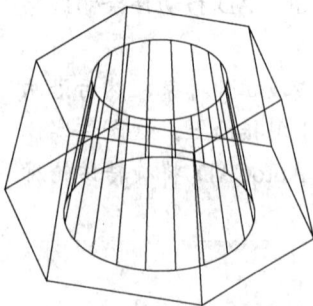

```
命令：EXTRUDE ✓
当前线框密度：ISOLINES=20
选择要拉伸的对象：          (选择正六边形和圆)
```

找到 2 个
选择要拉伸的对象：✓
指定拉伸的高度或 [方向(D)/路径(P)/倾斜角(T)] <50.0000>: T✓
指定拉伸的倾斜角度 <0>: 10✓
值必须非零。
指定拉伸的高度或 [方向(D)/路径(P)/倾斜角(T)] <50.0000>: 50✓

（3）设置当前视图为西南等轴测视图。

选择下拉菜单"视图"→"三维视图"→"西南等轴测(S)"

结果如图 11-3 所示。

【例 11-3】 利用拉伸命令完成如图 11-4 所示图形。

1．分析
该立体可看作是由一圆沿一路径拉伸形成。

2．操作过程
（1）绘制圆。

命令:CIRCLE ✓
指定圆的圆心或[三点(3P)/两点(2P)/相切、相切、半径
(T)]: 0,0 ✓
指定圆的半径或 [直径(D)]: 35 ✓

（2）设置当前视图为左视图。

选择下拉菜单"视图"→"三维视图"→"左视(L)"

图 11-4　拉伸实体

（3）绘制路径。

命令: PLINE ✓
指定起点：　　　　　　　　　　　　　　（在屏幕上选择一点）
当前线宽为 0.0000
指定下一个点或 [圆弧(A)/半宽(H)/长度(L)/放弃(U)/宽度(W)]: @0,100 ✓
指定下一点或 [圆弧(A)/闭合(C)/半宽(H)/长度(L)/放弃(U)/宽度(W)]: @100,0 ✓
指定下一点或 [圆弧(A)/闭合(C)/半宽(H)/长度(L)/放弃(U)/宽度(W)]: ✓

（4）设置当前视图为西南等轴测视图。

选择下拉菜单"视图"→"三维视图"→"西南等轴测(S)"

（5）将圆沿路径拉伸。

命令: EXTRUDE ✓
当前线框密度: ISOLINES=20
选择要拉伸的对象：　　　　　　　　　　（选择圆）
找到 1 个
选择要拉伸的对象：✓
指定拉伸的高度或 [方向(D)/路径(P)/倾斜角(T)]: T ✓
指定拉伸的倾斜角度 <10>: 5 ✓
指定拉伸的高度或 [方向(D)/路径(P)/倾斜角(T)] <50.0000>: P ✓
选择拉伸路径或 [倾斜角]：　　　　　　　（选择上面绘制的路径）
结果如图 11-4 所示。

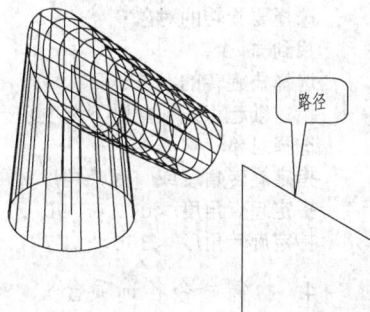

11.1.2　旋转
通过绕轴旋转二维对象生成三维实体或曲面。

1. 功能

旋转闭合对象创建三维实体，旋转开放对象创建曲面。可以将对象旋转 360°或其他指定角度。

2. 命令执行方式

下拉菜单："绘图"→"建模"→"旋转"。

工具栏：建模🔘。

命令：REVOLVE。

3. 操作过程

```
命令：REVOLVE ✓
当前线框密度：ISOLINES=20
选择要旋转的对象：                                    (选择欲旋转的对象)
找到 1 个
选择要旋转的对象：✓
指定轴起点或根据以下选项之一定义轴 [对象(O)/X/Y/Z] <对象>：   (选择旋转轴)
选择对象：✓
指定旋转角度或 [起点角度(ST)] <360>：ST ✓                (设置起点角度)
指定起点角度 <0.0>：90 ✓
指定旋转角度 <360>：270 ✓                              (设置旋转角度)
```

4. 拉伸命令各选项含义

（1）选择要旋转的对象：选择欲进行旋转的对象，用于旋转成实体的封闭对象可以是闭合多段线、多边形、圆、椭圆、闭合样条曲线、圆环和面域，不能旋转的对象是包含在块中的对象和具有相交或自交的图形，而且一次只能旋转一个对象。

（2）指定旋转轴的起点：通过指定两点的方式确定旋转轴，其中第一点为旋转轴的起点，第二点为旋转轴的正方向。

（3）定义轴[对象（O）/X 轴（X）/Y 轴（Y）]：

1）对象（O）：选择现有的直线或多段线中的单条线段定义轴，这个对象绕该轴旋转。轴的正方向从这条直线上的最近端点指向最远端点。

2）X 轴（X）/Y 轴（Y）：使用当前 UCS 的 X 轴（或 Y 轴）作为旋转轴，X 轴（或 Y 轴）的正方向作为旋转轴的正方向。

（4）指定旋转角度：设置对象的旋转角度。

（5）起点角度（ST）：指定从旋转对象所在平面开始的旋转偏移。

【例 11-4】 利用旋转命令完成如图 11-5 所示图形。

1. 分析

该立体可以看作是由图 11-5 左侧二维图形绕指定回转轴环绕一周而形成的。可以通过多段线命令绘制该二维封闭图形，或由直线命令绘制图形，再由多段线编辑命令编辑成一条多段线，也可以利用面域命令将其转换成一个面域，然后利用旋转命令（REVOLVE），使该二维图形绕回转轴转而形成所需立体。

2. 操作过程

（1）设置系统变量 ISOLINES=20。

```
命令：ISOLINES ✓
输入 ISOLINES 的新值 <4>：20 ✓
```

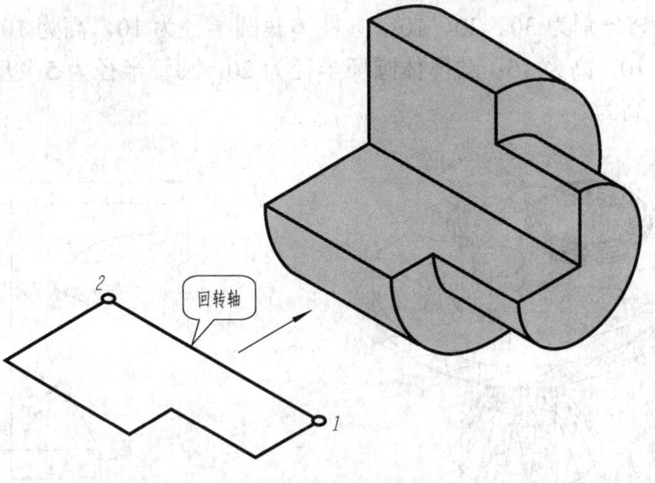

图 11-5 旋转实体

（2）绘制封闭多边形。

命令：PLINE ✓
指定起点：0,0 ✓
当前线宽为 0.0000
指定下一个点或 [圆弧(A)/半宽(H)/长度(L)/放弃(U)/宽度(W)]：0,100 ✓
指定下一点或 [圆弧(A)/闭合(C)/半宽(H)/长度(L)/放弃(U)/宽度(W)]：30,100 ✓
指定下一点或 [圆弧(A)/闭合(C)/半宽(H)/长度(L)/放弃(U)/宽度(W)]：30,60 ✓
指定下一点或 [圆弧(A)/闭合(C)/半宽(H)/长度(L)/放弃(U)/宽度(W)]：50,60 ✓
指定下一点或 [圆弧(A)/闭合(C)/半宽(H)/长度(L)/放弃(U)/宽度(W)]：50,0 ✓
指定下一点或 [圆弧(A)/闭合(C)/半宽(H)/长度(L)/放弃(U)/宽度(W)]：C ✓

注 意

该封闭多边形也可以通过直线命令绘制，但需要再将由直线命令绘制的多边形转换为面域或多段线才可以进行旋转操作。

（3）对封闭多形进行旋转。

命令：REVOLVE ✓
当前线框密度：ISOLINES=20
选择要旋转的对象：   (选择前面绘制的封闭多边形)
找到 1 个
选择要旋转的对象：✓
指定轴起点或根据以下选项之一定义轴 [对象(O)/X/Y/Z] <对象>：   (选择图 11-5 中的点 1)
指定轴端点：   (选择图 11-5 中的点 2)
指定旋转角度或 [起点角度(ST)] <360>：ST ✓
指定起点角度 <0.0>：90 ✓
指定旋转角度 <360>：270 ✓

（4）设置当前视图为东北等轴测视图。

选择下拉菜单"视图"→"三维视图"→"东北等轴测(N)"

结果如图 11-5 所示。

【例 11-5】请绘制如图 11-6（a）所示立体。其中圆桌截面如图 11-6（b）所示；长方体和楔体的长、宽、高分别为 30、20、10；圆柱体底圆半径为 10，高为 10；球体半径为 10；圆锥体底圆半径为 10，高为 15；圆环体圆环半径为 20，圆管半径为 5；五棱柱底面正五边形外接圆半径为 15，高为 5。

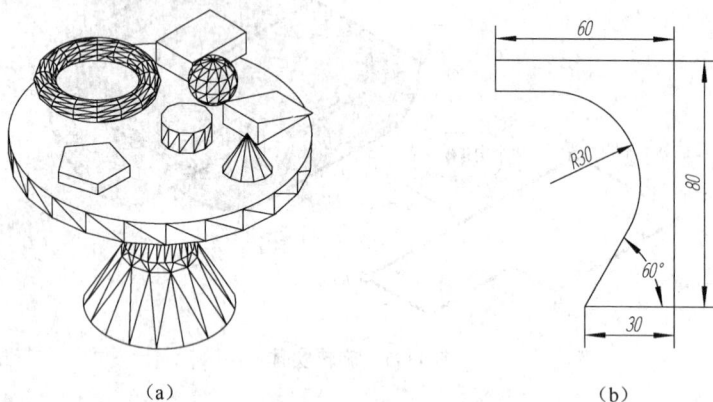

(a)　　　　　　　　　　　　　　　　(b)

图 11-6　三维实体造型基础绘图实例

(a) 综合造型；(b) 圆桌截面图

1．分析

该立体是由一个圆桌和一个五棱柱和六个基本立体（圆柱、圆锥、圆环、圆球、长方体、楔体）构成。其中圆桌可先绘制其截面图形，并将截面图形转换成面域，最后将面域旋转（REVOLVE）成实体即可，但在造型时应注意：截面创建时所在的平面应与其他立体的创建平面相垂直（为什么？请读者自行分析）；五棱柱可以先绘制正五边形，再利用拉伸命令（EXTRUDE）拉伸成所需立体即可；其他基本立体可分别使用其相应立体创建命令进行创建。立体创建完成后可利用移动命令（MOVE）将除圆桌体外的所有立体移动到圆桌面上即可。

2．操作步骤

（1）设置：当前视图为主视图，UCS 图标为原点、可见，ISOLINES=20。

（2）绘制圆桌截面图形。

（3）将圆桌截面转换成面域。

（4）旋转圆桌面域生成圆桌实体。

（5）设置：当前视图为俯视图。

（6）绘制正五边形，并将其拉伸成正五棱柱。

（7）绘制六个基本体。

（8）将圆环向 Z 轴正方向移动 5mm，将圆球向 Z 轴正方向移动 10mm。

（9）设置：当前视图为俯视图。

（10）移动六个基本体和五棱柱到圆桌面上。

（11）设置：当前视图为西南等轴测图。

结果即为所求。

3．操作过程

请读者根据前面所学的知识自行练习，过程略。

11.1.3 扫掠

使用 SWEEP 命令，可以通过沿开放或闭合的二维或三维路径扫掠开放或闭合的平面曲线（轮廓）创建新实体或曲面。SWEEP 沿指定的路径以指定轮廓的形状绘制实体或曲面。可以扫掠多个对象，但是这些对象必须位于同一平面中。

功能：

通过沿路径扫掠二维对象生成三维实体或曲面。

1. 命令执行方式

下拉菜单："绘图"→"建模"→"扫掠"。

工具栏：建模 🔧。

命令：SWEEP。

2. 操作过程

```
命令：SWEEP ↙
当前线框密度：ISOLINES=4
选择要扫掠的对象：                    (选择欲扫掠的对象——圆)
找到 1 个
选择要扫掠的对象：↙
选择扫掠路径或 [对齐(A)/基点(B)/比例(S)/扭曲(T)]：    (选择扫掠路径——螺旋线)
```

设置当前视图为西南等轴测图，结果如图 11-7 所示。

3. 扫掠命令各选项含义

（1）选择要扫掠的对象：选择欲扫掠的对象。该对象可以是直线、圆弧、椭圆弧、二维多段线、二维样条曲线、圆、椭圆、三维平面、二维实体、宽线、面域、平面曲面、实体上的平面。

（2）选择扫掠路径：选择扫掠路径。该路径可以是直线、圆弧、椭圆弧、二维多段线、二维样条曲线、圆、椭圆、二维多段线、三维多段线、螺旋线、实体或曲面的边。

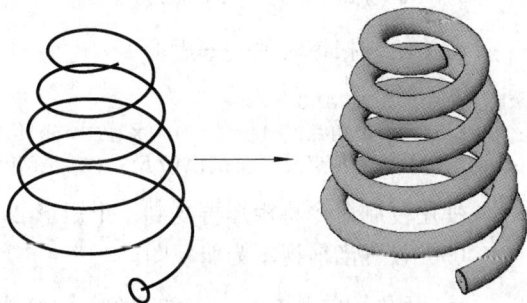

图 11-7 扫掠实体

（3）对齐（A）：指定是否对齐轮廓以使其作为扫掠路径切向的法向。默认情况下，轮廓是对齐的。如果轮廓曲线不垂直于（法线指向）路径曲线起点的切向，则轮廓曲线将自动对齐。出现对齐提示时输入"NO"以避免该情况的发生。

（4）基点（B）：指定要扫掠对象的基点。如果指定的点不在选定对象所在的平面上，则该点将被投影到该平面上。

（5）比例（S）：指定比例因子以进行扫掠操作。从扫掠路径的开始到结束，比例因子将统一应用到扫掠的对象。选择该项后系统将提示：

```
输入比例因子或 [参照(R)] <1.0000>：
```

用户可以直接输入扫掠的比例因子，输入比例后，系统将按比例对扫掠对象进行缩放后再进行扫掠。若选择"参照"，系统将通过拾取点或输入值来根据参照的长度缩放选定的对象。

（6）扭曲（T）：设置正被扫掠的对象的扭曲角度。扭曲角度指定沿扫掠路径全部长度的旋转量。选择该项后系统将提示：

输入扭曲角度或允许非平面扫掠路径倾斜 [倾斜(B)] <0.0000>：

倾斜指定被扫掠的曲线是否沿三维扫掠路径（三维多线段、三维样条曲线或螺旋）自然倾斜（旋转）。

【例11-6】 请绘制如图11-8所示立体。立体截面为矩形，矩形尺寸长和宽均为10；螺旋线底面半径为40，顶面半径为20，螺旋圈数为5，螺旋高度为100，其中图11-8（a）扭曲角度为0°，图11-8（b）扭曲角度为135°。

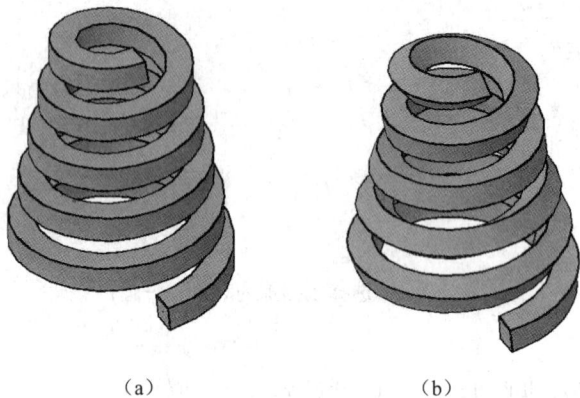

（a）　　　　　　　　（b）

图 11-8　扫掠实体

（a）扭曲角度0°；（b）扭曲角度135°

1. 分析

该立体可以看作是由一个矩形经过扭曲而生成的。在生成过程中图11-8（a）的扭曲角度为0°，图11-8（b）的扭曲角度为135°。

2. 操作过程

（1）设置当前视图为左视图。

选择下拉菜单"视图"→"三维视图"→"左视(L)"

（2）绘制扫掠对象——矩形1。

命令：RECTANG ✓
指定第一个角点或 [倒角(C)/标高(E)/圆角(F)/厚度(T)/宽度(W)]：
指定另一个角点或 [面积(A)/尺寸(D)/旋转(R)]：@10,10

使用复制命令将矩形再复制一个矩形2置于一边。

（3）设置当前视图为俯视图。

选择下拉菜单"视图"→"三维视图"→"俯视(T)"。

（4）设置当前视图为东北等轴测视图。

选择下拉菜单"视图"→"三维视图"→"东北等轴测(N)"

（5）绘制扫掠路径——螺旋线1。

命令：HELIX ✓
圈数 = 10.0000　　扭曲=CCW
指定底面的中心点：
指定底面半径或 [直径(D)] <50.0000>：40
指定顶面半径或 [直径(D)] <40.0000>：20
指定螺旋高度或 [轴端点(A)/圈数(T)/圈高(H)/扭曲(W)] <100.0000>：T
输入圈数 <10.0000>：5
指定螺旋高度或 [轴端点(A)/圈数(T)/圈高(H)/扭曲(W)] <100.0000>：100

使用复制命令将螺旋线再复制一个螺旋线2置于一边。

（6）扫掠。

命令：SWEEP ✓

当前线框密度： ISOLINES=4
选择要扫掠的对象：   (选择矩形 1)
找到 1 个
选择要扫掠的对象： ✓
选择扫掠路径或 [对齐(A)/基点(B)/比例(S)/扭曲(T)]:   (选择螺纹线 1)

结果如图 11-8（a）所示。

命令：SWEEP ✓
当前线框密度： ISOLINES=4
选择要扫掠的对象：   (选择矩形 2)
找到 1 个
选择要扫掠的对象： ✓
选择扫掠路径或 [对齐(A)/基点(B)/比例(S)/扭曲(T)]: T ✓
输入扭曲角度或允许非平面扫掠路径倾斜 [倾斜(B)] <0.0000>: 135 ✓
选择扫掠路径或 [对齐(A)/基点(B)/比例(S)/扭曲(T)]:   (选择螺纹线 2)

结果如图 11-8（b）所示。

11.1.4 放样

使用 LOFT 命令，可以通过指定一系列横截面来创建新的实体或曲面，如图 11-9 所示。横截面用于定义实体或曲面的截面轮廓（形状）。横截面（通常为曲线或直线）可以是开放的（例如圆弧），也可以是闭合的（例如圆）。使用 LOFT 命令时必须指定至少两个横截面。

1. 功能

通过一组两个或多个曲线之间放样来创建三维实体或曲面。

2. 命令执行方式

下拉菜单："绘图"→"建模"→"放样"。
工具栏：建模。
命令：LOFT。

3. 操作过程

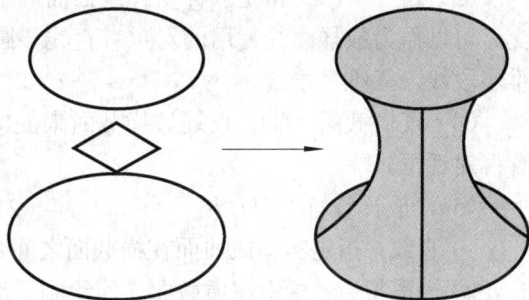

图 11-9　放样实体

命令：LOFT ✓
按放样次序选择横截面：   (选择横截面——底面圆)
找到 1 个
按放样次序选择横截面：   (选择横截面——中间矩形)
找到 1 个,总计 2 个
按放样次序选择横截面：   (选择横截面——顶面圆)
找到 1 个,总计 3 个
按放样次序选择横截面： ✓
输入选项 [导向(G)/路径(P)/仅横截面(C)] <仅横截面>: ✓

系统出现如图 11-10 所示"放样设置"对话框，设置"横截面上的曲面控制"栏中的"平滑拟合"选项，单击"确定"按钮完成造型。

设置当前视图为西南等轴测图。结果如图 11-9 所示。

4. 放样命令各选项含义

（1）按放样次序选择横截面：选择欲生成放样实体的横截面，选择过程中必须按生成次序选择。可以作为横截面使用的对象有直线、圆弧、椭圆弧、二维多段线、二维样条曲线、圆、椭圆、点（仅第一个和最后一个横截面）。

（2）导向（G）：指定控制放样实体或曲面形状的导向曲线。导向曲线是直线或曲线，可通过将其他线框信息添加至对象来进一步定义实体或曲面的形状。可以使用导向曲线来控制点如何匹配相应的横截面以防止出现不希望看到的效果（例如结果实体或曲面中的皱褶）。可以作为引导使用的对象有直线、圆弧、椭圆弧、二维样条曲线、三维样条曲线、二维多段线、三维多段线。

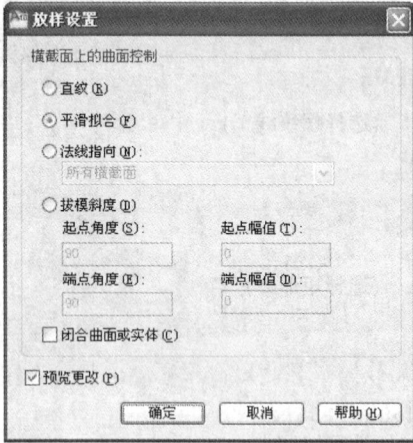
图 11-10 "放样设置"对话框

每条导向曲线必须满足以下条件才能正常工作：①与每个横截面相交；②从第一个横截面开始；③到最后一个横截面结束。

（3）路径（P）：指定放样实体或曲面的单一路径。路径曲线必须与横截面的所有平面相交。可以作为放样路径使用的对象有直线、圆弧、椭圆弧、样条曲线、螺旋、圆、椭圆、二维多段线、三维多段线。

（4）仅横截面（C）：仅通过横截面来创建放样实体。选择该项后，系统将出现"放样设置"对话框。

（5）"放样设置"对话框。

1）直纹：指定实体或曲面在横截面之间是直纹（直的），并且在横截面处具有鲜明边界。

2）平滑拟合：指定在横截面之间绘制平滑实体或曲面，并且在起点和终点横截面处具有鲜明边界。

3）法线指向：控制实体或曲面在其通过横截面处的曲面法线。

a）起点横截面：指定曲面法线为起点横截面的法向。

b）终点横截面：指定曲面法线为端点横截面的法向。

c）起点和终点横截面：指定曲面法线为起点和终点横截面的法向。

d）所有横截面：指定曲面法线为所有横截面的法向。

4）拔模斜度：控制放样实体或曲面的第一个和最后一个横截面的拔模斜度和幅值。拔模斜度为曲面的开始方向：0 定义为从曲线所在平面向外，介于 1～180 之间的值表示向内指向实体或曲面。介于 181～359 之间的值表示从实体或曲面向外。

a）起点角度：指定起点横截面的拔模斜度。

b）起点幅值：在曲面开始弯向下一个横截面之前，控制曲面到起点横截面在拔模斜度方向上的相对距离。

c）终点角度：指定终点横截面拔模斜度。

d）终点幅值：在曲面开始弯向上一个横截面之前，控制曲面到端点横截面在拔模斜度方向上的相对距离。

5）闭合曲面或实体：闭合和开放曲面或实体。使用该选项时，横截面应该形成圆环形图案，以便放样曲面或实体可以形成闭合的圆管。

6）预览更改：将当前设置应用到放样实体或曲面，然后在绘图区域中显示预览。

【例 11-7】 请绘制如图 11-11 所示立体。

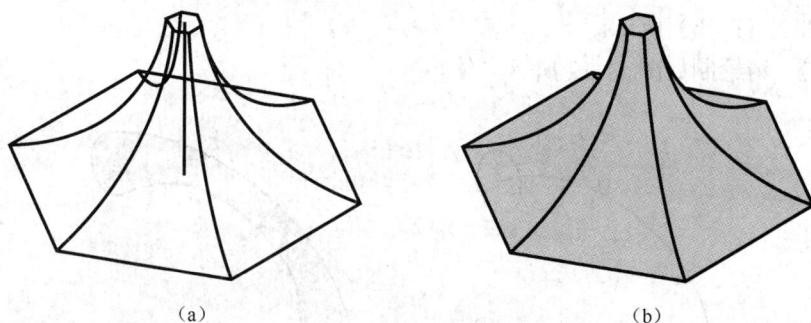

图 11-11　放样实体的创建

（a）线框图；（b）实体图

1. 分析

该立体可以看作是由两个正六边经过导向放样而生成的。其中两个正边形为横截面，六条圆弧为导向线。

2. 操作过程

（1）绘制横截面——正六边形 1。

```
命令：POLYGON ✓
输入边的数目 <6>：
指定正多边形的中心点或 [边(E)]:0,0,0 ✓
输入选项 [内接于圆(I)/外切于圆(C)] <I>：✓
指定圆的半径：100✓
```

（2）绘制横截面——正六边形 2。正多边形的中心点坐标为（0，0，100），半径为 10。过程略。

（3）将当前视图设置为主视图，并用圆弧连接两正六边形端点。过程略。

（4）将圆弧阵列六份。过程略。

（5）设置当前视图为西南等轴测视图。

（6）创建放样实体。

```
命令：LOFT ✓
按放样次序选择横截面：                      (选择正六边形 1)
找到 1 个
按放样次序选择横截面：                      (选择正六边形 2)
找到 1 个,总计 2 个
按放样次序选择横截面：✓
输入选项 [导向(G)/路径(P)/仅横截面(C)]<仅横截>：G:   (设置创建放样实体方式为导向)
选择导向曲线：：                            (选择圆弧 1)
找到 1 个
选择导向曲线：                              (选择圆弧 2)
找到 1 个,总计 2 个
```

……
选择导向曲线：   （选择圆弧 6）
找到 1 个,总计 6 个
选择导向曲线：✓

结果如图 11-11（b）所示。

【例 11-8】 请绘制如图 11-12 所示立体。

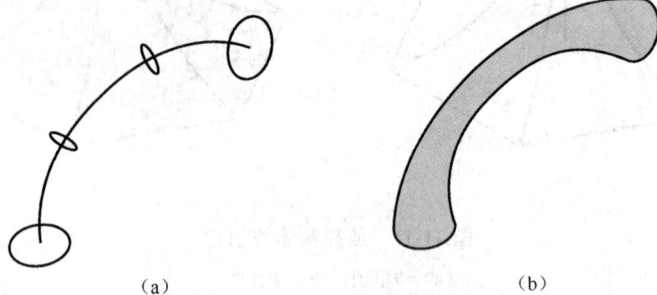

（a）   （b）

图 11-12　放样实体的创建

（a）线框图；（b）实体图

1．分析

该立体可以看作是由四个圆经过路径（圆弧）放样而生成的。其中四个圆为横截面，圆弧为路径线。

2．操作过程

（1）绘制路径线——圆弧。

圆弧半径为 100，圆心角为 135°。过程略。

（2）绘制横截面——圆。

两端圆半径为 20，中间两圆半径为 10。要求四个圆的圆心在路径线——圆弧上。过程略。

（3）设置视图为西南等轴测视图。

（4）创建放样实体。

命令：LOFT ✓
按放样次序选择横截面：   （选择圆 1）
找到 1 个
按放样次序选择横截面：   （选择圆 2）
找到 1 个,总计 2 个
……
按放样次序选择横截面：   （选择圆 4）
找到 1 个,总计 4 个
按放样次序选择横截面：✓
输入选项 [导向(G)/路径(P)/仅横截面(C)] <仅横截面>：P✓
                                  （设置创建放样实体方式为导向）
选择路径曲线：   （选择圆弧）

结果如图 11-12（b）所示。

11.1.5 按住并拖动

通过按 Ctrl+Alt 组合键，然后拾取区域来创建实体。区域必须是由共面直线或边围成的区域。

（1）功能：可以通过按 Ctrl+Alt 组合键，然后拾取区域来按住或拖动有限区域。

（2）命令执行方式：

下拉菜单："绘图"→"建模"→"按住并拖动"。

工具栏：建模。

命令：PRESSPULL 或按 Ctrl+Alt 组合键。

（3）操作过程：

命令：PRESSPULL ✓
单击有限区域以进行按住或拖动操作。(单击长方体上表面上的圆并向上或向下拖动)
已提取 1 个环。
已创建 1 个面域。

若将圆向上拖动则结果如图 11-13（b）所示。若将圆向下拖动则结果如图 11-13（c）所示。可以按住或拖动由以下对象类型定义的有限区域：

1）任何可以通过以零间距公差拾取点来填充的区域。

2）由交叉共面和线性几何体（包括块中的边和几何体）围成的区域。

3）由共面顶点组成的闭合多线段、面域、三维面和二维实体。

4）由与三维实体的任何面共面的几何体（包括面上的边）创建的区域。

按住或拖动有限区域时，不能倾斜该有限区域。然而，可以在按住或拖动有限区域后选择有限区域上的边并对其进行操作以达到相同效果。

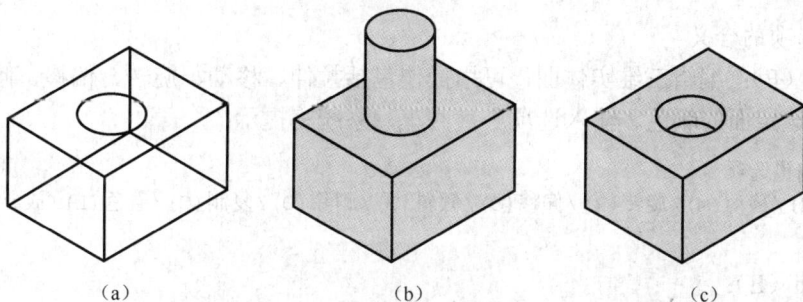

图 11-13 按住并拖动实体
(a) 线框图；(b) 向外拖动；(c) 向内拖动

11.2 三维实体编辑

复杂的三维实体往往不能一次生成，而是通过先创建其基本形体再对其基本形体进行编辑而获得，本节将介绍如何对三维实体进行编辑操作。

实体编辑操作主要包括布尔运算和实体编辑命令（SOLIDEDIT）。可以通过下拉菜单"修改"→"实体编辑"或如图 11-14 所示"实体编辑"工具栏打开。

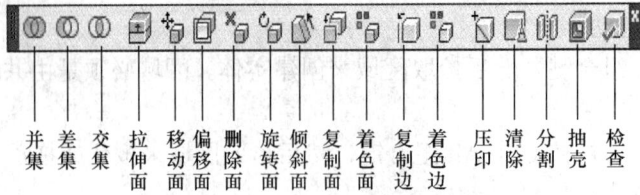

图 11-14 "实体编辑"工具栏

实体对象生成以后，可以使用 SOLIDEDIT 命令对实体对象的体、面、边进行拉伸、移动、旋转、偏移、倾斜、复制、着色、分割、抽壳、清除、检查或删除等操作。利用这些操作可以编辑、修改以前的操作或创建更加复杂的实体对象。实现这些功能除了可以用 SOLIDEDIT 命令以外，还可以使用实体编辑工具栏上的相应按钮。

1. 功能

对实体对象的体、面、边进行拉伸、移动、旋转、偏移、倾斜、复制、着色、分割、抽壳、清除、检查或删除操作。

2. 命令执行方式

下拉菜单："修改" → "实体编辑"。

工具栏：实体编辑。

命令：SOLIDEDIT。

3. 操作过程

```
命令：SOLIDEDIT
实体编辑自动检查： SOLIDCHECK=1
输入实体编辑选项 [面(F)/边(E)/体(B)/放弃(U)/退出(X)] <退出>：
```

4. 各选项的含义

（1）面（F）：编辑三维实体面，可用操作包括拉伸、移动、旋转、偏移、倾斜、删除、复制或更改选定面的颜色。输入选项 F 后回车，系统将提示：

```
输入面编辑选项
[拉伸(E)/移动(M)/旋转(R)/偏移(O)/倾斜(T)/删除(D)/复制(C)/着色(L)/放弃(U)/退出(X)]
<退出>：
```

1）拉伸（E）：

a）功能：将选定的三维实体对象的面拉伸到指定的高度或沿路径拉伸。一次可以选择多个面。

b）命令执行方式：

下拉菜单："修改" → "实体编辑" → "拉伸面"。

工具栏：实体编辑 🔲 。

c）操作过程：

选择该选项并按回车键，系统将提示：

```
选择面或 [放弃(U)/删除(R)]：
选择面或 [放弃(U)/删除(R)/全部(ALL)]：
指定拉伸高度或 [路径(P)]：
```

以上各选项的含义如下：

① 选择面：选择欲拉伸的面。

② 放弃：放弃选择最近添加到选择集中的面。AutoCAD 显示上一个提示。

③ 删除：从选择集中删除以前选择的面。AutoCAD 显示上一个提示。

④ 全部：选择所有面并将它们添加到选择集中。AutoCAD 显示上一个提示。

⑤ 指定拉伸高度：设置拉伸的方向和高度。指定完拉伸高度后系统将提示：

指定拉伸的倾斜角度 <0>:

如图 11-15 所示，如果高度输入正值，则沿面的法向拉伸；如果输入负值，则沿面的反法向拉伸。若角度输入正值，将往里倾斜选定的面；负值，将往外倾斜选定的面。默认角度为 0，将以垂直于平面拉伸面；选择集中，所有选定的面将倾斜相同的角度。如果指定了较大的倾斜角度或高度，则在达到拉伸高度前，面可能会汇聚到一点。

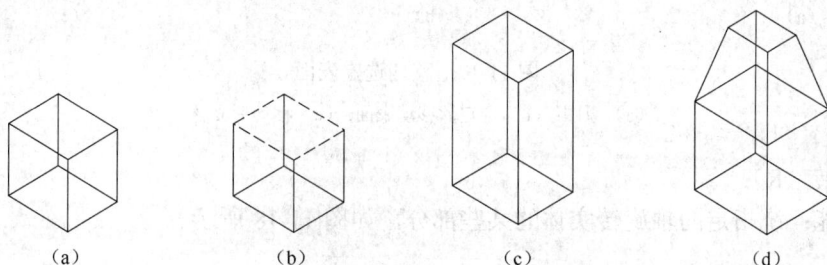

图 11-15　以高度和倾斜角度方式拉伸对象

（a）原图；（b）选定上表面；（c）设置拉伸高度，倾斜角度为 0°；（d）设置拉伸高度，倾斜角度为 15°

⑥ 路径（P）：以指定的直线或曲线作为拉伸路径，如图 11-16 所示。所有选定面的剖面将沿此路径拉伸。

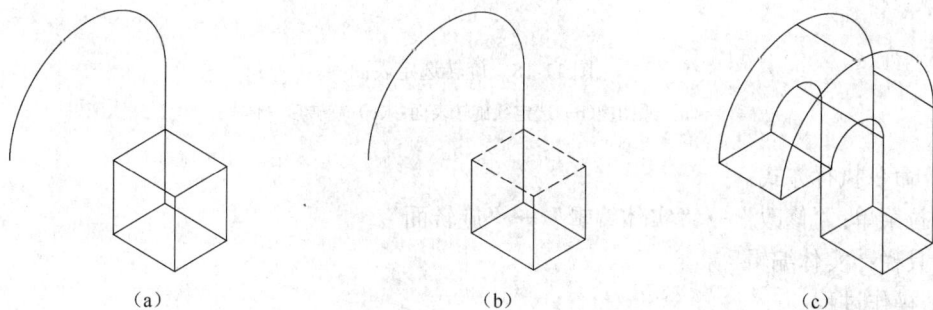

图 11-16　旋转方式拉伸对象

（a）原图；（b）选定上表面；（c）沿路径拉伸

2）移动（M）：

a）功能：沿指定的高度或距离移动选定的三维实体对象的面，如图 11-17 所示。一次可以选择多个面。

b）命令执行方式：

下拉菜单："修改"→"实体编辑"→"移动面"。

工具栏：实体编辑 。

c）操作过程：

选择该选项并按回车键，系统将提示：

选择面或 [放弃(U)/删除(R)/全部(ALL)]:
指定基点或位移:
指定位移的第二点:

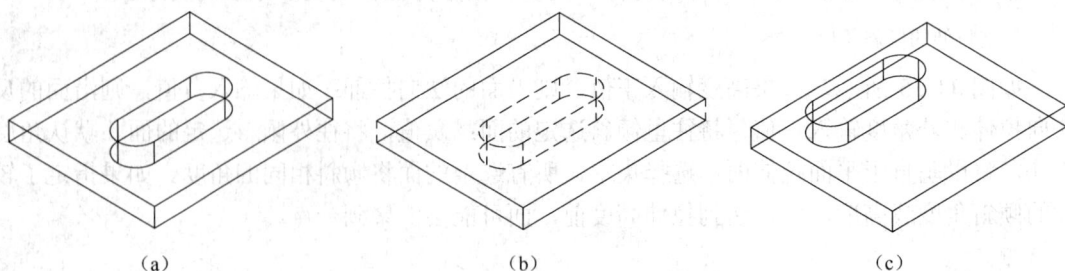

图 11-17　移动选定表面

（a）原图；（b）选定欲移动表面；（c）移动后立体

3）旋转（R）：

a）功能：绕指定的轴旋转实体的某些部分，如图 11-18 所示。

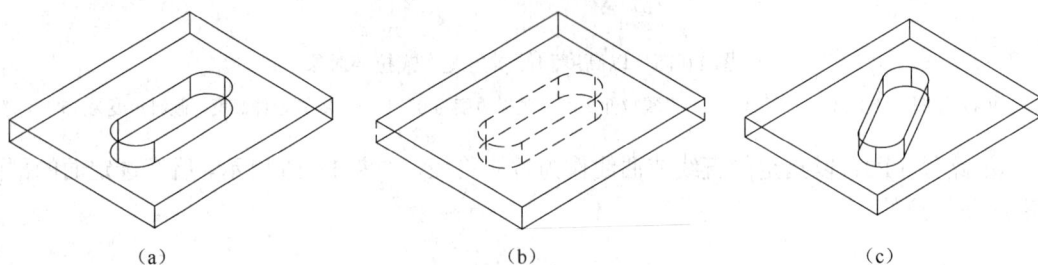

图 11-18　旋转选定表面

（a）原图；（b）选定欲旋转表面；（c）旋转后立体

b）命令执行方式：

下拉菜单："修改" → "实体编辑" → "旋转面"。

工具栏：实体编辑 。

c）操作过程：

选择该选项并按回车键，系统将提示：

选择面或 [放弃(U)/删除(R)/全部(ALL)]:
指定轴点或 [经过对象的轴(A)/视图(V)/X 轴(X)/Y 轴(Y)/Z 轴(Z)] <两点>:
指定旋转角度或 [参照(R)]:

以上各选项的含义如下：

①选择面或[放弃（U）/删除（R）/全部（ALL）]：含义与拉伸（E）项相同。

②指定轴点，两点：使用两个点定义旋转轴，其中第一点为基准点，第二点为旋转轴正方向。

③经过对象的轴（A）：通过现有对象确定旋转轴。对象不同旋转轴也不同，常见对

象如下：

直线：将旋转轴与选定直线对齐。

圆：将旋转轴与圆的三维轴对齐（此轴垂直于圆所在的平面且通过圆心）。

圆弧：将旋转轴与圆弧的三维轴对齐（此轴垂直于圆弧所在的平面且通过圆弧圆心）。

椭圆：将旋转轴与椭圆的三维轴对齐（此轴垂直于椭圆所在的平面且通过椭圆中心）。

多段线：将旋转轴与由多段线起点和端点构成的三维轴对齐。

样条曲线：将旋转轴与由样条曲线起点和端点构成的三维轴对齐。

④视图（V）：将旋转轴与当前通过选定点的视口的观察方向对齐。

⑤X轴（X）/Y轴（Y）/Z轴（Z）：将旋转轴与通过选定点的轴（X、Y或Z轴）对齐。

⑥指定旋转角度：从当前位置起，使对象绕选定的轴旋转指定的角度。

⑦参照（R）：指定参照角度和新角度。

4）偏移（O）：

a）功能：按指定的距离或通过指定的点，将面均匀地偏移。正值增大实体尺寸或体积，负值减小实体尺寸或体积，如图11-19所示。

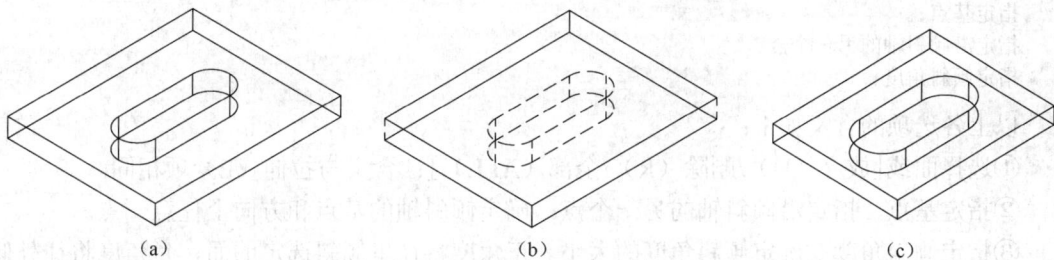

图11-19 偏移选定表面

(a) 原图；(b) 选定欲偏移表面；(c) 偏移后立体

b）命令执行方式：

下拉菜单："修改"→"实体编辑"→"偏移面"。

工具栏：实体编辑 ⬜。

c）操作过程：

选择该选项并按回车键，系统将提示：

选择面或 [放弃(U)/删除(R)/全部(ALL)]：
指定偏移距离

以上各选项的含义如下：

①选择面或[放弃（U）/删除（R）/全部（ALL）]：含义与拉伸（E）项相同。

②指定偏移距离：指定正值增加实体大小，负值减小实体大小。实体体积越大，实体对象中的孔的偏移越小。

5）倾斜（T）：

a）功能：按一个角度将面进行倾斜，如图11-20所示。倾斜角度的旋转方向由选择基点和第二点（沿选定矢量）的顺序决定。

b）命令执行方式：

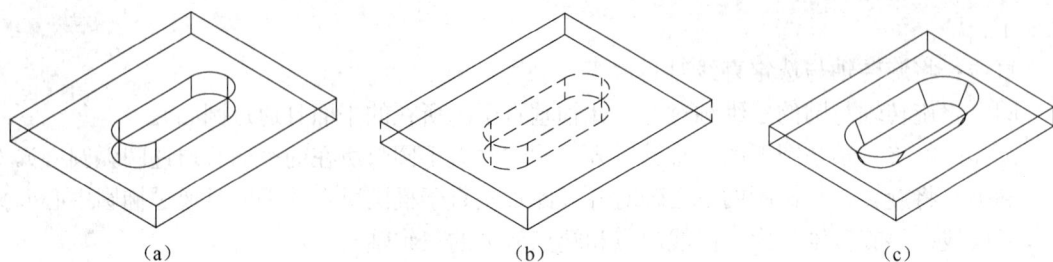

图 11-20　倾斜选定表面

（a）原图；（b）选定欲倾斜表面；（c）倾斜后立体

下拉菜单："修改"→"实体编辑"→"倾斜面"。

工具栏：实体编辑。

c）操作过程：

选择该选项并按回车键，系统将提示：

选择面或 [放弃(U)/删除(R)/全部(ALL)]：
指定基点：
指定沿倾斜轴的另一个点：
指定倾斜角度：

以上各选项的含义如下：

①选择面或[放弃（U）/删除（R）/全部（ALL）]：含义与拉伸（E）项相同。

②指定基点，指定沿倾斜轴的另一个点：确定倾斜轴的基点和方向上任意一点。

③指定倾斜角度：确定倾斜角度的大小。正角度将往里倾斜选定的面，负角度将往外倾斜面。默认角度为 0，可以垂直于平面拉伸面。选择集中所有选定的面将倾斜相同的角度。

6）删除（D）：删除面，包括圆角和倒角，如图 11-21 所示。

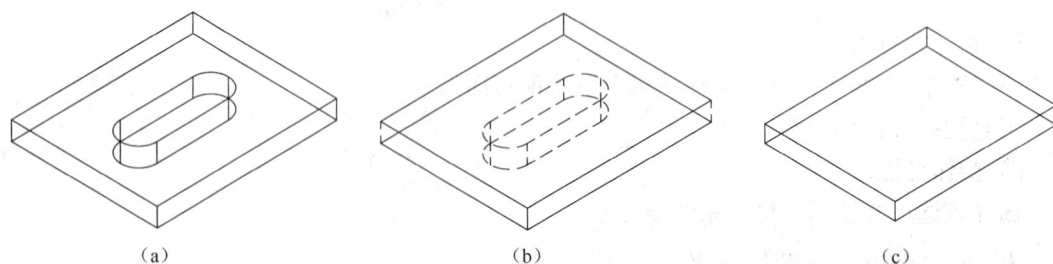

图 11-21　删除选定表面

（a）原图；（b）选定欲删除表面；（c）删除后立体

选择该选项并按回车键，系统将提示：

选择面或 [放弃(U)/删除(R)/全部(ALL)]：

以上各选项的含义如下：

选择面或[放弃（U）/删除（R）/全部（ALL）]：含义与拉伸（E）项相同。

7）复制（C）：

a）功能：

将面复制为面域或体，如图 11-22 所示。

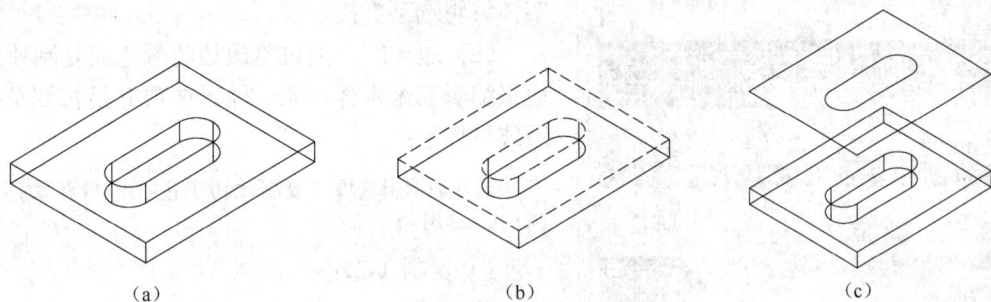

图 11-22　复制选定表面

（a）原图；（b）选定欲复制表面；（c）复制后立体

b）命令执行方式：

下拉菜单："修改"→"实体编辑"→"复制面"。

工具栏：实体编辑⬚。

c）操作过程：

选择该选项并按回车键，系统将提示：

选择面或 [放弃(U)/删除(R)/全部(ALL)]：
指定基点或位移：
指定位移的第二点：

以上各选项的含义如下：

①选择面或[放弃（U）/删除（R）/全部（ALL）]：含义与拉伸（E）项相同。

②指定基点或位移，指定位移的第二点：确定复制面的基准点和位移点。

8）着色（L）：修改面的颜色，如图 11-23 所示。

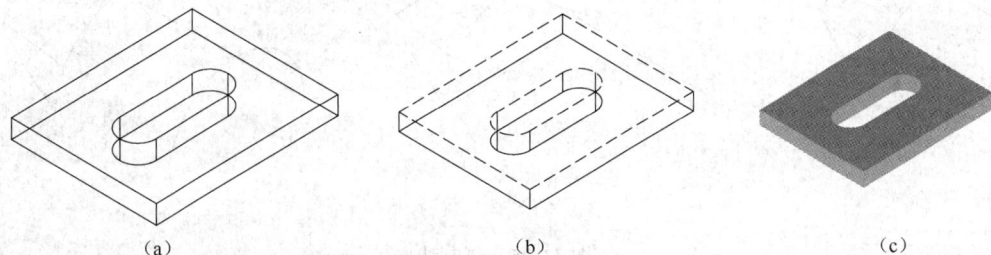

图 11-23　着色选定表面

（a）原图；（b）选定欲着色表面；（c）着色后立体

选择该选项并按回车键，系统将提示：

选择面或 [放弃(U)/删除(R)/全部(ALL)]：

AutoCAD 将出现如图 11-24 所示"选择颜色"对话框，从中选择一种颜色即可为实体面着色。选择颜色，并设置"视觉样式"为"真实"后，效果如图 11-23（c）所示。

9）放弃（U）：放弃操作，一直返回到 SOLIDEDIT 命令的开始状态。

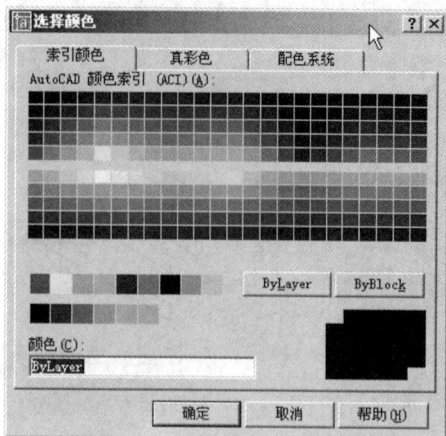

图 11-24 选择颜色对话框

10）退出（X）：退出面编辑选项并显示"输入实体编辑选项"提示。

（2）边（E）：通过修改边的颜色或复制独立的边来编辑三维实体对象。输入选项 E 后按回车键，系统将提示：

输入边编辑选项 [复制(C)/着色(L)/放弃(U)/退出(X)] <退出>：

1）复制（C）：

a）功能：

复制三维边。将三维实体边复制为直线、圆弧、圆、椭圆或样条曲线。

b）命令执行方式：

下拉菜单："修改"→"实体编辑"→"复制边"。

工具栏：实体编辑 📋。

c）操作过程：

选择该选项并按回车键，系统将提示：

选择边或 [放弃(U)/删除(R)]：

以上各项含义为：

①选择边：选择欲复制的实体边。

②放弃（U）：放弃选择最近添加到选择集中的边。

③删除（R）：从选择集中删除先前选择的边。

复制边过程如图 11-25 所示。

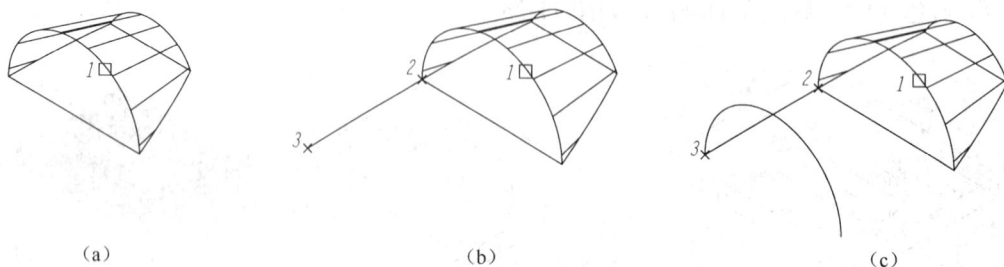

（a）   （b）   （c）

图 11-25 复制边

（a）选定边；（b）选定基点和第二点；（c）复制边

2）着色（L）：

a）功能：

更改实体边的颜色。

b）命令执行方式：

下拉菜单："修改"→"实体编辑"→"着色边"。

工具栏：实体编辑 📋。

c）操作过程：

选择该选项并按回车键，系统将提示：

选择边或 [放弃(U)/删除(R)]：

以上各项含义与复制边各项含义相同，操作过程与着色面过程相同。

（3）体（B）：编辑整个实体对象，方法是在实体上压印其他几何图形，将实体分割为独立实体对象，以及抽壳、清除或检查选定的实体。输入选项 B 后按回车键，系统将提示：

输入体编辑选项
[压印(I)/分割实体(P)/抽壳(S)/清除(L)/检查(C)/放弃(U)/退出(X)] <退出>：

以上各选项的含义如下：

1）压印（I）：

a）功能：在选定的对象上压印一个对象。为了使压印操作成功，被压印的对象必须与选定对象的一个或多个面相交。压印操作仅限于圆弧、圆、直线、二维和三维多段线、椭圆、样条曲线、面域、体及三维实体等对象。

b）命令执行方式：

下拉菜单："修改"→"实体编辑"→"压印"。

工具栏：实体编辑 。

c）操作过程：

选择该选项并按回车键，系统将提示：

选择三维实体：
选择要压印的对象：
是否删除源对象 [是(Y)/否(N)] <N>：

压印过程如图 11-26 所示。

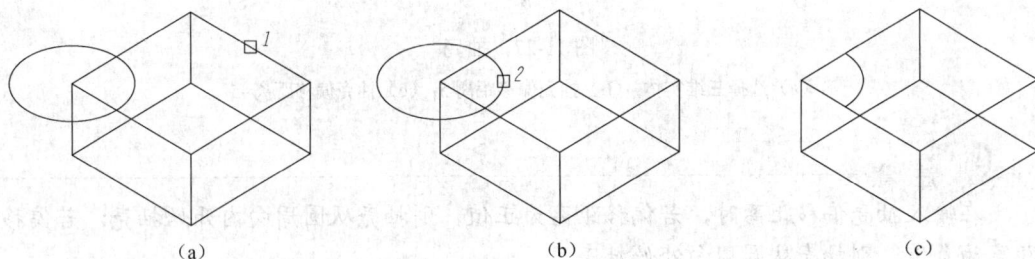

图 11-26 压印

(a) 选择三维实体；(b) 选择要压印的对象（圆）；(c) 压印后对象

2）分割实体（P）：

a）功能：用不相连的体将一个三维实体对象分割为几个独立的三维实体对象。

b）命令执行方式：

下拉菜单："修改"→"实体编辑"→"分割"。

工具栏：实体编辑 。

c）操作过程：

选择该选项并按回车键，系统将提示：

选择三维实体：

3）抽壳（S）：

a）功能：抽壳是用指定的厚度创建一个空的薄层。可以为所有面指定一个固定的薄层厚度。通过选择面可以将这些面排除在壳外。一个三维实体只能有一个壳。AutoCAD 通过将现有的面偏移出它们原来的位置来创建新面。

b）命令执行方式：

下拉菜单："修改"→"实体编辑"→"抽壳"。

工具栏：实体编辑▣。

c）操作过程：

选择该选项并按回车键，系统将提示：

选择三维实体：
删除面或 [放弃(U)/添加(A)/全部(ALL)]：
输入抽壳偏移距离：

抽壳过程如图 11-27 所示。

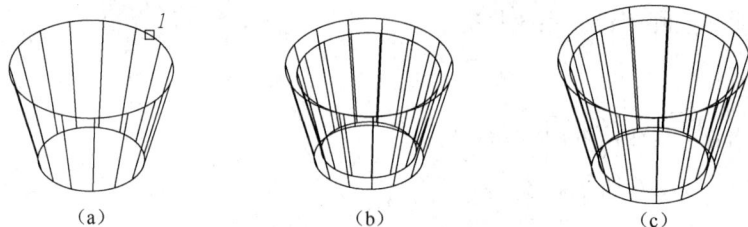

图 11-27　抽壳
（a）选择三维实体；（b）抽壳偏移距离 5；（c）抽壳偏移距离–5

4）清除（L）：

a）功能：删除共享边以及那些在边或顶点具有相同表面或曲线定义的顶点。删除所有多余的边和顶点、压印以及不使用的几何图形。

b）命令执行方式：

下拉菜单："修改"→"实体编辑"→"清除"。

工具栏：实体编辑▣。

c）操作过程：

选择该选项并按回车键，系统将提示：

选择三维实体：

清除过程如图 11-28 所示。

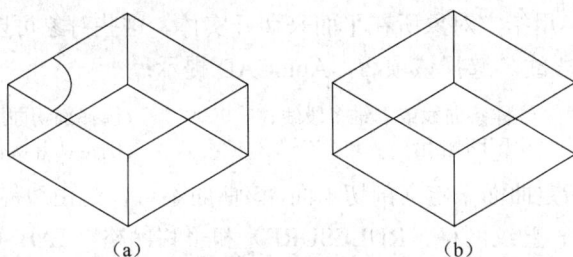

图 11-28 清除

（a）选择带压印的三维实体；（b）清除后对象

5）检查（C）：验证三维实体对象是否为有效的 ShapeManager 实体。

6）放弃（U）：放弃编辑操作。

7）退出（X）：退出面编辑选项并显示"输入实体编辑选项"提示。

11.3 三 维 操 作

三维操作命令大体可以分成两类：一类是通用操作命令，通用操作命令既可以用于二维对象（直线、矩形、圆等）也可以用于三维对象（实体、曲面），如复制（COPY）、移动（MOVE）、镜像（MIRROR）、阵列（ARRAY）、倒角（CHAMFER）、倒圆（FILLET）、三维旋转（3DROTATE）、三维镜像（MIRROR3D）、三维阵列（3DARRAY）、三维对齐（3DALIGN）等命令；另一类是实体专用操作命令，如实体的剖切（SLICE）、切割（SECTION）、加厚（THICKEN）、干涉检查（INTERFERE）等命令。三维旋转（3DROTATE）、三维镜像（MIRROR3D）、三维阵列（3DARRAY）、三维对齐（3DALIGN）等命令可以通过下拉菜单"修改"→"三维操作"打开。

11.3.1 三维实体的剖切与切割

AutoCAD 提供了对三维实体进行剖切与切割的功能，利用这个功能，用户可以方便地创建出被截切的实体或实体的断面图。三维实体的剖切是利用 SLICE 命令将实体用某个面切为两部分，用户可以对两部分进行取舍处理；三维实体的切割是利用 SECTION 命令生成实体在剖切平面位置的断面图。下面将介绍这两种命令的使用方法。

（1）功能：将实体从指定面处切开，用户可对切割的部分进行有选择取舍。

（2）命令执行方式：

下拉菜单："修改"→"三维操作"→"剖切"。

命令：SLICE。

（3）操作过程：

命令：SLICE ✓
选择要剖切的对象：   （选择欲剖切的实体）
找到 1 个
选择要剖切的对象：✓
指定切面的起点或 [平面对象 (O)/曲面 (S)/Z 轴 (Z)/视图 (V)/XY (XY)/YZ (YZ)/ZX (ZX)/三点 (3)] <三点>：
……
在所需的侧面上指定点或 [保留两个侧面 (B)] <保留两个侧面>：

以上各选项含义如下：

1）平面对象（O）。用指定对象所在平面来切开实体。这些对象可以是圆、椭圆、圆弧、二维样条曲线或二维多段线。选择该项后，AutoCAD 提示：

选择圆、椭圆、圆弧、二维样条曲线或二维多段线：　　　（选择剖切面所在对象）
在要保留一侧指定点或 [保留两侧(B)]：　　　　　　　　（确定切开实体的保留方式）

2）曲面（S）。通过指定曲面来定义剖切平面，该曲面不可以是由边界网格（EDGESURF）、旋转网格（REVSURF）、直纹网格（RULESURF）和平移网格（TABSURF）等命令创建的网格，一般使用平面曲面（PLANESURF）命令创建的曲面。选择该项后，AutoCAD 提示：

选择曲面：
选择要保留的实体或 [保留两个侧面(B)] <保留两个侧面>：

3）Z 轴（Z）。通过指定剖切平面上一点和在剖切平面 Z 轴（法线）上指定另一点来定义剖切平面（该剖切平面通过所选择的第一点并与第一点和第二点所构成的 Z 轴相垂直）。选择该项后，AutoCAD 提示：

指定剖面上的点：
指定平面 Z 轴（法向）上的点：
选择要保留的实体或 [保留两个侧面(B)] <保留两个侧面>：

4）视图（V）。通过指定剖切平面上一点选择与当前视图平面平行的平面作为剖切平面。选择该项后，AutoCAD 提示：

指定当前视图平面上的点 <0,0,0>：
选择要保留的实体或 [保留两个侧面(B)] <保留两个侧面>：

5）XY(XY)/YZ(YZ)/ZX(ZX)。这三项分别表示通过指定剖切平面上一点选择与当前 UCS 坐标系下的 XY 平面、YZ 平面、ZX 平面平行的平面作为剖切平面。输入 XY 后，AutoCAD 提示：

指定 XY 平面上的点 <0,0,0>：
选择要保留的实体或 [保留两个侧面(B)] <保留两个侧面>：

6）三点（3）。用三点定义剖切平面。此项为默认项。选择该项后，AutoCAD 提示：

指定平面上的第一个点：
指定平面上的第二个点：
指定平面上的第三个点：
在所需的侧面上指定点或 [保留两个侧面(B)] <保留两个侧面>：

【例 11-9】　对三维实体进行全剖，如图 11-29 所示。

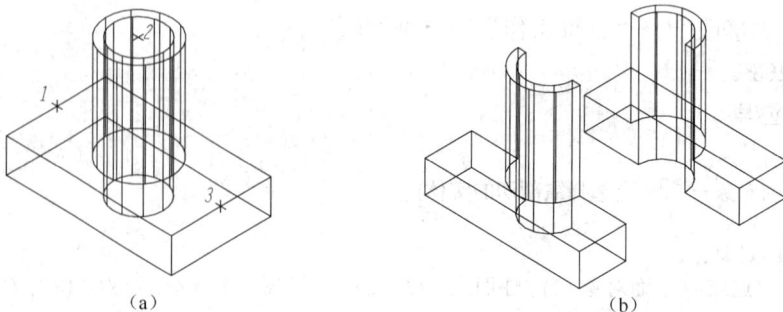

图 11-29　剖切实体
（a）三点；（b）剖切后的实体

1．分析

实体对前后、左右对称，可选择以它最大对称面为剖切面进行剖切。因没有现成的平面供选择，可以用三点法确定剖切平面。

2．操作步骤

（1）执行 SLICE 命令。

（2）选择三个点（可选择圆筒圆心和两个侧棱中点）确定剖切平面。

（3）输入 B，选择保留两侧。

（4）执行 MOVE 命令将前面的部分移开。

3．操作过程

（1）剖切实体。

命令：SLICE ✓
选择对象：　　　　　　（选择实体）
找到 1 个
选择对象：✓
指定切面的起点或 [平面对象(O)/曲面(S)/Z 轴(Z)/视图(V)/XY/YZ/ZX/三点(3)] <三点>：
　　　　　　　　　　　　　　　　　（选择如图 11-29(a)所示中点 1）
指定平面上的第二个点：
　　　　　　　　　　　　　　　　　（选择如图 11-29(a)所示圆心点 2）
在所需的侧面上指定点或 [保留两个侧面(B)] <保留两个侧面>：
　　　　　　　　　　　　　　　　　（选择如图 11-29(a)所示中心点 3）
在所需的侧面上指定点或 [保留两个侧面(B)] <保留两个侧面>：B ✓

（2）移动前面的一半实体。

命令：MOVE ✓
选择对象：　　　　　　　　　　　　（选择前面的一半实体）
选择对象：✓
指定基点或 [位移(D)] <位移>：　　　（选择屏幕上一点作为基准点）
指定第二个点或 <使用第一个点作为位移>：（在适当位置选择一点，移开前面一半实体）

结果如图 11-29（b）所示。

4．切割实体

（1）功能：在三维实体上得到该实体任意位置的断面图。

（2）命令执行方式：

命令：SECTION。

（3）操作过程：

命令:SECTION ✓
选择对象：　　　　　　　　　　　　（选择欲切割的实体）
找到 1 个
选择对象：✓
指定截面上的第一个点，依照 [对象(O)/Z 轴(Z)/视图(V)/XY/YZ/ZX/三点(3)] <三点>：

以上各选项含义与剖切命令（SLICE）所介绍的内容相同，这里不再重述。剖切平面确定后，AutoCAD 会自动生成所选实体的断面图形。

【例 11-10】 截取三维实体全剖断面，如图 11-30 所示。

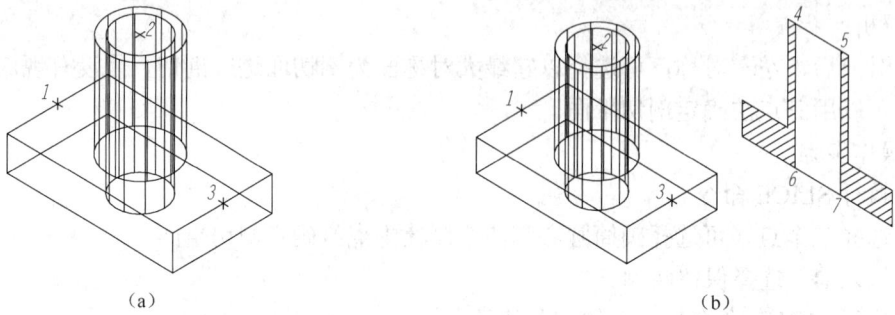

图 11-30　生成截面

（a）三点；（b）截面后的实体

1．分析

实体对前后、左右对称，可选择以它最大对称面为剖切面进行剖切。因没有现成的平面供选择，可以用三点法确定剖切平面。对立体进行截切以后生成的将是该立体真实截面图形[图 11-30（b）中点 4 和点 5、点 6 和点 7 之间没有连线]，若想得到符合要求的截面图，应用直线将其对应点（点 4 和点 5、点 6 和点 7）连接起来。因为填充所在表面只能是当前 UCS 的 XY 平面，因此若想对该截面进行填充，必须先将当前 UCS 的 XY 平面设置为截面所在平面。

2．操作步骤

（1）执行 SECTION 命令。

（2）用"三点"选项确定剖切平面。

（3）执行 MOVE 命令将前面的部分移开。

（4）对生成的截面进行补线。

（5）对截面进行填充。

3．操作过程

（1）剖切实体。

```
命令:SECTION ✓
选择对象:                              (选择欲切割的实体)
找到 1 个
选择对象: ✓
指定截面上的第一个点, 依照 [对象(O)/Z 轴(Z)/视图(V)/XY/YZ/ZX/三点(3)] <三点>:
                                      (选择如图 11-30(a)所示中点 1)
指定平面上的第二个点:                  (选择如图 11-30(a)所示圆心点 2)
指定平面上的第三个点:                  (选择如图 11-30(a)所示中点 3)
```

（2）移开截面。

```
命令: MOVE ✓
选择对象:                              (选择实体内部截面)
找到 1 个
选择对象: ✓
指定基点或 [位移(D)] <位移>:           (选择屏幕上一点作为基准点)
指定第二个点或 <使用第一个点作为位移>:   (在适当位置选择一点,移开前面一半实体)
```

（3）补线。

```
命令：LINE  ↙
指定第一点：                    (选择点 4)
指定下一点或 [放弃(U)]：        (选择点 5)
指定下一点或 [闭合(C)/放弃(U)]：↙

命令：LINE ↙
指定第一点：                    (选择点 6)
指定下一点或 [放弃(U)]：        (选择点 7)
指定下一点或 [闭合(C)/放弃(U)]：↙
```

（4）设置 UCS 在截面上（填充只能在 XY 平面上进行）。

```
命令：UCS ↙
当前 UCS 名称：*没有名称*
指定 UCS 的原点或 [面(F)/命名(NA)/对象(OB)/上一个(P)/视图(V)/世界(W)/X/Y/Z/Z 轴
(ZA)] <世界>：                 (选择点 6)
指定 X 轴上的点或 <接受>：      (选择点 7)
指定 XY 平面上的点或 <接受>：   (选择点 4)
```

（5）填充。选择下拉菜单"绘图"→"图案填充"，设置"图案"=ANSI31，选择需填充的内部点。结果如图 11-30（b）所示。

11.3.2　倒直角

（1）功能：对图形进行倒直角

（2）命令执行方式：

下拉菜单："修改"→"倒角"。

工具栏：修改 ◻ 。

命令：CHAMFER。

（3）操作过程：

```
命令：CHAMFER↙
("修剪"模式) 当前倒角距离 1 = 0.0000,距离 2 = 0.0000
选择第一条直线或 [多段线(P)/距离(D)/角度(A)/修剪(T)/方式(M)/多个(U)]：
                                (选择倒角边)
基面选择...
输入曲面选择选项 [下一个(N)/当前(OK)] <当前>：
指定基面的倒角距离：
指定其他曲面的倒角距离 <5.0000>：
选择边或 [环(L)]：L↙
选择边环或 [边(E)]：
```

以上各选项含义为：

1）选择第一条直线：选择实体的某一表面的边。

2）基面选择…：输入曲面选择选项"[下一个（N）/当前（OK)]<当前>："，通过选项"下一个（N）"或"当前（OK）"确定与上面选择的边相邻的两个面中的一个面为倒角基准面。

3）指定基面的倒角距离：确定倒角边在基准面上的距离。

4）指定其他曲面的倒角距离：确定与倒角边相连的另一个面上的倒角距离。

5）选择边或[环（L）]：选择基准面上欲倒角的边或采用"环"方式进行倒角。采用"环"方式进行倒角，是指将基准面上首尾相连的边同时进行倒角。

【例 11-11】　创建长方体（长=100，宽=100，高=40），并对该长方体进行倒角，倒角距离为 5，如图 11-31 所示。

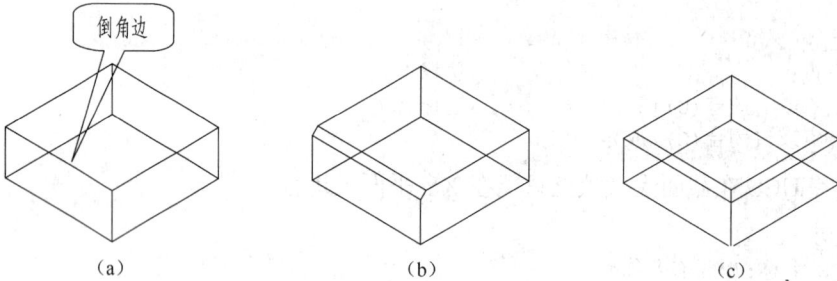

图 11-31　倒角
（a）倒角前；（b）边；（c）环

（1）对单个边进行倒角。

```
命令：CHAMFER↙
（"修剪"模式）当前倒角距离 1 = 0.0000,距离 2 = 0.0000
选择第一条直线或 [放弃(U)/多段线(P)/距离(D)/角度(A)/修剪(T)/方式(E)/多个(M)]：
                                    (选择长方体欲倒角表面上的一个边)

基面选择...
输入曲面选择选项 [下一个(N)/当前(OK)] <当前(OK)>：(确定倒角边所在的基准表面)
指定基面的倒角距离 <0.0000>:5↙              (设置基面上的倒角距离)
指定其他曲面的倒角距离 <5.0000>:↙            (设置与基面相邻的倒角距离)
选择边或 [环(L)]：                      (选择欲进行倒角的边,该边必须位于基面上)
选择边环或 [边(E)]：↙                   (选择基面上其他的边或按回车键结束选择)
```

结果如图 11-31（b）所示。

（2）对环边进行倒角。

```
命令：CHAMFER↙
（"修剪"模式）当前倒角距离 1 = 0.0000，距离 2 = 0.0000
选择第一条直线或 [放弃(U)/多段线(P)/距离(D)/角度(A)/修剪(T)/方式(E)/多个(M)]：
                                    (选择长方体欲倒角表面上的一个边)

基面选择...
输入曲面选择选项[下一个(N)/当前(OK)]<当前(OK)>：(确定倒角边所在的基准表面)
指定基面的倒角距离 <0.0000>:5↙              (设置基面上的倒角距离)
指定其他曲面的倒角距离 <5.0000>:↙            (设置与基面相邻的倒角距离)
选择边或 [环(L)]：L ↙
选择边环或 [边(E)]：                    (选择欲进行倒角的边,该边必须位于基面上)
选择边环或 [边(E)]:↙                    (选择基面上其他的边或按回车键结束选择)
```

结果如图 11-31（c）所示。

11.3.3　倒圆角

（1）功能：对图形进行倒圆角。

（2）命令执行方式：

下拉菜单: "修改" → "圆角"。

工具栏: 修改◻。

命令: FILLET。

(3) 操作过程:

命令: FILLET✓
当前设置: 模式 = 修剪,半径 = 0.0000
选择第一个对象或 [放弃(U)/多段线(P)/半径(R)/修剪(T)/多个(M)]:
输入圆角半径: 20 ✓
选择边或 [链(C)/半径(R)]: ✓
已选定 1 个边用于圆角。

以上各选项含义为:

1) 选择第一个对象: 选择实体上欲倒圆角的边。

2) 输入圆角半径: 设置倒圆角的半径。

3) 选择边: 选择欲倒圆角的边。

4) 链 (C): 将首尾相连的边同时进行倒圆角,但要求被倒角的各边必须圆弧过渡。

5) 半径 (R): 重新设置倒圆角的半径。

【例 11-12】 创建长方体(长=100,宽=100,高=40),并对该长方体进行倒角,倒角距离为 5,如图 11-32 所示。

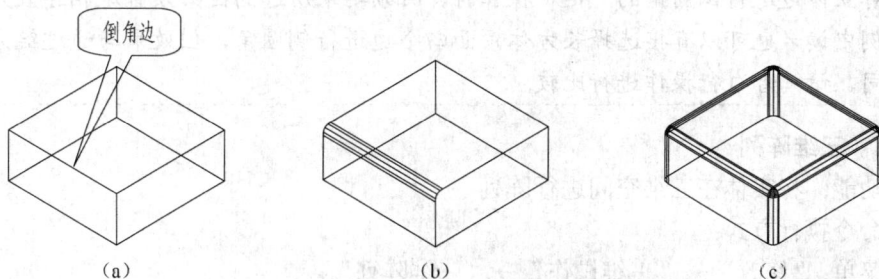

图 11-32 倒圆角

(a) 倒圆角前;(b) 边;(c) 链

(1) 对单个边进行倒圆角。

命令: FILLET✓
当前设置: 模式 = 修剪,半径 = 0.0000
选择第一个对象或 [放弃(U)/多段线(P)/半径(R)/修剪(T)/多个(M)]:
                                              (选择长方体欲倒角边)
输入圆角半径: 5✓   (设置基面上的倒角距离)
选择边或 [链(C)/半径(R)]: ✓   (选择其他倒角边或回车结束)
已选定 1 个边用于圆角。

结果如图 11-32 (b) 所示。

(2) 对链边进行倒圆角。

1) 对长方体四条侧棱线进行倒圆角。

命令: FILLET✓
当前设置: 模式 = 修剪,半径 = 0.0000

选择第一个对象或 [放弃(U)/多段线(P)/半径(R)/修剪(T)/多个(M)]: (选择长方体欲倒角边)
输入圆角半径: 5↙　　　　　　　　　　　　　　　　（设置基面上的倒角距离）
选择边或 [链(C)/半径(R)]:　　　　　　　　　　　（选择第二条侧棱边为倒角边）
选择边或 [链(C)/半径(R)]:　　　　　　　　　　　（选择第三条侧棱边为倒角边）
选择边或 [链(C)/半径(R)]:　　　　　　　　　　　（选择第四条侧棱边为倒角边）
选择边或 [链(C)/半径(R)]: ↙　　　　　　　　　　（按回车键结束）
已选定 4 个边用于圆角。

2）对长方体顶面四条边和四个圆角形成的链进行倒圆角。

命令: FILLET↙
当前设置: 模式 = 修剪, 半径 = 0.0000
选择第一个对象或 [放弃(U)/多段线(P)/半径(R)/修剪(T)/多个(M)]:
　　　　　　　　　　　　　　（选择长方体顶面上欲倒角边）
输入圆角半径: 5↙　　　　　　（设置基面上的倒角距离）
选择边或 [链(C)/半径(R)]: C↙　　（选择以链方式进行倒圆角）
选择边链或 [边(E)/半径(R)]:　　（选择长方体顶面上欲倒角边）
选择边链或 [边(E)/半径(R)]: ↙
已选定 8 个边用于圆角。

结果如图 11-32（c）所示。

注 意

　　在对立体边进行倒圆角的"链"操作时，必须要求所选的链必须首尾相连且光滑过渡。本例中读者也可以直接选择长方体顶面四个边进行倒圆角，但效果与通过链方式倒圆角不同，请读者自行操作进行比较。

11.3.4　三维阵列

（1）功能: 将实体在三维空间进行阵列。

（2）命令执行方式:

下拉菜单: "修改" → "三维操作" → "三维阵列"。

命令: 3DARRAY。

（3）操作过程:

命令: 3DARRAY↙
选择对象:
输入阵列类型 [矩形(R)/环形(P)] <矩形>:

若选择"矩形（R）"系统将提示:

输入行数 (---) <1>:
输入列数 (||||) <1>:
输入层数 (...) <1>:
指定行间距 (---):
指定列间距 (||||):
指定层间距 (...):

若选择"环形（P）"系统将提示:

输入阵列中的项目数目:
指定要填充的角度 (+=逆时针, -=顺时针) <360>:

旋转阵列对象？ [是(Y)/否(N)] <Y>：
指定阵列的中心点：
指定旋转轴上的第二点：

以上各选项含义为：

1）选择对象：选择欲进行阵列的对象。

2）输入阵列类型[矩形（R）/环形（P）]：选择设置阵列的类型为矩形阵列还是环形阵列。

与二维阵列相比，三维阵列的矩形阵列多了一个层选项；三维阵列的环形阵列的回转对象是一根轴，而不是一个点。

【例 11-13】 创建如图 11-33 所示圆球阵列，圆球半径为 5。

1．分析

创建如图 11-33 所示圆球阵列，可以采用矩形阵列命令操作。由图中所给尺寸可以确定，矩形阵列的行数为 3，列数为 4，层数为 5，行距为 50，列距为 80，层距为 15。可以先创建一个半径为 5 的圆球，再利用阵列命令创建如图 11-33 所要求图形。

2．操作过程

（1）创建圆球。

命令：SPHERE↙
指定中心点或 [三点(3P)/两点(2P)/相切、相切、半径(T)]：0,0 ↙
指定半径或 [直径(D)]：5↙

（2）阵列圆球。

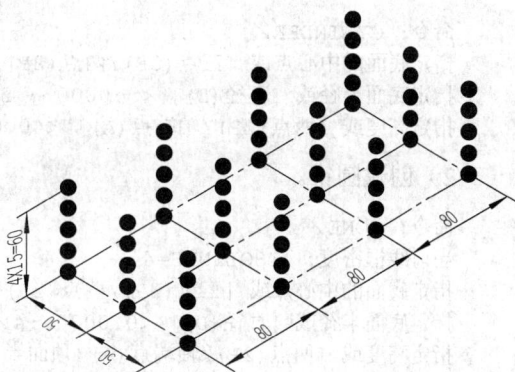

图 11-33　三维阵列

命令：3DARRAY↙
选择对象：   （选择圆球）
找到 1 个
选择对象：↙
输入阵列类型 [矩形(R)/环形(P)] <矩形>：↙   （选择矩形阵列）
输入行数 (---) <1>：3↙
输入列数 (|||) <1>：4↙
输入层数 (...) <1>：5↙
指定行间距 (---)：50↙
指定列间距 (|||)：80↙
指定层间距 (...)：15↙

结果如图 11-33 所示。

【例 11-14】 在 XY 平面上创建如图 11-34（a）所示图形，并对图中的立体进行环形阵列，结果如图 11-34（b）或图 11-34（c）所示。

1．分析

三维阵列操作与二维阵列操作的不同之处在于它围之旋转的不再是一个点而是一根轴线，因此在进行三维阵列时，应首先确定其轴线所在位置。另外在进行阵列时，还应注意选择是否允许被阵列对象绕回转轴线进行旋转。

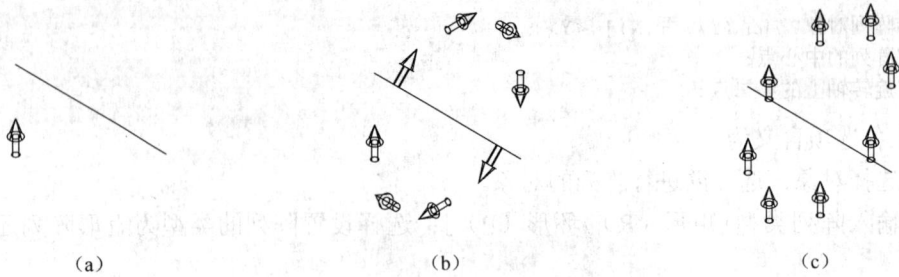

図 11-34　三维环形阵列

（a）原图；（b）旋转对象；（c）不旋转对象

2．操作过程

（1）创建立体。

1）创建圆柱。

命令：CYLINDER✓
指定底面的中心点或 [三点(3P)/两点(2P)/相切、相切、半径(T)/椭圆(E)]：-50,0✓
指定底面半径或 [直径(D)] <5.0000>：2✓
指定高度或 [两点(2P)/轴端点(A)] <40.0000>：10✓

2）创建圆锥。

命令：CONE✓
当前线框密度： ISOLINES=4
指定底面的中心点或 [三点(3P)/两点(2P)/相切、相切、半径(T)/椭圆(E)]：-50,0,10✓
指定底面半径或 [直径(D)] <0.0000>：4✓
指定高度或 [两点(2P)/轴端点(A)/顶面半径(T)] <0.0000>：10✓

3）布尔运算。

命令：UNION✓
选择对象：　　　　　　　　　　　　　　　（选择圆柱和圆锥）
找到 2 个
选择对象：✓

（2）创建轴线。

命令：LINE ✓
指定第一点： 0,-25✓
指定下一点或 [放弃(U)]： 0,25✓
指定下一点或 [放弃(U)]： ✓

（3）三维阵列。

命令：3DARRAY✓
选择对象：　　　　　　　　　　　　　　　（选择圆柱体和圆锥体）
找到 1 个
选择对象：✓
输入阵列类型 [矩形(R)/环形(P)] <矩形>：P✓　　　（设置阵列类型为环形阵列）
输入阵列中的项目数目：8✓
指定要填充的角度 (+=逆时针，-=顺时针) <360>：✓
旋转阵列对象？ [是(Y)/否(N)] <Y>：✓　　　（设置阵列时将阵列对象进行绕轴线旋转）
指定阵列的中心点：　　　　　　　　　　　（选择轴线上一个端点）

指定旋转轴上的第二点：　　　　　　　　　(选择轴线上另一个端点)

结果如图 11-34（b）所示。如果在系统提示"旋转阵列对象？［是（Y）/否（N）］"时设置为"N"，则结果如图 11-34（c）所示。

11.3.5　三维移动

（1）功能：在三维空间中移动对象。选择三维移动对象并结束选择后会出现如图 11-35 所示三维移动夹点工具。利用该工具可以将对象沿指定方向移动指定距离。

（2）命令执行方式：

下拉菜单："修改"→"三维操作"→"三维移动"。

工具栏：建模⊕。

命令：3DMOVE。

（3）操作过程：

命令：3DMOVE ✓
选择对象：
指定基点或［位移(D)］<位移>：
指定第二个点或 <使用第一个点作为位移>：

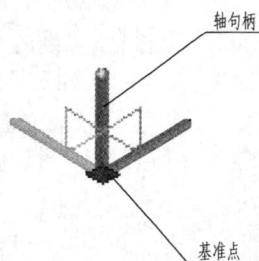

图 11-35　三维移动夹点工具

以上各选项含义为：

1）选择对象：选择欲进行三维移动的对象。

2）指定基点：选择欲进行三维移动的对象的基准点。

3）指定第二个点：选择欲移动到的点。

4）位移（D）：将移动夹点工具放置在原点（0，0，0）。输入的坐标值将指定相对距离和方向。

在选择完欲进行三维移动的对象后屏幕上将会出现一个三维移动夹点工具，利用这个夹点工具可以实现对象沿某个轴移动或沿某个平面移动。

1.　沿坐标轴移动

将光标悬停在夹点工具上的轴句柄上，直到矢量显示为与该轴对齐，然后单击轴句柄，如图 11-36（a）所示。当用户拖动光标时，选定的对象和子对象将仅沿指定的轴移动，如图 11-36（b）所示，可以单击或输入值以指定距基点的移动距离。

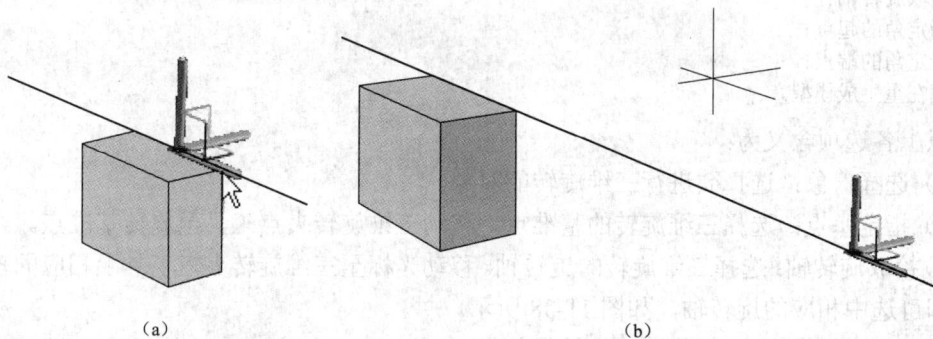

（a）　　　　　　　　　　　　　　　　　　（b）

图 11-36　沿坐标轴移动

（a）选择轴句柄；（b）沿坐标轴移动

2. 沿坐标平面移动

将光标悬停在两条远离轴句柄（用于确定平面）的直线汇合处的点上，如图 11-37（a）所示，直到直线变为黄色，然后单击该点。此时，当用户拖动光标时，选定对象和子对象将仅沿指定的平面移动，如图 11-37（b）所示。可以单击或输入值以指定距基点的移动距离。

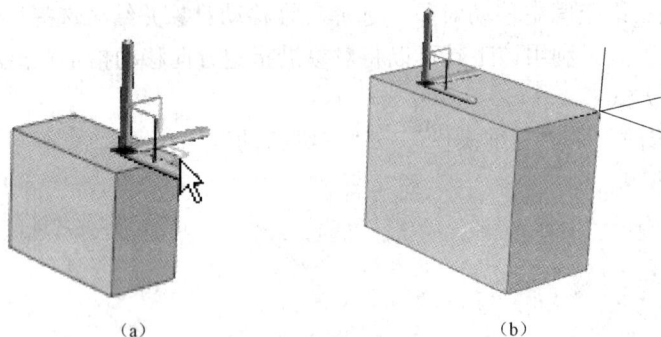

（a）   （b）

图 11-37　沿坐标平面移动

（a）选择平面句柄；（b）沿坐标平面移动

11.3.6　三维旋转

（1）功能：将实体在三维空间进行旋转。选择三维旋转对象并结束选择后会出现如图 11-38 所示三维旋转夹点工具。

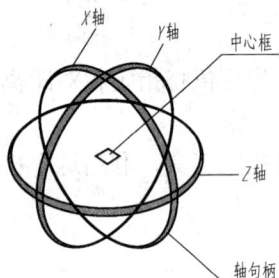

图 11-38　三维旋转夹点工具

（2）命令执行方式：

下拉菜单："修改" → "三维操作" → "三维旋转"。

工具栏：建模 ⊕ 。

命令：3DROTATE。

（3）操作过程：

命令：3DROTATE ✓
UCS 当前的正角方向：ANGDIR=逆时针　ANGBASE=0
选择对象：
选择对象：
指定基点：
拾取旋转轴：
指定角的起点：
指定角的端点：
正在重生成模型。

以上各选项含义为：

1）选择对象：选择欲进行三维旋转的对象。

2）指定基点：选择三维旋转的基准点。移动三维旋转夹点工具至旋转基准点。

3）拾取旋转轴：选择三维旋转的旋转轴。移动光标至三维旋转夹点工具上相应的轴句柄，单击即可选中相应的旋转轴，如图 11-38 所示。

4）指定角的起点；选择三维旋转的起点。

5）指定角的端点：选择三维旋转的终止点或直接输入角度。

【例 11-15】　创建如图 11-39 所示立体，其中长方体的尺寸为长 30、宽 15、高 60，并将该长方体旋转成如图 11-39（b）～（d）所示。

（1）创建长方体（过程略）。

（2）旋转长方体。

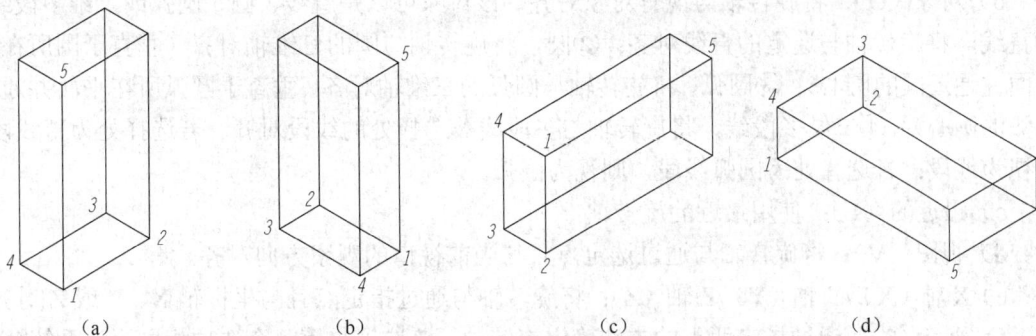

图 11-39 三维旋转

（a）原图；（b）以 1、5 为旋转轴；（c）以 1、4 为旋转轴；（d）以 1、2 为旋转轴

```
命令：3DROTATE ✓
UCS 当前的正角方向： ANGDIR=逆时针  ANGBASE=0
选择对象：                    (选择长方体)
找到 1 个
选择对象：✓
指定基点：                    (选择点1)
拾取旋转轴：                  (以 1、5 为旋转轴)
指定角的起点：                (选择点2)
指定角的端点： 90             (选择三维旋转的终止点或直接输入角度)
正在重生成模型。
```

结果如图 11-39（b）所示。参照所给示例，请读者自行完成图 11-39（c）和图 11-39（d）。

注 意

以前版本中的 ROTATE3D 命令依然可用。下面进行简单介绍。

命令：**ROTATE3D**。

（3）操作过程：

```
命令：ROTATE3D ✓
正在初始化...
当前正向角度： ANGDIR=逆时针 ANGBASE=0
选择对象：
指定轴上的第一个点或定义轴依据[对象(O)/最近的(L)/视图(V)/X 轴(X)/Y 轴(Y)/Z 轴(Z)/两
点(2)]：
指定旋转角度或 [参照(R)]：R
指定参照角 <0>：
指定新角度：
```

以上各选项含义为：

1）选择对象：选择欲进行旋转的对象。

2）指定轴上的第一个点或定义轴依据[对象（O）/最近的（L）/视图（V）/X 轴（X）/Y

轴（Y）/Z 轴（Z）/两点（2）]：确定旋转轴。

a）指定轴上的第一个点：通过指定两点的方法确定旋转轴。

b）对象（O）：将旋转轴与现有对象对齐，该对象可以是直线、圆、圆弧或二维多段线。①直线，将旋转轴与选定的直线对齐；②圆，将旋转轴与圆的三维轴对齐（垂直于圆所在的平面并通过圆的圆心）；③圆弧，将旋转轴与圆弧的三维轴对齐（垂直于圆弧所在平面并通过圆弧的圆心）；④二维多段线，将旋转轴与多段线被选择处的线段对齐。若选择处为直线段，则视为线段；若选择处为圆弧线段，则视为圆弧。

c）最近的（L）：使用最近的旋转轴。

d）视图（V）：将旋转轴与通过选定点且与当前视口的观察方向对齐。

e）X 轴（X）/Y 轴（Y）/Z 轴（Z）：将旋转轴与通过指定点且与坐标轴 X、Y 或 Z 对齐。

f）两点（2）：通过指定两点的方法确定旋转轴。该选项与第一个选项相同，为系统默认方式。

3）指定旋转角度：确定欲将对象旋转的角度。

4）参照（R）：通过指定参照角度和新角度确定欲将对象旋转的角度。

11.3.7 三维镜像

（1）功能：将实体在三维空间进行镜像。

（2）命令执行方式：

下拉菜单："修改" → "三维操作" → "三维镜像"。

命令：MIRROR3D。

（3）操作过程：

```
命令：MIRROR3D
选择对象：
指定镜像平面 (三点) 的第一个点或    [对象(O)/最近的(L)/Z 轴(Z)/视图(V)/XY 平面
(XY)/YZ 平面(YZ)/ZX 平面(ZX)/三点(3)] <三点>：
是否删除源对象？[是(Y)/否(N)] <否>：
```

以上各选项含义为：

1）选择对象：选择欲进行镜像的对象。

2）指定镜像平面（三点）的第一个点或[对象（O）/最近的（L）/Z轴（Z）/视图（V）/XY 平面（XY）/YZ 平面（YZ）/ZX 平面（ZX）/三点（3）]<三点>：设置镜像平面。

a）指定镜像平面（三点）的第一个点：通过指定三个不在同条直线上的点的方法定义镜像平面。

b）对象（O）：使用选定平面对象来确定镜像平面。这些对象可以是圆、圆弧或二维多段线。

c）最近的（L）：选择最后定义的镜像平面作为对选定对象的镜像平面。

d）Z 轴（Z）：根据平面上的一个点和平面法线上的一个点定义镜像平面。

e）视图（V）：将通过指定点且与当前视口的视图平面平行的平面作为镜像平面。

f）XY 平面（XY）/YZ 平面（YZ）/ZX 平面（ZX）：将通过指定点并与标准平面 XY、YZ 或 ZX 平行的平面作为镜像平面。

g）三点（3）：通过指定三个不在同条直线上的点的方法定义镜像平面。

3）是否删除源对象？：设置确定在镜像后是否将源对象删除。

【例 11-16】 创建如图 11-40（a）所示立体，并将其旋转至如图 11-40（b）、（c）所示。

（1）创建立体。

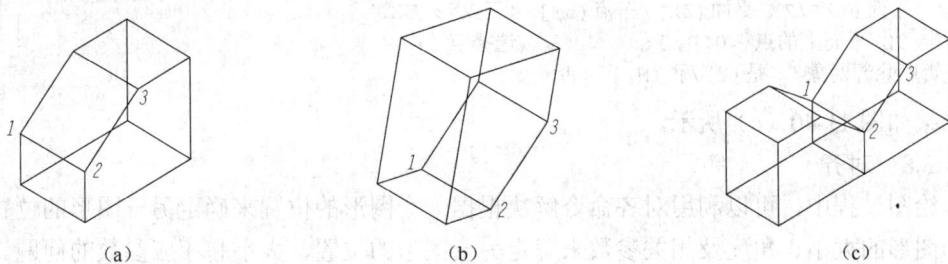

（a）　　　　　　　　（b）　　　　　　　　（c）

图 11-40　三维镜像

（a）原型；（b）、（c）三维镜像后

1）将当前视图设置为前视图（过程略）。

2）创建外形。

命令：PLINE↙
指定起点：0,0↙
当前线宽为 0.0000
指定下一个点或 [圆弧(A)/半宽(H)/长度(L)/放弃(U)/宽度(W)]：50,0↙
指定下一点或 [圆弧(A)/闭合(C)/半宽(H)/长度(L)/放弃(U)/宽度(W)]：50,40↙
指定下一点或 [圆弧(A)/闭合(C)/半宽(H)/长度(L)/放弃(U)/宽度(W)]：25,40↙
指定下一点或 [圆弧(A)/闭合(C)/半宽(H)/长度(L)/放弃(U)/宽度(W)]：0,20↙
指定下一点或 [圆弧(A)/闭合(C)/半宽(H)/长度(L)/放弃(U)/宽度(W)]：C↙

3）拉伸。

命令：EXTRUDE↙
当前线框密度：ISOLINES=4
选择要拉伸的对象：　　　　　　　　　　　　　　　　（选择上面创建的外形）
找到 1 个
选择要拉伸的对象：
指定拉伸的高度或 [方向(D)/路径(P)/倾斜角(T)] <60.0000>：30↙

4）先将当前视图设置为前俯视图，再将当前视图设置为西南等轴测视图。

（2）镜像对象如图 11-40（b）所示。

命令：MIRROR3D ↙
选择对象：　　　　　　　　　　　　　　　　　　　（选择上面创建的立体对象）
选择对象：↙
指定镜像平面（三点）的第一个点或 [对象(O)/最近的(L)/Z 轴(Z)/视图(V)/XY 平面
(XY)/YZ 平面(YZ)/ZX 平面(ZX)/三点(3)] <三点>：　　（选择点1）
在镜像平面上指定第二点：　　　　　　　　　　　　（选择点2）
在镜像平面上指定第三点：　　　　　　　　　　　　（选择点3）
是否删除源对象？[是(Y)/否(N)] <否>：↙

（3）单击"标准"工具栏上的撤消图标，将图形恢复原状。

（4）镜像对象如图 11-40（c）所示。

命令：MIRROR3D ✓
选择对象：　　　　　　　　　　　　　（选择上面创建的立体对象）
选择对象：✓
指定镜像平面（三点）的第一个点或　［对象(O)/最近的(L)/Z 轴(Z)/视图(V)/XY 平面(XY)/YZ 平面(YZ)/ZX 平面(ZX)/三点(3)］＜三点＞：YZ✓
指定 YZ 平面上的点 <0,0,0>：　　　　（选择点 1）
是否删除源对象？[是(Y)/否(N)] <否>：✓

结果如图 11-40（c）所示。

11.3.8　对齐

在绘图过程中，可以利用对齐命令解决根据一个图形的位置来确定另一图形的位置，或以一个图形的大小、角度及相关参数来确定另一图形的位置、大小和相应参数的问题。

（1）功能：移动、旋转和比例缩放对象，使其与其他对象对齐。

（2）命令执行方式：

下拉菜单："修改"→"三维操作"→"对齐"。

命令：ALIGN。

（3）操作过程：

命令：ALIGN ✓
选择对象：
指定第一个源点：　　　　　　（对象上的第一个源点(称为基点)将始终被移动到第一个目标点）
指定第一个目标点：
指定第二个源点：　　　　　　（为源或目标指定第二点将导致旋转选定对象）
指定第二个目标点：　　　　　　（第二个源点将移动到第一个目标点与第二个目标点间的连线上）
指定第三个源点或 ＜继续＞：　（源或目标的第三个点将导致选定对象进一步旋转）
指定第三个目标点：　　　　　　（第三个源点将移动到第一个目标点与第三个目标点间的连线上）

【例 11-17】　绘制长方体（长=60，宽=100，高=80）和楔体（长=30，宽=50，高=40），并将它们配置如原型图，使用对齐命令移动楔体至要求位置，如图 11-41 所示。

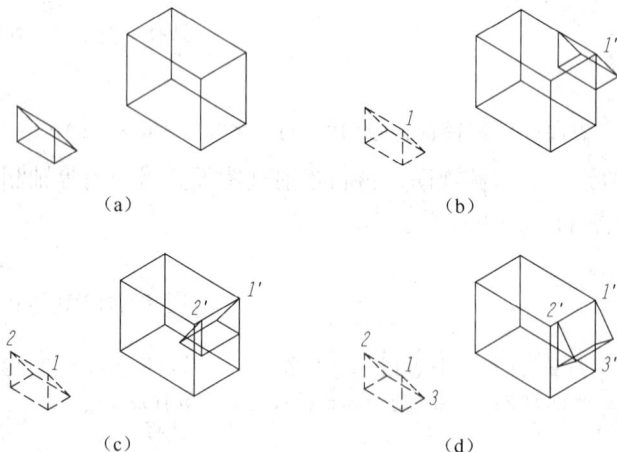

图 11-41　对齐

（a）原型；（b）使用一对点；（c）使用二对点；（d）使用三对点

（1）使用一对点。

命令：ALIGN ✓
选择对象： （选择楔体）
　找到 1 个
选择对象：✓
指定第一个源点： （选择点 1）
指定第一个目标点： （选择点 1'）
指定第二个源点：✓

结果如图 11-41（b）（使用一对点）所示。

说　明：使用一对点时对齐（ALIGN）命令相当于移动（MOVE）命令。

（2）使用两对点。

命令:ALIGN ✓
选择对象： （选择楔体）
找到 1 个
选择对象：✓
指定第一个源点： （选择点 1）
指定第一个目标点： （选择点 1'）
指定第二个源点： （选择点 2）
指定第二个目标点： （选择点 2'）
指定第三个源点或 <继续>：✓
是否基于对齐点缩放对象？[是(Y)/否(N)] <否>：✓

结果如图 11-41（c）（使用两对点）所示。

说　明：使用两对点时对齐（ALIGN）命令相当于移动（MOVE）和旋转（ROTATE）命令，另外还可以选择是否缩放对象,若选择"是"，则结果如图 11-42 所示。

（3）使用三对点。

命令：ALIGN ✓
选择对象： （选择楔体）
找到 1 个
选择对象：✓
指定第一个源点： （选择点 1）
指定第一个目标点： （选择点 1'）
指定第二个源点： （选择点 2）
指定第二个目标点： （选择点 2'）
指定第三个源点或 <继续>:（选择点 3）
指定第三个目标点： （选择点 3'）

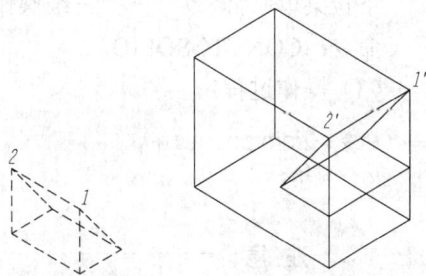

图 11-42　使用两对点对齐缩放对象

结果如图 11-41（d）（使用三对点）所示。

说　明：使用三对点时对齐（ALIGN）命令相当于移动（MOVE）和旋转（ROTATE）命令，不可以缩放对象。

11.3.9　三维对齐

（1）功能：动态地拖动选定对象并使其与实体对象的面对齐。

（2）命令执行方式：

下拉菜单："修改" → "三维操作" → "三维对齐"。

工具栏：建模。

命令：3DALIGN。

（3）操作过程：

```
命令：3DALIGN ✓
选择对象：
指定源平面和方向 ...
指定基点或 [复制(C)]:
指定第二个点或 [继续(C)] <C>:
指定第三个点或 [继续(C)] <C>:
指定目标平面和方向 ...
指定第一个目标点：
指定第二个目标点或 [退出(X)] <X>:
指定第三个目标点或 [退出(X)] <X>:
```

具体含义与 ALIGN 命令相似，请读者自行体会，并利用 ALIGN3D 命令完成[例 11-17]。

11.3.10　加厚

（1）功能：通过加厚曲面创建三维实体。

（2）命令执行方式：

下拉菜单："修改"→"三维操作"→"加厚"。

命令：THICKEN。

（3）操作过程：

```
命令：THICKEN ✓
选择要加厚的曲面：
指定厚度 <0.0000>: 30 ✓
```

11.3.11　转换为实体

（1）功能：将具有厚度的多段线、矩形、多边形和圆转换为三维实体。

（2）命令执行方式：

下拉菜单："修改"→"三维操作"→"转换为实体"。

命令：CONVTOSOLID。

（3）操作过程：

```
命令：CONVTOSOLID ✓
选择对象：
```

> **注意**
>
> （1）直线、圆弧、椭圆、样条曲线即使有厚度也不能转换。
> （2）当多段线是开放且宽度为 0 时不能转换。当多段线宽度不一致时不能转换。

11.3.12　提取边

（1）功能：通过从三维实体、面域或曲面中提取边来创建线框几何体。

（2）命令执行方式：

下拉菜单："修改"→"三维操作"→"提取边"。

命令：XEDGES。

（3）操作过程：

```
命令：XEDGES ✓
选择对象：
```

11.3.13 干涉检查

（1）功能：检查两个或多个实体间的干涉。

（2）命令执行方式：

下拉菜单："修改"→"三维操作"→"干涉检查"。

命令：INTERFERE。

（3）操作过程：

命令：`INTERFERE` ✓
选择第一组对象或 [嵌套选择(N)/设置(S)]：
选择第一组对象或 [嵌套选择(N)/设置(S)]：
选择第二组对象或 [嵌套选择(N)/检查第一组(K)] <检查>：

以上各项含义如下：

1）嵌套选择（N）：使用户可以选择嵌套在块和外部参照中的单个实体对象。

2）设置（S）：系统将显示"干涉设置"对话框，如图 11-43 所示。

3）检查：系统将显示"干涉检查"对话框，如图 11-44 所示。

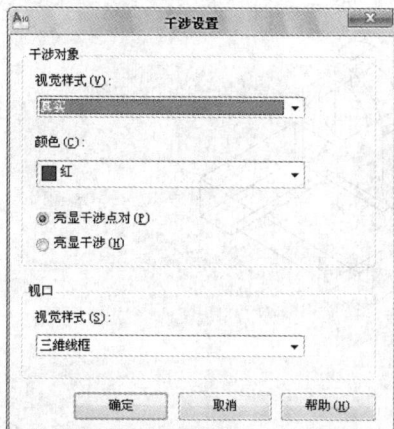

图 11-43 "干涉设置"对话框

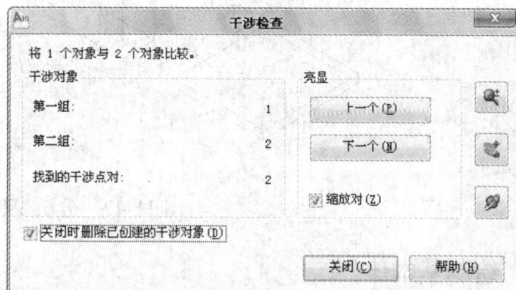

图 11-44 "干涉检查"对话框

【例 11-18】 请根据图 11-45 所示三视图画出其立体效果图。

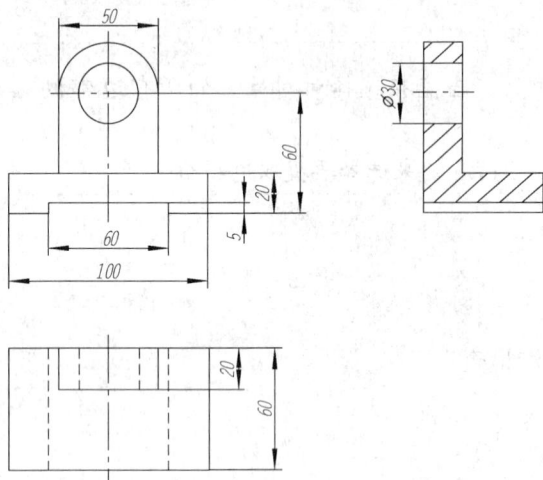

图 11-45　平面三视图

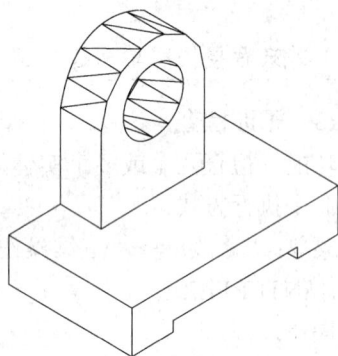

图 11-46　立体图

1．由平面图形想象空间立体图

由平面图形可看出该立体如图 11-46 所示。

2．分析空间立体图

从平面图可以看出，该实体可由三个长方体和两个圆柱体组合而成，如图 11-47 所示。

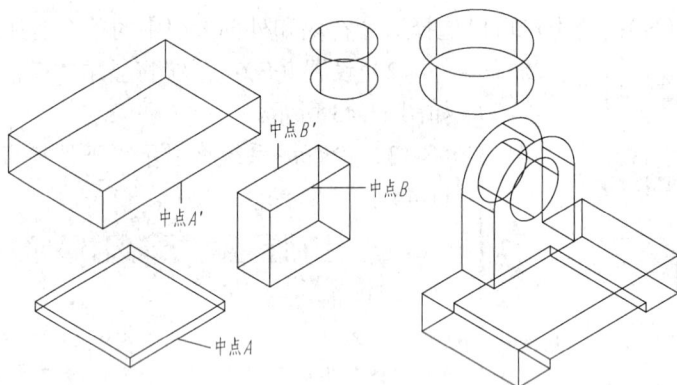

图 11-47　分析空间立体图

3．绘制基本体

（1）设置当前视图为西南等轴测。

（2）绘制长方体一，长为 100，宽为 60，高为 20，结果如图 11-48（a）所示。将视口缩放到适当大小，并将长方体一移到适当位置。

（3）绘制长方体二，长为 60，宽为 60，高为 5，结果如图 11-48（b）所示。将视口缩放到适当大小，并将长方体二移到适当位置。

（4）绘制长方体三，长为 50，宽为 20，高为 40，结果如图 11-48（c）所示。将视口缩放到适当大小，并将长方体三移到适当位置。

（5）绘制圆柱体一，底圆半径为 25，高度为 20，结果如图 11-48（d）所示。将视口缩放到适当大小，并将圆柱体一移到适当位置。

（6）绘制圆柱体二，底圆半径为 15，高度为 20，结果如图 11-48（e）所示。将视口缩放到适当大小，并将圆柱体二移到适当位置。

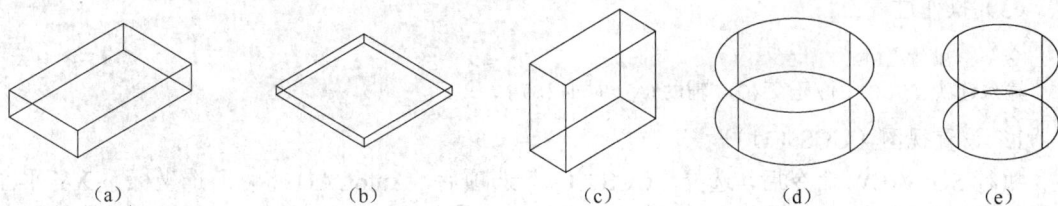

图 11-48　基本体

（a）长方体一；（b）长方体二；（c）长方体三；（d）圆柱体一；（e）圆柱体二

4．组合基本体

（1）移动长方体二至长方体一下方适当位置（将图 11-47 中的点 A 和 A′ 对齐），并用长方体一减去长方体二形成组件 1，结果如图 11-49（a）所示。

（2）用对齐命令将圆柱体一与长方体三对齐（将图 11-47 中的圆柱体一的两圆心与点 B 和 B′ 对齐），并将二基本体求并，形成组件 2，结果如图 11-49（b）所示。

（3）将圆柱体二旋转 90°，移到组件 2 上。用组件 2 减去圆柱体二，形成组件 3。结果如图 11-49（a）所示。

（4）将组件 3 移到组件 1 上，求并，形成最后组合体。

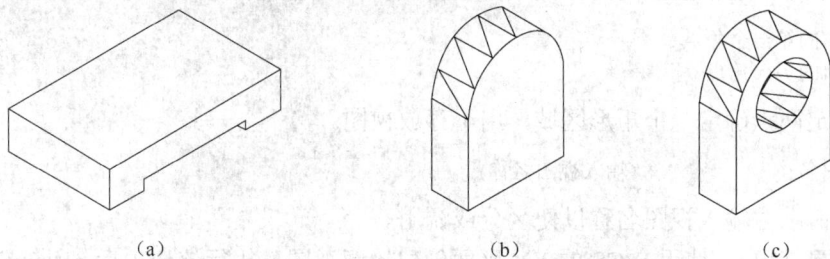

图 11-49　分析空间立体图

（a）组件 1；（b）组件 2；（c）组件 3

5．消隐

消隐后，结果如图 11-46 所示。

11.4　由三维实体模型创建正交视图

在绘图过程中，除了通过平面图形绘制三维实体图之外，还希望能够将三维实体模型转化成三视图。AutoCAD 中最常采用的方法是利用 SOLVIEW 命令创建基本视图、辅助视图和剖视图，然后用 SOLDRAW 命令创建视口中表示实体轮廓和边的可见线和隐藏线。

11.4.1　设置视图命令（SOLVIEW）

（1）功能：在布局中用正投影法生成三维实体对象的投影视图和剖视图。

（2）命令执行方式：

下拉菜单："绘图"→"建模"→"设置"→"视图"。

命令：SOLVIEW。

（3）操作过程：

命令：SOLVIEW
输入选项 [UCS(U)/正交(O)/辅助(A)/截面(S)]：

1. 设置视图（UCS（U））

执行 SOLVIEW 命令后，选择"UCS（U）"选项后，AutoCAD 将以所选坐标系 XY 平面作为投影面，并利用正投影法将三维实体向该平面进行投影，生成所需视图。SOLVIEW 命令的其他选项都是以该选项为基础执行。执行过程如下：

命令：SOLVIEW
输入选项 [UCS(U)/正交(O)/辅助(A)/截面(S)]：U ✓
输入选项 [命名(N)/世界(W)/?/当前(C)] <当前值>：

以上各选项含义如下：

（1）命名（N）：使用已命名 UCS 的 XY 平面创建轮廓视图。执行该选项后，AutoCAD 提示：

输入要恢复的 UCS 名称：(输入现有的 UCS 名称)
输入视图比例 <1.0>：　　(输入视图的比例；输入的比例等价于用相对于图纸空间的比例缩放视口。)
指定视图中心：　　　　　(指定点并在完成后按回车键)

中心取决于当前模型空间的范围。可以尝试多次，直到确定满意的视图位置。

指定视口的第一个角点：
指定视口的另一角点：

通过指定两点确定一个矩形区域，用于存放视图。

输入视图名：　　　　　　(输入视图名称)

由用户命名并输入视图名称以便区分或调用。

（2）世界（W）：使用 WCS 的 XY 平面创建轮廓视图。执行该选项后，AutoCAD 提示：

输入视图比例 <1.0>：
指定视图中心：
指定视口的第一个角点：
指定视口的对角点：
输入视图名：

（3）?：列出已经存在的用户坐标系名称。由输入的组合通配符过滤列表（UCS 命令接受的通配符在此处都有效）。执行该选项后，AutoCAD 提示：

输入要列出的 UCS 名 <*>：(输入名称或按 ENTER 键列出所有的 UCS)

（4）当前（C）：使用当前 UCS 的 XY 平面创建轮廓视图。执行该选项后，AutoCAD 提示：

输入视图比例 <1.0>：
指定视图中心：
指定视口的第一个角点：
指定视口的对角点：
输入视图名：

2. 生成正交投影视图

执行 SOLVIEW 命令"UCS（U）"选项后，选择"正交（O）"选项可以根据现有视图创建正交视图。执行过程如下：

```
命令：SOLVIEW ✓
输入选项 [UCS(U)/正交(O)/辅助(A)/截面(S)]:O ✓
指定视口要投影的一侧：      (选择投影一侧方任意一点)
指定视图中心：
指定视口的第一个角点：
指定视口的对角点：
输入视图名：
```

3. 生成辅助视图

执行 SOLVIEW 命令"UCS（U）"选项后，选择"辅助（A）"选项可以根据现有视图创建辅助视图。辅助视图投影和已有视图正交并倾斜于相邻视图的平面。执行过程如下：

```
命令：SOLVIEW ✓
输入选项 [UCS(U)/正交(O)/辅助(A)/截面(S)]:A ✓
指定斜面的第一个点：
指定斜面的第二个点：
```

由两点定义用作辅助投影的倾斜平面，这两点必须在同一视口中。

```
指定要从哪一侧查看：      (指定观察侧任一点)
指定视图中心：
指定视口的第一个角点：
指定视口的对角点：
输入视图名：
```

4. 生成剖视图

执行 SOLVIEW 命令"UCS（U）"选项后，选择"截面（S）"选项可以根据现有视图创建实体图形的剖视图。执行过程如下：

```
命令：SOLVIEW ✓
输入选项 [UCS(U)/正交(O)/辅助(A)/截面(S)]:S ✓
指定修剪平面的第一个点：
指定修剪平面的第二个点：
```

在现有视口中指定两点来定义剖切平面。

```
指定要从哪一侧查看：
输入视图比例 <当前比例>：
指定视图中心：
指定视口的第一个角点：
指定视口的对角点：
输入视图名：
```

执行 SOLDVIEW 命令过程中，AutoCAD 将自动创建一些为每个视图放置可见线和隐藏线的图层。这些图层的默认名称及其可控制的对象类型见表 11-1。

表 11-1　　　　由 SOLVIEW 创建的图层

图层名	对象类型
视图名 -VIS	可见线
视图名 -HID	隐藏线
视图名 -DIM	标注
视图名 -HAT	填充图案（用于截面）

11.4.2　设置图形命令（SOLDRAW）

（1）功能：在用 SOLVIEW 命令创建的视口中生成轮廓图和剖视图

（2）命令执行方式：

下拉菜单："绘图"→"建模"→"设置"→"图形"。

命令：SOLDRAW。

（3）操作过程：

命令：SOLDRAW
选择要绘图的视口...
选择对象：

SOLDRAW 命令只能用于由 SOLVIEW 创建的视口中。在选择对象提示下，可以直接选择欲绘图的视口，也可以直接输入 ALL 选择全部视口。选定视口中的所有轮廓图和剖视图都将被删除，然后由 SOLDRAW 命令创建视口中表示实体轮廓和边的可见线和隐藏线，并投影到垂直视图方向的平面上。

注　意

请勿在视图名为-VIS、-HID 和-HAT 的图层中放置永久图形信息，因为运行 SOLDRAW 时将删除和更新存储在这些图层上的信息。

【例 11-19】将［例 11-18］生成的三维实体模型转为三维正交视图，要求主视图、俯视图为视图，左视图为全剖视图。另外再作一轴测视图配置在图幅右下角，如图 11-50 所示。

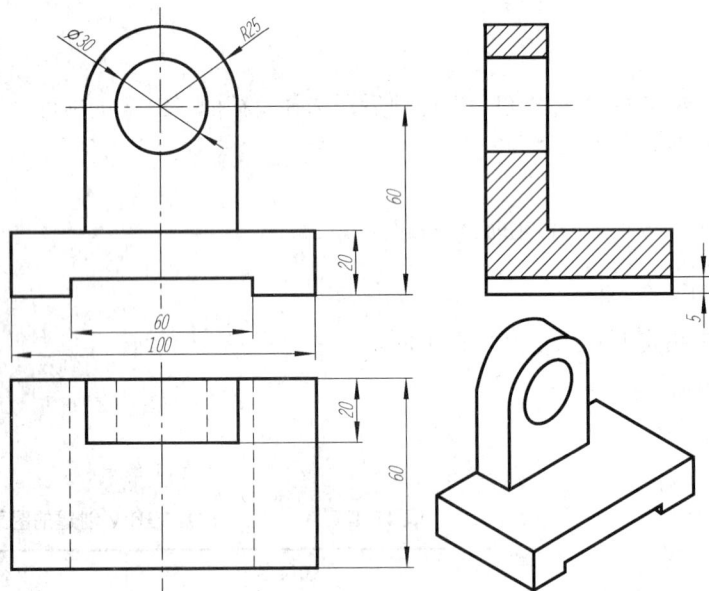

图 11-50　由三维实体转化成三视图

1. 分析

由图 11-50 可看出该三维实体的表达是以三维实体底面所平行的平面作为俯视图投影

面，以正面作为主视图投影面，以三维实体的左右对称面为剖切平面表达左视图。在作图过程中可以先设置 UCS 中 XY 平面在底面上，首先利用"UCS（U）"选项完成俯视图的设置；然后利用"正交（O）"选项，完成主视图的设置；利用"截面（S）"选项完成对左视图的设置；返回模型空间，将三维实体设置为"西南等轴测图"，并利用 UCS 命令"视图（V）"选项将 XY 平面设置为当前视口方向，最后再利用 SOLVIEW 命令"UCS（U）"选项完成对轴测图的设置。

2．操作准备

（1）装入 HIDDEN 线型，关闭状态行上的极轴、正交和对象追踪。

（2）选择下拉菜单"工具"→"选项"，打开"选项"对话框，在"显示"选项卡"布局元素"区中，取消"在新布局中创建视口（N）"选项。

（3）设置用户坐标系如图 11-51 所示。

3．操作过程

（1）抽出视图：观察用户坐标位置（一般将当前 X—Y 坐标面作为当前视图面）。XY 平面在底平面上，因此，可以先设置俯视图，然后依次完成主视图和左视图，结果如图 11-52 所示。

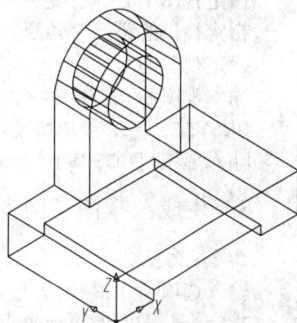

图 11-51　设置用户坐标系

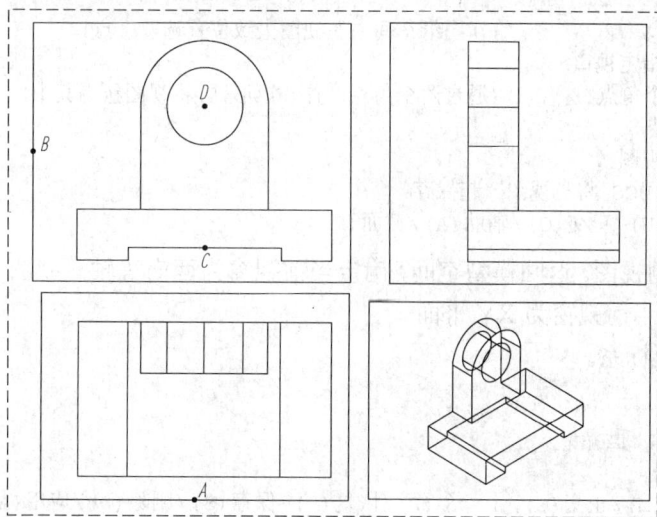

图 11-52　抽出视图

1）生成俯视图。

```
命令：SOLVIEW ✓
正在重生成布局。
输入选项 [UCS(U)/正交(O)/辅助(A)/截面(S)]：U ✓
输入选项[命名的(N)/世界(W)/?/当前(C)] <当前>：✓
输入视图比例 <1>：✓
指定视图中心：  (在图纸空间中俯视图大致位置选取一点,若位置不合适可以再选择直至合适为止)
指定视口的第一个角点：  (通过两个角点设置一矩形框,将视图包围其中)
指定视口的对角点：
```

输入视图名：俯视图 ✓
UCSVIEW = 1 UCS 将与视图一起保存
输入选项 [UCS(U)/正交(O)/辅助(A)/截面(S)]: ✓

2）生成主视图。

命令：SOLVIEW ✓
输入选项 [UCS(U)/正交(O)/辅助(A)/截面(S)]: O ✓
指定视口要投影的那一侧：   （选择如图11-52所示A点，注意A点在俯视图下边框的中点处）
指定视图中心：   （在图纸空间中主视图大致位置选取一点）
指定视图中心 <指定视口>: ✓
指定视口的第一个角点：   （通过两个角点设置一矩形框，将视图包围其中）
指定视口的对角点：
输入视图名：主视图 ✓
UCSVIEW = 1 UCS 将与视图一起保存
输入选项 [UCS(U)/正交(O)/辅助(A)/截面(S)]: ✓

3）生成左视图（剖视图）。

命令：SOLVIEW
输入选项 [UCS(U)/正交(O)/辅助(A)/截面(S)]: S ✓
指定修剪平面的第一个点：   （选择如图11-52所示C点，注意C点在主视图内图形上的中点处）
指定修剪平面的第二个点：   （选择如图11-52所示D点，注意D点在主视图内图形上的圆心点处）
指定要从哪侧查看：   （选择如图11-52所示B点，注意B点在主视图左边框的中点处）
输入视图比例 <1>: ✓
指定视图中心：   （在图纸空间中左视图大致位置选取一点）
指定视图中心 <指定视口>: ✓
指定视口的第一个角点：   （通过两个角点设置一矩形框，将视图包围其中）
指定视口的对角点：
输入视图名：左视图 ✓
UCSVIEW = 1 UCS 将与视图一起保存
输入选项 [UCS(U)/正交(O)/辅助(A)/截面(S)]: ✓

（2）建立等轴测视图。返回模型空间，确定当前视窗为西南等轴测视图。用 UCS 命令（新建\视窗选项）设置当前视窗为 XY 平面。

1）设置用户坐标系。

命令：UCS ✓
当前 UCS 名称：*世界*
输入选项
[新建(N)/移动(M)/正交(G)/上一个(P)/恢复(R)/保存(S)/删除(D)/应用(A)/?/世界(W)] <世界>: N ✓
指定新 UCS 的原点或 [Z 轴(ZA)/三点(3)/对象(OB)/面(F)/视图(V)/X/Y/Z] <0,0,0>: V ✓

2）执行 SOLVIEW 开始抽图操作，生成等轴测视图。

命令：SOLVIEW ✓
正在重生成布局。正在重生成模型。
输入选项 [UCS(U)/正交(O)/辅助(A)/截面(S)]: U ✓
输入选项[命名的(N)/世界(W)/?/当前(C)] <当前>: ✓
输入视图比例 <1>: ✓
指定视图中心：   （在图纸空间中轴测视图大致位置选取一点）
指定视图中心 <指定视口>: ✓
指定视口的第一个角点：   （设置一矩形框，尽量将视图包围其中）

指定视口的对角点：

输入视图名：轴测视图 ↙

UCSVIEW = 1 UCS 将与视图一起保存

输入选项 [UCS(U)/正交(O)/辅助(A)/截面(S)]：↙

🔊 **注 意**

（1）若轴测视图不能完全包含在所设置的矩形中，可双击轴测图视口，将它变为模型空间，然后，利用缩放命令 ZOOM 中的选项"范围（E）"进行缩放。

（2）在执行以上命令过程中，为了保证视图符合投影规律，尽量不要对正交视图中的图形进行缩放。用户可以通过拾取视窗边界，右击，选择"显示锁定"，"是"的方法，来锁定视窗避免无意中缩放图纸空间视窗中的图像，如图 11-53 所示。

（3）生成轴测图的除了上面的方法以外，还可以通过先在轴测图的位置生成一基本视图（如俯视图），再击活该视图并设置视角为轴测图方向的方法来完成。

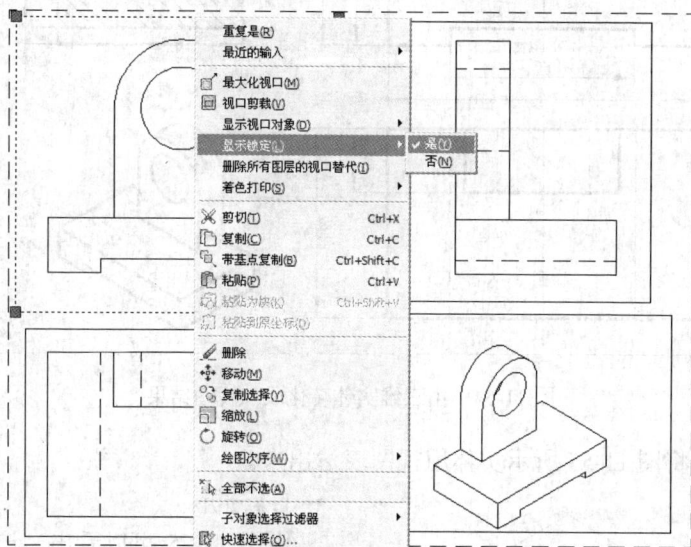

图 11-53　视窗锁定

（3）用 SOLDRAW 命令生成二维视图。

命令：SOLDRAW ↙

选择要绘制的视口..

选择对象：ALL ↙

找到 116 个

（4）将轴测视图中的虚线去掉。

1）双击激活轴测视图。

2）激活"图层特性管理器"对话框。

3）冻结虚线层"轴测视图-HID"。

（5）设置剖面线。

1）双击激活左视图。

2）用 HATCHEDIT 命令打开"图案填充编辑"对话框。

3）设置"图案"为"ANSI31","比例"为"2"，其他不变。

（6）关闭矩形视图外框。关闭 VPORTS 图层，使屏幕上只显示视图，矩形视图外框不显示。

（7）绘制中心线、标注尺寸。

参照以前章节，步骤从略。最后结果如图 11-54 所示。

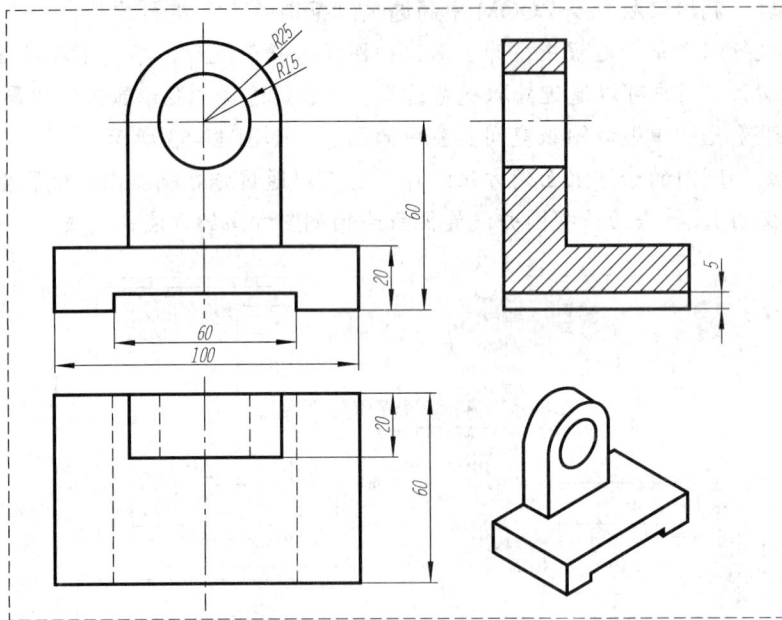

图 11-54　由三维实体转化成三视图结果

【例 11-20】　将图 11-55 所示实体用视图表达出来。

1．分析

由图 11-55 可以看出，该三维实体的表达可以用一个主视图和一个斜视图完成。设置 UCS 使 XY 平面与实体底面平行，利用 SOLVIEW 命令"UCS（U）"选项完成主视图的设置；然后利用"辅助（A）"选项，完成斜视图的设置。

2．操作准备

（1）装入 HIDDEN 线型，关闭状态行上的极轴、正交和对象追踪。

（2）选择下拉菜单"工具"→"选项"，打开"选项"对话框，在"显示"标签页"布局元素"区中，取消"在新布局中创建视口（N）"项。

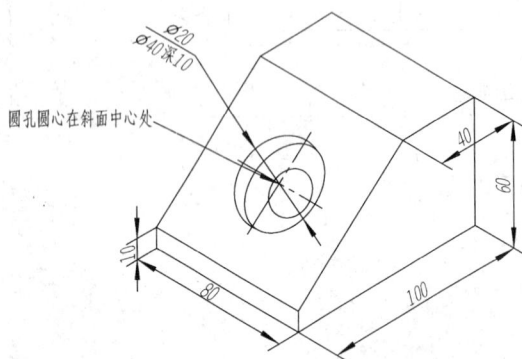

图 11-55　由三维实体生成视图原图

（3）设置用户坐标系：以立体下表面为 XY 平面，Z 轴垂直该平面向上。

3．操作过程

（1）抽出视图。

1）生成主视图。

命令：SOLVIEW ✓
正在重生成布局。
输入选项 [UCS(U)/正交(O)/辅助(A)/截面(S)]：U ✓
输入选项[命名的(N)/世界(W)/?/当前(C)] <当前>：✓
输入视图比例 <1>：✓
指定视图中心：　　　　　　　　（在图纸空间中主视图大致位置选取一点）
指定视口的第一个角点：　　　　（通过两个角点设置一矩形框，将视图包围其中）
指定视口的对角点：
输入视图名：主视图 ✓
UCSVIEW = 1　UCS 将与视图一起保存
输入选项 [UCS(U)/正交(O)/辅助(A)/截面(S)]：✓

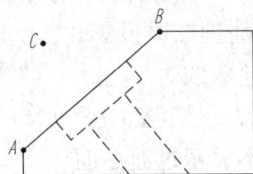

2）生成斜视图。

命令：SOLVIEW ✓
正在重生成布局。
输入选项 [UCS(U)/正交(O)/辅助(A)/截面(S)]：A ✓
指定斜面的第一个点：　　　　（选择端点 A）
指定斜面的第二个点：　　　　（选择端点 B）
指定要从哪侧查看:（选择端点 C 方向一点）
指定视图中心：　　　（选择 D 点附近一点）
指定视口的第一个角点：　　　（通过两个角点设置一矩形框，将视图包围其中）
指定视口的对角点：
输入视图名：斜视图 ✓
UCSVIEW = 1　UCS 将与视图一起保存
输入选项 [UCS(U)/正交(O)/辅助(A)/截面(S)]：✓

（2）用 SOLDRAW 命令生成二维视图。

命令：SOLDRAW ✓
选择要绘制的视口..
选择对象：ALL ✓
找到 2 个

（3）关闭矩形视图外框。关闭 VPORTS 图层，使屏幕上只显示视图，矩形视图外框不显示。结果如图 11-56 所示。

11.4.3　设置轮廓命令（SOLPROF）

（1）功能：显示当前视图下实体的曲面轮廓线和边。

（2）命令执行方式：

下拉菜单："绘图"→"实体"→"设置"→"轮廓"。

工具栏：实体 ⬚。

命令：SOLPROF。

（3）操作过程：

命令：SOLPROF ✓

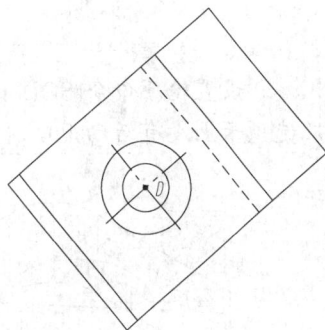

图 11-56　抽出视图

选择对象：

是否在单独的图层中显示隐藏的轮廓线？［是(Y)/否(N)］<是>:

是否将轮廓线投影到平面？［是(Y)/否(N)］<是>:

是否删除相切的边？［是(Y)/否(N)］<是>:

以上各选项含义如下：

1）选择对象：选择欲进行设置轮廓的实体对象。

2）是否在单独的图层中显示隐藏的轮廓线？［是（Y）/否（N）］：确定是否将不可见轮廓线用单独的图层表示。

是：系统将自动创建两个图层，分别用于可见图线和不可见图线。绘制其中可见轮廓块时使用的线型为 BYLAYER，绘制隐藏轮廓块时使用的线型为 HIDDEN（需事先调入 HIDDEN 线形）。命名两个图层的规则为：①PV-视口句柄用于可见的轮廓图层；②PH-视口句柄用于隐藏的轮廓图层。其中视口句柄可以用 LIST 命令查询得到。

否：把所有轮廓线当作可见线，并且为每个选定实体的轮廓线创建一个块。

3）是否将轮廓线投影到平面？［是（Y）/否（N）］：确定使用二维还是三维的对象来表示轮廓的可见线和隐藏线。

是：AutoCAD 将用二维对象创建轮廓线。三维轮廓被投射到一个与视图方向垂直并且通过用户坐标系原点的平面上。通过消除平行于视图方向的线，以及由转换圆弧和圆观察到的轮廓素线，AutoCAD 可以清理二维投影。

否：用三维对象创建轮廓线。

4）是否删除相切的边？［是（Y）/否（N）］：确定是否显示过渡曲面。

是：删除相切的边，不显示过渡曲面。

否：不删除相切的边，显示过渡曲面。

注 意

设置轮廓命令(SOLPROF)只能在"布局"选项卡上的活动视口中使用。若"布局"选项卡上没有活动视口，应用视口命令（VPORTS）创建活动视口后再使用。

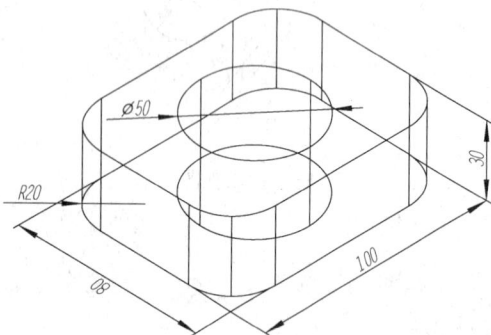

图 11-57　立体图

【例 11-21】利用设置轮廓命令（SOLPROF）将图 11-57 所示实体用视图表达出来。

1. 分析

若想利用设置轮廓命令（SOLPROF）将图 11-57 所示立体转换成视图，必须先在布局视图中创建相应的视口，因此创建完立体后，需用视口命令（VPORTS）在布局 1 中创建四个视口，并将相应的视口转换为相应的视图。另外由于立体转换成视图后会产生不可见线，因此在执行设置轮廓命令之前，还应装载 HIDDEN 线型。完成这些准备操作后，就可以分别激活各视口执行设置轮廓命令了。

2. 操作过程

（1）创建立体（过程略）。

（2）装载虚线线型（过程略）。

（3）在布局 1 中创建四个视口。

命令：_VPORTS↙
指定视口的角点或
[开(ON)/关(OFF)/布满(F)/着色打印(S)/锁定(L)/对象(O)/多边形(P)/恢复(R)/2/3/4] <布满>：4↙
指定第一个角点或 [布满(F)] <布满>：↙
正在重生成模型。

（4）激活各视口并将其转换成相应视图。

1）设置第一个视口为主视图：双击第一个视口，并选择下拉菜单"视图"→"三维视图"→"主视"。

2）设置第二个视口为俯视图：双击第二个视口，并选择下拉菜单"视图"→"三维视图"→"俯视"。

3）设置第三个视口为左视图：双击第三个视口，并选择下拉菜单"视图"→"三维视图"→"左视"。

4）设置第四个视口为西南等轴测视图：双击第四个视口，并选择下拉菜单"视图"→"三维视图"→"西南等轴测"。

（5）对四个视口分别进行设置轮廓操作。

1）激活主视图视口，对主视图图视口进行设置轮廓操作。

命令：SOLPROF↙
选择对象：　　　（选择立体）
找到 1 个
选择对象：↙
是否在单独的图层中显示隐藏的轮廓线？[是(Y)/否(N)] <是>：↙
是否将轮廓线投影到平面？[是(Y)/否(N)] <是>：↙
是否删除相切的边？[是(Y)/否(N)] <是>：↙

以下操作由系统自动完成：

输入选项 [?/冻结(F)/解冻(T)/重置(R)/新建冻结(N)/视口默认可见性(V)]：_N
输入在所有视口中都冻结的新图层的名称：PV-6D6
输入选项 [?/冻结(F)/解冻(T)/重置(R)/新建冻结(N)/视口默认可见性(V)]：_T
输入要解冻的图层名：PV-6D6
输入选项 [全部(A)/选择(S)/当前(C)] <当前>：
输入选项 [?/冻结(F)/解冻(T)/重置(R)/新建冻结(N)/视口默认可见性(V)]：

命令：_.VPLAYER
输入选项 [?/冻结(F)/解冻(T)/重置(R)/新建冻结(N)/视口默认可见性(V)]：_NEW
输入在所有视口中都冻结的新图层的名称：PH-6D6
输入选项 [?/冻结(F)/解冻(T)/重置(R)/新建冻结(N)/视口默认可见性(V)]：_T
输入要解冻的图层名：PH-6D6
输入选项 [全部(A)/选择(S)/当前(C)] <当前>：
输入选项 [?/冻结(F)/解冻(T)/重置(R)/新建冻结(N)/视口默认可见性(V)]：

命令：_.-LAYER
当前图层：0

输入选项 [?/生成(M)/设置(S)/新建(N)/开(ON)/关(OFF)/颜色(C)/线型(L)/线宽(LW)/打印(P)/冻结(F)/解冻(T)/锁定(LO)/解锁(U)/状态(A)]: _LTYPE

输入已加载的线型名或 [?] <Continuous>: HIDDEN

输入使用线型"HIDDEN"的图层名列表 <0>: PH-6D6

输入选项 [?/生成(M)/设置(S)/新建(N)/开(ON)/关(OFF)/颜色(C)/线型(L)/线宽(LW)/打印(P)/冻结(F)/解冻(T)/锁定(LO)/解锁(U)/状态(A)]:

2）分别对俯视图视口、左视图视口、轴测图视口进行设置轮廓操作。具体过程与前面相似，过程略。

（6）关闭立体所在图层。结果如图 11-58 所示。

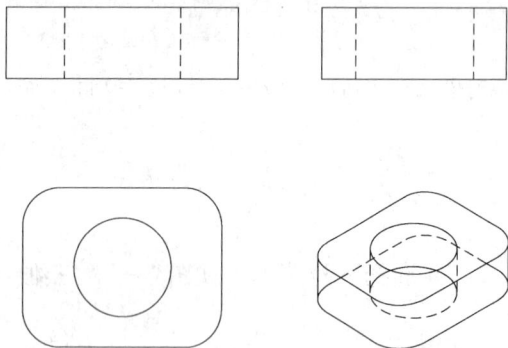

图 11-58　由设置轮廓命令转换而成的视图

11.4.4　机件的其他表达方法

在表达机件的外部结构时可以采用基本视图、局部视图、斜视图；表达机件内部结构时可以采用全剖视图、半剖视图和局部剖视图（按剖切内容的多少区分），也可以采用单一剖、几个相交的平面剖、几个平行的平面剖、复合剖和斜剖（按剖切平面的多少剖切位置分）等。利用前面所学习的三个命令设置视图（SOLVIEW）、设置图形（SOLDRAW）和设置轮廓（SOLPROF）可以完成基本视图、斜视图全剖视图的创建，而要创建其他的视图则需要在基本视图的基础上进行修改而完成。

当完成设置视图（SOLVIEW）和设置图形（SOLDRAW）或设置轮廓（SOLPROF）命令后，若再返回到模型空间，会发现在模型空间多了一些图形对象，而这些平面图形对象正是生成的那些视图（如果是基本视图新生成的图形将产生于XOY 平面、XOZ 平面和 YOZ 平面上）。由于基本视图生成的是平面图形对象，因此可以对其进行修改，以达到需要达到的要求。下面以一个例子进行说明修改的方法和步骤。

【例 11-22】　创建如图 11-59 所示的图形。

1．分析

该图由两个视图构成，其中主视图采

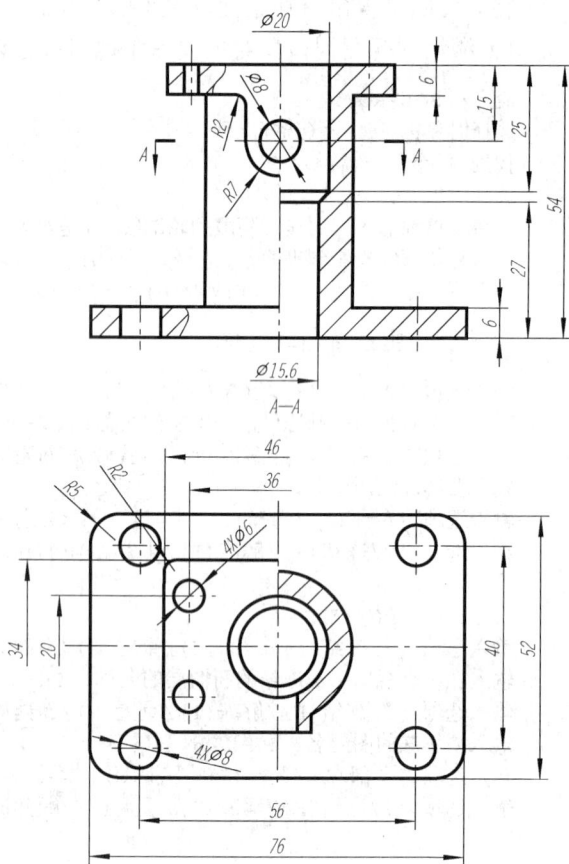

图 11-59　平面图

用了半剖和局部剖，俯视图采用的是半剖视图。前面所学的知识中没有直接生成半剖视图和局剖剖视图的方法和命令，只能通过间接的方法完成。

可以先创建实体，再根据实体生成基本视图主视图和俯视图。再在已生成的视图基础上进行修改而形成现有的视图。

2．操作过程

（1）创建立体（过程略），结果如图 11-60 所示。

（2）装载虚线线型（过程略）。

（3）利用设置视图（SOLVIEW）和设置图形（SOLDRAW）命令生成主视图和俯视图（过程略），结果如图 11-61 所示。

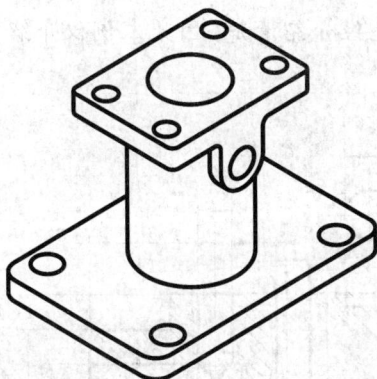

图 11-60　立体图

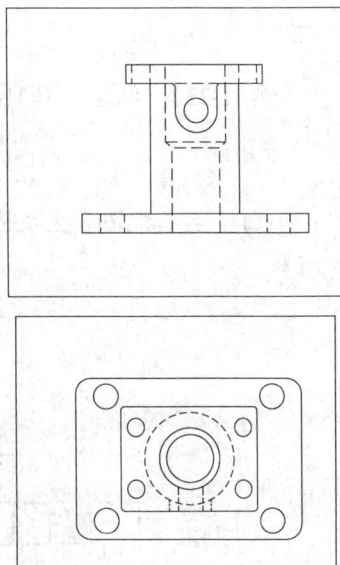

图 11-61　主视图和俯视图

（4）修改主视图。

1）激活主视图，删除多余线（参照图 11-59 主视图）。

2）将可见虚线变为粗实线。

3）绘制波浪线。

4）绘制剖面线。

结果如图 11-62 所示。

（5）修改俯视图（过程略）。过程同（4），结果如图 11-63 所示。

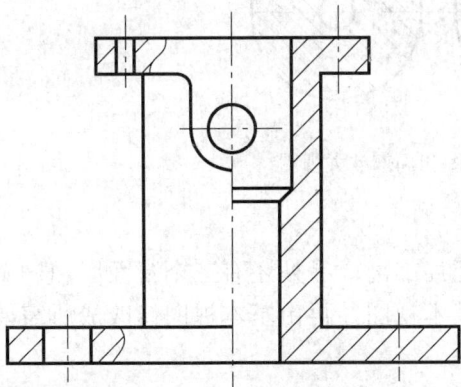

图 11-62　绘制剖面线

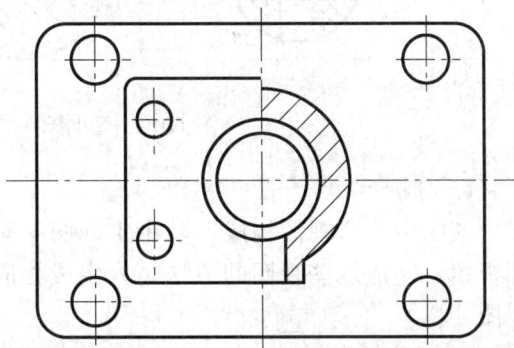

图 11-63　修改俯视图

（6）隐藏边框线，关闭 **VPORT** 层（过程略）。

（7）标注尺寸（过程略）结果如图 11-59 所示。

> **注意**
>
> 在进行操作过程中不要对活动视口内部进行缩放，否则生成的视图将可能不对齐。

【**例 11-23**】　创建如图 11-64 所示的图形。

> **注意**
>
> 由于生成视图和生成图形的操作前面已经介绍清楚，因此本例仅介绍重要的操作过程。

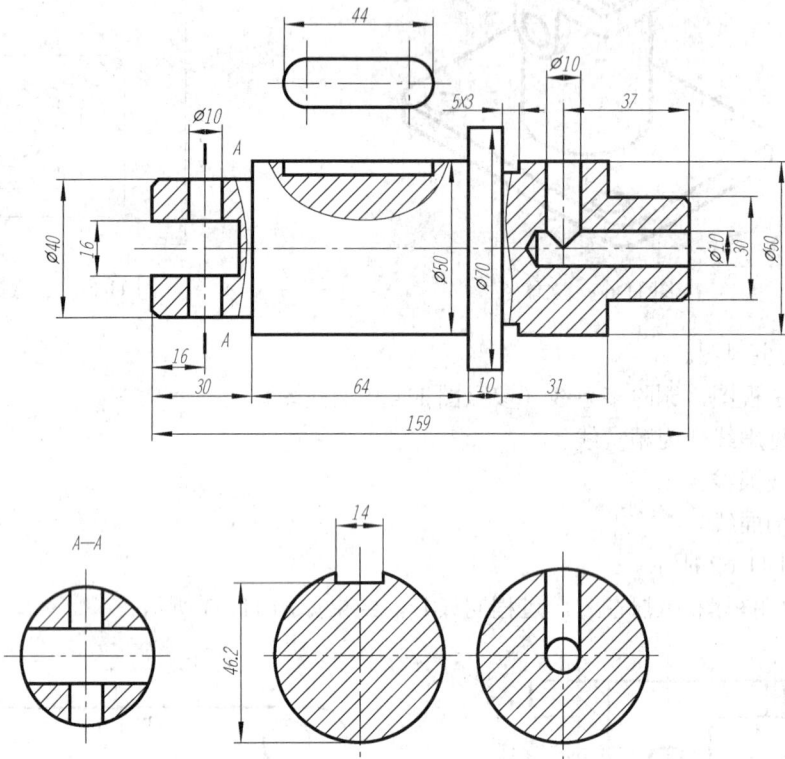

图 11-64　断面图、局部视图和局部放大视图

1．分析

该图由五个视图构成，其中主视图中有三处局部剖，另外还有三个断面图和一个局部视图。完成这些视图的方法是先生成相应的基本视图，再由基本视图修改成所需的视图。

2．操作过程

（1）创建立体。创建过程与方法请参照以前内容，结果如图 11-65 所示，过程略。

（2）设置当前 UCS 的 XOY 面为主视图所在面（过程略）。

（3）利用设置视图（SOLVIEW）命令生成主视图（过程略）。

（4）生成局部视图。

1）利用设置视图（SOLVIEW）命令中的"正交"生成俯视图。

2）利用设置图形命令（SOLDRAW）将该视图生成图形，结果如图 11-66（a）所示。

3）激活该视图，删除多余的图线，保留所需要的图线。

4）双击视口边框外侧（关闭视口激活状态），选择视口边框，利用夹点功能调整视口边框的大小至合适大小。

5）移动视口边框至视图所需放置位置。

结果如图 11-66（b）所示。

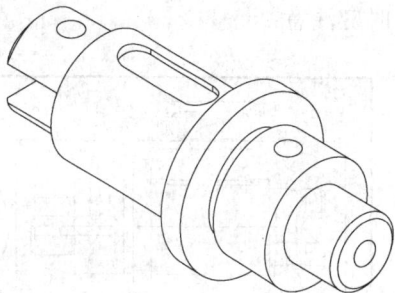

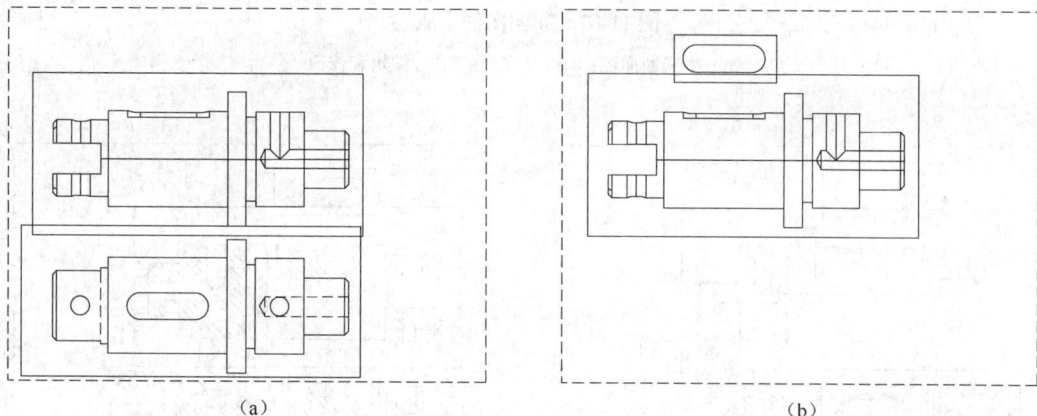

图 11-65　立体图

（a）

（b）

图 11-66　局部视图的生成

（a）生成俯视图；（b）修改成局部放大视图

（5）生成断面图 *A—A*。

1）利用设置视图（SOLVIEW）命令中的"截面"生成所需断面视图，如图 11-67（a）所示。

2）利用设置图形命令（SOLDRAW）将该视图生成图形。

3）激活该视图，删除多余的图线，保留所需要的图线。

4）编辑剖面线的型式。

5）双击视口边框外侧（关闭视口激活状态），调整视口边框的大小至合适大小。

6）移动视口边框至视图所需放置位置。

7）在生成的断面图上方标注 *A—A*，如图 11-67（b）所示。

（6）其他断面图的生成。

过程与（5）相似，请读者自行完成。结果如图 11-68 所示。

（7）利用设置图形命令（SOLDRAW）将主视图生成图形。

（8）激活主视图，对主视图进行编辑，结果如图 11-69 所示。在对主视图进行编辑操作时应注意：

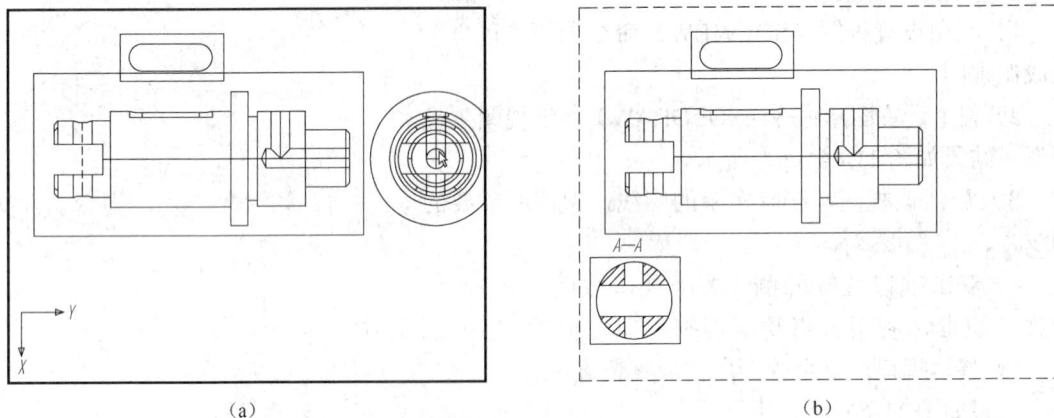

（a）　　　　　　　　　　　　　　　　　　　（b）

图 11-67　断面图的生成

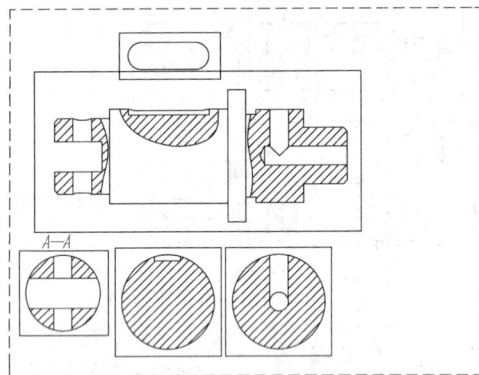

（a）生成断面图；（b）对断面图进行编辑和修改

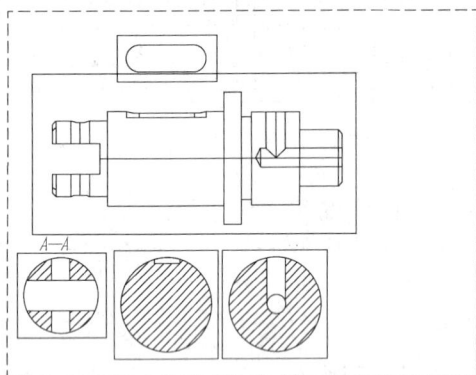

图 11-68　其他断面图的生成　　　　　　　　图 11-69　主视图的生成

1）根据需要对主视图进行缩放，但缩放不能在主视图视口内进行，必须在关闭主视图激活状态后才能进行，否则将会出现不对正的情况。

2）绘制的波浪线最好使用主视图的 dim 层，否则新添的这些线在其他视图可能会出现投影。

3）进行图案填充时，若使用"拾取点"的方法不能正确选择边界时，可以使用"选择对象"的方法进行边界的选择，如图 11-70（a）所示。但应用"选择对象"的方法前应将某些线先断开（使用"打断于点"命令），使整个填充区域能够形成串联（首尾相连），断点位置如图 11-70（b）所示。

（9）关闭 VPORT 层，隐藏视图边框。

（10）对视图进行尺寸标注和文本标注（过程略），结果如图 11-64 所示。

（a）

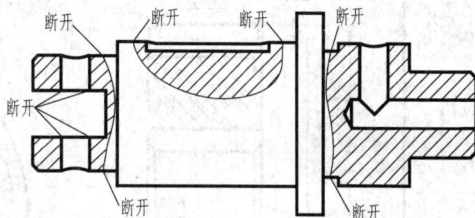

（b）

图 11-70　断点与图案填充设置

（a）断点位置；（b）图案填充设置

11.5　机械产品造型实例

本节将通过两个典型的机械产品齿轮和起重螺杆来练习一下实体的综合造型方法。进行造型前需要读者具备一定的识图能力。

11.5.1　齿轮

齿轮是一种常用件，在机器或部件中应用较广泛，主要用来传递动力、改变转速及旋转方向。齿轮的种类很多，常用的有圆柱齿轮、圆锥齿轮、蜗轮蜗杆、齿轮齿条等。圆柱齿轮的轮齿有直齿、斜齿和人字齿之分。齿型又有渐开线、摆线、圆弧等形状，其中以渐开线齿轮最为常见。

1. 造型任务

图 11-71 所示为一渐开线圆柱齿轮零件图，根据零件图进行该齿轮的实体造型。

2. 分析

该齿轮为渐开线式直齿圆柱齿轮，结构上主要包括轮齿、轮身、孔、键槽和一些倒角。齿轮整体结构比较简单，只是轮齿两侧为渐开线，而 AutoCAD 没有渐开线命令，绘制起来比较困难，可以考虑采用逐点逼近法绘制（即先获取渐开线上若干点坐标，再用样条曲线把这些点连接起来的方法），计算各点坐标可以借助 Excel 软件完成。

3. 造型准备

（1）标准直齿圆柱齿轮参数及计算。标准直齿圆柱齿轮参数及计算见表 11-2。

表 11-2　　　　　　　　　　　　　标准直齿圆柱齿轮参数及计算

名称	符号	计算公式	名称	符号	计算公式
分度圆直径	d	$d=mz$	齿根圆直径	d_f	$d_f=d-2h_f=m（z-2.5）$
齿顶高	h_a	$h_a=m$	压力角	α	标准齿轮 $\alpha=20°$
齿根高	h_f	$h_f=1.25m$	基圆直径	d_b	$d_b=m·z·\cos\alpha$
全齿高	h	$h=h_a+h_f=2.25m$	中心距	a	$a=（d_1+d_2）/2=m（z_1+z_2）/2$
齿顶圆直径	d_a	$d_a=d+2h_a=m(z+2)$			

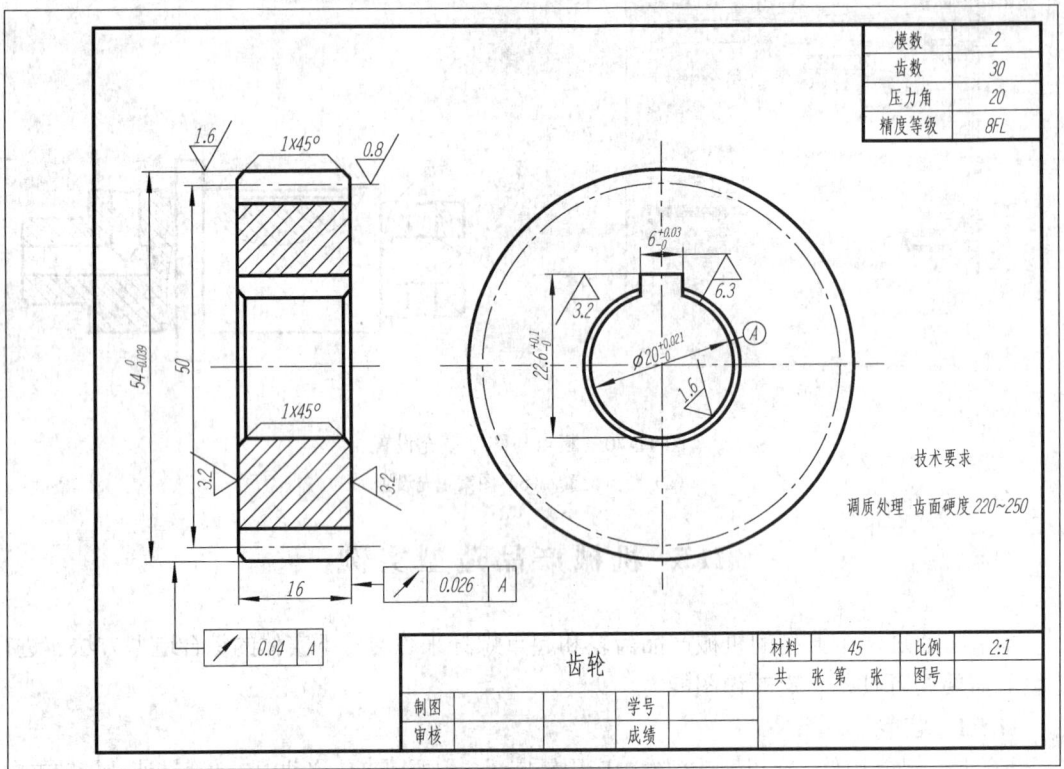

图 11-71　齿轮零件图

（2）渐开线参数方程：

```
x = r_b (cos(t)+t sin(t))
y = r_b (sin(t)-t cos(t))
```

其中：r_b 为基圆半径；t 为变量（$0 \leqslant t \leqslant 1$）。

由图 11-71 可知齿轮的模数 $m=2$，齿数 $z=25$，压力角 $\alpha=20°$。

可以根据表 11-2 的公式计算出基圆半径的值为

$$r_b=d_b/2=m \cdot z \cdot \cos\alpha/2=2 \times 25 \times \cos20°/2=23.49231552$$

（3）渐开线坐标计算。

1）新建 Excel。新建一个 Excel 表格，命名为"渐开线参数.xls"，输入见表 11-3。其中 t 占 A1 单元格，其值 0 和 0.005 由手工输入（t 的步进值为 0.005）；x 占 b1 单元格，其值由公式计算得出；y 占 c1 单元格，其值由公式计算得出；x，y 表示渐开线上的点坐标，其值由公式计算得出。

表 11-3　　　　　　　　　　　渐 开 线 参 数 表

t	$x=r_b(\cos(t)+t\sin(t))$	$y=r_b(\sin(t)-t\cos(t))$	x，y
0	=23.49231552 *(cos(t)+t*sin(t))	=23.49231552*(sin(t)−t* cos(t))	=B2&","&C2

2）选中 B2、C2、D2，向下填充一行。

3）选中 A2～D3 两行数据向下填充至第 120 行（只要 x 值超过 27 就可以了，原因请读者自行分析），此时数表格数据如图 11-72 所示。

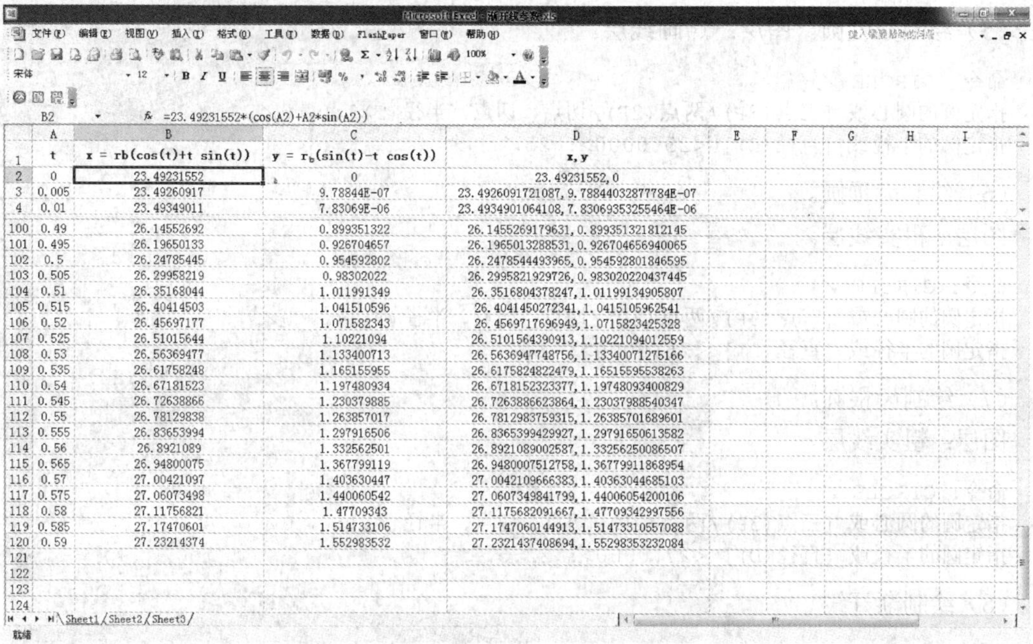

	A	B	C	D	E	F	G	H	I
			B2	▼	fx	=23.49231552*(cos(A2)+A2*sin(A2))			
1	t	x = rb(cos(t)+t sin(t))	y = r_b(sin(t)−t cos(t))	x, y					
2	0	23.49231552	0	23.49231552, 0					
3	0,005	23.49260917	9.78844E-07	23.4926091721087, 9.78844032877784E-07					
4	0,01	23.49349011	7.83069E-06	23.4934901064108, 7.83069353255464E-06					
100	0.49	26.14552692	0.899351322	26.1455269179631, 0.899351321812145					
101	0.495	26.19650133	0.926704657	26.1965013288531, 0.926704656940065					
102	0.5	26.24785445	0.954592802	26.2478544493965, 0.954592801846595					
103	0.505	26.29958219	0.98302022	26.2995821929726, 0.983020220437445					
104	0.51	26.35168044	1.011991349	26.3516804378247, 1.01199134905807					
105	0.515	26.40414503	1.041510596	26.4041450272341, 1.0415105962541					
106	0.52	26.45697177	1.071582343	26.4569717696949, 1.0715823425328					
107	0.525	26.51015644	1.10221094	26.5101564390913, 1.10221094012559					
108	0.53	26.56369477	1.133400713	26.5636947748756, 1.13340071275166					
109	0.535	26.61758248	1.165155955	26.6175824822479, 1.16515595538263					
110	0.54	26.67181523	1.197480934	26.6718152323377, 1.19748093400829					
111	0.545	26.72638866	1.230379885	26.7263886623864, 1.23037988540347					
112	0.55	26.78129838	1.263857017	26.7812983759315, 1.26385701689601					
113	0.555	26.83653994	1.297916506	26.8365399429927, 1.29791650613582					
114	0.56	26.8921089	1.332562501	26.8921089002587, 1.33256250086507					
115	0.565	26.94800075	1.367799119	26.9480007512758, 1.36779911868954					
116	0.57	27.00421097	1.403630447	27.0042109666383, 1.40363044685103					
117	0.575	27.06073498	1.440060542	27.0607349841799, 1.44006054200106					
118	0.58	27.11756821	1.47709343	27.1175682091667, 1.47709342997556					
119	0.585	27.17470601	1.514733106	27.1747060144913, 1.51473310557088					
120	0.59	27.23214374	1.552983532	27.2321437408694, 1.55298353232084					

图 11-72 输入数据

4）复制 D2～D120 单元格数据。

4. 造型

（1）新建文件。单击下拉菜单"文件"→"新建"，新建文件，文件名为：齿轮造型.dwg。

（2）建立图层。单击下拉菜单"格式"→"图层"，建立图层见表 11-4。

表 11-4　　　　　　　　　　　　齿 轮 图 层 设 置

层 名	线 型	线 宽
粗实线层	continous	0.35
点画线层	Center2	默认

（3）设置线形比例。选择下拉菜单"格式"→"线型"，设置"全局比例因子（G）:"为 0.25。

（4）绘制中心线。

图层：点画线层。

命令：LINE✓
指定第一点：-31,0✓
指定下一点或 [放弃(U)]：31,0✓
指定下一点或 [放弃(U)]：✓

命令：LINE ✓

指定第一点：0,-31↙
指定下一点或 [放弃(U)]：0,31↙
指定下一点或 [放弃(U)]：↙

（5）绘制分度圆。图层：点画线层。

命令：CIRCLE ↙
指定圆的圆心或 [三点(3P)/两点(2P)/切点、切点、半径(T)]:0, 0↙
指定圆的半径或 [直径(D)] <25.0000>: 25↙

（6）绘制齿顶圆。

图层：粗实线层。

命令：CIRCLE ↙
指定圆的圆心或 [三点(3P)/两点(2P)/切点、切点、半径(T)]:0, 0↙
指定圆的半径或 [直径(D)] <25.0000>: 27↙

（7）绘制齿根圆。

图层：粗实线层。

命令：CIRCLE ↙
指定圆的圆心或 [三点(3P)/两点(2P)/切点、切点、半径(T)]:0, 0↙
指定圆的半径或 [直径(D)] <27.0000>: 22.5↙

（8）绘制渐开线

命令：SPLINE ↙
指定第一个点或 [对象(O)]：   (粘贴"渐开线参数.xls"中 D2～D120 单元格数据)
……
指定下一点或 [闭合(C)/拟合公差(F)] <起点切向>:↙
指定起点切向：↙
指定端点切向：↙

结果如图 11-73 所示。

（9）阵列渐开线。选择下拉菜单"修改"→"阵列"，将上一步绘制的渐开线绕原点环形
阵列 50 次。设置如图 11-74 所示。

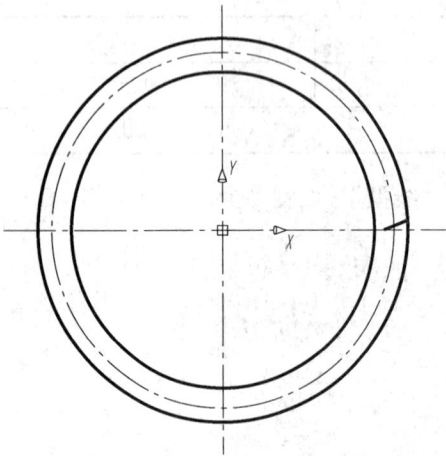

图 11-73   绘制渐开线   图 11-74   阵列渐开线

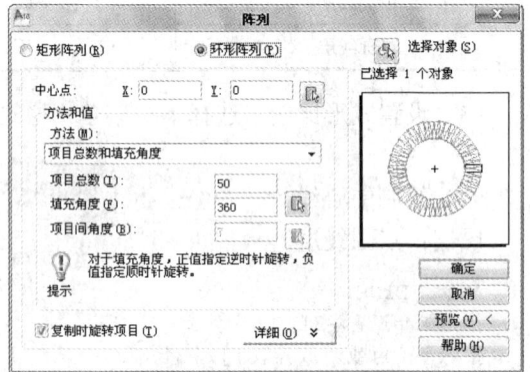

（10）镜像渐开线。

命令：MIRROR ✓
选择对象： （选择如图 11-75 所示镜像对象）
选择对象：✓
指定镜像线的第一点：0,0✓
指定镜像线的第二点： （选择如图 11-75 所示分度圆与渐开线交点）
要删除源对象吗？[是(Y)/否(N)] <N>:Y✓

结果如图 11-76 所示。

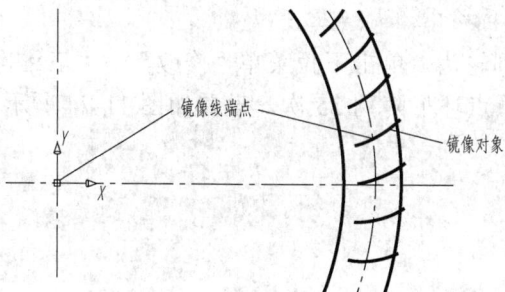

图 11-75 镜像端点与镜像对象　　　　图 11-76 镜像渐开线

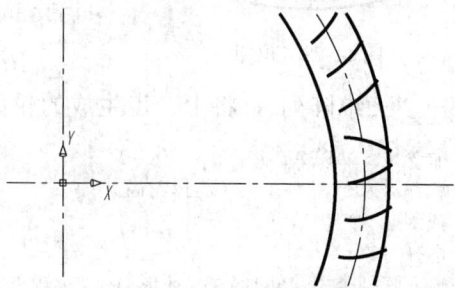

（11）绘制辅助线并修整。连接渐开线端点与原点并修整，结果如图 11-77 所示。
（12）旋转并修整。对图形旋转并修整结果如图 11-78 所示。

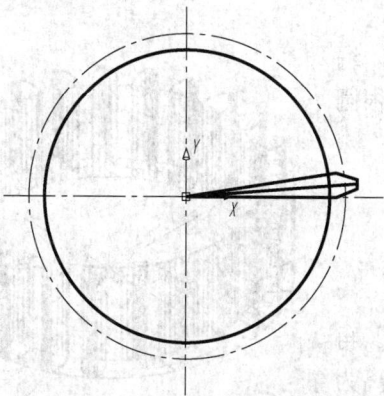

图 11-77 绘制辅助线并修整　　　　图 11-78 旋转并修整

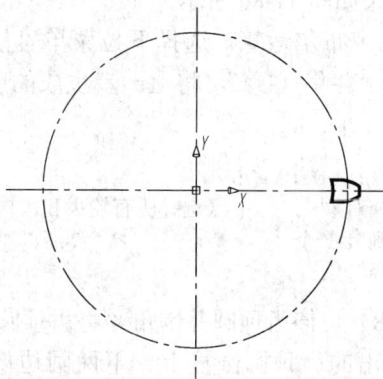

（13）面域。将图 11-78 所示齿形对象制作成面域。
（14）重新绘制齿根圆和齿顶圆。绘制图层为粗实线层。

命令：CIRCLE ✓
指定圆的圆心或 [三点(3P)/两点(2P)/切点、切点、半径(T)]:0,0✓
指定圆的半径或 [直径(D)] <22.5000>: 22.5✓

命令：CIRCLE ✓
指定圆的圆心或 [三点(3P)/两点(2P)/切点、切点、半径(T)]:0,0✓
指定圆的半径或 [直径(D)] <22.5000>: 27✓

（15）拉伸。将齿根圆和齿形对象面域向上拉伸 16，结果如图 11-79 所示。

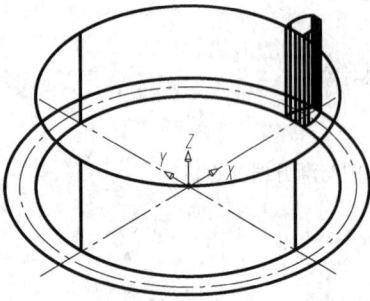

图 11-79　拉伸

视图：西南等轴测视图。

命令：EXTRUDE ✓
当前线框密度：ISOLINES=4
选择要拉伸的对象：　　　　　　　（选择齿根圆）
找到 1 个
选择要拉伸的对象：　　　　　　（选择齿形对象面域）
找到 1 个,总计 2 个
选择要拉伸的对象：✓
指定拉伸的高度或 [方向(D)/路径(P)/倾斜角(T)]
<15.0000>：16 ✓

（16）阵列轮齿。单击下拉菜单"修改"→"三维操作"→"三维阵列"，将上一步生成的轮齿绕原点环形阵列 25 次。设置如图 11-74 所示。

命令：3DARRAY ✓
选择对象：　　　　　　（选择轮齿）
找到 1 个
选择对象：✓
输入阵列类型 [矩形(R)/环形(P)] <矩形>：P✓
输入阵列中的项目数目：25✓
指定要填充的角度 (+=逆时针, -=顺时针) <360>：✓
旋转阵列对象？ [是(Y)/否(N)] <Y>：✓
指定阵列的中心点：0,0,0✓
指定旋转轴上的第二点：0,0,10✓

结果如图 11-80 所示。

（17）布尔运算。选择下拉菜单"修改"→"实体编辑"→"并集（U）"，将上一步生成的所有轮齿和齿根圆圆柱合并在一起。

命令：UNION✓
选择对象：　　　　　（选择所有轮齿和齿根圆圆柱）
找到 26 个
选择对象：✓

（18）拉伸齿顶圆并倒角。将齿顶圆向上拉伸 16。再将拉伸出的齿顶圆圆柱上、下两圆边倒角，倒角距离为 1×1。

视图：西南等轴测视图。

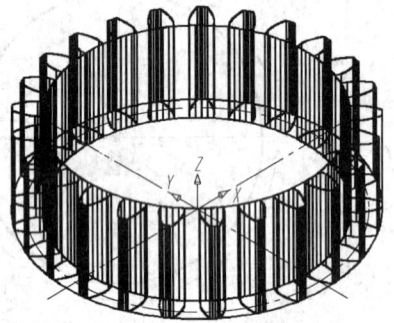

图 11-80　阵列轮齿

命令：EXTRUDE ✓
当前线框密度：ISOLINES=4
选择要拉伸的对象：　　　　　　（选择齿顶圆）
找到 1 个
选择要拉伸的对象：✓
指定拉伸的高度或 [方向(D)/路径(P)/倾斜角(T)] <16.0000>：16 ✓

命令：CHAMFER ✓
（"修剪"模式）当前倒角距离 1 = 0.0000，距离 2 = 0.0000
选择第一条直线或 [放弃(U)/多段线(P)/距离(D)/角度(A)/修剪(T)/方式(E)/多个(M)]：　（选择齿顶圆圆柱上面的圆边）

基面选择...

输入曲面选择选项 [下一个(N)/当前(OK)] <当前(OK)>: ✓

指定基面的倒角距离: 1 ✓

指定其他曲面的倒角距离 <1.0000>: ✓

选择边或 [环(L)]:   (选择齿顶圆圆柱上面的圆边)

选择边或 [环(L)]:   (选择齿顶圆圆柱下面的圆边)

选择边或 [环(L)]: ✓

着色后结果如图 11-81 所示。

（19）布尔运算。将齿顶圆圆柱与步骤（17）生成的实体进行交集运算。

命令: INTERSECT ✓

选择对象: (选择齿顶圆圆柱与步骤（17）生成的实体)

找到 2 个

选择对象: ✓

结果如图 11-82 所示。

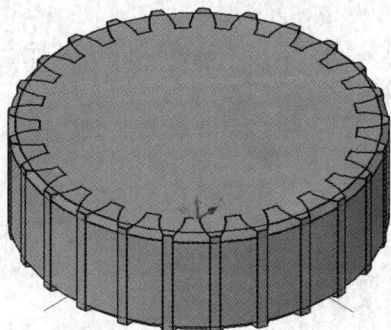

图 11-81　拉伸齿顶圆并倒角

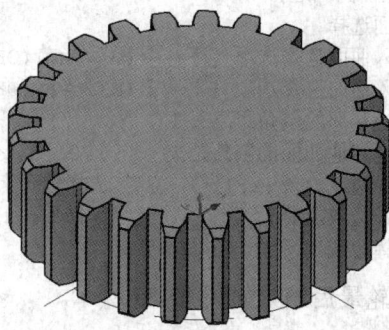

图 11-82　布尔运算

（20）绘制轴孔与键槽。绘制如图 11-83 所示轴孔与键槽。

（21）将轴孔与键槽生成面域。

命令: REGION✓

选择对象: （选择如图 11-83 所示轴孔与键槽）

找到 4 个

选择对象: ✓

（22）拉伸。将轴孔与键槽生成的面域向上拉伸 16。

视图：西南等轴测视图。

命令: EXTRUDE ✓

当前线框密度: ISOLINES=4

选择要拉伸的对象: (选择轴孔与键槽生成的面域)

找到 1 个

选择要拉伸的对象: ✓

指定拉伸的高度或 [方向(D)/路径(P)/倾斜角(T)]

<16.0000>: 16 ✓

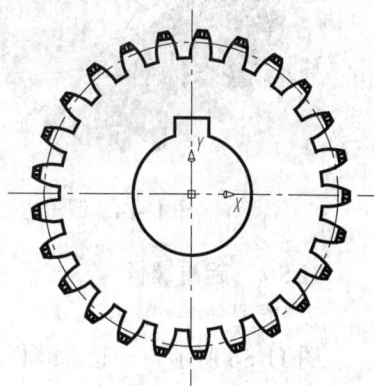

图 11-83　轴孔与键槽

（23）布尔运算。从步骤（19）生成的实体中挖切掉步骤（22）生成的实体。

视图：西南等轴测视图。

命令: SUBTRACT ✓

选择要从中减去的实体、曲面和面域...
选择对象：   (选择(19)生成的实体)
找到 1 个
选择对象：✓
选择要减去的实体、曲面和面域...
选择对象：   (选择(22)生成的实体)
找到 1 个
选择对象：✓

结果如图 11-84 所示。

（24）倒角。

对步骤（19）生成的实体倒角。

命令：CHAMFER ✓
（"修剪"模式）当前倒角距离 1 = 0.0000，距离 2 = 0.0000
选择第一条直线或 [放弃(U)/多段线(P)/距离(D)/角度(A)/修剪(T)/方式(E)/多个(M)]：（选择轴孔上面的圆边）
基面选择...
输入曲面选择选项 [下一个(N)/当前(OK)] <当前(OK)>：N✓   （选择轴孔作为基面）
输入曲面选择选项 [下一个(N)/当前(OK)] <当前(OK)>：✓
指定基面的倒角距离：1 ✓
指定其他曲面的倒角距离 <1.0000>：✓
选择边或 [环(L)]：   （选择轴孔上面的圆边）
选择边或 [环(L)]：   （选择轴孔下面的圆边）
选择边或 [环(L)]：✓

齿轮最后结果如图 11-85 所示。

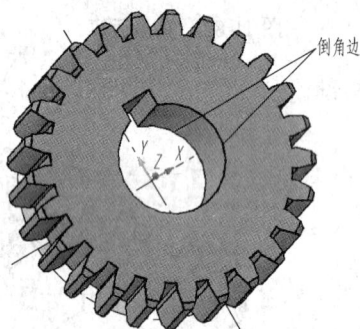

图 11-84　倒角边

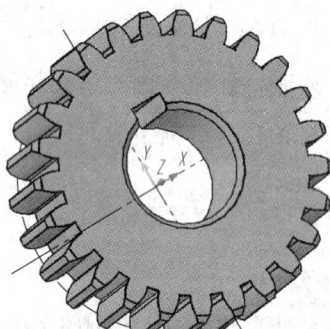

图 11-85　齿轮

11.5.2　起重螺杆

1. 造型任务

图 11-86 所示为一起重螺杆零件图，根据零件图进行该起重螺杆的实体造型。

2. 造型

（1）新建文件。选择下拉菜单"文件"→"新建"，新建文件，文件名为"起重螺杆造型.dwg"。

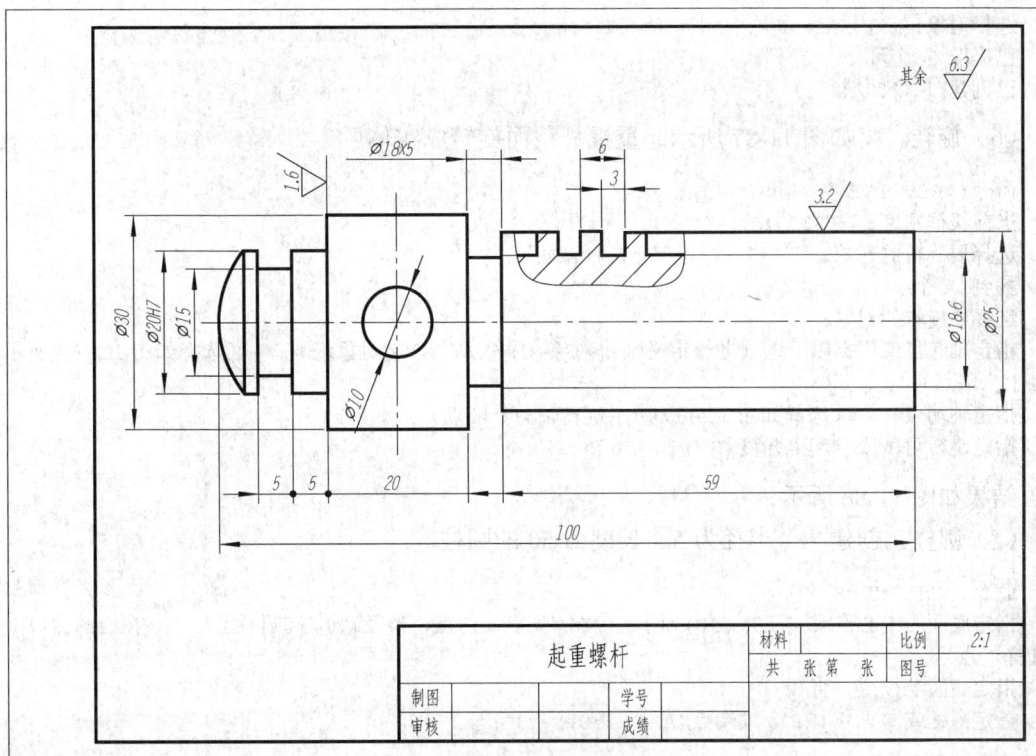

图 11-86　齿轮零件图

（2）建立图层。选择下拉菜单"格式"→"图层"，建立图层见表 11-5。

表 11-5　　　　　　　　　　　起重螺杆图层设置

层　　名	线　　型	线　　宽
粗实线层	continous	0.35
点画线层	center2	默认

（3）设置线形比例。选择下拉菜单"格式"→"线型"，设置"全局比例因子（G）："为"0.25"。

（4）绘制起重螺杆截面。图层为粗实线层。绘制超重螺杆截面如图 11-87 所示（过程略）。

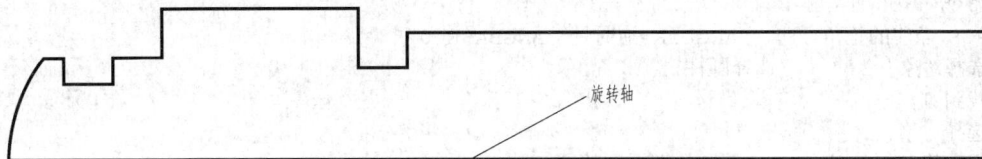

图 11-87　起重螺杆截面

（5）面域。将如图 11-87 所示起重螺杆截面转换成面域，并旋转成实体。

```
命令：REGION↙
选择对象：　　　　　　　　　（选择起重螺杆截面）
找到 14 个
```

选择对象：✓

已提取 1 个环。

已创建 1 个面域。

（6）旋转。将如图 11-87 所示起重螺杆截面旋转成实体。

命令：REVOLVE✓
当前线框密度：ISOLINES=4
选择要旋转的对象：   （选择起重螺杆截面）
找到 1 个
选择要旋转的对象：✓
指定轴起点或根据以下选项之一定义轴 [对象(O)/X/Y/Z] <对象>：   （选择如图 11-87 所示旋
转轴上一端点）
指定轴端点：   （选择如图 11-87 所示旋转轴另一端点）
指定旋转角度或 [起点角度(ST)] <360>：✓

结果如图 11-88 所示。

（7）圆柱。创建一个半径为 5、长度为 50 的圆柱。

命令：CYLINDER ✓
指定底面的中心点或 [三点(3P)/两点(2P)/切点、切点、半径(T)/椭圆(E)]：   （在绘图窗口上任
意选择一点）
指定底面半径或 [直径(D)]：5✓
指定高度或 [两点(2P)/轴端点(A)]：50✓

结果如图 11-89 所示。

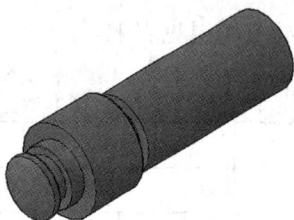

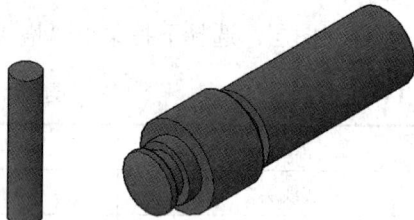

图 11-88   旋转   图 11-89   圆柱

（8）旋转圆柱。选择下拉菜单"修改"→"三维操作"→"三维旋转（R）"，将圆柱绕
过圆柱上一个圆心且与 X 轴平行的轴线旋转 90°。

命令：3DROTATE ✓
UCS 当前的正角方向：ANGDIR=逆时针 ANGBASE=0
选择对象：   （选择圆柱）
找到 1 个
选择对象：✓
指定基点：   （选择圆柱下面圆的圆心）
拾取旋转轴：   （选择红色与 X 轴平行的轴）
指定角的起点或输入角度：90✓

结果如图 11-90 所示。

（9）移动圆柱。选择下拉菜单"修改" → "移动（V）"，将圆柱以如图 11-90 所示"圆
1"和"圆 2"圆心间的中点为基准点移动到"圆 3"和"圆 4"圆心间的中点。

命令：MOVE ✓
选择对象：　　　　　(选择圆柱)
找到 1 个
选择对象：✓
指定基点或 [位移(D)] <位移>：_M2P ✓
中点的第一点：　　　　　(选择如图 11-90 所示圆 1 的圆心)
中点的第二点：　　　　　(选择如图 11-90 所示圆 2 的圆心)
指定第二个点或 <使用第一个点作为位移>：_M2P ✓
中点的第一点：　　　　　(选择如图 11-90 所示圆 3 的圆心)
中点的第二点：　　　　　(选择如图 11-90 所示圆 4 的圆心)

结果如图 11-91 所示。

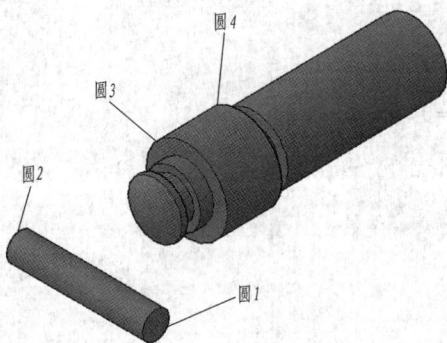

图 11-90　旋转

图 11-91　移动

（10）布尔运算。选择下拉菜单"修改"→"实体编辑"→"差集（S）"，从螺杆主体上挖掉圆柱。

命令：SUBTRACT ✓
选择要从中减去的实体、曲面和面域…
选择对象：　　　(选择螺纹主体)
找到 1 个
选择对象：✓
选择要减去的实体、曲面和面域…
选择对象：　　　(选择圆柱)
找到 1 个
选择对象：✓

结果如图 11-92 所示。

（11）建立用户坐标系。将坐标系移动到螺杆主体右端面圆圆心处。

视图：东南等轴测视图。

命令：UCS ✓
当前 UCS 名称：*俯视*
指定 UCS 的原点或 [面(F)/命名(NA)/对象(OB)/上一个(P)/视图(V)/世界(W)/X/Y/Z/Z 轴(ZA)] <世界>：(选择螺杆主体右端面圆圆心)
指定 X 轴上的点或 <接受>：✓

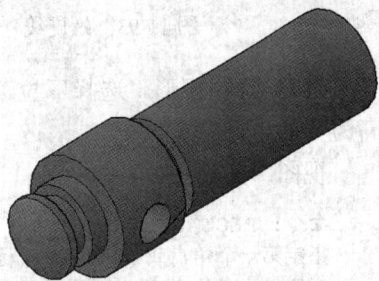

图 11-92　布尔运算

（12）绘制螺旋线。选择下拉菜单"绘图"→"螺旋（I）"，绘制螺纹线。

命令：HELIX ✓
圈数 = 3.0000　　　扭曲=CCW
指定底面的中心点：9,0 ✓
指定底面半径或 [直径(D)] <1.0000>：9.3 ✓
指定顶面半径或 [直径(D)] <9.3000>：✓
指定螺旋高度或 [轴端点(A)/圈数(T)/圈高(H)/扭曲(W)] <1.0000>：H ✓
指定圈间距 <0.2500>：6 ✓
指定螺旋高度或 [轴端点(A)/圈数(T)/圈高(H)/扭曲(W)] <1.0000>：70 ✓

结果如图 11-93 所示。

（13）旋转螺旋线。选择下拉菜单"修改"→"三维操作"→"三维旋转（R）"，将螺旋线绕过（9，0）点且与 Y 轴平行的轴线旋转 90°。

命令：3DROTATE ✓
UCS 当前的正角方向：ANGDIR=逆时针　ANGBASE=0
选择对象：　　　　（选择螺旋线）
找到 1 个
选择对象：✓
指定基点：9,0 ✓
拾取旋转轴：　　　（选择与 Y 轴平行的轴）
指定角的起点或输入角度：90 ✓

结果如图 11-94 所示。

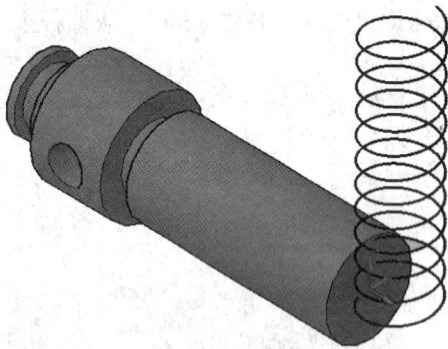

图 11-93　螺旋线　　　　　　　　　图 11-94　螺旋线

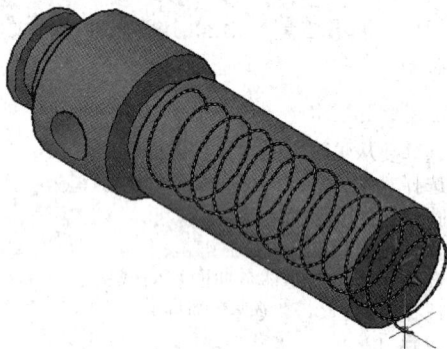

（14）绘制矩形。选择下拉菜单"绘图"→"矩形（G）"，在前视图上绘制一个宽为 3、高为 4 的矩形。
视图：前视图。

命令：RECTANG ✓
指定第一个角点或 [倒角(C)/标高(E)/圆角(F)/厚度(T)/宽度(W)]：（在绘图窗口任选点击一点）
指定另一个角点或 [面积(A)/尺寸(D)/旋转(R)]：@3,4 ✓

（15）移动矩形。选择下拉菜单"修改"→"移动（V）"，将矩形移动到螺旋线右侧尾端端点。
视图：前视图。

命令：MOVE ✓
选择对象：   （选择矩形）
找到 1 个
选择对象：✓
指定基点或 [位移(D)] <位移>：   （选择矩形上边中点）
指定第二个点或 <使用第一个点作为位移>： （选择螺旋线右侧尾端端点）

结果如图 11-95 所示。

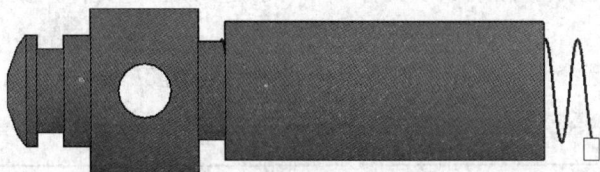

图 11-95 移动矩形

（16）扫掠。选择下拉菜单"绘图"→"建模"→"扫掠（P）"，将矩形沿螺旋线进行扫掠。

视图：东南等轴测。

命令：SWEEP ✓
当前线框密度：ISOLINES=4
选择要扫掠的对象：   （选择矩形）
找到 1 个
选择要扫掠的对象：✓
选择扫掠路径或 [对齐(A)/基点(B)/比例(S)/扭曲(T)]：A ✓
扫掠前对齐垂直于路径的扫掠对象 [是(Y)/否(N)] <是>：N ✓
选择扫掠路径或 [对齐(A)/基点(B)/比例(S)/扭曲(T)]： （选择螺旋线）

结果如图 11-96 所示。

（17）布尔运算。选择下拉菜单"修改"→"实
体编辑"→"差集（S）"，从起重螺杆主体上将扫
掠实体挖切掉。

视图：东南等轴测。

命令：SWEEP ✓
当前线框密度：ISOLINES=4
选择要扫掠的对象：   （选择矩形）

（18）删除螺旋线。选择下拉菜单"修改"→
"删除（E）"，将螺旋线删除。

视图：前视图。

命令：ERASE ✓
选择对象：   (选择螺旋线)
找到 1 个
选择对象：✓

结果如图 11-97 所示。

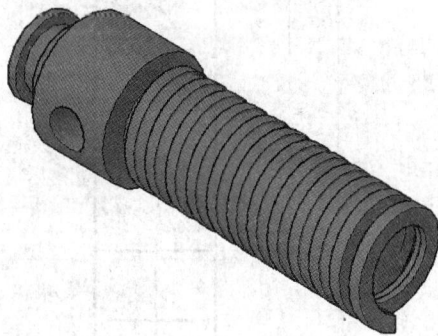

图 11-96 扫掠

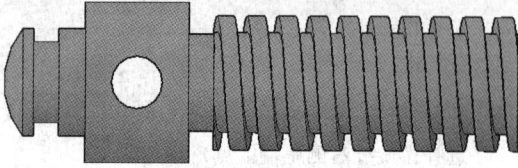

图 11-97　起重螺杆

11.5.3　滚动轴承

1. 造型任务

已知型号为 6208 的深沟球轴承图形如图 11-98 所示，钢球数为 6 个，请对该轴承进行实体造型。

2. 造型

（1）新建文件。选择下拉菜单"文件"→"新建"，新建文件，文件名为"深沟球轴承 6208.dwg"。

（2）建立图层。选择下拉菜单"格式"→"图层"，建立图层见表 11-6。

表 11-6　　　　　　　　　　　　　起 重 螺 杆 图 层 设 置

层　　　名	线　　　型	线　　　宽
粗实线层	continous	0.35
点画线层	center2	默认

（3）设置线形比例。单击下拉菜单"格式"→"线型"，设置"全局比例因子（G）:"为"0.25"。

（4）绘制轴承截面。图层为粗实线层，绘制轴承截面如图 11-99 所示（过程略）。

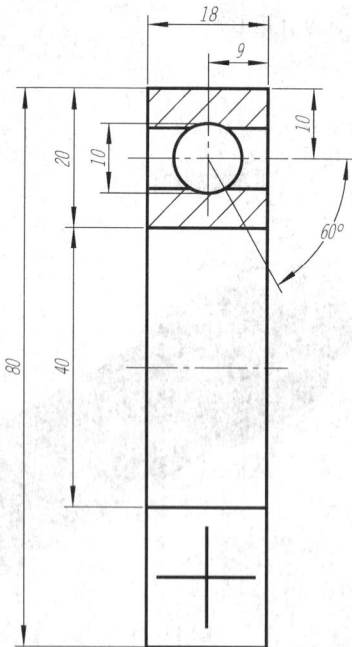

图 11-98　深沟球轴承 6208

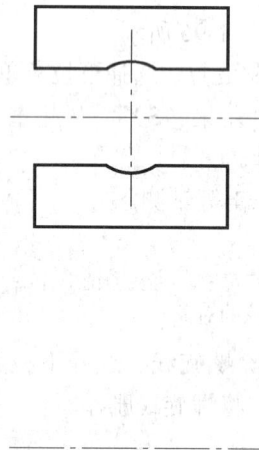

图 11-99　轴承截面

（5）面域。将如图 11-99 所示轴承截面转换成面域。

```
命令：REGION↙
选择对象：　　　　　（选择轴承截面）
找到 13 个
```

选择对象：✓

已提取 2 个环。

已创建 2 个面域。

（6）创建滚动体。以图 11-99 所示两中心线交点为球心创建半径为 5 的球体。

命令：SPHERE✓
指定中心点或 [三点(3P)/两点(2P)/切点、切点、半径(T)]： （选择图 11-99 所示两中心线交点）
指定半径或 [直径(D)]：5✓

结果如图 11-100 所示。

（7）阵列滚动体。将滚动体以轴承回转轴为轴线进行环形阵列，数量为 7 个。

命令：3DARRAY✓
选择对象：   （选择如图 11-100 中的球体）
找到 1 个
选择对象：✓
输入阵列类型 [矩形(R)/环形(P)] <矩形>:P✓
输入阵列中的项目数目：7✓
指定要填充的角度 (+=逆时针，-=顺时针)
<360>:✓
旋转阵列对象？ [是(Y)/否(N)] <Y>:✓
指定阵列的中心点：   （选择如图 11-100 轴承回转轴线上一点）
指定旋转轴上的第二点：（选择如图 11-100 轴承回转轴线上另一点）

结果如图 11-101 所示。

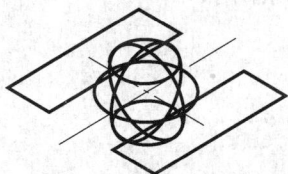

图 11-100   创建滚动体   图 11-101   阵列滚动体

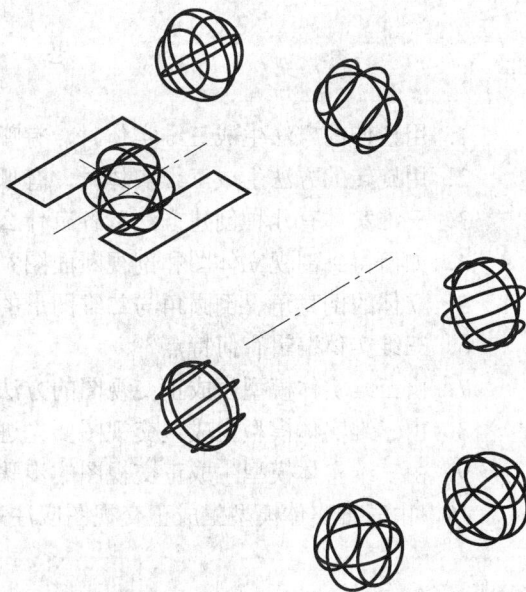

（8）旋转轴承截面。将如图 11-99 所示轴承截面旋转成实体。

命令：REVOLVE✓
当前线框密度：ISOLINES=4
选择要旋转的对象：   （选择如图 11-99 所示上面轴承外圈截面）
找到 1 个
选择要旋转的对象：   （选择如图 11-99 所示下面轴承内圈截面）
找到 1 个，总计 2 个
选择要旋转的对象：✓
指定轴起点或根据以下选项之一定义轴 [对象(O)/X/Y/Z] <对象>:
                    （选择如图 11-100 轴承回转轴线上一点）
指定轴端点：   （选择如图 11-100 轴承回转轴线上另一点）
指定旋转角度或 [起点角度(ST)] <360>：✓

调整观察角度并着色后，结果如图 11-102 所示。

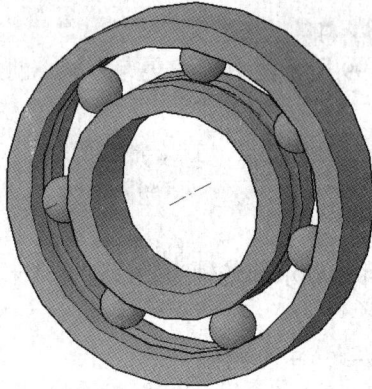

图 11-102　轴承

思 考 题

1．用拉伸的方法生成三维实体时，有哪些注意事项？
2．用旋转的方法生成三维实体时，有哪些注意事项？
3．三维实体有几种创建方法？各有什么特点？
4．如何得到剖视立体图和剖视断面图？
5．立体的倒直角、倒圆角与二维图形的倒直角、倒圆角有何不同？
6．三维实体编辑有何特点？
7．由三维实体模型生成正交视图的方法是什么？
8．由三维实体模型生成正交视图要先进行哪些设置？
9．由三维实体模型生成正交视图的步骤有哪些？
10．由三维实体模型生成正交视图应注意哪些问题？

第12章 曲面造型

学习目标

（1）了解标高与厚度的设置、使用方法。
（2）掌握图元、曲面的创建方法。
（3）掌握网格转换及编辑方法。

学习内容

（1）标高与厚度的设置方法。
（2）图元、三维面、旋转网格、平移网格、直纹网格、边界网格和平面曲面的创建方法。
（3）转换为曲面、平滑曲面、网格锐化和分割网格面的方法。

在三维造型中，如果仅需要表达形体的空间结构及消隐、着色和渲染功能，但又不需要实体提供物理特性（质量、重量、重心等），一般采用三维曲面来进行造型。三维曲面常常用于创建不规则的几何图形，如山脉的三维地形模型。

三维曲面一般用网格状镶嵌平面表示。网格的密度（或镶嵌平面的数目）由网格的列数（M）和行数（N）决定。在二维和三维中都可以创建三维曲面，但主要在三维中使用。

三维曲面可以是开放的也可以是闭合的。如果在某个方向上三维曲面的起始边和终止边没有接触，则三维曲面就是开放的，若接触则是闭合的。

12.1 标 高 与 厚 度

标高指三维对象基准点的 Z 坐标值，该值可正可负；厚度指三维对象本身的绝对高度。在绘制三维对象时，可以通过标高命令（ELEV）设置对象的标高和厚度方法来确定二维对象的 Z 坐标高度和厚度。AutoCAD 将当前标高在模型空间和图纸空间分别保存。在一个视口中指定一个标高设置将使该标高在所有视口中置为当前，而不考虑这些视口是否设置为保留自己的用户坐标系（UCS）。无论何时，当改变了坐标系时，AutoCAD 将把标高重置为 0。

12.1.1 标高

（1）功能：设置二维对象基准点相对于当前坐标系的 Z 坐标值和二维对象被拉伸后与标高的距离。
（2）命令执行方式：
命令：ELEV。
（3）操作过程：

命令：ELEV✓
指定新的默认标高 <0.0000>：
指定新的默认厚度 <0.0000>：

标高命令各选项含义为：

1）指定新的默认标高：设置二维对象基准点相对于当前坐标系的 Z 坐标值。

2）指定新的默认厚度：设置二维对象被拉伸后与标高的距离。该选项还可以通过命令 THICKNESS 来设置。

【例 12-1】　设置当前标高为 0，厚度为 50。再分别绘制直线、构造线、多段线、正多边形、矩形、圆、圆弧、样条曲线和椭圆，观察各二维对象的变化情况。

1. 分析

在观察设置标高和厚度后各二维对象的变化情况时，应先将二维图形绘制在同一视图上，并将视角设置为等轴测视图。

2. 操作过程

（1）设置标高为 0，厚度为 50。

```
命令：ELEV↙
指定新的默认标高 <0.0000>:↙
指定新的默认厚度 <0.0000>: 50↙
```

（2）绘制各二维对象（过程略）。结果如图 12-1 所示。

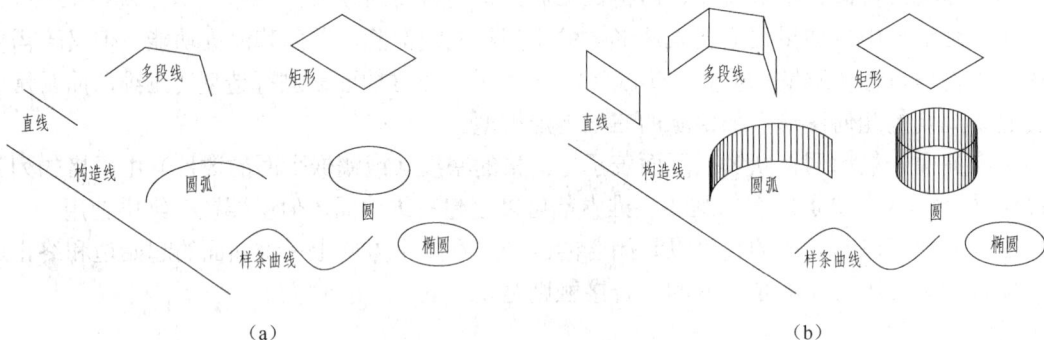

（a）　　　　　　　　　　　　　　　　（b）

图 12-1　标高的应用（一）

（a）标高为 0，厚度为 0；（b）标高为 0，厚度为 50

说　明：由［例 12-1］可以看出，直线、多段线、圆弧、圆均可被设置厚度，而构造线、矩形、样条曲线和椭圆不可以通过标高命令设置厚度，但其中矩形命令可以通过其命令选项中的标高选项和厚度选项来设置其标高和厚度。

【例 12-2】　利用标高命令绘制如图 12-2 所示图形。

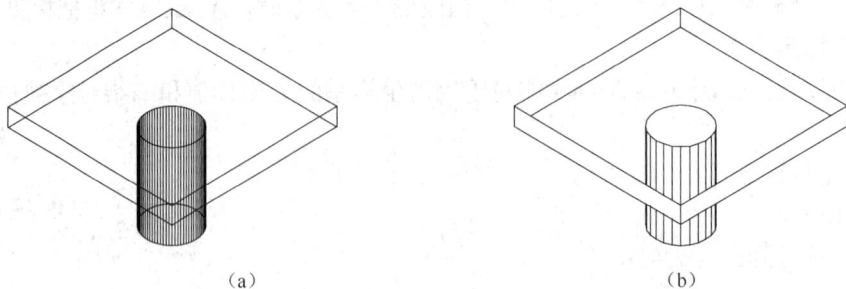

（a）　　　　　　　　　　　　　　　　（b）

图 12-2　标高的应用（二）

（a）未消隐的图形；（b）消隐后的图形

1．分析

矩形的标高和厚度需要从其命令的选项中完成，不能使用标高（ELEV）命令，因此在执行矩形命令时应注意其选项的设置。

2．操作过程

（1）设置标高为 0，厚度为 50。

命令：ELEV✓
指定新的默认标高 <0.0000>:✓
指定新的默认厚度 <0.0000>:50✓

（2）绘制一半径为 15 的圆。

命令：CIRCLE✓
指定圆的圆心或 [三点(3P)/两点(2P)/相切、相切、半径(T)]: 0,0✓
指定圆的半径或 [直径(D)] <25.0000>: 15✓

（3）绘制标高为 50，厚度为 10 的矩形。

命令：RECTANG✓
当前矩形模式： 厚度=50.0000
指定第一个角点或 [倒角(C)/标高(E)/圆角(F)/厚度(T)/宽度(W)]: E✓
指定矩形的标高 <0.0000>: 50✓
指定第一个角点或 [倒角(C)/标高(E)/圆角(F)/厚度(T)/宽度(W)]: T✓
指定矩形的厚度 <50.0000>: 10✓
指定第一个角点或 [倒角(C)/标高(E)/圆角(F)/厚度(T)/宽度(W)]: -50,-50✓
指定另一个角点或 [尺寸(D)]: 50,50✓

结果如图 12-2（a）所示。

（4）消隐。

命令：HIDE ✓
正在重生成模型。

结果如图 12-2（b）所示。

12.1.2 修改对象的厚度

标高命令（ELEV）只对该命令执行后创建的新对象起作用，而不影响该命令执行前创建的现有对象。若欲修改已生成的二维对象的标高和厚度，读者可以使用"特性"管理器或使用修改命令（CHANGE）。

1．利用"特性"管理器修改二维对象的标高和厚度

（1）功能：控制现有对象的特性。

（2）命令执行方式：

下拉菜单："修改"→"特性"。

工具栏：标准 。

命令：PROPERTIES。

（3）操作过程：

1）选择欲修改的对象。

2）单击标准工具栏上的按钮 ，在出现的"特性"对话框中修改对象的标高和厚度，如图 12-3 所示。

【例 12-3】 绘制一圆环，圆环内径为 30、外径为 40，如图 12-4（a）所示。利用"特性"对话框修改圆环厚度为 10，结果如图 12-4（b）所示。

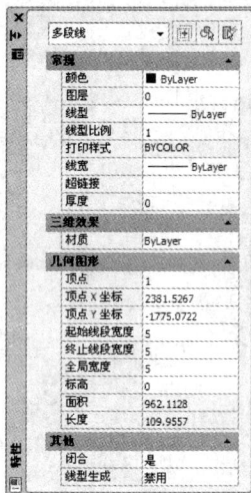

图 12-3 "对象特性"对话框

1．分析

圆环命令（DONUT）所创建的图形，也可以具有厚度的特性，但其有厚度的部分仅仅是其内径和外径之间的部分。

2．操作过程

（1）绘制圆环。

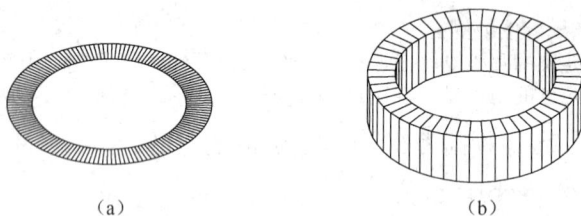

图 12-4 修改圆环的厚度

（a）圆环；（b）修改厚度为 10 并消隐

```
命令：DONUT
指定圆环的内径 <0.5000>：30
指定圆环的外径 <1.0000>：40
指定圆环的中心点或 <退出>：
```

（2）利用特性工具修改对象的标高和厚度。选择圆环，并单击标准工具栏上的按钮，在出现的"特性"对话框中修改对象的标高和厚度，如图 12-3 所示。

（3）消隐。

```
命令：HIDE ✓
正在重生成模型。
```

结果如图 12-4（b）所示。

2．利用"修改"命令（CHANGE）修改二维对象的标高和厚度

（1）功能：控制现有对象的特性。

（2）命令执行方式：

命令：CHANGE。

（3）操作过程：

```
命令：CHANGE
选择对象：
指定修改点或 [特性(P)]：P
输入要修改的特性
[颜色(C)/标高(E)/图层(LA)/线型(LT)/线型比例(S)/线宽(LW)/厚度(T)]：
指定新厚度 <0.0000>：
```

通过选择选项中的"标高（E）"和"厚度（T）"可以修改二维对象的标高和厚度。

【例 12-4】 绘制一矩形，矩形的宽度为 5、长为 50、宽为 50，如图 12-5（a）所示。利用"修改"命令（CHANGE）修改其厚度为 20。结果如图 12-5（b）所示。

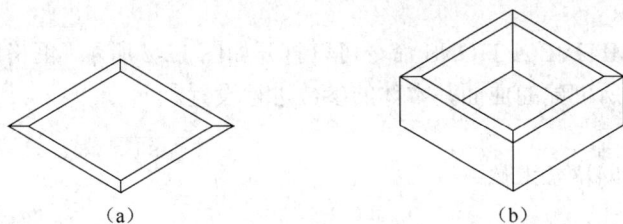

图 12-5　修改矩形的厚度

（a）宽度为 5 的矩形；（b）修改厚度为 20 并消隐

1．分析

在绘制矩形时，可以通过其选项中的"宽度（W）"来设置矩形的线宽，通过其选项中的 "标高（E）"和"厚度（T）"来确定矩形的标高和厚度。注意矩形不可以通过标高（ELEV） 命令来确定其标高和厚度。

2．操作过程

（1）绘制矩形。

命令：RECTANG↙
指定第一个角点或 [倒角(C)/标高(E)/圆角(F)/厚度(T)/宽度(W)]：W↙
指定矩形的线宽 <0.0000>：5↙
指定第一个角点或 [倒角(C)/标高(E)/圆角(F)/厚度(T)/宽度(W)]：0,0↙
指定另一个角点或 [尺寸(D)]：50,50↙

（2）修改矩形的厚度为 20。

命令：CHANGE↙
选择对象：找到 1 个
选择对象：↙
指定修改点或 [特性(P)]：P↙
输入要修改的特性
[颜色(C)/标高(E)/图层(LA)/线型(LT)/线型比例(S)/线宽(LW)/厚度(T)]：T↙
指定新厚度 <0.0000>：20↙
输入要修改的特性
[颜色(C)/标高(E)/图层(LA)/线型(LT)/线型比例(S)/线宽(LW)/厚度(T)]：↙

（3）消隐。

命令：HIDE ↙
正在重生成模型。

结果如图 12-5（b）所示。

12.2　图　　元

标准的网格形状称之为图元。创建图元的命令可从下拉菜单"绘图"→"建模"→"网 格"中选取，如图 12-6 所示。

12.2.1 网格基本体

1. 网格图元选项

利用 MESHPRIMITIVEOPTIONS 命令可以打开如图 12-7 所示"网格图元选项"对话框，利用该对话框可以对所创建的曲面基本体的参数进行设置。

2. 网格图元

（1）功能：创建网格基本体。

（2）命令执行方式：

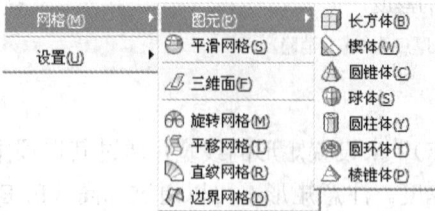

图 12-6 "网格"菜单

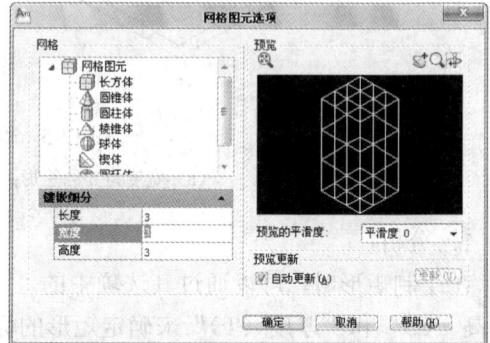

图 12-7 "网格图元选项"对话框

下拉菜单："绘图"→"建模"→"网格"→"图元"。

工具栏：平滑网格图元。

命令：MESH。

（3）操作过程：

```
命令：MESH
当前平滑度设置为：0
输入选项 [长方体(B)/圆锥体(C)/圆柱体(CY)/棱锥体(P)/球体(S)/楔体(W)/圆环体(T)/设置
(SE)] <长方体>：
```

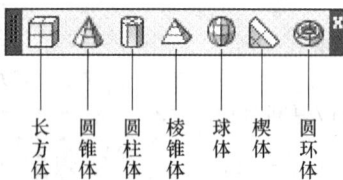

图 12-8 "平滑网格图元"工具栏

网格基本体的创建方法与实体基本体的创建方法基本相同。"平滑网格图元"工具栏如图 12-8 所示。

12.2.2 三维面

（1）功能：构造空间任意位置的平面，平面的顶点可以有不同的坐标，但不能超过 4 个顶点，除非第四个顶点在前面三点所确定的平面内。

（2）命令执行方式：

下拉菜单："绘图"→"建模"→"网格"→"三维面"。

命令：3DFACE。

（3）操作过程：

```
命令：3DFACE
指定第一点或 [不可见(I)]：
指定第二点或 [不可见(I)]：
指定第三点或 [不可见(I)] <退出>：
指定第四点或 [不可见(I)] <创建三侧面>：
指定第三点或 [不可见(I)] <退出>：
指定第四点或 [不可见(I)] <创建三侧面>：
```

AutoCAD 将重复提示输入第三点和第四点，直到按 ENTER 键为止。

> **提 示**
>
> （1）第一点、第二点、第三点、第四点：定义三维面的各点。在输入第一点后，可按顺时针或逆时针方向输入其余的点，以创建普通三维面。如果四个顶点在同一个平面上，那么 AutoCAD 将创建一个类似于面域对象的未填充平面，可以被拉伸（EXTRUDE）。当着色或渲染对象时，该平面将被填充。若第四点与前三点不在同一平面内，则第四点与前面三点形成一个新的空间面，但该面不能被拉伸。
>
> （2）创建三侧面：在提示"指定第四点或 [不可见（I）] <创建三侧面>:"时直接按回车键，系统将前三个指定点创建成一个平面。
>
> （3）不可见（I）：控制当前边界的可见性，事实上是确定该边界周围网格的可见性。一般在提示"指定第几点"后设置不可见性，则第几条边就不可见，如在提示"指定第二点或 [不可见（I）]:"后输入"I"后按回车键，则绘制的三维面的第二条边变为不可见。

【例 12-5】 先绘制长方体，长方体长、宽、高分别为 100、80、60，再利用三维面命令绘制如图 12-9 所示各三维面。

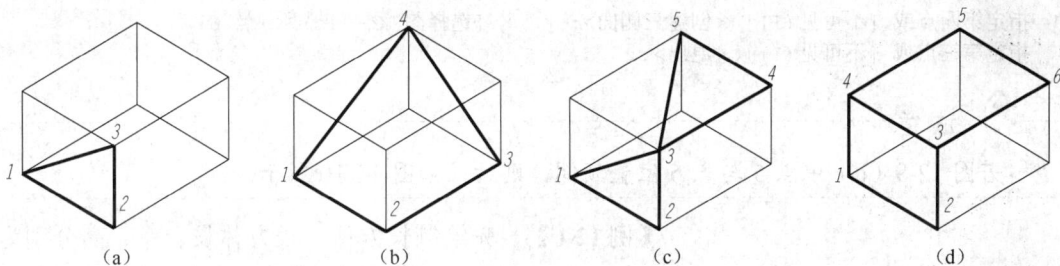

图 12-9 三维面

(a) 三点三维面；(b) 四点三维面；(c) 五点三维面；(d) 六点三维面

1. 分析

创建如图 12-9 所示三维面，长方体的作用仅用于帮助读者确定各点的位置，在创建过程中应注意使三维面的边界线宽或颜色与长方体的边界线宽或颜色有所区别。

2. 操作过程

（1）绘制长方体，长方体长为 100、宽为 80、高为 60，过程略。

（2）绘制如图 12-9（a）所示三维面。

```
命令：3DFACE ✓
指定第一点或 [不可见(I)]:                    (选择图 12-9(a)所示点 1)
指定第二点或 [不可见(I)]:                    (选择图 12-9(a)所示点 2)
指定第三点或 [不可见(I)] <退出>:             (选择图 12-9(a)所示点 3)
指定第四点或 [不可见(I)] <创建三侧面>:✓
```

（3）绘制如图 12-9（b）所示三维面。

```
命令：3DFACE ✓
指定第一点或 [不可见(I)]:                    (选择图 12-9(b)所示点 1)
指定第二点或 [不可见(I)]:                    (选择图 12-9(b)所示点 2)
```

指定第三点或 [不可见(I)] <退出>：　　　　　[选择图 12-9(b)所示左端面点 3]
指定第四点或 [不可见(I)] <创建三侧面>：　　[选择图 12-9(b)所示点 4]
指定第三点或 [不可见(I)] <退出>：✓

（4）绘制如图 12-9（c）所示三维面。

命令：3DFACE ✓
指定第一点或 [不可见(I)]：　　　　　　　　　[选择图 12-9(c)所示点 1]
指定第二点或 [不可见(I)]：　　　　　　　　　[选择图 12-9(c)所示点 2]
指定第三点或 [不可见(I)] <退出>：　　　　　　[选择图 12-9(c)所示点 3]
指定第四点或 [不可见(I)] <创建三侧面>：✓
指定第三点或 [不可见(I)] <退出>：　　　　　　[选择图 12-9(c)所示点 4]
指定第四点或 [不可见(I)] <创建三侧面>：　　　[选择图 12-9(c)所示点 5]
指定第三点或 [不可见(I)] <退出>：✓

（5）绘制如图 12-9（d）所示三维面。

命令：3DFACE ✓
指定第一点或 [不可见(I)]：　　　　　　　　　[选择图 12-9(d)所示点 1]
指定第二点或 [不可见(I)]：　　　　　　　　　[选择图 12-9(d)所示点 2]
指定第三点或 [不可见(I)] <退出>：　　　　　　[选择图 12-9(d)所示点 3]
指定第四点或 [不可见(I)] <创建三侧面>：　　　[选择图 12-9(d)所示点 4]
指定第三点或 [不可见(I)] <退出>：　　　　　　[选择图 12-9(d)所示点 5]
指定第四点或 [不可见(I)] <创建三侧面>：　　　[选择图 12-9(d)所示点 6]
指定第三点或 [不可见(I)] <退出>：✓

注意

若图 12-9（d）中点 5 与点 6 位置颠倒，则结果如图 12-10 所示。

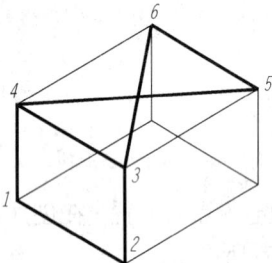

图 12-10　点 5、点 6 位置颠倒

【例 12-6】　先绘制长方体，长方体长、宽、高分别为 100、80、60，再利用三维面命令绘制如图 12-11 所示各三维面。

1. 分析

创建如图 12-11 所示三维面，长方体的作用仅用于帮助读者确定各点的位置，在创建过程中应注意使三维面的边界线宽或颜色与长方体的边界线宽或颜色有所区别。另外，在创建三维面时应注意若想使哪一个边界不可见，应先在哪一个顶点后设置其不可见性。

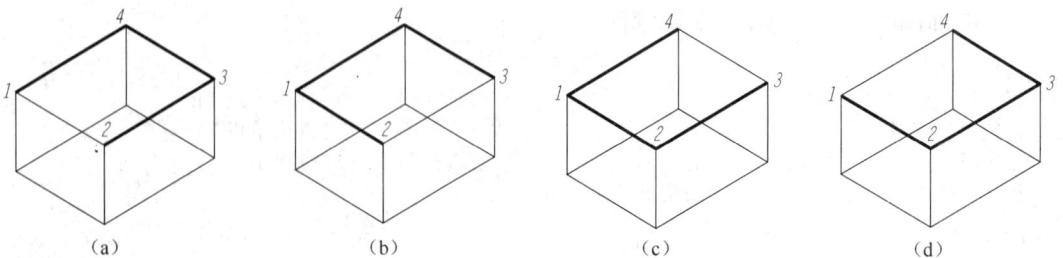

图 12-11　含不可见边的三维面
(a) 线段一不可见；(b) 线段二不可见；(c) 线段三不可见；(d) 线段四不可见

2. 操作过程

（1）绘制长方体（过程略）。

（2）绘制如图 12-11（a）所示三维面。

命令：3DFACE ✓
指定第一点或 [不可见(I)]：I✓
指定第一点或 [不可见(I)]：　　　　　　　　　　　　[选择图 12-11(a)所示点 1]
指定第二点或 [不可见(I)]：　　　　　　　　　　　　[选择图 12-11(a)所示点 2]
指定第三点或 [不可见(I)] <退出>：　　　　　　　　[选择图 12-11(a)所示点 3]
指定第四点或 [不可见(I)] <创建三侧面>：　　　　　[选择图 12-11(a)所示点 4]
指定第三点或 [不可见(I)] <退出>：✓

（3）绘制如图 12-11（b）所示三维面。

命令：3DFACE ✓
指定第一点或 [不可见(I)]：　　　　　　　　　　　　[选择图 12-11(b)所示点 1]
指定第二点或 [不可见(I)]：I✓
指定第二点或 [不可见(I)]：　　　　　　　　　　　　[选择图 12-11(b)所示点 2]
指定第三点或 [不可见(I)] <退出>：　　　　　　　　[选择图 12-11(b)所示点 3]
指定第四点或 [不可见(I)] <创建三侧面>：　　　　　[选择图 12-11(b)所示点 4]
指定第三点或 [不可见(I)] <退出>：✓

（4）绘制如图 12-11（c）所示三维面。

命令：3DFACE ✓
指定第一点或 [不可见(I)]：　　　　　　　　　　　　[选择图 12-11(c)所示点 1]
指定第二点或 [不可见(I)]：　　　　　　　　　　　　[选择图 12-11(c)所示点 2]
指定第三点或 [不可见(I)] <退出>：　I✓
指定第三点或 [不可见(I)] <退出>：　　　　　　　　[选择图 12-11(c)所示点 3]
指定第四点或 [不可见(I)] <创建三侧面>：　　　　　[选择图 12-11(c)所示点 4]
指定第三点或 [不可见(I)] <退出>：✓

（5）绘制如图 12-11（d）所示三维面。

命令：3DFACE ✓
指定第 点或 [不可见(I)]：　　　　　　　　　　　　[选择图 12-11(d)所示点 1]
指定第二点或 [不可见(I)]：　　　　　　　　　　　　[选择图 12-11(d)所示点 2]
指定第三点或 [不可见(I)] <退出>：　　　　　　　　[选择图 12-11(d)所示点 3]
指定第四点或 [不可见(I)] <创建三侧面>：I✓
指定第四点或 [不可见(I)] <创建三侧面>：　　　　　[选择图 12-11(d)所示点 4]
指定第三点或 [不可见(I)] <退出>：✓

12.2.3　旋转网格

（1）功能：通过绕轴旋转轮廓生成网格。

（2）命令执行方式：

下拉菜单："绘图"→"建模"→"网格"→"旋转网格"。

命令：REVSURF。

（3）操作过程：

命令：REVSURF
当前线框密度：SURFTAB1=6　SURFTAB2=6
选择要旋转的对象：
选择定义旋转轴的对象：

指定起点角度 <0>:

指定包含角 (+=逆时针，-=顺时针) <360>:

以上各选项含义为：

1）要旋转的对象：确定要旋转的平面对象，该对象可以是直线、圆、圆弧、椭圆、椭圆弧、闭合多段线、多边形、闭合样条曲线或圆环。

2）旋转轴：确定平面回转中心轴，用户在旋转轴上选取点的位置会影响轨迹曲线的旋转方向。可以用右手定则判断旋转方向，方法是：大拇指沿着旋转轴指向轴上远离选取点的端点，弯曲四指，四指所指的方向就是轨迹曲线的旋转方向。旋转轴只能是直线、二维多段线、三维多段线等。

3）起点角度：设置平面绕旋转轴旋转的起始角度。

4）包含角：指定平面绕旋转轴旋转的角度。

> **注意**
>
> 由旋转网格（REVSURF）命令生成三维曲面的密度由 SURFTAB1 和 SURFTAB2 两个系统变量控制。轨迹曲线的旋转方向称为 M 方向，旋转轴线方向称为 N 方向。M 方向的分段数由系统变量 SURFTAB1 确定，N 方向的分段数由系统变量 SURFTAB2 确定。两系统变量的控制效果如图 12-12 所示。

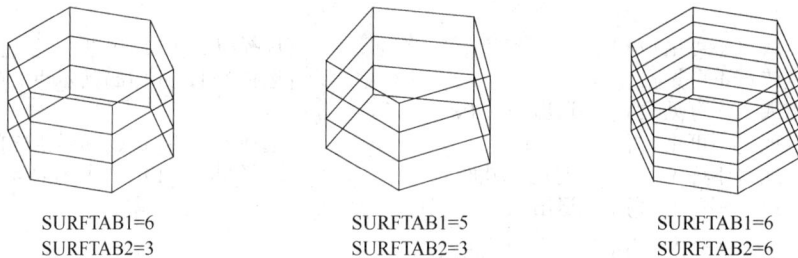

SURFTAB1=6　SURFTAB2=3　　　SURFTAB1=5　SURFTAB2=3　　　SURFTAB1=6　SURFTAB2=6

图 12-12 旋转网格（REVSURF）命令生成网格的密度

系统变量 SURFTAB1 和 SURFTAB2 定义好以后保持不变，除非下次再对其重新进行设定。对该系统变量的设定并不影响以前绘制好的曲面，只对以后绘制曲面有效，用 REGEN 命令也无法修改已绘制好曲面的网格显示，除非删除以后重新生成曲面。

【例 12-7】　绘制如图 12-13 所示旋转网格。

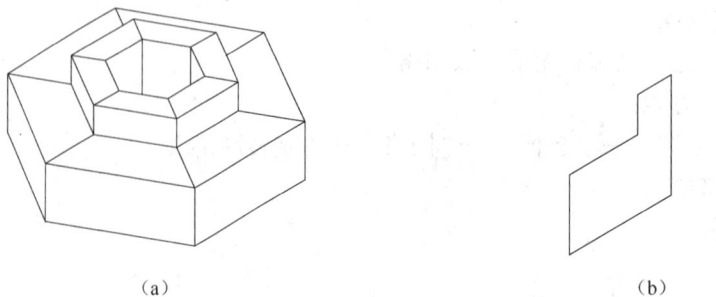

（a）　　　　　　　　　　　　　　（b）

图 12-13 旋转网格

（a）原图；（b）截面与旋转轴

1．分析

由图 12-13（a）可以看出该网格可由图 12-13（b）所示封闭图形绕旋转轴而生成，且系统变量 SURFTAB1=6。

2．操作过程

（1）设置当前视图为主视图。

选择下拉菜单"视图"→"三维视图"→"主视"。

（2）绘制截面图形和旋转轴。用多段线命令（PLINE）绘制截面图形和旋转轴如图 12-14 所示。

（3）设置系统变量 SURFTAB1=6。

```
命令：SURFTAB1✓
输入 SURFTAB1 的新值 <5>：6✓
```

（4）设置当前视图为西南等轴测视图。

选择下拉菜单"视图"→"三维视图"→"西南等轴测"。

（5）绕旋转轴旋转截面图形。

```
命令：REVSURF✓
当前线框密度：SURFTAB1=6  SURFTAB2=3
选择要旋转的对象：                      (选择截面)
选择定义旋转轴的对象：                  (选择旋转轴)
指定起点角度 <0>：✓
指定包含角 (+=逆时针，-=顺时针) <360>：✓
```

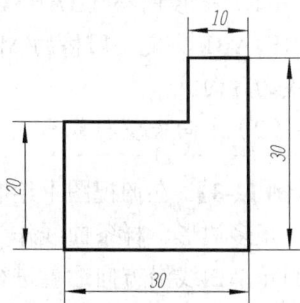

图 12-14　截面与旋转轴

结果如图 12-13（a）所示。

12.2.4　平移网格

（1）功能：从沿直线路径扫掠的直线或曲线生成网格。

（2）命令执行方式：

下拉菜单："绘图"→"建模"→"网格"→"平移网格"。

命令：TABSURF。

（3）操作过程：

```
命令：TABSURF
当前线框密度：SURFTAB1=6
选择用作轮廓曲线的对象：
选择用作方向矢量的对象：
```

以上各选项含义为：

1）用作轮廓曲线的对象：轮廓曲线定义多边形网格的曲面。它可以是直线、圆弧、圆、椭圆、样条曲线、正多边形、二维或三维多段线。AutoCAD 从轮廓曲线上离选定点最近的点开始绘制曲面。轮廓曲线必须事先绘出。

2）用作方向矢量的对象：该对象可以是直线或多段线，若为多段线则 AutoCAD 只考虑多段线的第一点和最后一点，忽略中间的顶点。方向矢量指出形状的拉伸方向和长度。多段线或直线上选定的端点决定了拉伸的方向。

注意

（1）平移网格（TABSURF）构造一个 $2 \times n$ 的多边形网格，其中 n 由系统变量 SURFTAB1 决定。网格的 M 方向始终为 2 并且沿着方向矢量的方向，N 方向沿着轮廓曲线的方向。

（2）方向矢量与截面线不能在同一个平面内。

【例 12-8】 在俯视图上绘制如图 12-15（a）所示的直线、样条曲线、圆、多段线、矩形、椭圆、正多边形、样条曲线作为轮廓曲线，在主视图绘制一条直线段作为方向矢量，并将所绘制的轮廓曲线沿方向适量进行平移网格操作，结果如图 12-15（b）所示。

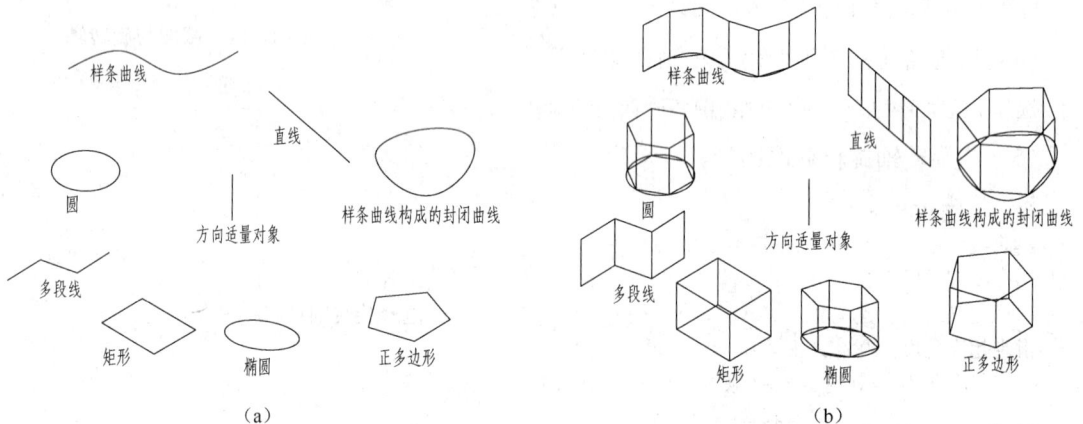

图 12-15　平移网格

（a）原图；（b）结果

1. 分析

因在利用平移网格命令创建曲面时，要求作为"轮廓曲线的对象"和作为"方向矢量的对象"不能在同一个平面内（一般为垂直方向），因此可以先在俯视图上绘制各"轮廓曲线的对象"，在主视图上绘制"方向矢量的对象"，然后再利用平移网格命令创建网格。

2. 操作过程

（1）设置当前视图为俯视图。

选择下拉菜单"视图"→"三维视图"→"俯视"

（2）绘制轮廓曲线（过程略）。

（3）设置当前视图为主视图。

选择下拉菜单"视图"→"三维视图"→"主视"

（4）绘制方向矢量（过程略）。

（5）设置 SURFTAB1=6。

命令：SURFTAB1✓
输入 SURFTAB1 的新值 <5>：6✓

（6）对直线进行平移网格操作。

```
命令：TABSURF✓
当前线框密度：SURFTAB1=6
选择用作轮廓曲线的对象：                    [选择如图12-15(a)所示作为轮廓曲线的直线]
选择用作方向矢量的对象：                    [选择如图12-15(a)所示作为方向矢量的直线]
```

（7）对其他轮廓曲线进行平移操作。过程与步骤（6）相似，过程略。结果如图 12-15（b）所示。

12.2.5　直纹网格

（1）功能：在两条直线或曲线之间创建表示曲面的网格。

（2）命令执行方式：

下拉菜单："绘图"→"建模"→"网格"→"直纹网格"。

命令：RULESURF。

（3）操作过程：

```
命令：RULESURF
当前线框密度：SURFTAB1=6
选择第一条定义曲线：
选择第二条定义曲线：
```

注意

在使用直纹网格时应注意以下几个问题：

（1）用来确定直纹面的曲线必须事先绘出，它们可以是直线、点、圆弧、圆、椭圆、椭圆弧、二维多段线、三维多段线或样条曲线等。

（2）作为直纹网格网格"轨迹"的两个对象必须都开放或都闭合。

（3）点对象可以与开放或闭合对象成对使用，但一对对象中只能有一个对象是点。

（4）可以在闭合曲线上指定任意两点来完成平移网格。

（5）对于开放曲线，AutoCAD 基于曲线上指定点的位置的最近一端构造直纹网格。若选择两边界的起点位置不同，所创建的曲面也将不同，如图 12-16 所示。

（6）若曲线是封闭的曲线或圆时，直纹面从圆的 0°位置开始画起。当曲线是闭合多段线时，则从该多段线的最后一个顶点开始画。

（7）直纹面的分段数由系统变量 SURFTAB1 确定，它的默认值为 6。

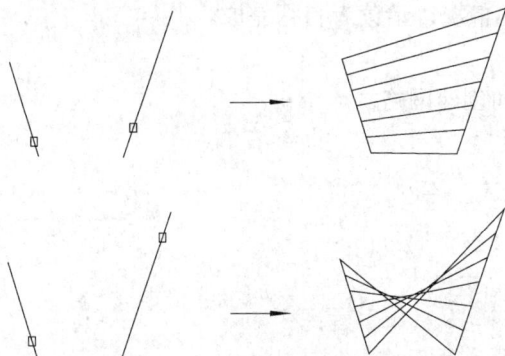

图 12-16　不同选择点构建的曲面不同

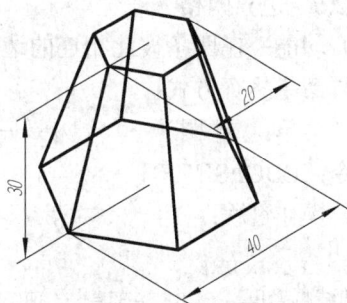

图 12-17　正六棱台

【例 12-9】 创建正六棱台曲面如图 12-17 所示，正六棱台底面正六边形外接圆直径为 40，顶面正六边形外接圆直径为 20，高度为 30。

1．分析

该曲面立体是一个正六棱台，要想创建这样的曲面立体，可以采用直纹网格的方法完成（为何不用平移网格命令或三维面命令，请读者自行分析）。采用直纹网格时所需的两个边界曲线可以是正六边形，也可以是两个圆，但都需要将系统变量 SURFTAB1 的值设置为 6。

2．操作过程

（1）设置当前视图为西南等轴测视图。

选择下拉菜单"视图"→"三维视图"→"西南等轴测"

（2）绘制底面正六边形外接圆。

命令：CIRCLE ✓
指定圆的圆心或 [三点(3P)/两点(2P)/相切、相切、半径(T)]:0, 0✓
指定圆的半径或 [直径(D)] <30.0000>: 20✓

（3）设置当前标高为 30。

命令：ELEV✓
指定新的默认标高 <0.0000>: 30✓
指定新的默认厚度 <0.0000>:✓

（4）绘制顶面正六边形外接圆。

命令：CIRCLE ✓
指定圆的圆心或 [三点(3P)/两点(2P)/相切、相切、半径(T)]:0, 0✓
指定圆的半径或 [直径(D)] <20.0000>: 10✓

（5）设置 SURFTAB1=6。

命令：SURFTAB1✓
输入 SURFTAB1 的新值 <5>: 6✓

（6）以两圆为边界制作直纹网格。

命令：RULESURF✓
当前线框密度：SURFTAB1=6
选择第一条定义曲线：　　　　　　　　　　　　　　　　　　（选择底面圆）
选择第二条定义曲线：　　　　　　　　　　　　　　　　　　（选择顶面圆）

结果如图 12-17 所示。两边界为正六边形的情况，请读者自行完成。

12.2.6　边界网格

（1）功能：在四条彼此相连的边或曲面之间创建网格。

（2）命令执行方式：

下拉菜单："绘图"→"建模"→"网格"→"边界网格"。

命令：EDGESURF。

（3）操作过程：

命令：EDGESURF
当前线框密度：SURFTAB1=6　SURFTAB2=3
选择用作曲面边界的对象 1：
选择用作曲面边界的对象 2：

选择用作曲面边界的对象 3：
选择用作曲面边界的对象 4：

> ✦ 注　意

> 在绘制边界网格时应注意以下几个问题：
>
> （1）作为曲面边界的四个对象必须是首尾相连的邻接边。邻接边可以是直线、圆弧、样条曲线或开放的二维或三维多段线。四个对象可以在同一平面内，也可以不在同一平面内。
>
> （2）在选择曲面边界对象时，可以用任何次序选择这四条边。第一条边（SURFTAB1）决定了生成网格的 M 方向，该方向是从距选择点最近的端点延伸到另一端。与第一条边相接的两条边形成了网格的 N（SURFTAB2）方向的边。

【例 12-10】　如图 12-18 所示，绘制长方体，长、宽、高分别为 100、80、60。在长方体四个侧面上各绘制一条样条曲线，并使其首尾相连，利用边界网格命令将四条样条曲线围成一边界网格。在长方体的上表面上绘制四条首尾相连的样条曲线，并使其首尾相连，利用边界网格命令将四条样条曲线围成一边界网格。

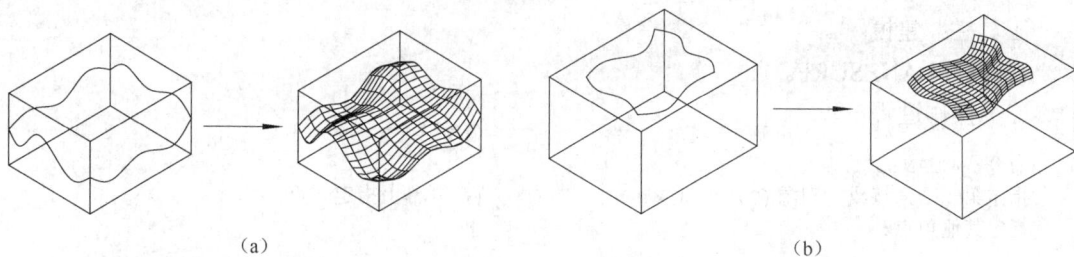

图 12-18　边界网格
(a) 侧面边界网格；(b) 顶面边界网格

1．分析

创建如图 12-18 所示边界网格，应先创建曲面所要求的图形边界，因此应先创建长方体，再分别以长方体的四个侧面和顶面为当前用户坐标系的 XOY 平面创建如图 12-18（a）所示的首尾相连的样条曲线，最后再以样条曲线为边界创建边界曲线。

2．操作过程

（1）绘制长方体（过程略）。

（2）分别以长方体的四个侧面为当前用户坐标系的 XOY 平面，绘制样条曲线，并保证其首尾相连（过程略）。

（3）设置当前用户坐标系的 XOY 平面为长方体的顶面（过程略）。

（4）在长方体的顶面绘制四条首尾相连的样条曲线。

（5）设置 SURFTAB1=20、SURFTAB2=12（过程略）。

（6）创建侧面边界网格。

命令：EDGESURF↙
当前线框密度：SURFTAB1=20　SURFTAB2=12

选择用作曲面边界的对象 1：   [选择如图 12-18(a) 所示侧面边界]
选择用作曲面边界的对象 2：   [选择如图 12-18(a) 所示侧面边界]
选择用作曲面边界的对象 3：   [选择如图 12-18(a) 所示侧面边界]
选择用作曲面边界的对象 4：   [选择如图 12-18(a) 所示侧面边界]

结果如图 12-18（a）所示。

（7）创建顶面边界网格。

命令：EDGESURF✓
当前线框密度：SURFTAB1=20 SURFTAB2=12
选择用作曲面边界的对象 1：   [选择如图 12-18(b) 所示顶面边界]
选择用作曲面边界的对象 2：   [选择如图 12-18(b) 所示顶面边界]
选择用作曲面边界的对象 3：   [选择如图 12-18(b) 所示顶面边界]
选择用作曲面边界的对象 4：   [选择如图 12-18(b) 所示顶面边界]

结果如图 12-18（b）所示。

12.2.7 平面曲面

（1）功能：创建平面曲面。

（2）命令执行方式：

下拉菜单："绘图"→"建模"→"平面曲面"。

工具栏：建模 。

命令：PLANESURF。

（3）操作过程：

命令：PLANESURF✓
指定第一个角点或 [对象(O)] <对象>：   (在屏幕上指定一点)
指定其他角点：

（4）使用平面曲面（PLANESURF）命令创建曲面时有如下两种方式：

1）选择构成一个或多个封闭区域的一个或多个对象。有效对象包括直线、圆、圆弧、椭圆、椭圆弧、二维多段线、平面三维多段线和平面样条曲线。DELOBJ 系统变量控制创建曲面后，自动删除所选对象，还是提示删除所选对象。

2）通过命令指定矩形的对角点。 通过该方法创建的平面曲面将平行于工作面。

12.3 网   格

12.3.1 转换网格

1. 转换为曲面

（1）功能：将二维实体、面域、开放的、具有厚度的零宽度多段线、具有厚度的直线、具有厚度的圆弧、网格对象和三维平面转换为曲面。

（2）命令执行方式：

下拉菜单："修改"→"三维操作"→"转换为曲面"。

命令：CONVTOSURFACE。

（3）操作过程：

命令：CONVTOSURFACE ✓

选择对象：

2．转换选项

（1）功能：设置是对转换为三维实体或曲面的网格对象进行平滑处理还是进行镶嵌，以及是否合并它们的面。

（2）命令执行方式：

命令：SMOOTHMESHCONVERT。

（3）操作过程：

命令：SMOOTHMESHCONVERT ✓
输入 SMOOTHMESHCONVERT 的新值 <3>:

SMOOTHMESHCONVERT 命令是一个系统变量，其值及值的含义见表 12-1。

表 12-1　　　　　　　　　　　SMOOTHMESHCONVERT 变量参数表

参数值	说　　明
0	创建平滑模型。优化或合并共面的面
1	创建平滑模型。原始网格面将保留在转换后的对象中
2	创建具有经平整处理的面的模型。优化或合并共面的面
3	创建具有经平整处理的面的模型。原始网格面将保留在转换后的对象中

【例 12-11】　利用 THICKNESS 命令设置厚度为 50，绘制面域、开放的、具有厚度的零宽度多段线、具有厚度的直线、具有厚度的圆弧。将 SMOOTHMESHCONVERT 设置成不同的值，再利用 CONVTOSURFACE 将这些图形转换成曲面。

（1）设置厚度。

命令：THICKNESS✓
输入 THICKNESS 的新值 <0.0000>: 50✓

（2）绘制面域、开放的、具有厚度的零宽度多段线、具有厚度的直线、具有厚度的圆弧（过程略）

（3）设置转换选项。

命令：SMOOTHMESHCONVERT ✓
输入 SMOOTHMESHCONVERT 的新值 <3>:0✓

（4）转换。

命令：CONVTOSURFACE ✓
选择对象：　　　　　　　　　　　　　(选择所绘制的图形) ✓

观察完效果后，使用撤消命令 UNDO 取消转换。将 SMOOTHMESHCONVERT 设置成 1、2、3 后进行转换，观察效果。

12.3.2　平滑网格

1．平滑对象

（1）功能：将三维实体、三维曲面、三维面、面域、闭合多段线等对象转换为网格。

（2）命令执行方式：

下拉菜单："绘图"→"建模"→"网格"→"平滑网格"。

工具栏：平滑网格 。

命令：MESHSMOOTH。

（3）操作过程：

```
命令：MESHSMOOTH ✓
选择对象：
```

2．提高平滑度

（1）功能：将网格对象的平滑度提高一级。平滑处理会增加网格中镶嵌面的数目，从而使对象更加圆滑。网格的平滑度分五级，平滑度 0 表示最低平滑度，平滑度 4 表示最高平滑度。

（2）命令执行方式：

下拉菜单："修改"→"网格编辑"→"提高平滑度"。

工具栏：平滑网格 。

命令：MESHSMOOTHMORE。

（3）操作过程：

```
命令：MESHSMOOTHMORE✓
选择要提高平滑度的网格对象：
```

3．降低平滑度

（1）功能：将网格对象的平滑度降低一级。仅可以降低平滑度为 1 或大于 1 的对象的平滑度，不能降低已优化的对象的平滑度。

（2）命令执行方式：

下拉菜单："修改"→"网格编辑"→"降低平滑度"。

工具栏：平滑网格 。

命令：MESHSMOOTHLESS。

（3）操作过程：

```
命令：MESHSMOOTHLESS✓
选择要降低平滑度的网格对象：
```

4．优化网格

（1）功能：优化网格对象可成倍增加选定网格对象或面中的可编辑面的数目，从而提供对精细建模细节的附加控制。

（2）命令执行方式：

下拉菜单："修改"→"网格编辑"→"优化网格"。

工具栏：平滑网格 。

命令：MESHREFINE。

（3）操作过程：

```
命令：MESHREFINE✓
选择要优化的网格对象或面子对象：
```

12.3.3　网格锐化

1．增加锐化

（1）功能：锐化网格对象的边。锐化可使与选定子对象相邻的网格面和边变形。为不具有平滑度的网格添加的锐化在对网格进行平滑处理之前不会显现。

（2）命令执行方式：

下拉菜单："修改"→"网格编辑"→"锐化"。

工具栏：平滑网格⑦。

命令：MESHCREASE。

（3）操作过程：

命令：MESHCREASE✓
选择要锐化的网格子对象：
指定锐化值［始终(A)］<始终>：

以上各选项含义如下：

1）指定锐化值：设置保留锐化的最高平滑级别。如果平滑级别超过此值，则还会对锐化进行平滑处理。输入值 0 以删除现有的锐化。

2）始终：指定始终保留锐化（即使对对象或子对象进行了平滑处理或优化）。锐化值设为"-1"与"始终"效果相同。

2. 删除锐化

（1）功能：恢复已锐化的边的平滑度。

（2）命令执行方式：

下拉菜单："修改"→"网格编辑"→"取消锐化"。

工具栏：平滑网格⑦。

命令：MESHUNCREASE。

（3）操作过程：

命令：MESHUNCREASE✓
选择要删除的锐化：

【例12-12】创建两个半径为 30 的实体球。利用 MESHSMOOTH 命令将实体球转换为网格后，再对其中一个进行提高平滑度、降低平滑度、优化网格操作，对另一个进行增加锐化、删除锐化操作。

（1）创建两个半径为 30 的实体球（过程略）。

（2）将实体球转换为网格。

命令：MESHSMOOTH ✓
选择对象：   (选择两个实体球)

（3）对球一进行提高平滑度、降低平滑度、优化网格操作（过程略）。

（4）对球二进行增加锐化、删除锐化操作（过程略）。

12.3.4 分割网格面

（1）功能：将一个网格面拆分为两个面。

（2）命令执行方式：

下拉菜单："修改"→"网格编辑"→"分割面"。

工具栏：平滑网格⑦。

命令：MESHSPLIT。

（3）操作过程：

命令：MESHSPLIT↙
选择要分割的网格面：
指定第一个分割点：
指定第二个分割点：

【例 12-13】　创建长度为 100、宽度为 60 的矩形，先将其转换为网格，再将该网格分割成两个网格。

（1）创建长度为 100、宽度为 60 的矩形（过程略）。

（2）"平滑曲面"命令将矩形转换为网格。

命令：MESHSMOOTH↙
选择要转换的对象：　　　　　　　　　　　　　（选择矩形）

系统出现如图 12-19 所示"平滑网格-选定了非图元对象"对话框，选择其中的"创建网格"选项。

（3）分割网格。

命令：MESHSPLIT↙
选择要分割的网格面：　　　　　　　　　　　（选择上面转换成网格的矩形）
指定第一个分割点：　　　　　　　　　　　　（指定矩形上的一个端点）
指定第二个分割点：　　　　　　　　　　　　（指定矩形上的另一个端点）

结果如图 12-20 所示（选择点不同可能分割效果有所不同）。

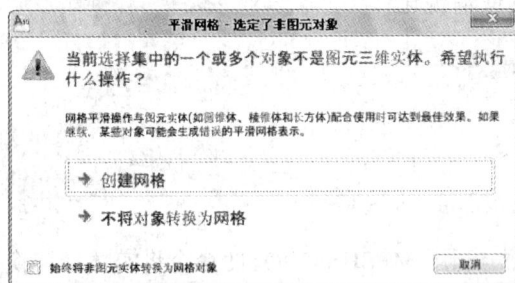

图 12-19　"平滑网格-选定了非图元对象"对话框　　　　图 12-20　分割结果

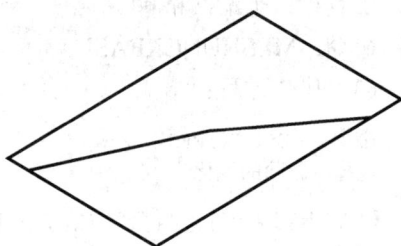

思　考　题

1．标高命令是什么？哪些二维图形可以利用该命令设置厚度，哪些不可以？
2．如何修改对象的厚度？
3．图元包括哪些内容？如何设置图元选项？
4．旋转网格、平移网格、直纹网格、边界网格、平面曲面如何创建？
5．"转换为曲面"命令与"平滑网格"命令有什么区别？

第 13 章　三维图形的消隐、视觉样式和渲染

学习目标

（1）掌握消隐命令的使用方法和与消隐相关的几个系统变量的使用方法。
（2）掌握视觉样式的设置方法和各种视觉样式间的区别。
（3）掌握渲染对象的方法。

学习内容

（1）消隐命令和与消隐相关的三个系统变量 DISPSILH、HIDETEXT、INTERSECTIONDISPLAY 的使用方法。
（2）视觉样式的设置方法。
（3）渲染的方法与步骤，主要包括光源的设置、材质的设置、材质贴图的使用方法和渲染背景的设置方法等。

创建出三维实体或网格后，为了能更形象地显示给用户，往往需要对其进行消隐、视觉样式或渲染操作。

13.1　消　　隐

13.1.1　消隐命令

（1）功能：重生成不显示隐藏线的三维线框模型。
（2）命令执行方式：
下拉菜单："视图"→"消隐"。
工具栏：渲染 。
命令：HIDE。

执行消隐操作时，AutoCAD 将对当前视窗内的所有圆、实体、宽线、文字、面域、宽多段线线段、三维面、多边形网格和非零厚度对象的拉伸边自动发生作用，不需进行目标选择。执行消隐命令后，若想解除消隐，可通过移动当前视窗或执行重生成（REGEN）命令来完成。

【例 13-1】 创建一个长、宽、高分别为 100、40、60 的长方体，并分别设置长方体所在图层属性为冻结、关闭、锁定。执行消隐操作后再解除冻结、关闭、锁定设置，并观察其结果如何。
（1）创建长方体。
（2）观察冻结图层对对象的影响。
1）设置当前图层为冻结（过程略）。
2）对当前视图进行消隐操作（过程略）。

命令：HIDE✓

正在重生成模型。

3）取消当前图层的冻结设置，观察冻结图层对对象的影响（过程略）

结果如图 13-1（b）所示。

（3）观察关闭图层对对象的影响。

过程与步骤（2）相似（过程略），结果如图 13-1（c）所示。

（4）观察锁定图层对对象的影响。过程与步骤（2）相似（过程略），结果如图 13-1（d）所示。

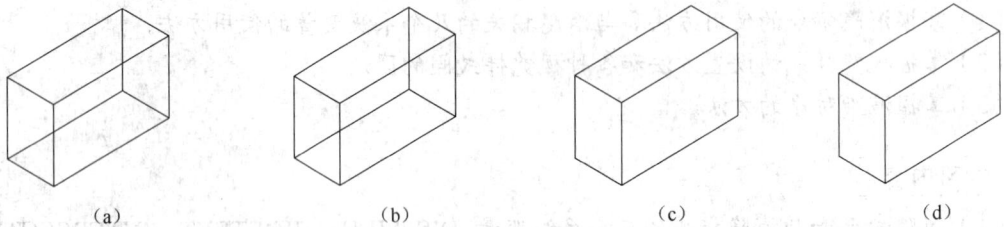

（a）   （b）   （c）   （d）

图 13-1　图层设置对消隐的影响

（a）未消隐效果；（b）冻结图层；（c）关闭图层；（d）锁定图层

由本例可以看出消隐命令（HIDE）不可以用于图层被冻结的对象，但可以用于图层被关闭或锁定的对象。

13.1.2　与消隐操作有关的几个系统变量

1. 系统变量 DISPSILH

如果系统变量 DISPSILH 设置为开，则 HIDE 命令只显示三维实体对象的轮廓边，不显示由具有镶嵌面的对象产生的内部边，否则将会显示由具有镶嵌面的对象产生的内部边。

【例 13-2】　先设置系统变量 DISPSILH 为 0 或 1，对生成的三维实体进行消隐操作，观察消隐后的结果如何。

（1）创建或调出欲消隐的实体（过程略）。

（2）设置系统变量 DISPSILH=0。

命令：DISPSILH↙
输入 DISPSILH 的新值 <0>：↙

（3）执行消隐操作并观察消隐后的效果。

命令：HIDE↙
正在重生成模型。

结果如图 13-2（b）所示。

（4）设置系统变量 DISPSILH=1（过程略）。

（5）执行消隐操作并观察消隐后的效果（过程略）。

结果如图 13-2（c）所示。

2. 系统变量 HIDETEXT

为了隐藏用 DTEXT、MTEXT 或 TEXT 创建的文字，必须将系统变量 HIDETEXT 设为开。如果 HIDETEXT 系统变量设置为关，生成消隐视图时，HIDE 将忽略文字对象。系统始终显示文字对象（无论是否被其他对象遮盖），同时文字对象遮盖的对象也不受影响。

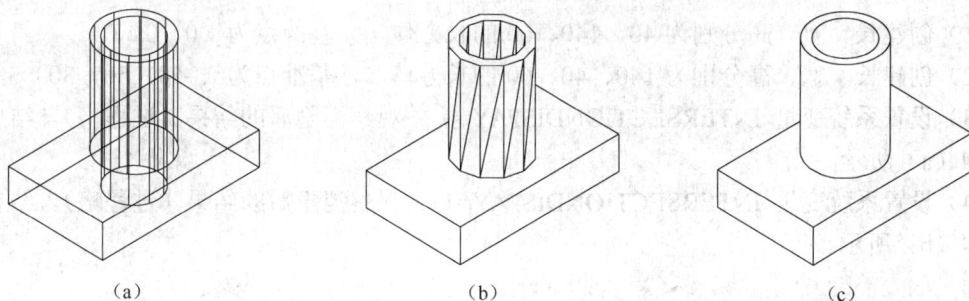

图 13-2 消隐

（a）消隐前的实体；（b）DISPSILH=0；（c）DISPSILH=1

【例 13-3】 创建一个长、宽、高分别为 100、40、60 的长方体，并在长方体底面上输入文字 "HIDETEXT"，设置系统变量 "HIDETEXT" 值为 0 或 1 并观察消隐后的结果。

（1）创建一个长、宽、高分别为 100、40、60 的长方体，并在长方体底面上输入文字 "HIDETEXT"（过程略）。

（2）设置系统变量 HIDETEXT=0。

命令：HIDETEXT↙
输入 HIDETEXT 的新值 <开>：0↙

（3）消隐并观察消隐后的结果。

命令：HIDE↙
正在重生成模型。

结果如图 13-3（b）所示。

（4）设置系统变量 HIDETEXT=1（过程略）。

（5）消隐并观察消隐后的结果（过程略）。结果如图 13-3（c）所示。

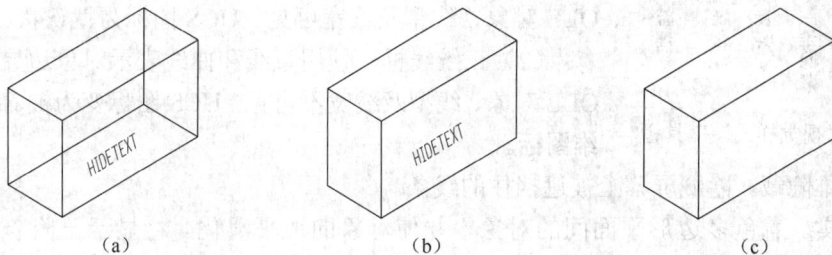

图 13-3 系统变量 HIDETEXT 对文本消隐的影响

（a）原图；（b）HIDETEXT=0；（c）HIDETEXT=1

3. 系统变量 INTERSECTIONDISPLAY

使用消隐命令（HIDE）时，如果 INTERSECTIONDISPLAY 系统变量设置为打开，则三维表面的面与面的交线显示为多段线，否则将不显示维表面的面与面的交线。

【例 13-4】 创建长、宽、高分别为 40、140、60 的长方体一，基准点为（0，0，0）；创建长、宽、高分别为 140、40、60 的长方体二，基准点为（-50，50，30）；设置系统变量 "INTERSECTIONDISPAY" 值为 0 或 1 并观察消隐后的结果。

（1）创建长、宽、高分别为 40、140、60 的长方体一，基准点为（0，0，0）。

（2）创建长、宽、高分别为 140、40、60 的长方体二，基准点为（–50，50，30）。

（3）设置系统变量 INTERSECTIONDISPAY=0 并观察消隐后的结果（过程略）。结果如图 13-4（a）所示。

（4）设置系统变量 INTERSECTIONDISPAY=1 并观察消隐后的结果（过程略）。结果如图 13-4（b）所示。

（a）   （b）

图 13-4 系统变量 INTERSECTIONDISPAY 对消隐的影响
（a）INTERSECTIONDISPAY =0；（b）INTERSECTIONDISPAY =1

13.2 视 觉 样 式

视觉样式用于设置三维对象的显示方式。一般习惯上将这种操作称为着色。着色操作效果比消隐要好，而且着色后不会因为对立体的缩放而消失，但占用系统资源比消隐要多。执行着色操作一般通过选择下拉菜单"视图"→"视觉样式"或如图 13-5 所示工具栏的方式完成。

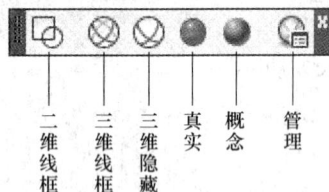

图 13-5 "视觉样式"工具栏

（1）二维线框。使用直线和曲线表示对象边界。光栅和 OLE 对象、线型及线宽可见，UCS 图标为默认状。

（2）三维线框。使用直线和曲线表示对象边界。光栅和 OLE 对象、线型及线宽不可见，UCS 图标变为被着色后的三维图标。

（3）三维隐藏。隐藏屏幕上被遮挡住的线条。

（4）真实。着色多边形平面间的对象，并使对象的边平滑化。将显示已附着到对象的材质。

（5）概念。着色多边形平面间的对象，并使对象的边平滑化。着色使用古氏面样式，一种冷色和暖色之间的过渡而不是从深色到浅色的过渡。效果缺乏真实感，但是可以更方便地查看模型的细节。

（6）管理。对视觉样式进行管理与设置。

【例 13-5】 对一个颜色为青色、底圆半径为 30、高为 80 的圆柱体进行各种着色渲染，观察着色后的效果。

（1）创建颜色为青色、底圆半径为 30、高为 80 的圆柱体（过程略）。

（2）对球体进行各种着色渲染（过程略）。结果如图 13-6 所示。

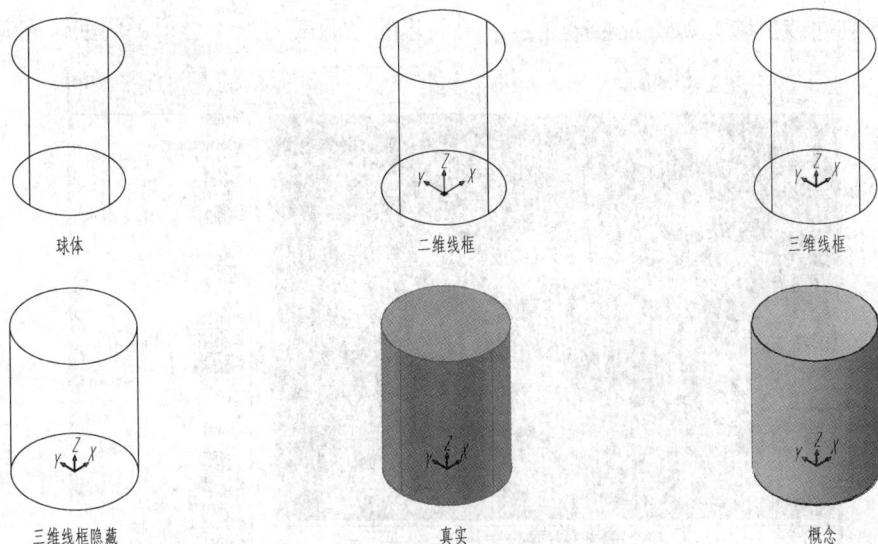

图 13-6　视觉样式

13.3　渲　　染

利用隐藏和视觉样式,可以使立体具有一定的形象感,但距离真正的真实感还有一定的差距。若希望获得更加真实的效果,可以使用系统提供的渲染命令,利用渲染命令可以将照明和材质添加到三维对象的表面,并可根据需要对物体的表面、纹理、场景、光线和明暗进行处理,使立体产生真实的效果。渲染要比视觉样式和消隐复杂得多,因此生成的时间较长,占用的系统资源较多。如果只需快速查看一下设计的整体效果,那么简单消隐或视觉样式图像就足够了。

一般通过选择菜单"视图"→"渲染"或如图 13-7 所示"渲染"工具栏的方法对立体进行渲染操作。

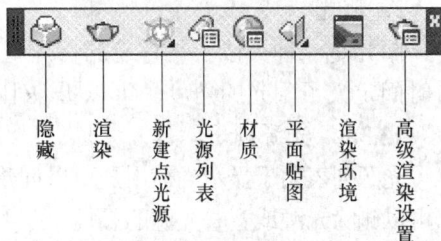

图 13-7　"渲染"工具栏

13.3.1　渲染

执行命令后,根据系统定义的光源、材质等设置对当前视口中的对象进行渲染,如图 13-8 所示。

13.3.2　光源

在渲染过程中,光源的应用非常重要,它由强度和颜色两个因素决定。

选择如图 13-9 所示下拉菜单"视图"→"渲染"→"光源"中的子菜单,可以创建和管理光源。利用交互式光源工具使用户可以快捷准确地在图形中放置面光源。放置光源后,可以使用光源目标夹点使其准确地照亮所希望的位置。放置光源后,不需要进行渲染图像就可以实时显示光源产生的阴影效果,从而能够更快地观察渲染效果。

在 AutoCAD 中,有三类光源。

1. 默认光源

在具有三维视觉样式视图的视口中绘图时,默认光源来自两个平行光源,在模型中移动时该光源会跟随视口。模型中所有的面均被照亮,以使其可见。可以控制亮度和对比度,但不需要自己创建或放置光源。若希望显示用户创建的光源或阳光，必须关闭默认光源。

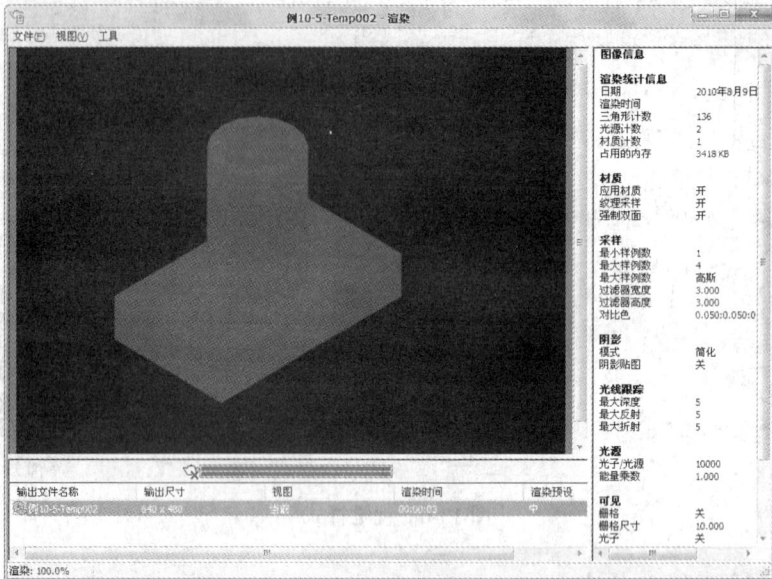

图 13-8　"渲染"窗口

2. 用户创建的光源

用户可以创建点光源、聚光灯和平行光以达到希望的效果。对于已经创建好的光源可以使用夹点工具进行移动、旋转、打开、关闭以及更改其特性（例如颜色）。更改的效果将立即显示在视口中。聚光灯和点光源用不同的光线轮廓表示。平行光和阳光不使用轮廓表示。默认情况下，不打印光线轮廓。

3. 阳光

阳光是一种类似于平行光的特殊光源。用户为模型指定的地理位置以及指定的日期和当日时间定义了阳光的角度。可以更改阳光的强度和太阳光源的颜色。

13.3.3　光源列表

光源列表用于显示当前用户可以创建的光源，如图 13-10 所示。通过右击光源名打开快捷菜单可以删除光源或查看光源的属性。

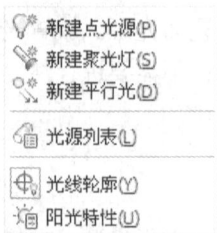

图 13-9　"光源"子菜单

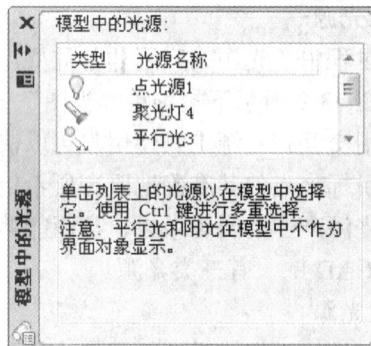

图 13-10　"光源列表"对话框

13.3.4　材质

材质用于指定所渲染对象的材料和贴图。准确地为对象指定材质可以更加真实地模拟真实世界的各种效果。在 AutoCAD 中用户可以使用系统默认的材质，也可以用材质编辑器创建并编辑材质。"材质"对话框如图 13-11 所示。

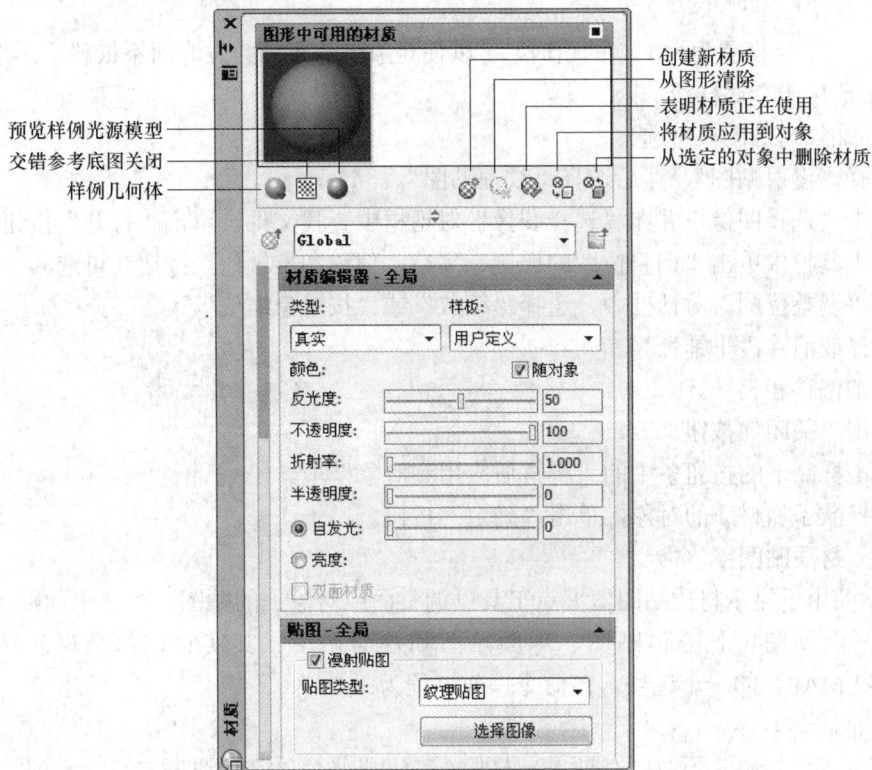

图 13-11　"材质"对话框

材质编辑器的材质样板有四种，其中真实样板和真实金属样板是基于物理性质的材质；高级样板和高级金属样板是具有多个选项的材质，包括可以用来创建特殊效果的特性，例如模拟反射。

创建新材质并赋给对象的步骤如下：

（1）打开"材质"对话框。

（2）单击样品下的按钮条中的"创建新材质"按钮。

（3）在"创建新材质"对话框中，输入名称和可选说明，单击"确定"按钮。

（4）在"材质"窗口中选择样板。

（5）单击"漫射颜色"以为材质指定一种颜色，或者选择"随对象"使用附着材质的对象的颜色。

（6）使用滑块设置以下特性：

1）反光度。设置材质的反光度。极其有光泽的实体面上的亮显区域较小但显示较亮；较暗的面可将光线反射到较多方向，从而可创建区域较大且显示较柔和的亮显。

2）折射率。控制通过附着部分透明材质的对象时如何折射光。折射率为 1.0 时，透明对象后面的对象不会失真；折射率为 1.5 时，对象会严重失真，就像通过玻璃球看对象一样。本项不适用于金属样板。

3）半透明度。设置材质的半透明度。半透明对象传递光线，但在对象内也会散射部分光线。半透明值为百分比：为 0.0 时，材质不透明；为 100.0 时，材质完全透明。本项不适用于金属样板。

4）自发光。当设置为大于 0 的值时，可以使对象自身显示为发光而不依赖于图形中的光源，本项不适用于金属样板。

（7）添加纹理贴图（可选）。

1）选择"漫射贴图"，然后选择"纹理贴图"。

2）单击"选择图像"并在"选择图像"对话框中查找文件，单击"打开"按钮。

3）在工具栏中单击"调整位图的比例、平铺、偏移和旋转值"按钮（可选）。

4）在"调整位图"对话框中，选择"缩放"或"按对象缩放"。

5）选择或清除"平铺"。

6）调整偏移和旋转。

7）单击"关闭"按钮。

8）单击样品下的按钮条中的"将材质应用到对象"项。

9）选择欲添加材质的对象，单击"确定"按钮。

13.3.5 材质贴图

材质贴图用于显示材质贴图器夹点工具以调整面或对象上的贴图。按住平面贴图按钮将会显示出平面贴图、长方体贴图、球面贴图和柱面贴图。其实它们都是材质贴图命令（MATERIALMAP）的一个选项。该命令操作过程为：

```
命令：MATERIALMAP ↙
选择选项 [长方体(B)/平面(P)/球面(S)/柱面(C)/复制贴图至(Y)/重置贴图(R)] <长方体>：P↙
选择面或对象：
找到 1 个
选择面或对象：
接受贴图或 [移动(M)/旋转(R)/重置(T)/切换贴图模式(W)]：
正在重生成模型。
```

以上各项含义为：

（1）长方体（B）/平面（P）/球面（S）/柱面（C）：这是四种材质贴图器夹点工具，工具不同其夹点显示方法也不同。

（2）复制贴图至（Y）：应用到原始对象或面的贴图将应用到选定对象。

（3）重置贴图（R）：将 UV 坐标重置为贴图的默认坐标。

（4）选择面或对象：选择集必须至少包含以下对象类型之一：三维实体、三维曲面、面或具有厚度的二维对象。

（5）移动：显示"移动"夹点工具以移动贴图。

（6）旋转：显示"旋转"夹点工具以旋转贴图。

（7）重置：将 UV 坐标重置为贴图的默认坐标。

（8）切换贴图模式：重新显示主提示。

13.3.6　渲染环境

渲染器的设置不同，可以渲染出的图像效果也不同。渲染预设的级别越高，渲染出的图像质量越高，渲染时速度越慢；渲染预设的级别越低，渲染出的图像质量越差，渲染时的速度越快。渲染环境用于显示当前的常用渲染设置参数，如图 13-12 所示。

13.3.7　高级渲染设置

高级渲染技术使用户可以渲染出具有照片级真实感的图像。要想得到一幅理想真实感的图像，由多种因素决定，例如三维模型的面、材质、场景中的环境，光线跟踪的反射和折射，间接发光，最终采集，图像的输出分辨率等。

"高级渲染设置"选项板包含渲染器的主要控件，可以从预定义的渲染设置中选择，也可以进行自定义设置。"高级渲染设置"对话框如图 13-13 所示。

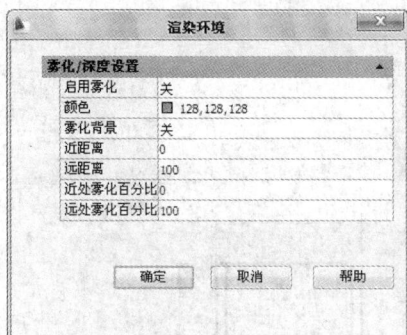

图 13-12　"渲染环境"对话框　　　　图 13-13　"高级渲染设置"对话框

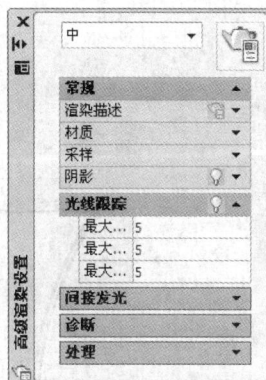

高级渲染设置分为基本设置和高级设置。基本设置部分包括影响模型的渲染方式、材质和阴影的处理方式及反锯齿执行方式等设置。高级设置包括："光线跟踪"部分控制如何产生着色；"间接发光"部分用于控制光源特性、场景照明方式及是否进行全局照明和最终采集。也可以使用诊断控件来帮助了解图像没有按照预期效果进行渲染的原因。

13.3.8　渲染背景的设置

背景主要是显示在模型后面的背景幕。背景可以是单色、多色渐变色或位图图像。可以从视图管理器中设置背景。设置以后，背景将与命名视图或相机相关联，并且与图形一起保存。从视图管理器中设置背景步骤如下：

（1）在命令提示下，输入"VIEW"或选择下拉菜单"视图"→"命名视图"。

（2）从"模型视图"列表中选择现有的命名视图。

（3）打开"背景替代"菜单，然后选择"纯色"、"渐变色"或"图像"。

（4）设置颜色或选择要用作背景的位图图像，单击"确定"按钮。

（5）单击"确定"按钮关闭视图管理器。

（6）从面板的"三维导航"面板上，选择命名视图。

（7）渲染场景。

【例 13-6】　请对图 13-14 所示的三维实体进行渲染操作。要求：背景为砖墙；高脚杯的材质为竹木；矮口杯材质为玻璃；桌面（长方体）材质为木头。添加一点光源使杯子能够产生阴影。桌面尺寸长为 250、宽为 230、高为 3，杯子截面图如图 13-15 所示。

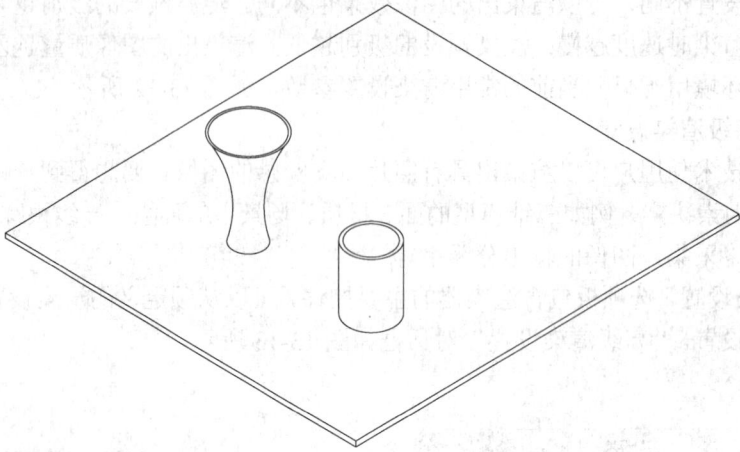

图 13-14　原型

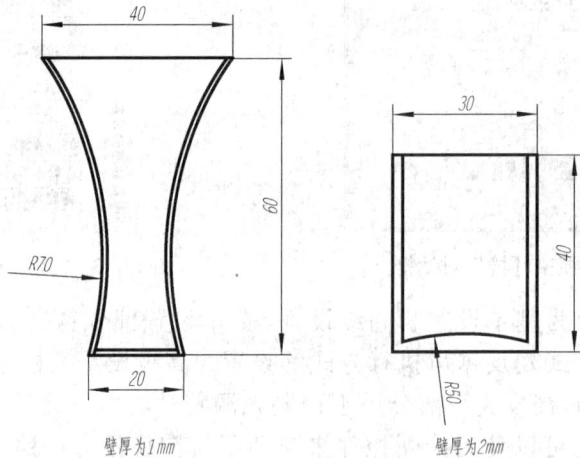

壁厚为1mm　　　　壁厚为2mm

图 13-15　杯子截面图

（1）创建长方体。长方体的尺寸长为 250、宽为 230、高为 3，且令长方体上表面中心为坐标原点。

（2）创建杯子。使用旋转实体命令创建两个杯子，令高脚杯下表面中心坐标为（-50，30，0），矮口杯下表面中心坐标为（-50，-50，0），创建过程略。

（3）创建点光源。点光源的插入点坐标为（-300，40，160），右击光源，选择"属性"选项，设置其"阴影"为"开"。

（4）为两个杯子和桌子赋材质。

1）选择下拉菜单"工具"→"选项板"→"工具选项板"，调出"工具"选项板，如图 13-16 所示。

2）单击选项板左下角的快捷菜单按钮，如图 13-16 所示。在调出的快捷菜单中选择"木材和塑料-材质样例"选项。

3）为杯子和桌子赋予材质。选择材质，再选择要赋予材质的对象。材质见表 13-1。

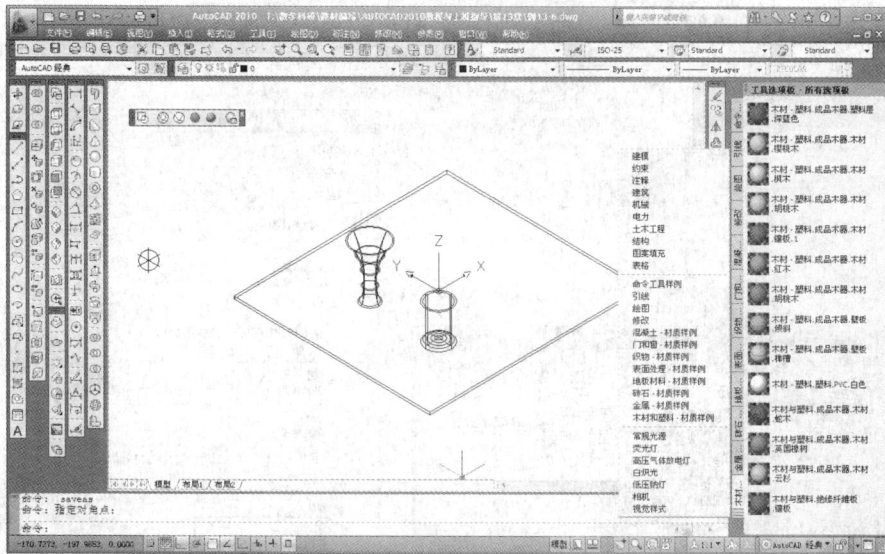

图 13-16　"工具"选项板与快捷菜单

表 13-1　　　　　　　　　　　　　　　**对象材质表**

对　　象	标　　签	材　　质
桌子	木材和塑料－材质样例	木材与塑料，成品木器，木材，蛇木
高脚杯	地板材料－材质样例	表面处理－地板材料，竹木
矮口杯	门和窗－材质样例	门－窗，玻璃镶嵌，玻璃，透明

单击"渲染"工具栏中的"材质"按钮可以打开材质选项板，在这里对"矮口杯"的材质进行编辑操作，如图 13-17 所示。

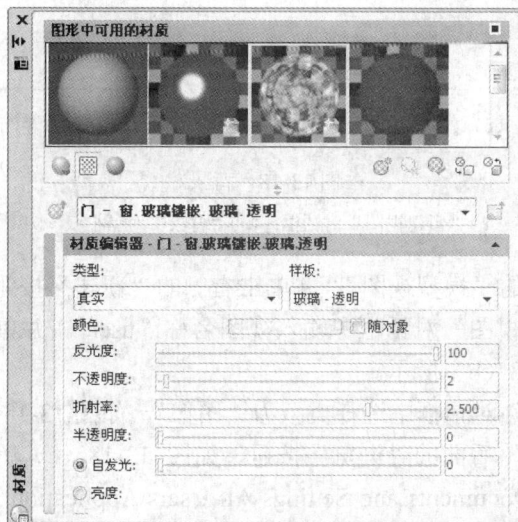

图 13-17　"矮口杯"材质设置

（5）插入背景。

1）选择下拉菜单"视图"→"命名视图"，打开"视图管理器"对话框，如图 13-18（a）所示。

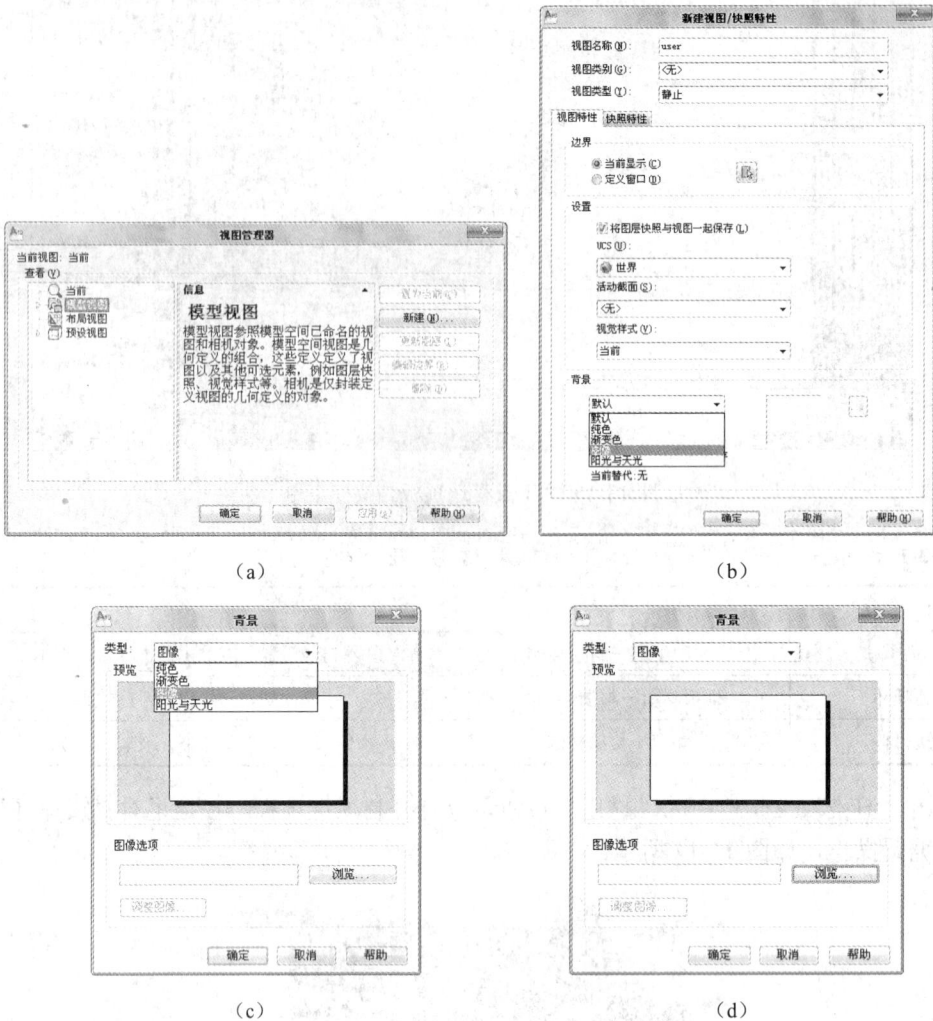

（a）　　　　　　　　　　　　　　　（b）

（c）　　　　　　　　　　　　　　　（d）

图 13-18　背景

（a）"视图管理器"对话框；（b）"新建视图"对话框；（c）"背景"对话框（一）；（d）"背景"对话框（二）

2）选择"查看"中的"模型视图"，并单击右侧的"新建"按钮。

3）在出现的"新建视图"对话框中输入视图名称"user"。并单击"背景"栏中的"代替默认背景"，如图 13-18（b）所示。

4）在出现的"背景"对话框中选择类型为"图像"，如图 13-18（c）所示。

5）单击"图像选项"后面的"浏览"按钮，如图 13-18（c）所示。选择背景图像文件并打开。这里选择"C:\Documents and Settings\All Users\Application Data\Autodesk\AutoCAD 2010\R18.0\chs\Textures\Masonry.Unit Masonry.Brick.Modular.English.jpg"（这是 AutoCAD 2010 自带的一个贴图文件）。

6）单击"确定"按钮返回。

7）选择新建的"user"视图，再单击图 13-18（a）中的"置为当前"按钮，将视图"user"置为当前视图。

8）单击"确定"按钮退出。

（6）渲染。调整图形在绘图窗口中的大小和位置，选择下拉菜单"视图"→"渲染"→"渲染"，结果如图 13-19 所示。

图 13-19　渲染结果

思　考　题

1. 消隐、视觉样式和渲染各有什么特点？
2. 视觉样式有几个选项？各有什么特点？
3. 渲染的内容有哪些？
4. 渲染的步骤是什么？

第 14 章 图 形 打 印

📋 学习目标

（1）掌握由模型空间出图和由图纸空间出图的方法及打印参数的设置。
（2）掌握创建电子图纸的方法。

📖 学习内容

（1）打印参数的设置与打印参数的设置。
（2）由模型空间出图和由图纸空间出图的方法与步骤。
（3）电子图纸的创建。

一张图纸完成之后，一般要将它打印出来。AutoCAD 为用户提供了完善的图形打印功能。用户可以对打印设备、打印样式、打印方向、打印比例、图纸尺寸等内容进行设置。

14.1 打印参数的设置与打印

在通过 AutoCAD 输出图形文件之前一般需要对打印的样式进行设置，而这些设置一般通过"页面设置管理器"对话框进行。

14.1.1 页面设置管理器

打开"页面设置管理器"对话框的方法可以通过选择下拉菜单"文件"→"页面设置管理器"或通过命令行命令"Pagesetup"进行。"页面设置管理器"对话框如图 14-1 所示。

"页面设置管理器"对话框各选项说明如下：

（1）当前布局。显示当前布局的名称，若在模型空间进行则显示"模型"。

（2）页面设置

1）当前页面设置：显示应用于当前布局的页面设置名称，若没有则显示"无"。

2）页面设置列表：显示已经建立的页面设置名称。

3）置为当前：单击设按钮，将所选页面设置设置为当前布局的当前页面设置。

4）新建：单击设按钮，显示如图 14-2 所示"新建页面设置"对话框，建立新的页面设置。

5）修改：单击设按钮，显示"页面设置"对话框，对已经建立的页面设置进行修改。

6）输入：单击设按钮，显示"从文件选择页面设置"对话框，从中可以选择图形格式或图形交换格式文件，从这些文件中输入一个或多个页面设置。

（3）选定页面设置的详细信息。显示所选页面设置的信息，如设备名（打印设备的名称）、绘图仪（打印设备的类型）、打印大小（打印大小和方向）、位置（输出设备的物理位置）、说明（输出设备的说明文字）。

（4）创建新布局时显示。指定当选中新的布局选项卡或创建新的布局时，显示"页面设置"对话框。

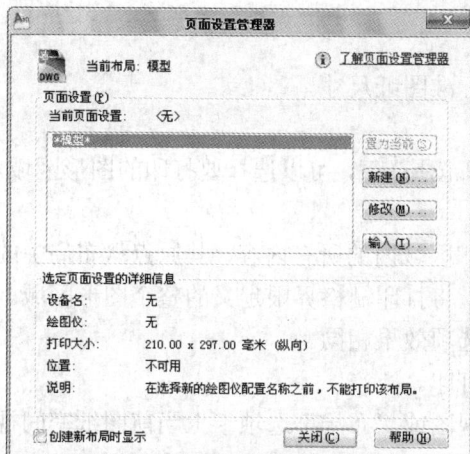

图 14-1 "页面设置管理器"对话框

14.1.2 新建页面设置

在如图14-2 所示"新建页面设置"对话框中输入一个新"页面设置"名称后单击"确定"按钮，系统将打开"页面设置"对话框，如图 14-3 所示。

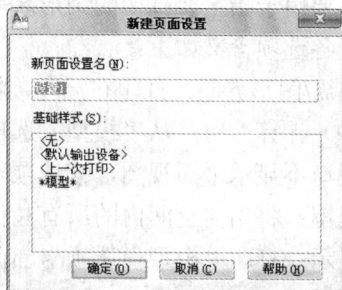

图 14-2 "新建页面设置"对话框

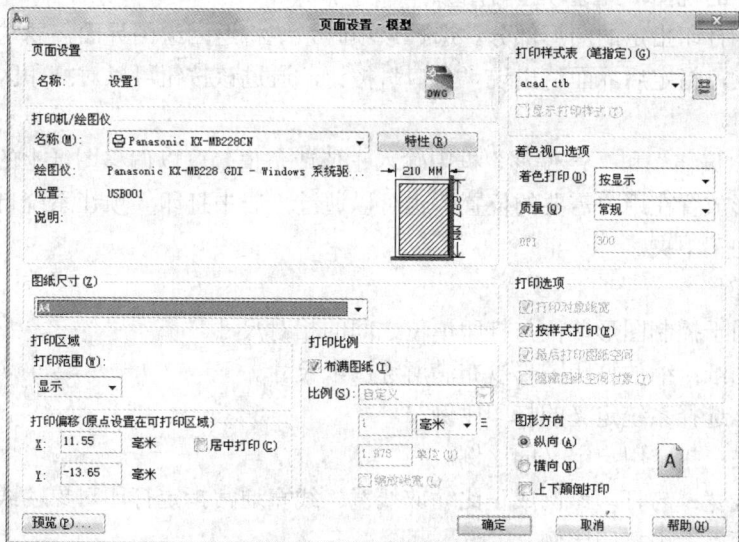

图 14-3 "页面设置"对话框

"页面设置"对话框中各选项含义如下：

1. 页面设置

该栏主要用于显示当前页面设置的名称。后面显示的 DWG 图标表示该"页面设置"对话框是从模型空间或某个布局打开的，若"页面设置"对话框是从图纸集管理器打开，将会显示 SSM 图标。

2. 打印机/绘图仪

该栏主要用于指定已配置的打印设备，一般该设备是需要输出图形的打印机或绘图仪。通过单击名称后面的下拉列表可以选择已经安装好的打印名称，若没所需要的打印机名称，则需要安装相应的打印机驱动程序。下面的"绘图仪"和"位置"是对所选打印机的名称进行显示和对打印机所占端口的说明。若读者对打印机的设置不满意可以选择"特性"按钮对打印进行设置。

3．图纸尺寸

该栏主要用于显示、设置所选打印设备可用的标准图纸尺寸。

4．打印区域

该栏主要用于指定要打印的图形区域。在"打印范围"下，可以选择要打印的图形区域。该下拉列表各选项含义如下：

（1）布局/图形界限：打印布局时，将打印可打印区域内的所有内容，其原点从布局中的原点（0，0）计算得出。从"模型"选项卡打印时，将打印栅格界限定义的整个图形区域。如果当前视口不显示平面视图，该选项与"范围"选项效果相同。

（2）范围：将当前空间内的所有几何图形进行打印。

（3）显示：打印"模型"选项卡当前视口中的视图或"布局"选项卡上当前图纸空间视图中的视图。

（4）视图：打印以前使用 VIEW 命令保存的视图。可以从列表中选择命名视图。如果图形中没有已保存的视图，此选项不可用。

（5）窗口：打印指定的图形部分。选择该项时系统将返回绘图界面，要求用户指定打印区域的两个角点，指定后界面将出现"窗口"按钮，通过该按钮可以对打印区域进行修改。

5．打印偏移

通过在"X 偏移"和"Y 偏移"框中输入正值或负值，可以偏移图纸上的几何图形，以使需打印的图形放置在用户需要的位置。也可以通过"居中打印"项让系统自动计算以使图形放置在图纸的正中央。

6．打印比例

该栏主要用于控制图形单位与打印单位之间的相对尺寸。

（1）布满图纸：缩放打印图形以布满所选图纸尺寸。

（2）比例：选择系统定义的打印比例。

（3）自定义：指定用户定义的比例。

（4）缩放线宽：与打印比例成正比缩放线宽。线宽通常指定打印对象的线的宽度并按线宽尺寸打印，而不考虑打印比例。

7．打印样式表

该栏主要用于设置、编辑打印样式表，或者创建新的打印样式表。一般情况下用户可以选择常用的 acad.ctb。

（1）名称：显示并提供当前可用的打印样式表的列表。如果单击"新建"按钮，将显示"添加打印样式表"向导，可用来创建新的打印样式表。显示的向导取决于当前图形是处于颜色相关模式还是处于命名模式。

（2）编辑：显示打印样式表编辑器，从中可以查看或修改当前指定的打印样式表的打印样式。

（3）显示打印样式：控制是否在屏幕上显示指定给对象的打印样式的特性。

8．着色视口选项

该栏主要用于指定着色和渲染视口的打印方式，并确定它们的分辨率级别和每英寸点数（DPI）。

（1）着色打印：指定视图的打印方式。要为"布局"选项卡上的视口指定此设置，请选择该视口，然后在"工具"菜单中选择"特性"。在"模型"选项卡上，可以从下列选项中选择：

1）按显示：按对象在屏幕上的显示方式打印。

2）线框：在线框中打印对象，不考虑其在屏幕上的显示方式。

3）消隐：打印对象时消除隐藏线，不考虑其在屏幕上的显示方式。

4）三维隐藏：打印对象时应用三维隐藏视觉样式，不考虑其在屏幕上的显示方式。

5）三维线框：打印对象时应用三维线框视觉样式，不考虑其在屏幕上的显示方式。

6）概念：打印对象时应用概念视觉样式，不考虑其在屏幕上的显示方式。

7）真实：打印对象时应用真实视觉样式，不考虑其在屏幕上的显示方式。

8）渲染：按渲染的方式打印对象，不考虑其在屏幕上的显示方式。

（2）质量：指定着色和渲染视口的打印分辨率。可从下列选项中选择：

1）草稿：将渲染和着色模型空间视图设置为线框打印。

2）预览：将渲染和着色模型空间视图的打印分辨率设置为当前设备分辨率的四分之一，DPI 最大值为 150。

3）常规：将渲染和着色模型空间视图的打印分辨率设置为当前设备分辨率的二分之一，DPI 最大值为 300。

4）演示：将渲染和着色模型空间视图的打印分辨率设置为当前设备的分辨率，DPI 最大值为 600。

5）最大：将渲染和着色模型空间视图的打印分辨率设置为当前设备的分辨率，无最大值。

6）自定义：将渲染和着色模型空间视图的打印分辨率设置为"DPI"框中指定的分辨率设置，最大可为当前设备的分辨率。

（3）DPI：指定渲染和着色视图的每英寸点数，最大可为当前打印设备的最大分辨率。只有在"质量"框中选择了"自定义"后，此选项才可用。

9. 打印选项

该栏主要用于指定线宽、打印样式、着色打印和对象的打印次序等选项。

（1）打印对象线宽：指定是否打印为对象或图层指定的线宽。

（2）按样式打印：指定是否打印应用于对象和图层的打印样式。如果选择该选项，也将自动选择"打印对象线宽"。

（3）最后打印图纸空间：首先打印模型空间几何图形。通常先打印图纸空间几何图形，然后再打印模型空间几何图形。

（4）隐藏图纸空间对象：指定 HIDE 操作是否应用于图纸空间视口中的对象。此选项仅在"布局"选项卡中可用。此设置的效果反映在打印预览中，而不反映在布局中。

10. 图形方向

该栏主要用于为支持纵向或横向的绘图仪指定图形在图纸上的打印方向。通过选择"纵向"、"横向"或"反向打印"可以更改图形方向以获得 0°、90°或 180°的旋转图形。图纸图标代表所选图纸的介质方向。字母图标代表图形在图纸上的方向。

（1）纵向：放置并打印图形，使图纸的短边位于图形页面的顶部。

（2）横向：放置并打印图形，使图纸的长边位于图形页面的顶部。

（3）反向打印：上下颠倒地放置并打印图形。

11. 预览

该栏主要用于根据"页面设置"或"打印"对话框中的设置定义的当前打印配置。显示当前图形的全页预览。此时光标变为带加号(+)和减号(–)的放大镜。在按下拾取键的同时向屏幕顶端拖动光标将放大预览图像。向屏幕底部拖动将缩小预览图像。通过预览窗口上方按钮或右击可以进行如下操作：

（1）打印 ：打印整张预览中显示的图形，然后退出"打印预览"。

（2）平移 ：显示平移光标，即手形光标，可以用来平移预览图像。按住拾取键并在任意方向上拖动光标，平移光标将保持活动状态，直到单击另一个按钮。

（3）缩放 ：显示缩放光标，即放大镜光标，可以用来放大或缩小预览图像。要放大图像，应按下拾取键并向屏幕顶部拖动光标。要缩小图像，应按下拾取键并向屏幕底部拖动光标。

（4）窗口缩放 ：缩放以显示指定窗口。"窗口缩放"适用于缩放光标和平移光标。

（5）缩放为原窗口 ：恢复初始整张浏览。"缩放为原窗口"可与缩放光标和平移光标一起使用。

（6）关闭预览窗口 ：关闭"预览"窗口。

14.1.3 打印

进行完"页面设置"以后，选择下拉菜单"文件"→"打印"或通过命令行命令"PLOT"进行打印设置。"打印"对话框如图 14-4 所示。

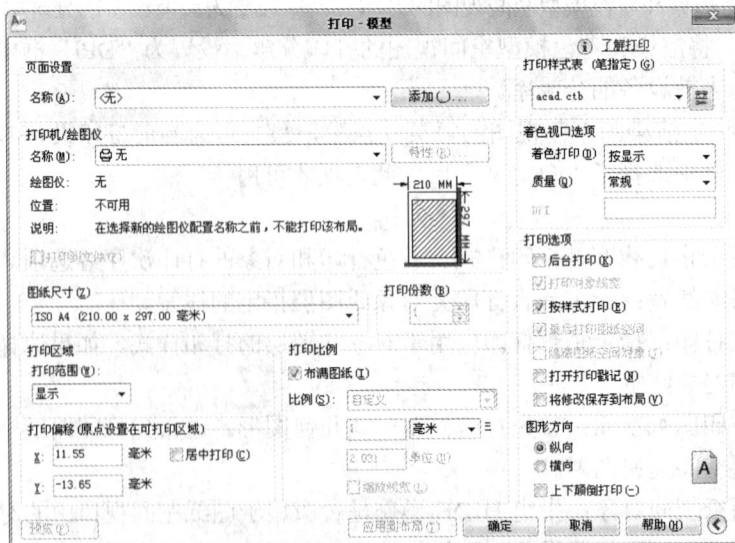

图 14-4　"打印"对话框

"打印"对话框各含义如下：

1. 页面设置

（1）名称：显示当前页面设置的名称。若已经从"页面设置管理器"中设置了页面设置并已经保存，则可以从下拉列表中选择使用。

（2）添加：显示"添加页面设置"对话框，从中可以将"打印"对话框中的当前设置保存到命名页面设置。

2. 打印机/绘图仪

指定打印布局时使用已配置的打印设备。

（1）名称：列出可用的 PC3 文件或系统打印机，可以从中进行选择，以打印当前布局。

（2）特性：显示绘图仪配置编辑器（PC3 编辑器），从中可以查看或修改当前绘图仪的配置、端口、设备和介质设置。

（3）绘图仪：显示当前所选页面设置中指定的打印设备。

（4）位置:显示当前所选页面设置中指定的输出设备的物理位置。

（5）说明：显示当前所选页面设置中指定的输出设备的说明文字。可以在绘图仪配置编辑器中编辑这些文字。

（6）打印到文件：打印输出到文件而不是绘图仪或打印机。

（7）局部预览：精确显示相对于图纸尺寸和可打印区域的有效打印区域。工具栏提示显示图纸尺寸和可打印区域。

3. 打印份数

指定要打印的份数。打印到文件时，此选项不可用。

对话框其他选项含义与"页面设置管理器"相同。当各部分设置完成以后单击"确定"按钮就可以从打印机输出了。

14.1.4 可打印区域的设置方法

在进行打印过程中，经常会出现有些边界上的图形打印不出来的情况，尤其在图纸空间出图时，当插入一个标准图框时，总发现插入的图框跑到了打印范围之外了，如何解决这个问题呢？这主要涉及可打印区域的设置方法问题，设置的方法与步骤如下：

（1）打开页面设置对话框，选择一种经常使用的打印机名称。单击打印机名称后面的"特性"按钮，如图 14-5 所示。

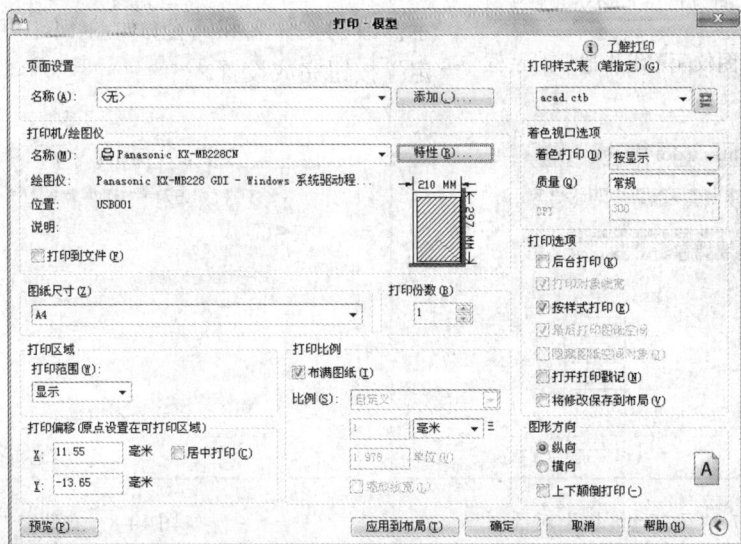

图 14-5 页面设置对话框

（2）打开"绘图仪配置管理器"对话框，选择"设备和文档设置"选项卡中的"修改标准图纸尺寸（可打印区域）"选项，并在"修改标准图纸尺寸"栏中选择一个标准的图纸类型，如 A3、A4、A5 等，并单击其后面的"修改"按钮，如图 14-6 所示。

> **注意**
>
> 四个边界预留量值的设置应比国家标准中边框余量值要小，否则会导致图框线打印不出来。例如：国家标准规定 A3 和 A4 图纸中的图框左边界线距离图纸左边界为 25mm，其他图框边界线距离相应图纸边界为 5mm。因此四个余量值中左值应小于 25mm，其他应小于 5mm。另外，系统设定可打印区域的左下角点为坐标原点，那么当将图框插入时的插入点就需计算好其插入点坐标为多少。若定义 A3 图框为块时的插入点是以图纸的左下角点为插入点且四个边界余量值均设置为 0 的情况下，其插入点坐标则为（0，0）。

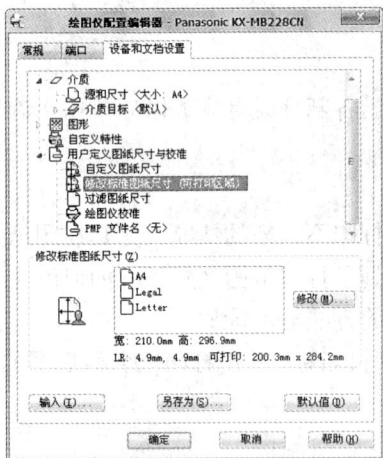

图 14-6　"绘图仪配置编辑器"对话框

（3）在可打印区域对话框中设置上、下、左、右四个框中的打印边界预留量值（该值是可打印边界与图纸边界的距离），如图 14-7 所示，也可均设置为"0"。设置完成后，单击"下一步"按钮。

（4）设置保存图纸尺寸的 PMP 文件名，该名称一般默认与打印机名相同，也可以自己设置，如图 14-8 所示。然后单击"下一步"按钮。

（5）单击"完成"按钮，返回如图 14-6 所示的"绘图仪配置管理器"对话框。单击"完成"按钮如图 14-9 所示。

（6）在出现的"修改打印机配置"对话框中显示修改的文件名和路径，如图 14-10 所示，单击"确定"按钮完成设置。

图 14-7　"可打印区域"对话框

图 14-8　文件名

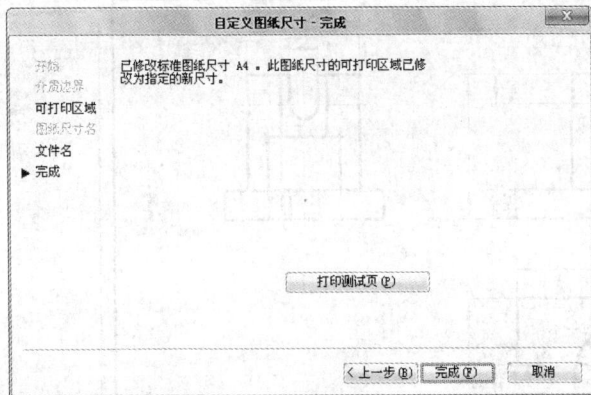

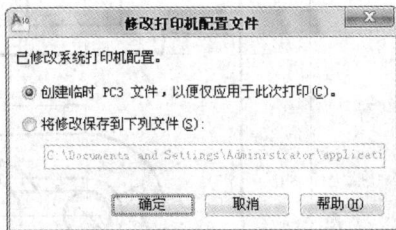

图 14-9 完成   图 14-10 "修改打印机配置文件"对话框

14.2 打印图形实例

14.2.1 在模型空间出图

一般说来，AutoCAD 建议用户在模型空间完成图样的绘制，在图纸空间进行图形的打印输出。但为了照顾一些老用户，它还保留着模型空间出图功能。模型空间出图的一般方法和步骤如下：

（1）按 1:1 比例绘制原图。

（2）标注尺寸。

（3）进行页面设置。

（4）打开"打印"对话框，进行打印设置。

（5）设置打印比例。

（6）确定。

【例 14-1】 请完成图 14-11 所示图形并在 A4 的图纸中打印输出。

（1）按 1:1 比例绘制原图。绘制方法参考以前章节，过程从略。

（2）标注尺寸。标注方法参考以前章节，过程从略。

（3）进行页面设置。

1）通过选择下拉菜单"文件"→"页面设置管理器"或通过命令行命令"PAGESETUP"进行。"页面设置管理器"对话框如图 14-1 所示。

2）单击"新建"按钮，并在出现的"新建页面设置"对话框的"新页面设置名"中输入"设置 1"（此名称由用户自己确定），并单击"确定"按钮。

3）在出现的"页面设置"对话框中对页面进行设置，如图 14-3 所示，其中打印机名应与读者的打印机相同。

4）单击"确定"按钮，完成页面设置。

5）选择下拉菜单"文件"→"打印"或通过命令行命令"PLOT"进行打印设置。"打印"对话框设置如图 14-4 所示。

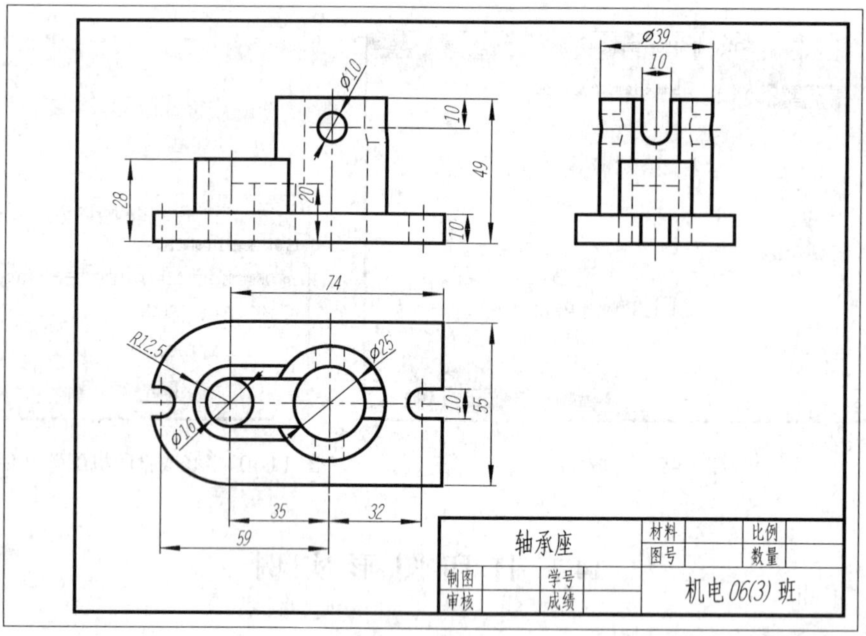

图 14-11　原图

6）单击"预览"按钮检查设置效果，若效果不理想可以对设置进行修正。效果如图 14-12 所示。

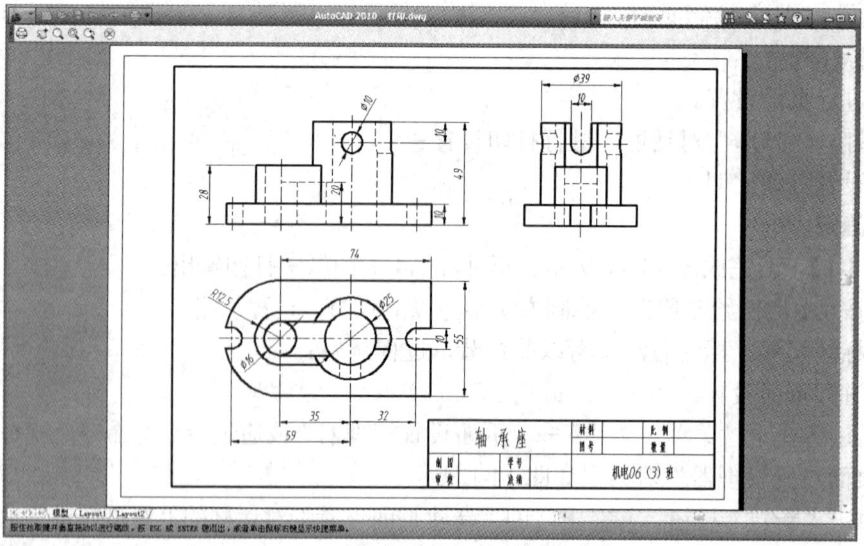

图 14-12　打印预览

7）单击"确定"按钮进行打印。

14.2.2　在图纸空间出图

在图纸空间出图，用户可以不必考虑图形的输出比例。在图纸空间出图步骤如下：

（1）在图纸空间显示欲打印的图形。

1）若该图形为在模型空间创建的图形，则可通过在图纸空间新建视口来显示。

2）若该图形是通过设置视图（SOLVIEW）、设置图形（SOLDRAW）或设置轮廓（SOLPROF）获得的，则该图形就已经在图纸空间了。

（2）对图形进行页面设置。

（3）设置打印选项并打印输出。

【例 14-2】 请将［例 14-1］生成的图形从布局空间打印出来。

（1）在模型空间完成图形的绘制和尺寸标注，过程从略。

（2）单击"布局 1"标签，建立新的视口。

1）单击"布局 1"标签页。

2）选择下拉菜单"视图"→"视口"→"一个视口"→"布满"，按回车键确定。

（3）对图形进行页面设置。过程与在模型空间进行页面设置相似，只是不必设置打印比例，或设置打印比例为 1:1 即可。

（4）设置打印选项并打印输出。过程与在模型空间中打印相似，只是应选择在布局空间设置的页面设置名称。

【例 14-3】 请将［例 11-23］生成的图形从布局空间打印出来。

（1）对图形进行页面设置。设置过程参考［例 14-1］。

（2）设置图形的可打印区域。将所需图纸四周的不可打印余量均设置为 0。

（3）插入标准图框和标题栏，图框的插入点坐标为（0，0）。

（4）设置打印选项并打印输出。

14.3　创 建 电 子 图 纸

用 AutoCAD 的电子打印功能，可以将图形发布到 Internet 上，所创建的文件以 Web 图形格式（DWF）保存。用户可以用 Internet 浏览器进行打开、查看或打印。

创建电子图纸的步骤如下：

（1）选择下拉菜单"文件"→"网上发布"。

（2）开始：用户在该对话框设置创建方式，如图 14-13 所示。

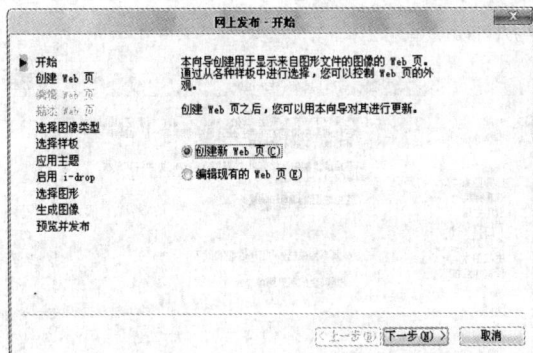

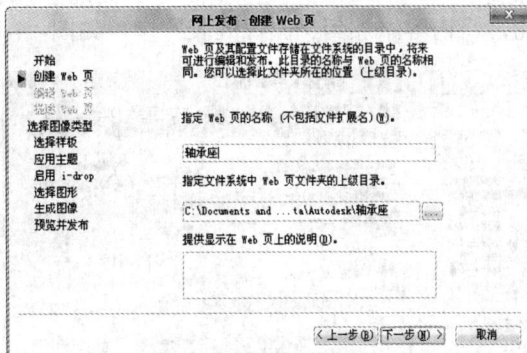

图 14-13　开始　　　　　　　　　　　图 14-14　创建 Web 页

（3）创建 Web 页：用户可以在该对话框设置 Web 页名称和选择 Web 页文件夹的上一级目录，如图 14-14 所示。

（4）选择图像类型：用户可以在该对话框选择 Web 页中图像的格式，它有 DWFx、DWF、JPEG、PNG 四种。选择每种格式，下方将出现相应的解释，如图 14-15 所示。

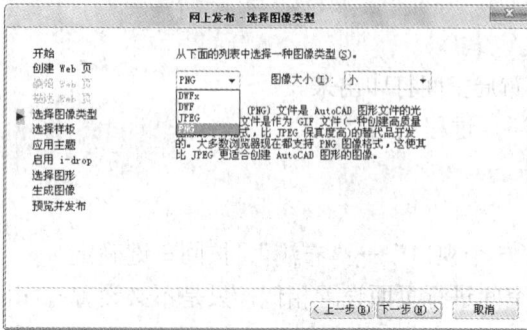

图 14-15　选择图像类型

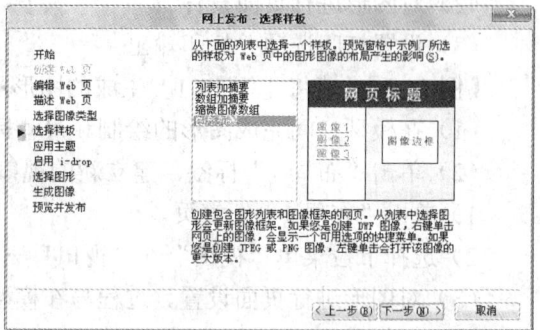

图 14-16　选择样板

（5）选择样板：在该对话框由用户选择 Web 网页上的外观布置形式，如图 14-16 所示。

（6）应用主题：在该对话框可以选择应用主题的形式，如图 14-17 所示。

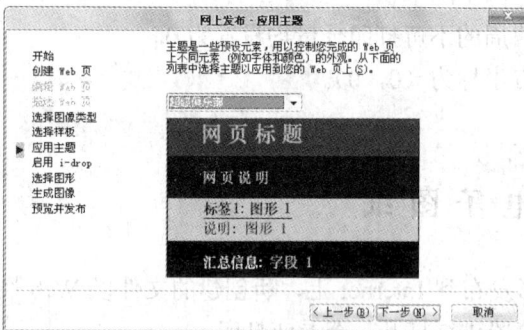

图 14-17　应用主题

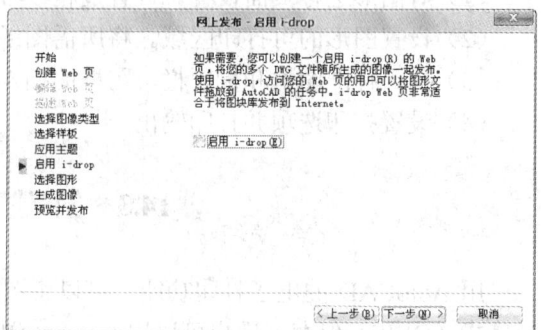

图 14-18　启用 i-drop

（7）启用 i-drop：决定是否将图形文件与生成的图像一起发布，如图 14-18 所示。

（8）选择图形：选择要发布到 Web 的图形文件及布局，选择完成后，应单击"添加"按钮，将内容添加到"图像列表"中，如图 14-19 所示。

图 14-19　选择图形

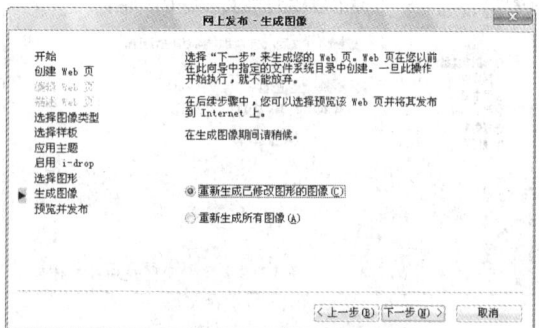

图 14-20　生成图像

（9）生成图像：决定是生成修改的图形，还是全部重新生成，如图 14-20 所示。

（10）预览并发布，如图 14-21 所示。

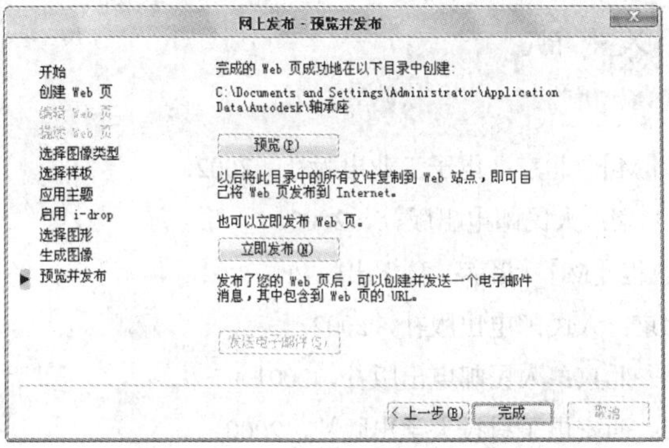

图 14-21　预览并发布 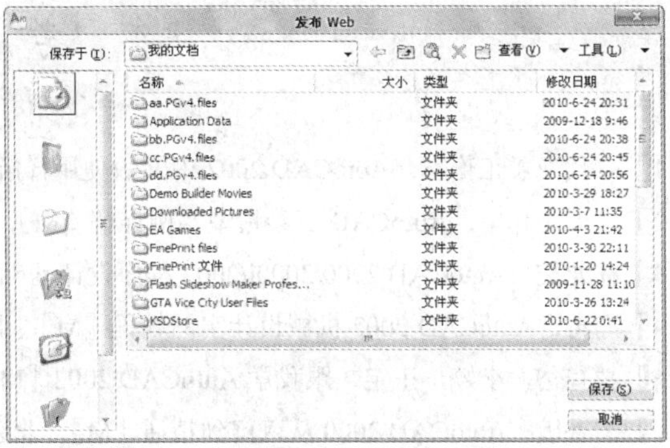　　　　　　　　　　图 14-22　发布 Web

若单击"立即发布"按钮，将会出现如图 14-22 所示"发布 Web"对话框，用户选择 Web 页存放的文件夹并单击"保存"按钮即可将图形文件的网页格式文件建于该目录中。其中 acwebpublish.htm 是主文件，可以双击它查看效果。

若单击"预览按钮"，将可以预览到该图形的网页效果，如图 14-23 所示。

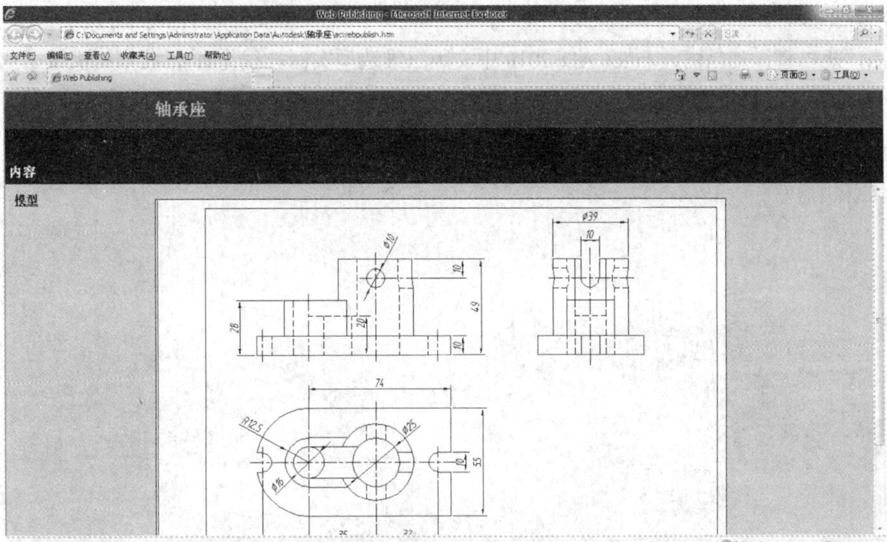

图 14-23　预览

思　考　题

1．页面设置有哪些内容？
2．如何在模型空间出图？
3．如何在图纸空间出图？
4．如何将图形发布到网上？

参 考 文 献

[1] 二代龙震工作室. AutoCAD 2002 中文版使用详解 [M]. 北京：电子工业出版社，2002.

[2] 老虎工作室. AutoCAD 三维造型实例详解 [M]. 北京：人民邮电出版社，2000.

[3] 林龙震. AutoCAD 2000/2000i/2002 程序设计基础教程 [M]. 北京：科学出版社，2002.

[4] 冯涛. AutoCAD 2002 机械设计实例教程 [M]. 北京：人民邮电出版社，2002.

[5] 甘登岱，李婷，王定. 跟我学 AutoCAD 2002 [M]. 北京：人民邮电出版社，2001.

[6] 李香敏. AutoCAD 2000 从入门到精通 [M]. 北京：西安电子科技大学出版社，2000.

[7] 崔洪斌. AutoCAD 2002 绘图技巧与范例 [M]. 北京：人民邮电出版社，2001.

[8] 陈通，张跃峰，李梅，谈爱斌. AutoCAD 2000 中文版入门与提高 [M]. 北京：清华大学出版社，2000.

[9] 及秀琴. AutoCAD 2007 中文版实用教程 [M]. 北京：中国电力出版社，2007.

[10] 及秀琴. AutoCAD 2007 上机指导与实训 [M]. 北京：中国电力出版社，2007.

[11] 及秀琴. 工程制图 [M]. 北京：清华大学出版社，2007.

[12] 崔英敏，刘鸣，赵洁，等. AutoCAD 基础与实例教程（AutoCAD 2009 版）[M]. 广州：研究出版社，2008.

[13] 张日晶，胡仁喜，刘昌丽. AutoCAD 2010 中文版三维造型实例教程 [M]. 北京：机械工业出版社，2009.

[14] 曹岩，秦少军. AutoCAD 2010 基础篇 [M]. 北京：化学工业出版社，2009.